प्रथम सौ हजार अभाज्य संख्याएँ

डेविड ई. मैकएडम्स द्वारा संपादित

डेविड ई. मैकएडम्स की अन्य पुस्तकें

तोते के रंग - तोते के अद्भुत चित्रों का उपयोग करके रंगों की अवधारणा का परिचय। प्रीस्कूलर के लिए।

फूलों के रंग - फूलों के अद्भुत चित्रों का उपयोग करके रंगों की अवधारणा का परिचय। प्रीस्कूलर के लिए।

ब्रह्मांड के रंग - नासा से छवियों का उपयोग करके रंगों की अवधारणा का परिचय। प्रीस्कूलर के लिए।

आकृतियाँ - आकृतियों का परिचय। प्रीस्कूलर के लिए।

संख्याएँ - संख्याओं की अवधारणा का परिचय। कक्षा K-2 के लिए।

किसी चीज़ से भी बड़ा क्या है? (इन'फ़िनिटी) - इनफिनिटी की अवधारणा का परिचय। कक्षा 1-3 के लिए।

स्विंग सेट (सेट सिद्धांत) - सेट सिद्धांत का परिचय। ग्रेड 2-4 के लिए।

One Penny, Two (अंग्रेजी में) - अगर जैरी का पैसा हर दिन दोगुना हो जाता है, तो उसे एक गहरे हरे रंग की स्पोर्ट्स कार खरीदने में कितना समय लगेगा? ग्रेड 3-6 के लिए।

प्ले मनी एक्टिविटी किट के साथ सीखना - $1,000,000 से ज़्यादा के प्ले मनी के साथ बड़ी संख्याएँ और गिनती सिखाएँ।

मेरे पसंदीदा फ्रैक्टल्स (खंड 1 और 2) - बेहतरीन फ्रैक्टल्स की पिक्चर बुक हाई रेज़ोल्यूशन इमेज के रूप में प्रस्तुत की गई है। सभी उम्र के लिए।

Monster Creatures of the Deep Sea (अंग्रेजी में) - गहरे समुद्र में पर्यावरण का अन्वेषण करें, और 44 गहरे समुद्री जीवों के बारे में जानकारी प्राप्त करें।

All Math Words Dictionary (अंग्रेजी में) - प्री-एलजेब्रा, बीजगणित, ज्यामिति और प्री-कैलकुलस के छात्रों के लिए एक गणित शब्दकोश।

पाई के पहले दस लाख अंक (π) - पाई के पहले मिलियन डिजिट्स। सभी उम्र के लिए।

e के पहले दस लाख अंक - यूलर के स्थिरांक e के पहले दस लाख अंक। सभी उम्र के लिए।

2 के वर्गमूल के पहले दस लाख अंक - 2 के वर्गमूल के पहले दस लाख अंक। सभी उम्र के लिए।

प्रथम सौ हजार अभाज्य संख्याएँ - पहले सौ हज़ार अभाज्य संख्याएँ। सभी उम्र के लिए।

Geometric Nets Project Book (अंग्रेजी में) - 3 आयामी पॉलीहेड्रा में कॉपी करने, काटने और एक साथ टेप करने के लिए 80 ज्यामितीय जाल। 9 वर्ष और उससे अधिक उम्र के लिए।

Geometric Nets Mega Project Book (अंग्रेजी में) - 3 आयामी पॉलीहेड्रा में कॉपी करने, काटने और एक साथ टेप करने के लिए 253 ज्यामितीय जाल। 9 वर्ष और उससे अधिक आयु के लिए।

अद्यतित सूची के लिए, https://www.DEMcAdams.com देखें।

प्रमुख संख्या

अभाज्य संख्या एक से बड़ी कोई भी पूर्णांक होती है, जिसके केवल स्वयं और एक ही कारक होते हैं। उदाहरण के लिए, 5 अभाज्य है क्योंकि इसमें 2, 3 या 4 कारक नहीं होते हैं। 1 और 5 ही 5 के एकमात्र कारक हैं।

प्राचीन काल से ही अभाज्य संख्याओं का अध्ययन किया जाता रहा है। साइरेन के एराटोस्थनीज लगभग 276 ईसा पूर्व से 194 ईसा पूर्व तक जीवित रहे। उन्होंने अभाज्य संख्याएँ खोजने की एक विधि विकसित की जिसे आज भी पढ़ाया जाता है। इसे एराटोस्थनीज की छलनी कहा जाता है।\

एराटोस्थनीज की छलनी का उपयोग करने के लिए, 2 से शुरू होकर उस सबसे बड़ी संख्या तक सभी पूर्णांकों की एक सूची बनाएँ जिसकी आप जाँच करना चाहते हैं। पहली अभाज्य संख्या दो है। चूँकि 2 के सभी गुणकों में 2 एक कारक के रूप में होता है, इसलिए 2 का कोई भी गुणक अभाज्य संख्या नहीं है। 2 के सभी गुणकों को काट दें। 2 के गुणकों का अंतिम अंक सम अंक होता है। सम अंक 0, 2, 4, 6, 8 हैं। सम अंक पर समाप्त होने वाली किसी भी संख्या को काट दें।

फिर, अगली संख्या ज्ञात करें जिसे काटा नहीं गया है। इस मामले में यह 3 है। हर तीसरी संख्या को काट दें। आप देखेंगे कि 3 के कुछ गुणकों को पहले ही काट दिया गया है। ऐसा इसलिए है क्योंकि वे 2 के भी गुणक हैं।

इस तरह से तब तक जारी रखें जब तक आप संख्याओं की सूची के अंत तक नहीं पहुँच जाते। नीचे 2 से 100 तक की संख्याओं के लिए एराटोस्थनीज की छलनी है, जिसमें सभी गैर-अभाज्य संख्याओं को काट दिया गया है।

	2	3	~~4~~	5	~~6~~	7	~~8~~	~~9~~	~~10~~
11	~~12~~	13	~~14~~	~~15~~	~~16~~	17	~~18~~	19	~~20~~
~~21~~	~~22~~	23	~~24~~	~~25~~	~~26~~	~~27~~	~~28~~	29	~~30~~
31	~~32~~	~~33~~	~~34~~	~~35~~	~~36~~	37	~~38~~	~~39~~	~~40~~
41	~~42~~	43	~~44~~	~~45~~	~~46~~	47	~~48~~	~~49~~	~~50~~
~~51~~	~~52~~	53	~~54~~	~~55~~	~~56~~	~~57~~	~~58~~	59	~~60~~
61	~~62~~	~~63~~	~~64~~	~~65~~	~~66~~	67	~~68~~	~~69~~	~~70~~
71	~~72~~	73	~~74~~	~~75~~	~~76~~	~~77~~	~~78~~	79	~~80~~
~~81~~	~~82~~	83	~~84~~	~~85~~	~~86~~	~~87~~	~~88~~	89	~~90~~
~~91~~	~~92~~	~~93~~	~~94~~	~~95~~	~~96~~	97	~~98~~	~~99~~	~~100~~

इस पुस्तक में अभाज्य संख्याओं की सूची एक कंप्यूटर प्रोग्राम द्वारा तैयार की गई है। उन्हें ढूँढना एक छलनी बनाने से कहीं ज़्यादा आसान है।

2, 3, 5, 7, 11, 13, 17, 19, 23, 29, 31, 37, 41, 43, 47, 53, 59,
61, 67, 71, 73, 79, 83, 89, 97, 101, 103, 107, 109, 113, 127,
131, 137, 139, 149, 151, 157, 163, 167, 173, 179, 181, 191,
193, 197, 199, 211, 223, 227, 229, 233, 239, 241, 251, 257,
263, 269, 271, 277, 281, 283, 293, 307, 311, 313, 317, 331,
337, 347, 349, 353, 359, 367, 373, 379, 383, 389, 397, 401,
409, 419, 421, 431, 433, 439, 443, 449, 457, 461, 463, 467,
479, 487, 491, 499, 503, 509, 521, 523, 541, 547, 557, 563,
569, 571, 577, 587, 593, 599, 601, 607, 613, 617, 619, 631,
641, 643, 647, 653, 659, 661, 673, 677, 683, 691, 701, 709,
719, 727, 733, 739, 743, 751, 757, 761, 769, 773, 787, 797,
809, 811, 821, 823, 827, 829, 839, 853, 857, 859, 863, 877,
881, 883, 887, 907, 911, 919, 929, 937, 941, 947, 953, 967,
971, 977, 983, 991, 997, 1009, 1013, 1019, 1021, 1031, 1033,
1039, 1049, 1051, 1061, 1063, 1069, 1087, 1091, 1093, 1097,
1103, 1109, 1117, 1123, 1129, 1151, 1153, 1163, 1171, 1181,
1187, 1193, 1201, 1213, 1217, 1223, 1229, 1231, 1237, 1249,
1259, 1277, 1279, 1283, 1289, 1291, 1297, 1301, 1303, 1307,
1319, 1321, 1327, 1361, 1367, 1373, 1381, 1399, 1409, 1423,
1427, 1429, 1433, 1439, 1447, 1451, 1453, 1459, 1471, 1481,
1483, 1487, 1489, 1493, 1499, 1511, 1523, 1531, 1543, 1549,
1553, 1559, 1567, 1571, 1579, 1583, 1597, 1601, 1607, 1609,
1613, 1619, 1621, 1627, 1637, 1657, 1663, 1667, 1669, 1693,
1697, 1699, 1709, 1721, 1723, 1733, 1741, 1747, 1753, 1759,
1777, 1783, 1787, 1789, 1801, 1811, 1823, 1831, 1847, 1861,
1867, 1871, 1873, 1877, 1879, 1889, 1901, 1907, 1913, 1931,
1933, 1949, 1951, 1973, 1979, 1987, 1993, 1997, 1999, 2003,
2011, 2017, 2027, 2029, 2039, 2053, 2063, 2069, 2081, 2083,
2087, 2089, 2099, 2111, 2113, 2129, 2131, 2137, 2141, 2143,
2153, 2161, 2179, 2203, 2207, 2213, 2221, 2237, 2239, 2243,
2251, 2267, 2269, 2273, 2281, 2287, 2293, 2297, 2309, 2311,
2333, 2339, 2341, 2347, 2351, 2357, 2371, 2377, 2381, 2383,
2389, 2393, 2399, 2411, 2417, 2423, 2437, 2441, 2447, 2459,
2467, 2473, 2477, 2503, 2521, 2531, 2539, 2543, 2549, 2551,
2557, 2579, 2591, 2593, 2609, 2617, 2621, 2633, 2647, 2657,
2659, 2663, 2671, 2677, 2683, 2687, 2689, 2693, 2699, 2707,
2711, 2713, 2719, 2729, 2731, 2741, 2749, 2753, 2767, 2777,
2789, 2791, 2797, 2801, 2803, 2819, 2833, 2837, 2843, 2851,
2857, 2861, 2879, 2887, 2897, 2903, 2909, 2917, 2927, 2939,
2953, 2957, 2963, 2969, 2971, 2999, 3001, 3011, 3019, 3023,
3037, 3041, 3049, 3061, 3067, 3079, 3083, 3089, 3109, 3119,
3121, 3137, 3163, 3167, 3169, 3181, 3187, 3191, 3203, 3209,
3217, 3221, 3229, 3251, 3253, 3257, 3259, 3271, 3299, 3301,
3307, 3313, 3319, 3323, 3329, 3331, 3343, 3347, 3359, 3361,
3371, 3373, 3389, 3391, 3407, 3413, 3433, 3449, 3457, 3461,
3463, 3467, 3469, 3491, 3499, 3511, 3517, 3527, 3529, 3533,
3539, 3541, 3547, 3557, 3559, 3571, 3581, 3583, 3593, 3607,
3613, 3617, 3623, 3631, 3637, 3643, 3659, 3671, 3673, 3677,

प्रथम सौ हजार अभाज्य संख्याएँ

3691, 3697, 3701, 3709, 3719, 3727, 3733, 3739, 3761, 3767,
3769, 3779, 3793, 3797, 3803, 3821, 3823, 3833, 3847, 3851,
3853, 3863, 3877, 3881, 3889, 3907, 3911, 3917, 3919, 3923,
3929, 3931, 3943, 3947, 3967, 3989, 4001, 4003, 4007, 4013,
4019, 4021, 4027, 4049, 4051, 4057, 4073, 4079, 4091, 4093,
4099, 4111, 4127, 4129, 4133, 4139, 4153, 4157, 4159, 4177,
4201, 4211, 4217, 4219, 4229, 4231, 4241, 4243, 4253, 4259,
4261, 4271, 4273, 4283, 4289, 4297, 4327, 4337, 4339, 4349,
4357, 4363, 4373, 4391, 4397, 4409, 4421, 4423, 4441, 4447,
4451, 4457, 4463, 4481, 4483, 4493, 4507, 4513, 4517, 4519,
4523, 4547, 4549, 4561, 4567, 4583, 4591, 4597, 4603, 4621,
4637, 4639, 4643, 4649, 4651, 4657, 4663, 4673, 4679, 4691,
4703, 4721, 4723, 4729, 4733, 4751, 4759, 4783, 4787, 4789,
4793, 4799, 4801, 4813, 4817, 4831, 4861, 4871, 4877, 4889,
4903, 4909, 4919, 4931, 4933, 4937, 4943, 4951, 4957, 4967,
4969, 4973, 4987, 4993, 4999, 5003, 5009, 5011, 5021, 5023,
5039, 5051, 5059, 5077, 5081, 5087, 5099, 5101, 5107, 5113,
5119, 5147, 5153, 5167, 5171, 5179, 5189, 5197, 5209, 5227,
5231, 5233, 5237, 5261, 5273, 5279, 5281, 5297, 5303, 5309,
5323, 5333, 5347, 5351, 5381, 5387, 5393, 5399, 5407, 5413,
5417, 5419, 5431, 5437, 5441, 5443, 5449, 5471, 5477, 5479,
5483, 5501, 5503, 5507, 5519, 5521, 5527, 5531, 5557, 5563,
5569, 5573, 5581, 5591, 5623, 5639, 5641, 5647, 5651, 5653,
5657, 5659, 5669, 5683, 5689, 5693, 5701, 5711, 5717, 5737,
5741, 5743, 5749, 5779, 5783, 5791, 5801, 5807, 5813, 5821,
5827, 5839, 5843, 5849, 5851, 5857, 5861, 5867, 5869, 5879,
5881, 5897, 5903, 5923, 5927, 5939, 5953, 5981, 5987, 6007,
6011, 6029, 6037, 6043, 6047, 6053, 6067, 6073, 6079, 6089,
6091, 6101, 6113, 6121, 6131, 6133, 6143, 6151, 6163, 6173,
6197, 6199, 6203, 6211, 6217, 6221, 6229, 6247, 6257, 6263,
6269, 6271, 6277, 6287, 6299, 6301, 6311, 6317, 6323, 6329,
6337, 6343, 6353, 6359, 6361, 6367, 6373, 6379, 6389, 6397,
6421, 6427, 6449, 6451, 6469, 6473, 6481, 6491, 6521, 6529,
6547, 6551, 6553, 6563, 6569, 6571, 6577, 6581, 6599, 6607,
6619, 6637, 6653, 6659, 6661, 6673, 6679, 6689, 6691, 6701,
6703, 6709, 6719, 6733, 6737, 6761, 6763, 6779, 6781, 6791,
6793, 6803, 6823, 6827, 6829, 6833, 6841, 6857, 6863, 6869,
6871, 6883, 6899, 6907, 6911, 6917, 6947, 6949, 6959, 6961,
6967, 6971, 6977, 6983, 6991, 6997, 7001, 7013, 7019, 7027,
7039, 7043, 7057, 7069, 7079, 7103, 7109, 7121, 7127, 7129,
7151, 7159, 7177, 7187, 7193, 7207, 7211, 7213, 7219, 7229,
7237, 7243, 7247, 7253, 7283, 7297, 7307, 7309, 7321, 7331,
7333, 7349, 7351, 7369, 7393, 7411, 7417, 7433, 7451, 7457,
7459, 7477, 7481, 7487, 7489, 7499, 7507, 7517, 7523, 7529,
7537, 7541, 7547, 7549, 7559, 7561, 7573, 7577, 7583, 7589,
7591, 7603, 7607, 7621, 7639, 7643, 7649, 7669, 7673, 7681,
7687, 7691, 7699, 7703, 7717, 7723, 7727, 7741, 7753, 7757,
7759, 7789, 7793, 7817, 7823, 7829, 7841, 7853, 7867, 7873,

प्रथम सौ हजार अभाज्य संख्याएँ

7877, 7879, 7883, 7901, 7907, 7919, 7927, 7933, 7937, 7949,
7951, 7963, 7993, 8009, 8011, 8017, 8039, 8053, 8059, 8069,
8081, 8087, 8089, 8093, 8101, 8111, 8117, 8123, 8147, 8161,
8167, 8171, 8179, 8191, 8209, 8219, 8221, 8231, 8233, 8237,
8243, 8263, 8269, 8273, 8287, 8291, 8293, 8297, 8311, 8317,
8329, 8353, 8363, 8369, 8377, 8387, 8389, 8419, 8423, 8429,
8431, 8443, 8447, 8461, 8467, 8501, 8513, 8521, 8527, 8537,
8539, 8543, 8563, 8573, 8581, 8597, 8599, 8609, 8623, 8627,
8629, 8641, 8647, 8663, 8669, 8677, 8681, 8689, 8693, 8699,
8707, 8713, 8719, 8731, 8737, 8741, 8747, 8753, 8761, 8779,
8783, 8803, 8807, 8819, 8821, 8831, 8837, 8839, 8849, 8861,
8863, 8867, 8887, 8893, 8923, 8929, 8933, 8941, 8951, 8963,
8969, 8971, 8999, 9001, 9007, 9011, 9013, 9029, 9041, 9043,
9049, 9059, 9067, 9091, 9103, 9109, 9127, 9133, 9137, 9151,
9157, 9161, 9173, 9181, 9187, 9199, 9203, 9209, 9221, 9227,
9239, 9241, 9257, 9277, 9281, 9283, 9293, 9311, 9319, 9323,
9337, 9341, 9343, 9349, 9371, 9377, 9391, 9397, 9403, 9413,
9419, 9421, 9431, 9433, 9437, 9439, 9461, 9463, 9467, 9473,
9479, 9491, 9497, 9511, 9521, 9533, 9539, 9547, 9551, 9587,
9601, 9613, 9619, 9623, 9629, 9631, 9643, 9649, 9661, 9677,
9679, 9689, 9697, 9719, 9721, 9733, 9739, 9743, 9749, 9767,
9769, 9781, 9787, 9791, 9803, 9811, 9817, 9829, 9833, 9839,
9851, 9857, 9859, 9871, 9883, 9887, 9901, 9907, 9923, 9929,
9931, 9941, 9949, 9967, 9973, 10007, 10009, 10037, 10039,
10061, 10067, 10069, 10079, 10091, 10093, 10099, 10103, 10111,
10133, 10139, 10141, 10151, 10159, 10163, 10169, 10177, 10181,
10193, 10211, 10223, 10243, 10247, 10253, 10259, 10267, 10271,
10273, 10289, 10301, 10303, 10313, 10321, 10331, 10333, 10337,
10343, 10357, 10369, 10391, 10399, 10427, 10429, 10433, 10453,
10457, 10459, 10463, 10477, 10487, 10499, 10501, 10513, 10529,
10531, 10559, 10567, 10589, 10597, 10601, 10607, 10613, 10627,
10631, 10639, 10651, 10657, 10663, 10667, 10687, 10691, 10709,
10711, 10723, 10729, 10733, 10739, 10753, 10771, 10781, 10789,
10799, 10831, 10837, 10847, 10853, 10859, 10861, 10867, 10883,
10889, 10891, 10903, 10909, 10937, 10939, 10949, 10957, 10973,
10979, 10987, 10993, 11003, 11027, 11047, 11057, 11059, 11069,
11071, 11083, 11087, 11093, 11113, 11117, 11119, 11131, 11149,
11159, 11161, 11171, 11173, 11177, 11197, 11213, 11239, 11243,
11251, 11257, 11261, 11273, 11279, 11287, 11299, 11311, 11317,
11321, 11329, 11351, 11353, 11369, 11383, 11393, 11399, 11411,
11423, 11437, 11443, 11447, 11467, 11471, 11483, 11489, 11491,
11497, 11503, 11519, 11527, 11549, 11551, 11579, 11587, 11593,
11597, 11617, 11621, 11633, 11657, 11677, 11681, 11689, 11699,
11701, 11717, 11719, 11731, 11743, 11777, 11779, 11783, 11789,
11801, 11807, 11813, 11821, 11827, 11831, 11833, 11839, 11863,
11867, 11887, 11897, 11903, 11909, 11923, 11927, 11933, 11939,
11941, 11953, 11959, 11969, 11971, 11981, 11987, 12007, 12011,
12037, 12041, 12043, 12049, 12071, 12073, 12097, 12101, 12107,

12109, 12113, 12119, 12143, 12149, 12157, 12161, 12163, 12197,
12203, 12211, 12227, 12239, 12241, 12251, 12253, 12263, 12269,
12277, 12281, 12289, 12301, 12323, 12329, 12343, 12347, 12373,
12377, 12379, 12391, 12401, 12409, 12413, 12421, 12433, 12437,
12451, 12457, 12473, 12479, 12487, 12491, 12497, 12503, 12511,
12517, 12527, 12539, 12541, 12547, 12553, 12569, 12577, 12583,
12589, 12601, 12611, 12613, 12619, 12637, 12641, 12647, 12653,
12659, 12671, 12689, 12697, 12703, 12713, 12721, 12739, 12743,
12757, 12763, 12781, 12791, 12799, 12809, 12821, 12823, 12829,
12841, 12853, 12889, 12893, 12899, 12907, 12911, 12917, 12919,
12923, 12941, 12953, 12959, 12967, 12973, 12979, 12983, 13001,
13003, 13007, 13009, 13033, 13037, 13043, 13049, 13063, 13093,
13099, 13103, 13109, 13121, 13127, 13147, 13151, 13159, 13163,
13171, 13177, 13183, 13187, 13217, 13219, 13229, 13241, 13249,
13259, 13267, 13291, 13297, 13309, 13313, 13327, 13331, 13337,
13339, 13367, 13381, 13397, 13399, 13411, 13417, 13421, 13441,
13451, 13457, 13463, 13469, 13477, 13487, 13499, 13513, 13523,
13537, 13553, 13567, 13577, 13591, 13597, 13613, 13619, 13627,
13633, 13649, 13669, 13679, 13681, 13687, 13691, 13693, 13697,
13709, 13711, 13721, 13723, 13729, 13751, 13757, 13759, 13763,
13781, 13789, 13799, 13807, 13829, 13831, 13841, 13859, 13873,
13877, 13879, 13883, 13901, 13903, 13907, 13913, 13921, 13931,
13933, 13963, 13967, 13997, 13999, 14009, 14011, 14029, 14033,
14051, 14057, 14071, 14081, 14083, 14087, 14107, 14143, 14149,
14153, 14159, 14173, 14177, 14197, 14207, 14221, 14243, 14249,
14251, 14281, 14293, 14303, 14321, 14323, 14327, 14341, 14347,
14369, 14387, 14389, 14401, 14407, 14411, 14419, 14423, 14431,
14437, 14447, 14449, 14461, 14479, 14489, 14503, 14519, 14533,
14537, 14543, 14549, 14551, 14557, 14561, 14563, 14591, 14593,
14621, 14627, 14629, 14633, 14639, 14653, 14657, 14669, 14683,
14699, 14713, 14717, 14723, 14731, 14737, 14741, 14747, 14753,
14759, 14767, 14771, 14779, 14783, 14797, 14813, 14821, 14827,
14831, 14843, 14851, 14867, 14869, 14879, 14887, 14891, 14897,
14923, 14929, 14939, 14947, 14951, 14957, 14969, 14983, 15013,
15017, 15031, 15053, 15061, 15073, 15077, 15083, 15091, 15101,
15107, 15121, 15131, 15137, 15139, 15149, 15161, 15173, 15187,
15193, 15199, 15217, 15227, 15233, 15241, 15259, 15263, 15269,
15271, 15277, 15287, 15289, 15299, 15307, 15313, 15319, 15329,
15331, 15349, 15359, 15361, 15373, 15377, 15383, 15391, 15401,
15413, 15427, 15439, 15443, 15451, 15461, 15467, 15473, 15493,
15497, 15511, 15527, 15541, 15551, 15559, 15569, 15581, 15583,
15601, 15607, 15619, 15629, 15641, 15643, 15647, 15649, 15661,
15667, 15671, 15679, 15683, 15727, 15731, 15733, 15737, 15739,
15749, 15761, 15767, 15773, 15787, 15791, 15797, 15803, 15809,
15817, 15823, 15859, 15877, 15881, 15887, 15889, 15901, 15907,
15913, 15919, 15923, 15937, 15959, 15971, 15973, 15991, 16001,
16007, 16033, 16057, 16061, 16063, 16067, 16069, 16073, 16087,
16091, 16097, 16103, 16111, 16127, 16139, 16141, 16183, 16187,

16189, 16193, 16217, 16223, 16229, 16231, 16249, 16253, 16267,
16273, 16301, 16319, 16333, 16339, 16349, 16361, 16363, 16369,
16381, 16411, 16417, 16421, 16427, 16433, 16447, 16451, 16453,
16477, 16481, 16487, 16493, 16519, 16529, 16547, 16553, 16561,
16567, 16573, 16603, 16607, 16619, 16631, 16633, 16649, 16651,
16657, 16661, 16673, 16691, 16693, 16699, 16703, 16729, 16741,
16747, 16759, 16763, 16787, 16811, 16823, 16829, 16831, 16843,
16871, 16879, 16883, 16889, 16901, 16903, 16921, 16927, 16931,
16937, 16943, 16963, 16979, 16981, 16987, 16993, 17011, 17021,
17027, 17029, 17033, 17041, 17047, 17053, 17077, 17093, 17099,
17107, 17117, 17123, 17137, 17159, 17167, 17183, 17189, 17191,
17203, 17207, 17209, 17231, 17239, 17257, 17291, 17293, 17299,
17317, 17321, 17327, 17333, 17341, 17351, 17359, 17377, 17383,
17387, 17389, 17393, 17401, 17417, 17419, 17431, 17443, 17449,
17467, 17471, 17477, 17483, 17489, 17491, 17497, 17509, 17519,
17539, 17551, 17569, 17573, 17579, 17581, 17597, 17599, 17609,
17623, 17627, 17657, 17659, 17669, 17681, 17683, 17707, 17713,
17729, 17737, 17747, 17749, 17761, 17783, 17789, 17791, 17807,
17827, 17837, 17839, 17851, 17863, 17881, 17891, 17903, 17909,
17911, 17921, 17923, 17929, 17939, 17957, 17959, 17971, 17977,
17981, 17987, 17989, 18013, 18041, 18043, 18047, 18049, 18059,
18061, 18077, 18089, 18097, 18119, 18121, 18127, 18131, 18133,
18143, 18149, 18169, 18181, 18191, 18199, 18211, 18217, 18223,
18229, 18233, 18251, 18253, 18257, 18269, 18287, 18289, 18301,
18307, 18311, 18313, 18329, 18341, 18353, 18367, 18371, 18379,
18397, 18401, 18413, 18427, 18433, 18439, 18443, 18451, 18457,
18461, 18481, 18493, 18503, 18517, 18521, 18523, 18539, 18541,
18553, 18583, 18587, 18593, 18617, 18637, 18661, 18671, 18679,
18691, 18701, 18713, 18719, 18731, 18743, 18749, 18757, 18773,
18787, 18793, 18797, 18803, 18839, 18859, 18869, 18899, 18911,
18913, 18917, 18919, 18947, 18959, 18973, 18979, 19001, 19009,
19013, 19031, 19037, 19051, 19069, 19073, 19079, 19081, 19087,
19121, 19139, 19141, 19157, 19163, 19181, 19183, 19207, 19211,
19213, 19219, 19231, 19237, 19249, 19259, 19267, 19273, 19289,
19301, 19309, 19319, 19333, 19373, 19379, 19381, 19387, 19391,
19403, 19417, 19421, 19423, 19427, 19429, 19433, 19441, 19447,
19457, 19463, 19469, 19471, 19477, 19483, 19489, 19501, 19507,
19531, 19541, 19543, 19553, 19559, 19571, 19577, 19583, 19597,
19603, 19609, 19661, 19681, 19687, 19697, 19699, 19709, 19717,
19727, 19739, 19751, 19753, 19759, 19763, 19777, 19793, 19801,
19813, 19819, 19841, 19843, 19853, 19861, 19867, 19889, 19891,
19913, 19919, 19927, 19937, 19949, 19961, 19963, 19973, 19979,
19991, 19993, 19997, 20011, 20021, 20023, 20029, 20047, 20051,
20063, 20071, 20089, 20101, 20107, 20113, 20117, 20123, 20129,
20143, 20147, 20149, 20161, 20173, 20177, 20183, 20201, 20219,
20231, 20233, 20249, 20261, 20269, 20287, 20297, 20323, 20327,
20333, 20341, 20347, 20353, 20357, 20359, 20369, 20389, 20393,
20399, 20407, 20411, 20431, 20441, 20443, 20477, 20479, 20483,

प्रथम सौ हजार अभाज्य संख्याएँ

20507, 20509, 20521, 20533, 20543, 20549, 20551, 20563, 20593,
20599, 20611, 20627, 20639, 20641, 20663, 20681, 20693, 20707,
20717, 20719, 20731, 20743, 20747, 20749, 20753, 20759, 20771,
20773, 20789, 20807, 20809, 20849, 20857, 20873, 20879, 20887,
20897, 20899, 20903, 20921, 20929, 20939, 20947, 20959, 20963,
20981, 20983, 21001, 21011, 21013, 21017, 21019, 21023, 21031,
21059, 21061, 21067, 21089, 21101, 21107, 21121, 21139, 21143,
21149, 21157, 21163, 21169, 21179, 21187, 21191, 21193, 21211,
21221, 21227, 21247, 21269, 21277, 21283, 21313, 21317, 21319,
21323, 21341, 21347, 21377, 21379, 21383, 21391, 21397, 21401,
21407, 21419, 21433, 21467, 21481, 21487, 21491, 21493, 21499,
21503, 21517, 21521, 21523, 21529, 21557, 21559, 21563, 21569,
21577, 21587, 21589, 21599, 21601, 21611, 21613, 21617, 21647,
21649, 21661, 21673, 21683, 21701, 21713, 21727, 21737, 21739,
21751, 21757, 21767, 21773, 21787, 21799, 21803, 21817, 21821,
21839, 21841, 21851, 21859, 21863, 21871, 21881, 21893, 21911,
21929, 21937, 21943, 21961, 21977, 21991, 21997, 22003, 22013,
22027, 22031, 22037, 22039, 22051, 22063, 22067, 22073, 22079,
22091, 22093, 22109, 22111, 22123, 22129, 22133, 22147, 22153,
22157, 22159, 22171, 22189, 22193, 22229, 22247, 22259, 22271,
22273, 22277, 22279, 22283, 22291, 22303, 22307, 22343, 22349,
22367, 22369, 22381, 22391, 22397, 22409, 22433, 22441, 22447,
22453, 22469, 22481, 22483, 22501, 22511, 22531, 22541, 22543,
22549, 22567, 22571, 22573, 22613, 22619, 22621, 22637, 22639,
22643, 22651, 22669, 22679, 22691, 22697, 22699, 22709, 22717,
22721, 22727, 22739, 22741, 22751, 22769, 22777, 22783, 22787,
22807, 22811, 22817, 22853, 22859, 22861, 22871, 22877, 22901,
22907, 22921, 22937, 22943, 22961, 22963, 22973, 22993, 23003,
23011, 23017, 23021, 23027, 23029, 23039, 23041, 23053, 23057,
23059, 23063, 23071, 23081, 23087, 23099, 23117, 23131, 23143,
23159, 23167, 23173, 23189, 23197, 23201, 23203, 23209, 23227,
23251, 23269, 23279, 23291, 23293, 23297, 23311, 23321, 23327,
23333, 23339, 23357, 23369, 23371, 23399, 23417, 23431, 23447,
23459, 23473, 23497, 23509, 23531, 23537, 23539, 23549, 23557,
23561, 23563, 23567, 23581, 23593, 23599, 23603, 23609, 23623,
23627, 23629, 23633, 23663, 23669, 23671, 23677, 23687, 23689,
23719, 23741, 23743, 23747, 23753, 23761, 23767, 23773, 23789,
23801, 23813, 23819, 23827, 23831, 23833, 23857, 23869, 23873,
23879, 23887, 23893, 23899, 23909, 23911, 23917, 23929, 23957,
23971, 23977, 23981, 23993, 24001, 24007, 24019, 24023, 24029,
24043, 24049, 24061, 24071, 24077, 24083, 24091, 24097, 24103,
24107, 24109, 24113, 24121, 24133, 24137, 24151, 24169, 24179,
24181, 24197, 24203, 24223, 24229, 24239, 24247, 24251, 24281,
24317, 24329, 24337, 24359, 24371, 24373, 24379, 24391, 24407,
24413, 24419, 24421, 24439, 24443, 24469, 24473, 24481, 24499,
24509, 24517, 24527, 24533, 24547, 24551, 24571, 24593, 24611,
24623, 24631, 24659, 24671, 24677, 24683, 24691, 24697, 24709,
24733, 24749, 24763, 24767, 24781, 24793, 24799, 24809, 24821,

```
24841,  24847,  24851,  24859,  24877,  24889,  24907,  24917,  24919,
24923,  24943,  24953,  24967,  24971,  24977,  24979,  24989,  25013,
25031,  25033,  25037,  25057,  25073,  25087,  25097,  25111,  25117,
25121,  25127,  25147,  25153,  25163,  25169,  25171,  25183,  25189,
25219,  25229,  25237,  25243,  25247,  25253,  25261,  25301,  25303,
25307,  25309,  25321,  25339,  25343,  25349,  25357,  25367,  25373,
25391,  25409,  25411,  25423,  25439,  25447,  25453,  25457,  25463,
25469,  25471,  25523,  25537,  25541,  25561,  25577,  25579,  25583,
25589,  25601,  25603,  25609,  25621,  25633,  25639,  25643,  25657,
25667,  25673,  25679,  25693,  25703,  25717,  25733,  25741,  25747,
25759,  25763,  25771,  25793,  25799,  25801,  25819,  25841,  25847,
25849,  25867,  25873,  25889,  25903,  25913,  25919,  25931,  25933,
25939,  25943,  25951,  25969,  25981,  25997,  25999,  26003,  26017,
26021,  26029,  26041,  26053,  26083,  26099,  26107,  26111,  26113,
26119,  26141,  26153,  26161,  26171,  26177,  26183,  26189,  26203,
26209,  26227,  26237,  26249,  26251,  26261,  26263,  26267,  26293,
26297,  26309,  26317,  26321,  26339,  26347,  26357,  26371,  26387,
26393,  26399,  26407,  26417,  26423,  26431,  26437,  26449,  26459,
26479,  26489,  26497,  26501,  26513,  26539,  26557,  26561,  26573,
26591,  26597,  26627,  26633,  26641,  26647,  26669,  26681,  26683,
26687,  26693,  26699,  26701,  26711,  26713,  26717,  26723,  26729,
26731,  26737,  26759,  26777,  26783,  26801,  26813,  26821,  26833,
26839,  26849,  26861,  26863,  26879,  26881,  26891,  26893,  26903,
26921,  26927,  26947,  26951,  26953,  26959,  26981,  26987,  26993,
27011,  27017,  27031,  27043,  27059,  27061,  27067,  27073,  27077,
27091,  27103,  27107,  27109,  27127,  27143,  27179,  27191,  27197,
27211,  27239,  27241,  27253,  27259,  27271,  27277,  27281,  27283,
27299,  27329,  27337,  27361,  27367,  27397,  27407,  27409,  27427,
27431,  27437,  27449,  27457,  27479,  27481,  27487,  27509,  27527,
27529,  27539,  27541,  27551,  27581,  27583,  27611,  27617,  27631,
27647,  27653,  27673,  27689,  27691,  27697,  27701,  27733,  27737,
27739,  27743,  27749,  27751,  27763,  27767,  27773,  27779,  27791,
27793,  27799,  27803,  27809,  27817,  27823,  27827,  27847,  27851,
27883,  27893,  27901,  27917,  27919,  27941,  27943,  27947,  27953,
27961,  27967,  27983,  27997,  28001,  28019,  28027,  28031,  28051,
28057,  28069,  28081,  28087,  28097,  28099,  28109,  28111,  28123,
28151,  28163,  28181,  28183,  28201,  28211,  28219,  28229,  28277,
28279,  28283,  28289,  28297,  28307,  28309,  28319,  28349,  28351,
28387,  28393,  28403,  28409,  28411,  28429,  28433,  28439,  28447,
28463,  28477,  28493,  28499,  28513,  28517,  28537,  28541,  28547,
28549,  28559,  28571,  28573,  28579,  28591,  28597,  28603,  28607,
28619,  28621,  28627,  28631,  28643,  28649,  28657,  28661,  28663,
28669,  28687,  28697,  28703,  28711,  28723,  28729,  28751,  28753,
28759,  28771,  28789,  28793,  28807,  28813,  28817,  28837,  28843,
28859,  28867,  28871,  28879,  28901,  28909,  28921,  28927,  28933,
28949,  28961,  28979,  29009,  29017,  29021,  29023,  29027,  29033,
29059,  29063,  29077,  29101,  29123,  29129,  29131,  29137,  29147,
29153,  29167,  29173,  29179,  29191,  29201,  29207,  29209,  29221,
```

प्रथम सौ हजार अभाज्य संख्याएँ

29231, 29243, 29251, 29269, 29287, 29297, 29303, 29311, 29327,
29333, 29339, 29347, 29363, 29383, 29387, 29389, 29399, 29401,
29411, 29423, 29429, 29437, 29443, 29453, 29473, 29483, 29501,
29527, 29531, 29537, 29567, 29569, 29573, 29581, 29587, 29599,
29611, 29629, 29633, 29641, 29663, 29669, 29671, 29683, 29717,
29723, 29741, 29753, 29759, 29761, 29789, 29803, 29819, 29833,
29837, 29851, 29863, 29867, 29873, 29879, 29881, 29917, 29921,
29927, 29947, 29959, 29983, 29989, 30011, 30013, 30029, 30047,
30059, 30071, 30089, 30091, 30097, 30103, 30109, 30113, 30119,
30133, 30137, 30139, 30161, 30169, 30181, 30187, 30197, 30203,
30211, 30223, 30241, 30253, 30259, 30269, 30271, 30293, 30307,
30313, 30319, 30323, 30341, 30347, 30367, 30389, 30391, 30403,
30427, 30431, 30449, 30467, 30469, 30491, 30493, 30497, 30509,
30517, 30529, 30539, 30553, 30557, 30559, 30577, 30593, 30631,
30637, 30643, 30649, 30661, 30671, 30677, 30689, 30697, 30703,
30707, 30713, 30727, 30757, 30763, 30773, 30781, 30803, 30809,
30817, 30829, 30839, 30841, 30851, 30853, 30859, 30869, 30871,
30881, 30893, 30911, 30931, 30937, 30941, 30949, 30971, 30977,
30983, 31013, 31019, 31033, 31039, 31051, 31063, 31069, 31079,
31081, 31091, 31121, 31123, 31139, 31147, 31151, 31153, 31159,
31177, 31181, 31183, 31189, 31193, 31219, 31223, 31231, 31237,
31247, 31249, 31253, 31259, 31267, 31271, 31277, 31307, 31319,
31321, 31327, 31333, 31337, 31357, 31379, 31387, 31391, 31393,
31397, 31469, 31477, 31481, 31489, 31511, 31513, 31517, 31531,
31541, 31543, 31547, 31567, 31573, 31583, 31601, 31607, 31627,
31643, 31649, 31657, 31663, 31667, 31687, 31699, 31721, 31723,
31727, 31729, 31741, 31751, 31769, 31771, 31793, 31799, 31817,
31847, 31849, 31859, 31873, 31883, 31891, 31907, 31957, 31963,
31973, 31981, 31991, 32003, 32009, 32027, 32029, 32051, 32057,
32059, 32063, 32069, 32077, 32083, 32089, 32099, 32117, 32119,
32141, 32143, 32159, 32173, 32183, 32189, 32191, 32203, 32213,
32233, 32237, 32251, 32257, 32261, 32297, 32299, 32303, 32309,
32321, 32323, 32327, 32341, 32353, 32359, 32363, 32369, 32371,
32377, 32381, 32401, 32411, 32413, 32423, 32429, 32441, 32443,
32467, 32479, 32491, 32497, 32503, 32507, 32531, 32533, 32537,
32561, 32563, 32569, 32573, 32579, 32587, 32603, 32609, 32611,
32621, 32633, 32647, 32653, 32687, 32693, 32707, 32713, 32717,
32719, 32749, 32771, 32779, 32783, 32789, 32797, 32801, 32803,
32831, 32833, 32839, 32843, 32869, 32887, 32909, 32911, 32917,
32933, 32939, 32941, 32957, 32969, 32971, 32983, 32987, 32993,
32999, 33013, 33023, 33029, 33037, 33049, 33053, 33071, 33073,
33083, 33091, 33107, 33113, 33119, 33149, 33151, 33161, 33179,
33181, 33191, 33199, 33203, 33211, 33223, 33247, 33287, 33289,
33301, 33311, 33317, 33329, 33331, 33343, 33347, 33349, 33353,
33359, 33377, 33391, 33403, 33409, 33413, 33427, 33457, 33461,
33469, 33479, 33487, 33493, 33503, 33521, 33529, 33533, 33547,
33563, 33569, 33577, 33581, 33587, 33589, 33599, 33601, 33613,
33617, 33619, 33623, 33629, 33637, 33641, 33647, 33679, 33703,

प्रथम सौ हजार अभाज्य संख्याएँ

33713, 33721, 33739, 33749, 33751, 33757, 33767, 33769, 33773,
33791, 33797, 33809, 33811, 33827, 33829, 33851, 33857, 33863,
33871, 33889, 33893, 33911, 33923, 33931, 33937, 33941, 33961,
33967, 33997, 34019, 34031, 34033, 34039, 34057, 34061, 34123,
34127, 34129, 34141, 34147, 34157, 34159, 34171, 34183, 34211,
34213, 34217, 34231, 34253, 34259, 34261, 34267, 34273, 34283,
34297, 34301, 34303, 34313, 34319, 34327, 34337, 34351, 34361,
34367, 34369, 34381, 34403, 34421, 34429, 34439, 34457, 34469,
34471, 34483, 34487, 34499, 34501, 34511, 34513, 34519, 34537,
34543, 34549, 34583, 34589, 34591, 34603, 34607, 34613, 34631,
34649, 34651, 34667, 34673, 34679, 34687, 34693, 34703, 34721,
34729, 34739, 34747, 34757, 34759, 34763, 34781, 34807, 34819,
34841, 34843, 34847, 34849, 34871, 34877, 34883, 34897, 34913,
34919, 34939, 34949, 34961, 34963, 34981, 35023, 35027, 35051,
35053, 35059, 35069, 35081, 35083, 35089, 35099, 35107, 35111,
35117, 35129, 35141, 35149, 35153, 35159, 35171, 35201, 35221,
35227, 35251, 35257, 35267, 35279, 35281, 35291, 35311, 35317,
35323, 35327, 35339, 35353, 35363, 35381, 35393, 35401, 35407,
35419, 35423, 35437, 35447, 35449, 35461, 35491, 35507, 35509,
35521, 35527, 35531, 35533, 35537, 35543, 35569, 35573, 35591,
35593, 35597, 35603, 35617, 35671, 35677, 35729, 35731, 35747,
35753, 35759, 35771, 35797, 35801, 35803, 35809, 35831, 35837,
35839, 35851, 35863, 35869, 35879, 35897, 35899, 35911, 35923,
35933, 35951, 35963, 35969, 35977, 35983, 35993, 35999, 36007,
36011, 36013, 36017, 36037, 36061, 36067, 36073, 36083, 36097,
36107, 36109, 36131, 36137, 36151, 36161, 36187, 36191, 36209,
36217, 36229, 36241, 36251, 36263, 36269, 36277, 36293, 36299,
36307, 36313, 36319, 36341, 36343, 36353, 36373, 36383, 36389,
36433, 36451, 36457, 36467, 36469, 36473, 36479, 36493, 36497,
36523, 36527, 36529, 36541, 36551, 36559, 36563, 36571, 36583,
36587, 36599, 36607, 36629, 36637, 36643, 36653, 36671, 36677,
36683, 36691, 36697, 36709, 36713, 36721, 36739, 36749, 36761,
36767, 36779, 36781, 36787, 36791, 36793, 36809, 36821, 36833,
36847, 36857, 36871, 36877, 36887, 36899, 36901, 36913, 36919,
36923, 36929, 36931, 36943, 36947, 36973, 36979, 36997, 37003,
37013, 37019, 37021, 37039, 37049, 37057, 37061, 37087, 37097,
37117, 37123, 37139, 37159, 37171, 37181, 37189, 37199, 37201,
37217, 37223, 37243, 37253, 37273, 37277, 37307, 37309, 37313,
37321, 37337, 37339, 37357, 37361, 37363, 37369, 37379, 37397,
37409, 37423, 37441, 37447, 37463, 37483, 37489, 37493, 37501,
37507, 37511, 37517, 37529, 37537, 37547, 37549, 37561, 37567,
37571, 37573, 37579, 37589, 37591, 37607, 37619, 37633, 37643,
37649, 37657, 37663, 37691, 37693, 37699, 37717, 37747, 37781,
37783, 37799, 37811, 37813, 37831, 37847, 37853, 37861, 37871,
37879, 37889, 37897, 37907, 37951, 37957, 37963, 37967, 37987,
37991, 37993, 37997, 38011, 38039, 38047, 38053, 38069, 38083,
38113, 38119, 38149, 38153, 38167, 38177, 38183, 38189, 38197,
38201, 38219, 38231, 38237, 38239, 38261, 38273, 38281, 38287,

प्रथम सौ हजार अभाज्य संख्याएँ

38299, 38303, 38317, 38321, 38327, 38329, 38333, 38351, 38371,
38377, 38393, 38431, 38447, 38449, 38453, 38459, 38461, 38501,
38543, 38557, 38561, 38567, 38569, 38593, 38603, 38609, 38611,
38629, 38639, 38651, 38653, 38669, 38671, 38677, 38693, 38699,
38707, 38711, 38713, 38723, 38729, 38737, 38747, 38749, 38767,
38783, 38791, 38803, 38821, 38833, 38839, 38851, 38861, 38867,
38873, 38891, 38903, 38917, 38921, 38923, 38933, 38953, 38959,
38971, 38977, 38993, 39019, 39023, 39041, 39043, 39047, 39079,
39089, 39097, 39103, 39107, 39113, 39119, 39133, 39139, 39157,
39161, 39163, 39181, 39191, 39199, 39209, 39217, 39227, 39229,
39233, 39239, 39241, 39251, 39293, 39301, 39313, 39317, 39323,
39341, 39343, 39359, 39367, 39371, 39373, 39383, 39397, 39409,
39419, 39439, 39443, 39451, 39461, 39499, 39503, 39509, 39511,
39521, 39541, 39551, 39563, 39569, 39581, 39607, 39619, 39623,
39631, 39659, 39667, 39671, 39679, 39703, 39709, 39719, 39727,
39733, 39749, 39761, 39769, 39779, 39791, 39799, 39821, 39827,
39829, 39839, 39841, 39847, 39857, 39863, 39869, 39877, 39883,
39887, 39901, 39929, 39937, 39953, 39971, 39979, 39983, 39989,
40009, 40013, 40031, 40037, 40039, 40063, 40087, 40093, 40099,
40111, 40123, 40127, 40129, 40151, 40153, 40163, 40169, 40177,
40189, 40193, 40213, 40231, 40237, 40241, 40253, 40277, 40283,
40289, 40343, 40351, 40357, 40361, 40387, 40423, 40427, 40429,
40433, 40459, 40471, 40483, 40487, 40493, 40499, 40507, 40519,
40529, 40531, 40543, 40559, 40577, 40583, 40591, 40597, 40609,
40627, 40637, 40639, 40693, 40697, 40699, 40709, 40739, 40751,
40759, 40763, 40771, 40787, 40801, 40813, 40819, 40823, 40829,
40841, 40847, 40849, 40853, 40867, 40879, 40883, 40897, 40903,
40927, 40933, 40939, 40949, 40961, 40973, 40993, 41011, 41017,
41023, 41039, 41047, 41051, 41057, 41077, 41081, 41113, 41117,
41131, 41141, 41143, 41149, 41161, 41177, 41179, 41183, 41189,
41201, 41203, 41213, 41221, 41227, 41231, 41233, 41243, 41257,
41263, 41269, 41281, 41299, 41333, 41341, 41351, 41357, 41381,
41387, 41389, 41399, 41411, 41413, 41443, 41453, 41467, 41479,
41491, 41507, 41513, 41519, 41521, 41539, 41543, 41549, 41579,
41593, 41597, 41603, 41609, 41611, 41617, 41621, 41627, 41641,
41647, 41651, 41659, 41669, 41681, 41687, 41719, 41729, 41737,
41759, 41761, 41771, 41777, 41801, 41809, 41813, 41843, 41849,
41851, 41863, 41879, 41887, 41893, 41897, 41903, 41911, 41927,
41941, 41947, 41953, 41957, 41959, 41969, 41981, 41983, 41999,
42013, 42017, 42019, 42023, 42043, 42061, 42071, 42073, 42083,
42089, 42101, 42131, 42139, 42157, 42169, 42179, 42181, 42187,
42193, 42197, 42209, 42221, 42223, 42227, 42239, 42257, 42281,
42283, 42293, 42299, 42307, 42323, 42331, 42337, 42349, 42359,
42373, 42379, 42391, 42397, 42403, 42407, 42409, 42433, 42437,
42443, 42451, 42457, 42461, 42463, 42467, 42473, 42487, 42491,
42499, 42509, 42533, 42557, 42569, 42571, 42577, 42589, 42611,
42641, 42643, 42649, 42667, 42677, 42683, 42689, 42697, 42701,
42703, 42709, 42719, 42727, 42737, 42743, 42751, 42767, 42773,

प्रथम सौ हजार अभाज्य संख्याएँ

42787, 42793, 42797, 42821, 42829, 42839, 42841, 42853, 42859,
42863, 42899, 42901, 42923, 42929, 42937, 42943, 42953, 42961,
42967, 42979, 42989, 43003, 43013, 43019, 43037, 43049, 43051,
43063, 43067, 43093, 43103, 43117, 43133, 43151, 43159, 43177,
43189, 43201, 43207, 43223, 43237, 43261, 43271, 43283, 43291,
43313, 43319, 43321, 43331, 43391, 43397, 43399, 43403, 43411,
43427, 43441, 43451, 43457, 43481, 43487, 43499, 43517, 43541,
43543, 43573, 43577, 43579, 43591, 43597, 43607, 43609, 43613,
43627, 43633, 43649, 43651, 43661, 43669, 43691, 43711, 43717,
43721, 43753, 43759, 43777, 43781, 43783, 43787, 43789, 43793,
43801, 43853, 43867, 43889, 43891, 43913, 43933, 43943, 43951,
43961, 43963, 43969, 43973, 43987, 43991, 43997, 44017, 44021,
44027, 44029, 44041, 44053, 44059, 44071, 44087, 44089, 44101,
44111, 44119, 44123, 44129, 44131, 44159, 44171, 44179, 44189,
44201, 44203, 44207, 44221, 44249, 44257, 44263, 44267, 44269,
44273, 44279, 44281, 44293, 44351, 44357, 44371, 44381, 44383,
44389, 44417, 44449, 44453, 44483, 44491, 44497, 44501, 44507,
44519, 44531, 44533, 44537, 44543, 44549, 44563, 44579, 44587,
44617, 44621, 44623, 44633, 44641, 44647, 44651, 44657, 44683,
44687, 44699, 44701, 44711, 44729, 44741, 44753, 44771, 44773,
44777, 44789, 44797, 44809, 44819, 44839, 44843, 44851, 44867,
44879, 44887, 44893, 44909, 44917, 44927, 44939, 44953, 44959,
44963, 44971, 44983, 44987, 45007, 45013, 45053, 45061, 45077,
45083, 45119, 45121, 45127, 45131, 45137, 45139, 45161, 45179,
45181, 45191, 45197, 45233, 45247, 45259, 45263, 45281, 45289,
45293, 45307, 45317, 45319, 45329, 45337, 45341, 45343, 45361,
45377, 45389, 45403, 45413, 45427, 45433, 45439, 45481, 45491,
45497, 45503, 45523, 45533, 45541, 45553, 45557, 45569, 45587,
45589, 45599, 45613, 45631, 45641, 45659, 45667, 45673, 45677,
45691, 45697, 45707, 45737, 45751, 45757, 45763, 45767, 45779,
45817, 45821, 45823, 45827, 45833, 45841, 45853, 45863, 45869,
45887, 45893, 45943, 45949, 45953, 45959, 45971, 45979, 45989,
46021, 46027, 46049, 46051, 46061, 46073, 46091, 46093, 46099,
46103, 46133, 46141, 46147, 46153, 46171, 46181, 46183, 46187,
46199, 46219, 46229, 46237, 46261, 46271, 46273, 46279, 46301,
46307, 46309, 46327, 46337, 46349, 46351, 46381, 46399, 46411,
46439, 46441, 46447, 46451, 46457, 46471, 46477, 46489, 46499,
46507, 46511, 46523, 46549, 46559, 46567, 46573, 46589, 46591,
46601, 46619, 46633, 46639, 46643, 46649, 46663, 46679, 46681,
46687, 46691, 46703, 46723, 46727, 46747, 46751, 46757, 46769,
46771, 46807, 46811, 46817, 46819, 46829, 46831, 46853, 46861,
46867, 46877, 46889, 46901, 46919, 46933, 46957, 46993, 46997,
47017, 47041, 47051, 47057, 47059, 47087, 47093, 47111, 47119,
47123, 47129, 47137, 47143, 47147, 47149, 47161, 47189, 47207,
47221, 47237, 47251, 47269, 47279, 47287, 47293, 47297, 47303,
47309, 47317, 47339, 47351, 47353, 47363, 47381, 47387, 47389,
47407, 47417, 47419, 47431, 47441, 47459, 47491, 47497, 47501,
47507, 47513, 47521, 47527, 47533, 47543, 47563, 47569, 47581,

प्रथम सौ हजार अभाज्य संख्याएँ

47591, 47599, 47609, 47623, 47629, 47639, 47653, 47657, 47659,
47681, 47699, 47701, 47711, 47713, 47717, 47737, 47741, 47743,
47777, 47779, 47791, 47797, 47807, 47809, 47819, 47837, 47843,
47857, 47869, 47881, 47903, 47911, 47917, 47933, 47939, 47947,
47951, 47963, 47969, 47977, 47981, 48017, 48023, 48029, 48049,
48073, 48079, 48091, 48109, 48119, 48121, 48131, 48157, 48163,
48179, 48187, 48193, 48197, 48221, 48239, 48247, 48259, 48271,
48281, 48299, 48311, 48313, 48337, 48341, 48353, 48371, 48383,
48397, 48407, 48409, 48413, 48437, 48449, 48463, 48473, 48479,
48481, 48487, 48491, 48497, 48523, 48527, 48533, 48539, 48541,
48563, 48571, 48589, 48593, 48611, 48619, 48623, 48647, 48649,
48661, 48673, 48677, 48679, 48731, 48733, 48751, 48757, 48761,
48767, 48779, 48781, 48787, 48799, 48809, 48817, 48821, 48823,
48847, 48857, 48859, 48869, 48871, 48883, 48889, 48907, 48947,
48953, 48973, 48989, 48991, 49003, 49009, 49019, 49031, 49033,
49037, 49043, 49057, 49069, 49081, 49103, 49109, 49117, 49121,
49123, 49139, 49157, 49169, 49171, 49177, 49193, 49199, 49201,
49207, 49211, 49223, 49253, 49261, 49277, 49279, 49297, 49307,
49331, 49333, 49339, 49363, 49367, 49369, 49391, 49393, 49409,
49411, 49417, 49429, 49433, 49451, 49459, 49463, 49477, 49481,
49499, 49523, 49529, 49531, 49537, 49547, 49549, 49559, 49597,
49603, 49613, 49627, 49633, 49639, 49663, 49667, 49669, 49681,
49697, 49711, 49727, 49739, 49741, 49747, 49757, 49783, 49787,
49789, 49801, 49807, 49811, 49823, 49831, 49843, 49853, 49871,
49877, 49891, 49919, 49921, 49927, 49937, 49939, 49943, 49957,
49991, 49993, 49999, 50021, 50023, 50033, 50047, 50051, 50053,
50069, 50077, 50087, 50093, 50101, 50111, 50119, 50123, 50129,
50131, 50147, 50153, 50159, 50177, 50207, 50221, 50227, 50231,
50261, 50263, 50273, 50287, 50291, 50311, 50321, 50329, 50333,
50341, 50359, 50363, 50377, 50383, 50387, 50411, 50417, 50423,
50441, 50459, 50461, 50497, 50503, 50513, 50527, 50539, 50543,
50549, 50551, 50581, 50587, 50591, 50593, 50599, 50627, 50647,
50651, 50671, 50683, 50707, 50723, 50741, 50753, 50767, 50773,
50777, 50789, 50821, 50833, 50839, 50849, 50857, 50867, 50873,
50891, 50893, 50909, 50923, 50929, 50951, 50957, 50969, 50971,
50989, 50993, 51001, 51031, 51043, 51047, 51059, 51061, 51071,
51109, 51131, 51133, 51137, 51151, 51157, 51169, 51193, 51197,
51199, 51203, 51217, 51229, 51239, 51241, 51257, 51263, 51283,
51287, 51307, 51329, 51341, 51343, 51347, 51349, 51361, 51383,
51407, 51413, 51419, 51421, 51427, 51431, 51437, 51439, 51449,
51461, 51473, 51479, 51481, 51487, 51503, 51511, 51517, 51521,
51539, 51551, 51563, 51577, 51581, 51593, 51599, 51607, 51613,
51631, 51637, 51647, 51659, 51673, 51679, 51683, 51691, 51713,
51719, 51721, 51749, 51767, 51769, 51787, 51797, 51803, 51817,
51827, 51829, 51839, 51853, 51859, 51869, 51871, 51893, 51899,
51907, 51913, 51929, 51941, 51949, 51971, 51973, 51977, 51991,
52009, 52021, 52027, 52051, 52057, 52067, 52069, 52081, 52103,
52121, 52127, 52147, 52153, 52163, 52177, 52181, 52183, 52189,

प्रथम सौ हजार अभाज्य संख्याएँ

52201, 52223, 52237, 52249, 52253, 52259, 52267, 52289, 52291,
52301, 52313, 52321, 52361, 52363, 52369, 52379, 52387, 52391,
52433, 52453, 52457, 52489, 52501, 52511, 52517, 52529, 52541,
52543, 52553, 52561, 52567, 52571, 52579, 52583, 52609, 52627,
52631, 52639, 52667, 52673, 52691, 52697, 52709, 52711, 52721,
52727, 52733, 52747, 52757, 52769, 52783, 52807, 52813, 52817,
52837, 52859, 52861, 52879, 52883, 52889, 52901, 52903, 52919,
52937, 52951, 52957, 52963, 52967, 52973, 52981, 52999, 53003,
53017, 53047, 53051, 53069, 53077, 53087, 53089, 53093, 53101,
53113, 53117, 53129, 53147, 53149, 53161, 53171, 53173, 53189,
53197, 53201, 53231, 53233, 53239, 53267, 53269, 53279, 53281,
53299, 53309, 53323, 53327, 53353, 53359, 53377, 53381, 53401,
53407, 53411, 53419, 53437, 53441, 53453, 53479, 53503, 53507,
53527, 53549, 53551, 53569, 53591, 53593, 53597, 53609, 53611,
53617, 53623, 53629, 53633, 53639, 53653, 53657, 53681, 53693,
53699, 53717, 53719, 53731, 53759, 53773, 53777, 53783, 53791,
53813, 53819, 53831, 53849, 53857, 53861, 53881, 53887, 53891,
53897, 53899, 53917, 53923, 53927, 53939, 53951, 53959, 53987,
53993, 54001, 54011, 54013, 54037, 54049, 54059, 54083, 54091,
54101, 54121, 54133, 54139, 54151, 54163, 54167, 54181, 54193,
54217, 54251, 54269, 54277, 54287, 54293, 54311, 54319, 54323,
54331, 54347, 54361, 54367, 54371, 54377, 54401, 54403, 54409,
54413, 54419, 54421, 54437, 54443, 54449, 54469, 54493, 54497,
54499, 54503, 54517, 54521, 54539, 54541, 54547, 54559, 54563,
54577, 54581, 54583, 54601, 54617, 54623, 54629, 54631, 54647,
54667, 54673, 54679, 54709, 54713, 54721, 54727, 54751, 54767,
54773, 54779, 54787, 54799, 54829, 54833, 54851, 54869, 54877,
54881, 54907, 54917, 54919, 54941, 54949, 54959, 54973, 54979,
54983, 55001, 55009, 55021, 55049, 55051, 55057, 55061, 55073,
55079, 55103, 55109, 55117, 55127, 55147, 55163, 55171, 55201,
55207, 55213, 55217, 55219, 55229, 55243, 55249, 55259, 55291,
55313, 55331, 55333, 55337, 55339, 55343, 55351, 55373, 55381,
55399, 55411, 55439, 55441, 55457, 55469, 55487, 55501, 55511,
55529, 55541, 55547, 55579, 55589, 55603, 55609, 55619, 55621,
55631, 55633, 55639, 55661, 55663, 55667, 55673, 55681, 55691,
55697, 55711, 55717, 55721, 55733, 55763, 55787, 55793, 55799,
55807, 55813, 55817, 55819, 55823, 55829, 55837, 55843, 55849,
55871, 55889, 55897, 55901, 55903, 55921, 55927, 55931, 55933,
55949, 55967, 55987, 55997, 56003, 56009, 56039, 56041, 56053,
56081, 56087, 56093, 56099, 56101, 56113, 56123, 56131, 56149,
56167, 56171, 56179, 56197, 56207, 56209, 56237, 56239, 56249,
56263, 56267, 56269, 56299, 56311, 56333, 56359, 56369, 56377,
56383, 56393, 56401, 56417, 56431, 56437, 56443, 56453, 56467,
56473, 56477, 56479, 56489, 56501, 56503, 56509, 56519, 56527,
56531, 56533, 56543, 56569, 56591, 56597, 56599, 56611, 56629,
56633, 56659, 56663, 56671, 56681, 56687, 56701, 56711, 56713,
56731, 56737, 56747, 56767, 56773, 56779, 56783, 56807, 56809,
56813, 56821, 56827, 56843, 56857, 56873, 56891, 56893, 56897,

प्रथम सौ हजार अभाज्य संख्याएँ

56909, 56911, 56921, 56923, 56929, 56941, 56951, 56957, 56963,
56983, 56989, 56993, 56999, 57037, 57041, 57047, 57059, 57073,
57077, 57089, 57097, 57107, 57119, 57131, 57139, 57143, 57149,
57163, 57173, 57179, 57191, 57193, 57203, 57221, 57223, 57241,
57251, 57259, 57269, 57271, 57283, 57287, 57301, 57329, 57331,
57347, 57349, 57367, 57373, 57383, 57389, 57397, 57413, 57427,
57457, 57467, 57487, 57493, 57503, 57527, 57529, 57557, 57559,
57571, 57587, 57593, 57601, 57637, 57641, 57649, 57653, 57667,
57679, 57689, 57697, 57709, 57713, 57719, 57727, 57731, 57737,
57751, 57773, 57781, 57787, 57791, 57793, 57803, 57809, 57829,
57839, 57847, 57853, 57859, 57881, 57899, 57901, 57917, 57923,
57943, 57947, 57973, 57977, 57991, 58013, 58027, 58031, 58043,
58049, 58057, 58061, 58067, 58073, 58099, 58109, 58111, 58129,
58147, 58151, 58153, 58169, 58171, 58189, 58193, 58199, 58207,
58211, 58217, 58229, 58231, 58237, 58243, 58271, 58309, 58313,
58321, 58337, 58363, 58367, 58369, 58379, 58391, 58393, 58403,
58411, 58417, 58427, 58439, 58441, 58451, 58453, 58477, 58481,
58511, 58537, 58543, 58549, 58567, 58573, 58579, 58601, 58603,
58613, 58631, 58657, 58661, 58679, 58687, 58693, 58699, 58711,
58727, 58733, 58741, 58757, 58763, 58771, 58787, 58789, 58831,
58889, 58897, 58901, 58907, 58909, 58913, 58921, 58937, 58943,
58963, 58967, 58979, 58991, 58997, 59009, 59011, 59021, 59023,
59029, 59051, 59053, 59063, 59069, 59077, 59083, 59093, 59107,
59113, 59119, 59123, 59141, 59149, 59159, 59167, 59183, 59197,
59207, 59209, 59219, 59221, 59233, 59239, 59243, 59263, 59273,
59281, 59333, 59341, 59351, 59357, 59359, 59369, 59377, 59387,
59393, 59399, 59407, 59417, 59419, 59441, 59443, 59447, 59453,
59467, 59471, 59473, 59497, 59509, 59513, 59539, 59557, 59561,
59567, 59581, 59611, 59617, 59621, 59627, 59629, 59651, 59659,
59663, 59669, 59671, 59693, 59699, 59707, 59723, 59729, 59743,
59747, 59753, 59771, 59779, 59791, 59797, 59809, 59833, 59863,
59879, 59887, 59921, 59929, 59951, 59957, 59971, 59981, 59999,
60013, 60017, 60029, 60037, 60041, 60077, 60083, 60089, 60091,
60101, 60103, 60107, 60127, 60133, 60139, 60149, 60161, 60167,
60169, 60209, 60217, 60223, 60251, 60257, 60259, 60271, 60289,
60293, 60317, 60331, 60337, 60343, 60353, 60373, 60383, 60397,
60413, 60427, 60443, 60449, 60457, 60493, 60497, 60509, 60521,
60527, 60539, 60589, 60601, 60607, 60611, 60617, 60623, 60631,
60637, 60647, 60649, 60659, 60661, 60679, 60689, 60703, 60719,
60727, 60733, 60737, 60757, 60761, 60763, 60773, 60779, 60793,
60811, 60821, 60859, 60869, 60887, 60889, 60899, 60901, 60913,
60917, 60919, 60923, 60937, 60943, 60953, 60961, 61001, 61007,
61027, 61031, 61043, 61051, 61057, 61091, 61099, 61121, 61129,
61141, 61151, 61153, 61169, 61211, 61223, 61231, 61253, 61261,
61283, 61291, 61297, 61331, 61333, 61339, 61343, 61357, 61363,
61379, 61381, 61403, 61409, 61417, 61441, 61463, 61469, 61471,
61483, 61487, 61493, 61507, 61511, 61519, 61543, 61547, 61553,
61559, 61561, 61583, 61603, 61609, 61613, 61627, 61631, 61637,

61643, 61651, 61657, 61667, 61673, 61681, 61687, 61703, 61717,
61723, 61729, 61751, 61757, 61781, 61813, 61819, 61837, 61843,
61861, 61871, 61879, 61909, 61927, 61933, 61949, 61961, 61967,
61979, 61981, 61987, 61991, 62003, 62011, 62017, 62039, 62047,
62053, 62057, 62071, 62081, 62099, 62119, 62129, 62131, 62137,
62141, 62143, 62171, 62189, 62191, 62201, 62207, 62213, 62219,
62233, 62273, 62297, 62299, 62303, 62311, 62323, 62327, 62347,
62351, 62383, 62401, 62417, 62423, 62459, 62467, 62473, 62477,
62483, 62497, 62501, 62507, 62533, 62539, 62549, 62563, 62581,
62591, 62597, 62603, 62617, 62627, 62633, 62639, 62653, 62659,
62683, 62687, 62701, 62723, 62731, 62743, 62753, 62761, 62773,
62791, 62801, 62819, 62827, 62851, 62861, 62869, 62873, 62897,
62903, 62921, 62927, 62929, 62939, 62969, 62971, 62981, 62983,
62987, 62989, 63029, 63031, 63059, 63067, 63073, 63079, 63097,
63103, 63113, 63127, 63131, 63149, 63179, 63197, 63199, 63211,
63241, 63247, 63277, 63281, 63299, 63311, 63313, 63317, 63331,
63337, 63347, 63353, 63361, 63367, 63377, 63389, 63391, 63397,
63409, 63419, 63421, 63439, 63443, 63463, 63467, 63473, 63487,
63493, 63499, 63521, 63527, 63533, 63541, 63559, 63577, 63587,
63589, 63599, 63601, 63607, 63611, 63617, 63629, 63647, 63649,
63659, 63667, 63671, 63689, 63691, 63697, 63703, 63709, 63719,
63727, 63737, 63743, 63761, 63773, 63781, 63793, 63799, 63803,
63809, 63823, 63839, 63841, 63853, 63857, 63863, 63901, 63907,
63913, 63929, 63949, 63977, 63997, 64007, 64013, 64019, 64033,
64037, 64063, 64067, 64081, 64091, 64109, 64123, 64151, 64153,
64157, 64171, 64187, 64189, 64217, 64223, 64231, 64237, 64271,
64279, 64283, 64301, 64303, 64319, 64327, 64333, 64373, 64381,
64399, 64403, 64433, 64439, 64451, 64453, 64483, 64489, 64499,
64513, 64553, 64567, 64577, 64579, 64591, 64601, 64609, 64613,
64621, 64627, 64633, 64661, 64663, 64667, 64679, 64693, 64709,
64717, 64747, 64763, 64781, 64783, 64793, 64811, 64817, 64849,
64853, 64871, 64877, 64879, 64891, 64901, 64919, 64921, 64927,
64937, 64951, 64969, 64997, 65003, 65011, 65027, 65029, 65033,
65053, 65063, 65071, 65089, 65099, 65101, 65111, 65119, 65123,
65129, 65141, 65147, 65167, 65171, 65173, 65179, 65183, 65203,
65213, 65239, 65257, 65267, 65269, 65287, 65293, 65309, 65323,
65327, 65353, 65357, 65371, 65381, 65393, 65407, 65413, 65419,
65423, 65437, 65447, 65449, 65479, 65497, 65519, 65521, 65537,
65539, 65543, 65551, 65557, 65563, 65579, 65581, 65587, 65599,
65609, 65617, 65629, 65633, 65647, 65651, 65657, 65677, 65687,
65699, 65701, 65707, 65713, 65717, 65719, 65729, 65731, 65761,
65777, 65789, 65809, 65827, 65831, 65837, 65839, 65843, 65851,
65867, 65881, 65899, 65921, 65927, 65929, 65951, 65957, 65963,
65981, 65983, 65993, 66029, 66037, 66041, 66047, 66067, 66071,
66083, 66089, 66103, 66107, 66109, 66137, 66161, 66169, 66173,
66179, 66191, 66221, 66239, 66271, 66293, 66301, 66337, 66343,
66347, 66359, 66361, 66373, 66377, 66383, 66403, 66413, 66431,
66449, 66457, 66463, 66467, 66491, 66499, 66509, 66523, 66529,

प्रथम सौ हजार अभाज्य संख्याएँ

66533, 66541, 66553, 66569, 66571, 66587, 66593, 66601, 66617,
66629, 66643, 66653, 66683, 66697, 66701, 66713, 66721, 66733,
66739, 66749, 66751, 66763, 66791, 66797, 66809, 66821, 66841,
66851, 66853, 66863, 66877, 66883, 66889, 66919, 66923, 66931,
66943, 66947, 66949, 66959, 66973, 66977, 67003, 67021, 67033,
67043, 67049, 67057, 67061, 67073, 67079, 67103, 67121, 67129,
67139, 67141, 67153, 67157, 67169, 67181, 67187, 67189, 67211,
67213, 67217, 67219, 67231, 67247, 67261, 67271, 67273, 67289,
67307, 67339, 67343, 67349, 67369, 67391, 67399, 67409, 67411,
67421, 67427, 67429, 67433, 67447, 67453, 67477, 67481, 67489,
67493, 67499, 67511, 67523, 67531, 67537, 67547, 67559, 67567,
67577, 67579, 67589, 67601, 67607, 67619, 67631, 67651, 67679,
67699, 67709, 67723, 67733, 67741, 67751, 67757, 67759, 67763,
67777, 67783, 67789, 67801, 67807, 67819, 67829, 67843, 67853,
67867, 67883, 67891, 67901, 67927, 67931, 67933, 67939, 67943,
67957, 67961, 67967, 67979, 67987, 67993, 68023, 68041, 68053,
68059, 68071, 68087, 68099, 68111, 68113, 68141, 68147, 68161,
68171, 68207, 68209, 68213, 68219, 68227, 68239, 68261, 68279,
68281, 68311, 68329, 68351, 68371, 68389, 68399, 68437, 68443,
68447, 68449, 68473, 68477, 68483, 68489, 68491, 68501, 68507,
68521, 68531, 68539, 68543, 68567, 68581, 68597, 68611, 68633,
68639, 68659, 68669, 68683, 68687, 68699, 68711, 68713, 68729,
68737, 68743, 68749, 68767, 68771, 68777, 68791, 68813, 68819,
68821, 68863, 68879, 68881, 68891, 68897, 68899, 68903, 68909,
68917, 68927, 68947, 68963, 68993, 69001, 69011, 69019, 69029,
69031, 69061, 69067, 69073, 69109, 69119, 69127, 69143, 69149,
69151, 69163, 69191, 69193, 69197, 69203, 69221, 69233, 69239,
69247, 69257, 69259, 69263, 69313, 69317, 69337, 69341, 69371,
69379, 69383, 69389, 69401, 69403, 69427, 69431, 69439, 69457,
69463, 69467, 69473, 69481, 69491, 69493, 69497, 69499, 69539,
69557, 69593, 69623, 69653, 69661, 69677, 69691, 69697, 69709,
69737, 69739, 69761, 69763, 69767, 69779, 69809, 69821, 69827,
69829, 69833, 69847, 69857, 69859, 69877, 69899, 69911, 69929,
69931, 69941, 69959, 69991, 69997, 70001, 70003, 70009, 70019,
70039, 70051, 70061, 70067, 70079, 70099, 70111, 70117, 70121,
70123, 70139, 70141, 70157, 70163, 70177, 70181, 70183, 70199,
70201, 70207, 70223, 70229, 70237, 70241, 70249, 70271, 70289,
70297, 70309, 70313, 70321, 70327, 70351, 70373, 70379, 70381,
70393, 70423, 70429, 70439, 70451, 70457, 70459, 70481, 70487,
70489, 70501, 70507, 70529, 70537, 70549, 70571, 70573, 70583,
70589, 70607, 70619, 70621, 70627, 70639, 70657, 70663, 70667,
70687, 70709, 70717, 70729, 70753, 70769, 70783, 70793, 70823,
70841, 70843, 70849, 70853, 70867, 70877, 70879, 70891, 70901,
70913, 70919, 70921, 70937, 70949, 70951, 70957, 70969, 70979,
70981, 70991, 70997, 70999, 71011, 71023, 71039, 71059, 71069,
71081, 71089, 71119, 71129, 71143, 71147, 71153, 71161, 71167,
71171, 71191, 71209, 71233, 71237, 71249, 71257, 71261, 71263,
71287, 71293, 71317, 71327, 71329, 71333, 71339, 71341, 71347,

71353, 71359, 71363, 71387, 71389, 71399, 71411, 71413, 71419,
71429, 71437, 71443, 71453, 71471, 71473, 71479, 71483, 71503,
71527, 71537, 71549, 71551, 71563, 71569, 71593, 71597, 71633,
71647, 71663, 71671, 71693, 71699, 71707, 71711, 71713, 71719,
71741, 71761, 71777, 71789, 71807, 71809, 71821, 71837, 71843,
71849, 71861, 71867, 71879, 71881, 71887, 71899, 71909, 71917,
71933, 71941, 71947, 71963, 71971, 71983, 71987, 71993, 71999,
72019, 72031, 72043, 72047, 72053, 72073, 72077, 72089, 72091,
72101, 72103, 72109, 72139, 72161, 72167, 72169, 72173, 72211,
72221, 72223, 72227, 72229, 72251, 72253, 72269, 72271, 72277,
72287, 72307, 72313, 72337, 72341, 72353, 72367, 72379, 72383,
72421, 72431, 72461, 72467, 72469, 72481, 72493, 72497, 72503,
72533, 72547, 72551, 72559, 72577, 72613, 72617, 72623, 72643,
72647, 72649, 72661, 72671, 72673, 72679, 72689, 72701, 72707,
72719, 72727, 72733, 72739, 72763, 72767, 72797, 72817, 72823,
72859, 72869, 72871, 72883, 72889, 72893, 72901, 72907, 72911,
72923, 72931, 72937, 72949, 72953, 72959, 72973, 72977, 72997,
73009, 73013, 73019, 73037, 73039, 73043, 73061, 73063, 73079,
73091, 73121, 73127, 73133, 73141, 73181, 73189, 73237, 73243,
73259, 73277, 73291, 73303, 73309, 73327, 73331, 73351, 73361,
73363, 73369, 73379, 73387, 73417, 73421, 73433, 73453, 73459,
73471, 73477, 73483, 73517, 73523, 73529, 73547, 73553, 73561,
73571, 73583, 73589, 73597, 73607, 73609, 73613, 73637, 73643,
73651, 73673, 73679, 73681, 73693, 73699, 73709, 73721, 73727,
73751, 73757, 73771, 73783, 73819, 73823, 73847, 73849, 73859,
73867, 73877, 73883, 73897, 73907, 73939, 73943, 73951, 73961,
73973, 73999, 74017, 74021, 74027, 74047, 74051, 74071, 74077,
74093, 74099, 74101, 74131, 74143, 74149, 74159, 74161, 74167,
74177, 74189, 74197, 74201, 74203, 74209, 74219, 74231, 74257,
74279, 74287, 74293, 74297, 74311, 74317, 74323, 74353, 74357,
74363, 74377, 74381, 74383, 74411, 74413, 74419, 74441, 74449,
74453, 74471, 74489, 74507, 74509, 74521, 74527, 74531, 74551,
74561, 74567, 74573, 74587, 74597, 74609, 74611, 74623, 74653,
74687, 74699, 74707, 74713, 74717, 74719, 74729, 74731, 74747,
74759, 74761, 74771, 74779, 74797, 74821, 74827, 74831, 74843,
74857, 74861, 74869, 74873, 74887, 74891, 74897, 74903, 74923,
74929, 74933, 74941, 74959, 75011, 75013, 75017, 75029, 75037,
75041, 75079, 75083, 75109, 75133, 75149, 75161, 75167, 75169,
75181, 75193, 75209, 75211, 75217, 75223, 75227, 75239, 75253,
75269, 75277, 75289, 75307, 75323, 75329, 75337, 75347, 75353,
75367, 75377, 75389, 75391, 75401, 75403, 75407, 75431, 75437,
75479, 75503, 75511, 75521, 75527, 75533, 75539, 75541, 75553,
75557, 75571, 75577, 75583, 75611, 75617, 75619, 75629, 75641,
75653, 75659, 75679, 75683, 75689, 75703, 75707, 75709, 75721,
75731, 75743, 75767, 75773, 75781, 75787, 75793, 75797, 75821,
75833, 75853, 75869, 75883, 75913, 75931, 75937, 75941, 75967,
75979, 75983, 75989, 75991, 75997, 76001, 76003, 76031, 76039,
76079, 76081, 76091, 76099, 76103, 76123, 76129, 76147, 76157,

प्रथम सौ हजार अभाज्य संख्याएँ

76159, 76163, 76207, 76213, 76231, 76243, 76249, 76253, 76259,
76261, 76283, 76289, 76303, 76333, 76343, 76367, 76369, 76379,
76387, 76403, 76421, 76423, 76441, 76463, 76471, 76481, 76487,
76493, 76507, 76511, 76519, 76537, 76541, 76543, 76561, 76579,
76597, 76603, 76607, 76631, 76649, 76651, 76667, 76673, 76679,
76697, 76717, 76733, 76753, 76757, 76771, 76777, 76781, 76801,
76819, 76829, 76831, 76837, 76847, 76871, 76873, 76883, 76907,
76913, 76919, 76943, 76949, 76961, 76963, 76991, 77003, 77017,
77023, 77029, 77041, 77047, 77069, 77081, 77093, 77101, 77137,
77141, 77153, 77167, 77171, 77191, 77201, 77213, 77237, 77239,
77243, 77249, 77261, 77263, 77267, 77269, 77279, 77291, 77317,
77323, 77339, 77347, 77351, 77359, 77369, 77377, 77383, 77417,
77419, 77431, 77447, 77471, 77477, 77479, 77489, 77491, 77509,
77513, 77521, 77527, 77543, 77549, 77551, 77557, 77563, 77569,
77573, 77587, 77591, 77611, 77617, 77621, 77641, 77647, 77659,
77681, 77687, 77689, 77699, 77711, 77713, 77719, 77723, 77731,
77743, 77747, 77761, 77773, 77783, 77797, 77801, 77813, 77839,
77849, 77863, 77867, 77893, 77899, 77929, 77933, 77951, 77969,
77977, 77983, 77999, 78007, 78017, 78031, 78041, 78049, 78059,
78079, 78101, 78121, 78137, 78139, 78157, 78163, 78167, 78173,
78179, 78191, 78193, 78203, 78229, 78233, 78241, 78259, 78277,
78283, 78301, 78307, 78311, 78317, 78341, 78347, 78367, 78401,
78427, 78437, 78439, 78467, 78479, 78487, 78497, 78509, 78511,
78517, 78539, 78541, 78553, 78569, 78571, 78577, 78583, 78593,
78607, 78623, 78643, 78649, 78653, 78691, 78697, 78707, 78713,
78721, 78737, 78779, 78781, 78787, 78791, 78797, 78803, 78809,
78823, 78839, 78853, 78857, 78877, 78887, 78889, 78893, 78901,
78919, 78929, 78941, 78977, 78979, 78989, 79031, 79039, 79043,
79063, 79087, 79103, 79111, 79133, 79139, 79147, 79151, 79153,
79159, 79181, 79187, 79193, 79201, 79229, 79231, 79241, 79259,
79273, 79279, 79283, 79301, 79309, 79319, 79333, 79337, 79349,
79357, 79367, 79379, 79393, 79397, 79399, 79411, 79423, 79427,
79433, 79451, 79481, 79493, 79531, 79537, 79549, 79559, 79561,
79579, 79589, 79601, 79609, 79613, 79621, 79627, 79631, 79633,
79657, 79669, 79687, 79691, 79693, 79697, 79699, 79757, 79769,
79777, 79801, 79811, 79813, 79817, 79823, 79829, 79841, 79843,
79847, 79861, 79867, 79873, 79889, 79901, 79903, 79907, 79939,
79943, 79967, 79973, 79979, 79987, 79997, 79999, 80021, 80039,
80051, 80071, 80077, 80107, 80111, 80141, 80147, 80149, 80153,
80167, 80173, 80177, 80191, 80207, 80209, 80221, 80231, 80233,
80239, 80251, 80263, 80273, 80279, 80287, 80309, 80317, 80329,
80341, 80347, 80363, 80369, 80387, 80407, 80429, 80447, 80449,
80471, 80473, 80489, 80491, 80513, 80527, 80537, 80557, 80567,
80599, 80603, 80611, 80621, 80627, 80629, 80651, 80657, 80669,
80671, 80677, 80681, 80683, 80687, 80701, 80713, 80737, 80747,
80749, 80761, 80777, 80779, 80783, 80789, 80803, 80809, 80819,
80831, 80833, 80849, 80863, 80897, 80909, 80911, 80917, 80923,
80929, 80933, 80953, 80963, 80989, 81001, 81013, 81017, 81019,

81023, 81031, 81041, 81043, 81047, 81049, 81071, 81077, 81083,
81097, 81101, 81119, 81131, 81157, 81163, 81173, 81181, 81197,
81199, 81203, 81223, 81233, 81239, 81281, 81283, 81293, 81299,
81307, 81331, 81343, 81349, 81353, 81359, 81371, 81373, 81401,
81409, 81421, 81439, 81457, 81463, 81509, 81517, 81527, 81533,
81547, 81551, 81553, 81559, 81563, 81569, 81611, 81619, 81629,
81637, 81647, 81649, 81667, 81671, 81677, 81689, 81701, 81703,
81707, 81727, 81737, 81749, 81761, 81769, 81773, 81799, 81817,
81839, 81847, 81853, 81869, 81883, 81899, 81901, 81919, 81929,
81931, 81937, 81943, 81953, 81967, 81971, 81973, 82003, 82007,
82009, 82013, 82021, 82031, 82037, 82039, 82051, 82067, 82073,
82129, 82139, 82141, 82153, 82163, 82171, 82183, 82189, 82193,
82207, 82217, 82219, 82223, 82231, 82237, 82241, 82261, 82267,
82279, 82301, 82307, 82339, 82349, 82351, 82361, 82373, 82387,
82393, 82421, 82457, 82463, 82469, 82471, 82483, 82487, 82493,
82499, 82507, 82529, 82531, 82549, 82559, 82561, 82567, 82571,
82591, 82601, 82609, 82613, 82619, 82633, 82651, 82657, 82699,
82721, 82723, 82727, 82729, 82757, 82759, 82763, 82781, 82787,
82793, 82799, 82811, 82813, 82837, 82847, 82883, 82889, 82891,
82903, 82913, 82939, 82963, 82981, 82997, 83003, 83009, 83023,
83047, 83059, 83063, 83071, 83077, 83089, 83093, 83101, 83117,
83137, 83177, 83203, 83207, 83219, 83221, 83227, 83231, 83233,
83243, 83257, 83267, 83269, 83273, 83299, 83311, 83339, 83341,
83357, 83383, 83389, 83399, 83401, 83407, 83417, 83423, 83431,
83437, 83443, 83449, 83459, 83471, 83477, 83497, 83537, 83557,
83561, 83563, 83579, 83591, 83597, 83609, 83617, 83621, 83639,
83641, 83653, 83663, 83689, 83701, 83717, 83719, 83737, 83761,
83773, 83777, 83791, 83813, 83833, 83843, 83857, 83869, 83873,
83891, 83903, 83911, 83921, 83933, 83939, 83969, 83983, 83987,
84011, 84017, 84047, 84053, 84059, 84061, 84067, 84089, 84121,
84127, 84131, 84137, 84143, 84163, 84179, 84181, 84191, 84199,
84211, 84221, 84223, 84229, 84239, 84247, 84263, 84299, 84307,
84313, 84317, 84319, 84347, 84349, 84377, 84389, 84391, 84401,
84407, 84421, 84431, 84437, 84443, 84449, 84457, 84463, 84467,
84481, 84499, 84503, 84509, 84521, 84523, 84533, 84551, 84559,
84589, 84629, 84631, 84649, 84653, 84659, 84673, 84691, 84697,
84701, 84713, 84719, 84731, 84737, 84751, 84761, 84787, 84793,
84809, 84811, 84827, 84857, 84859, 84869, 84871, 84913, 84919,
84947, 84961, 84967, 84977, 84979, 84991, 85009, 85021, 85027,
85037, 85049, 85061, 85081, 85087, 85091, 85093, 85103, 85109,
85121, 85133, 85147, 85159, 85193, 85199, 85201, 85213, 85223,
85229, 85237, 85243, 85247, 85259, 85297, 85303, 85313, 85331,
85333, 85361, 85363, 85369, 85381, 85411, 85427, 85429, 85439,
85447, 85451, 85453, 85469, 85487, 85513, 85517, 85523, 85531,
85549, 85571, 85577, 85597, 85601, 85607, 85619, 85621, 85627,
85639, 85643, 85661, 85667, 85669, 85691, 85703, 85711, 85717,
85733, 85751, 85781, 85793, 85817, 85819, 85829, 85831, 85837,
85843, 85847, 85853, 85889, 85903, 85909, 85931, 85933, 85991,

प्रथम सौ हजार अभाज्य संख्याएँ

85999, 86011, 86017, 86027, 86029, 86069, 86077, 86083, 86111,
86113, 86117, 86131, 86137, 86143, 86161, 86171, 86179, 86183,
86197, 86201, 86209, 86239, 86243, 86249, 86257, 86263, 86269,
86287, 86291, 86293, 86297, 86311, 86323, 86341, 86351, 86353,
86357, 86369, 86371, 86381, 86389, 86399, 86413, 86423, 86441,
86453, 86461, 86467, 86477, 86491, 86501, 86509, 86531, 86533,
86539, 86561, 86573, 86579, 86587, 86599, 86627, 86629, 86677,
86689, 86693, 86711, 86719, 86729, 86743, 86753, 86767, 86771,
86783, 86813, 86837, 86843, 86851, 86857, 86861, 86869, 86923,
86927, 86929, 86939, 86951, 86959, 86969, 86981, 86993, 87011,
87013, 87037, 87041, 87049, 87071, 87083, 87103, 87107, 87119,
87121, 87133, 87149, 87151, 87179, 87181, 87187, 87211, 87221,
87223, 87251, 87253, 87257, 87277, 87281, 87293, 87299, 87313,
87317, 87323, 87337, 87359, 87383, 87403, 87407, 87421, 87427,
87433, 87443, 87473, 87481, 87491, 87509, 87511, 87517, 87523,
87539, 87541, 87547, 87553, 87557, 87559, 87583, 87587, 87589,
87613, 87623, 87629, 87631, 87641, 87643, 87649, 87671, 87679,
87683, 87691, 87697, 87701, 87719, 87721, 87739, 87743, 87751,
87767, 87793, 87797, 87803, 87811, 87833, 87853, 87869, 87877,
87881, 87887, 87911, 87917, 87931, 87943, 87959, 87961, 87973,
87977, 87991, 88001, 88003, 88007, 88019, 88037, 88069, 88079,
88093, 88117, 88129, 88169, 88177, 88211, 88223, 88237, 88241,
88259, 88261, 88289, 88301, 88321, 88327, 88337, 88339, 88379,
88397, 88411, 88423, 88427, 88463, 88469, 88471, 88493, 88499,
88513, 88523, 88547, 88589, 88591, 88607, 88609, 88643, 88651,
88657, 88661, 88663, 88667, 88681, 88721, 88729, 88741, 88747,
88771, 88789, 88793, 88799, 88801, 88807, 88811, 88813, 88817,
88819, 88843, 88853, 88861, 88867, 88873, 88883, 88897, 88903,
88919, 88937, 88951, 88969, 88993, 88997, 89003, 89009, 89017,
89021, 89041, 89051, 89057, 89069, 89071, 89083, 89087, 89101,
89107, 89113, 89119, 89123, 89137, 89153, 89189, 89203, 89209,
89213, 89227, 89231, 89237, 89261, 89269, 89273, 89293, 89303,
89317, 89329, 89363, 89371, 89381, 89387, 89393, 89399, 89413,
89417, 89431, 89443, 89449, 89459, 89477, 89491, 89501, 89513,
89519, 89521, 89527, 89533, 89561, 89563, 89567, 89591, 89597,
89599, 89603, 89611, 89627, 89633, 89653, 89657, 89659, 89669,
89671, 89681, 89689, 89753, 89759, 89767, 89779, 89783, 89797,
89809, 89819, 89821, 89833, 89839, 89849, 89867, 89891, 89897,
89899, 89909, 89917, 89923, 89939, 89959, 89963, 89977, 89983,
89989, 90001, 90007, 90011, 90017, 90019, 90023, 90031, 90053,
90059, 90067, 90071, 90073, 90089, 90107, 90121, 90127, 90149,
90163, 90173, 90187, 90191, 90197, 90199, 90203, 90217, 90227,
90239, 90247, 90263, 90271, 90281, 90289, 90313, 90353, 90359,
90371, 90373, 90379, 90397, 90401, 90403, 90407, 90437, 90439,
90469, 90473, 90481, 90499, 90511, 90523, 90527, 90529, 90533,
90547, 90583, 90599, 90617, 90619, 90631, 90641, 90647, 90659,
90677, 90679, 90697, 90703, 90709, 90731, 90749, 90787, 90793,
90803, 90821, 90823, 90833, 90841, 90847, 90863, 90887, 90901,

90907, 90911, 90917, 90931, 90947, 90971, 90977, 90989, 90997,
91009, 91019, 91033, 91079, 91081, 91097, 91099, 91121, 91127,
91129, 91139, 91141, 91151, 91153, 91159, 91163, 91183, 91193,
91199, 91229, 91237, 91243, 91249, 91253, 91283, 91291, 91297,
91303, 91309, 91331, 91367, 91369, 91373, 91381, 91387, 91393,
91397, 91411, 91423, 91433, 91453, 91457, 91459, 91463, 91493,
91499, 91513, 91529, 91541, 91571, 91573, 91577, 91583, 91591,
91621, 91631, 91639, 91673, 91691, 91703, 91711, 91733, 91753,
91757, 91771, 91781, 91801, 91807, 91811, 91813, 91823, 91837,
91841, 91867, 91873, 91909, 91921, 91939, 91943, 91951, 91957,
91961, 91967, 91969, 91997, 92003, 92009, 92033, 92041, 92051,
92077, 92083, 92107, 92111, 92119, 92143, 92153, 92173, 92177,
92179, 92189, 92203, 92219, 92221, 92227, 92233, 92237, 92243,
92251, 92269, 92297, 92311, 92317, 92333, 92347, 92353, 92357,
92363, 92369, 92377, 92381, 92383, 92387, 92399, 92401, 92413,
92419, 92431, 92459, 92461, 92467, 92479, 92489, 92503, 92507,
92551, 92557, 92567, 92569, 92581, 92593, 92623, 92627, 92639,
92641, 92647, 92657, 92669, 92671, 92681, 92683, 92693, 92699,
92707, 92717, 92723, 92737, 92753, 92761, 92767, 92779, 92789,
92791, 92801, 92809, 92821, 92831, 92849, 92857, 92861, 92863,
92867, 92893, 92899, 92921, 92927, 92941, 92951, 92957, 92959,
92987, 92993, 93001, 93047, 93053, 93059, 93077, 93083, 93089,
93097, 93103, 93113, 93131, 93133, 93139, 93151, 93169, 93179,
93187, 93199, 93229, 93239, 93241, 93251, 93253, 93257, 93263,
93281, 93283, 93287, 93307, 93319, 93323, 93329, 93337, 93371,
93377, 93383, 93407, 93419, 93427, 93463, 93479, 93481, 93487,
93491, 93493, 93497, 93503, 93523, 93529, 93553, 93557, 93559,
93563, 93581, 93601, 93607, 93629, 93637, 93683, 93701, 93703,
93719, 93739, 93761, 93763, 93787, 93809, 93811, 93827, 93851,
93871, 93887, 93889, 93893, 93901, 93911, 93913, 93923, 93937,
93941, 93949, 93967, 93971, 93979, 93983, 93997, 94007, 94009,
94033, 94049, 94057, 94063, 94079, 94099, 94109, 94111, 94117,
94121, 94151, 94153, 94169, 94201, 94207, 94219, 94229, 94253,
94261, 94273, 94291, 94307, 94309, 94321, 94327, 94331, 94343,
94349, 94351, 94379, 94397, 94399, 94421, 94427, 94433, 94439,
94441, 94447, 94463, 94477, 94483, 94513, 94529, 94531, 94541,
94543, 94547, 94559, 94561, 94573, 94583, 94597, 94603, 94613,
94621, 94649, 94651, 94687, 94693, 94709, 94723, 94727, 94747,
94771, 94777, 94781, 94789, 94793, 94811, 94819, 94823, 94837,
94841, 94847, 94849, 94873, 94889, 94903, 94907, 94933, 94949,
94951, 94961, 94993, 94999, 95003, 95009, 95021, 95027, 95063,
95071, 95083, 95087, 95089, 95093, 95101, 95107, 95111, 95131,
95143, 95153, 95177, 95189, 95191, 95203, 95213, 95219, 95231,
95233, 95239, 95257, 95261, 95267, 95273, 95279, 95287, 95311,
95317, 95327, 95339, 95369, 95383, 95393, 95401, 95413, 95419,
95429, 95441, 95443, 95461, 95467, 95471, 95479, 95483, 95507,
95527, 95531, 95539, 95549, 95561, 95569, 95581, 95597, 95603,
95617, 95621, 95629, 95633, 95651, 95701, 95707, 95713, 95717,

प्रथम सौ हजार अभाज्य संख्याएँ

95723, 95731, 95737, 95747, 95773, 95783, 95789, 95791, 95801,
95803, 95813, 95819, 95857, 95869, 95873, 95881, 95891, 95911,
95917, 95923, 95929, 95947, 95957, 95959, 95971, 95987, 95989,
96001, 96013, 96017, 96043, 96053, 96059, 96079, 96097, 96137,
96149, 96157, 96167, 96179, 96181, 96199, 96211, 96221, 96223,
96233, 96259, 96263, 96269, 96281, 96289, 96293, 96323, 96329,
96331, 96337, 96353, 96377, 96401, 96419, 96431, 96443, 96451,
96457, 96461, 96469, 96479, 96487, 96493, 96497, 96517, 96527,
96553, 96557, 96581, 96587, 96589, 96601, 96643, 96661, 96667,
96671, 96697, 96703, 96731, 96737, 96739, 96749, 96757, 96763,
96769, 96779, 96787, 96797, 96799, 96821, 96823, 96827, 96847,
96851, 96857, 96893, 96907, 96911, 96931, 96953, 96959, 96973,
96979, 96989, 96997, 97001, 97003, 97007, 97021, 97039, 97073,
97081, 97103, 97117, 97127, 97151, 97157, 97159, 97169, 97171,
97177, 97187, 97213, 97231, 97241, 97259, 97283, 97301, 97303,
97327, 97367, 97369, 97373, 97379, 97381, 97387, 97397, 97423,
97429, 97441, 97453, 97459, 97463, 97499, 97501, 97511, 97523,
97547, 97549, 97553, 97561, 97571, 97577, 97579, 97583, 97607,
97609, 97613, 97649, 97651, 97673, 97687, 97711, 97729, 97771,
97777, 97787, 97789, 97813, 97829, 97841, 97843, 97847, 97849,
97859, 97861, 97871, 97879, 97883, 97919, 97927, 97931, 97943,
97961, 97967, 97973, 97987, 98009, 98011, 98017, 98041, 98047,
98057, 98081, 98101, 98123, 98129, 98143, 98179, 98207, 98213,
98221, 98227, 98251, 98257, 98269, 98297, 98299, 98317, 98321,
98323, 98327, 98347, 98369, 98377, 98387, 98389, 98407, 98411,
98419, 98429, 98443, 98453, 98459, 98467, 98473, 98479, 98491,
98507, 98519, 98533, 98543, 98561, 98563, 98573, 98597, 98621,
98627, 98639, 98641, 98663, 98669, 98689, 98711, 98713, 98717,
98729, 98731, 98737, 98773, 98779, 98801, 98807, 98809, 98837,
98849, 98867, 98869, 98873, 98887, 98893, 98897, 98899, 98909,
98911, 98927, 98929, 98939, 98947, 98953, 98963, 98981, 98993,
98999, 99013, 99017, 99023, 99041, 99053, 99079, 99083, 99089,
99103, 99109, 99119, 99131, 99133, 99137, 99139, 99149, 99173,
99181, 99191, 99223, 99233, 99241, 99251, 99257, 99259, 99277,
99289, 99317, 99347, 99349, 99367, 99371, 99377, 99391, 99397,
99401, 99409, 99431, 99439, 99469, 99487, 99497, 99523, 99527,
99529, 99551, 99559, 99563, 99571, 99577, 99581, 99607, 99611,
99623, 99643, 99661, 99667, 99679, 99689, 99707, 99709, 99713,
99719, 99721, 99733, 99761, 99767, 99787, 99793, 99809, 99817,
99823, 99829, 99833, 99839, 99859, 99871, 99877, 99881, 99901,
99907, 99923, 99929, 99961, 99971, 99989, 99991, 100003,
100019, 100043, 100049, 100057, 100069, 100103, 100109, 100129,
100151, 100153, 100169, 100183, 100189, 100193, 100207, 100213,
100237, 100267, 100271, 100279, 100291, 100297, 100313, 100333,
100343, 100357, 100361, 100363, 100379, 100391, 100393, 100403,
100411, 100417, 100447, 100459, 100469, 100483, 100493, 100501,
100511, 100517, 100519, 100523, 100537, 100547, 100549, 100559,
100591, 100609, 100613, 100621, 100649, 100669, 100673, 100693,

प्रथम सौ हजार अभाज्य संख्याएँ

100699, 100703, 100733, 100741, 100747, 100769, 100787, 100799,
100801, 100811, 100823, 100829, 100847, 100853, 100907, 100913,
100927, 100931, 100937, 100943, 100957, 100981, 100987, 100999,
101009, 101021, 101027, 101051, 101063, 101081, 101089, 101107,
101111, 101113, 101117, 101119, 101141, 101149, 101159, 101161,
101173, 101183, 101197, 101203, 101207, 101209, 101221, 101267,
101273, 101279, 101281, 101287, 101293, 101323, 101333, 101341,
101347, 101359, 101363, 101377, 101383, 101399, 101411, 101419,
101429, 101449, 101467, 101477, 101483, 101489, 101501, 101503,
101513, 101527, 101531, 101533, 101537, 101561, 101573, 101581,
101599, 101603, 101611, 101627, 101641, 101653, 101663, 101681,
101693, 101701, 101719, 101723, 101737, 101741, 101747, 101749,
101771, 101789, 101797, 101807, 101833, 101837, 101839, 101863,
101869, 101873, 101879, 101891, 101917, 101921, 101929, 101939,
101957, 101963, 101977, 101987, 101999, 102001, 102013, 102019,
102023, 102031, 102043, 102059, 102061, 102071, 102077, 102079,
102101, 102103, 102107, 102121, 102139, 102149, 102161, 102181,
102191, 102197, 102199, 102203, 102217, 102229, 102233, 102241,
102251, 102253, 102259, 102293, 102299, 102301, 102317, 102329,
102337, 102359, 102367, 102397, 102407, 102409, 102433, 102437,
102451, 102461, 102481, 102497, 102499, 102503, 102523, 102533,
102539, 102547, 102551, 102559, 102563, 102587, 102593, 102607,
102611, 102643, 102647, 102653, 102667, 102673, 102677, 102679,
102701, 102761, 102763, 102769, 102793, 102797, 102811, 102829,
102841, 102859, 102871, 102877, 102881, 102911, 102913, 102929,
102931, 102953, 102967, 102983, 103001, 103007, 103043, 103049,
103067, 103069, 103079, 103087, 103091, 103093, 103099, 103123,
103141, 103171, 103177, 103183, 103217, 103231, 103237, 103289,
103291, 103307, 103319, 103333, 103349, 103357, 103387, 103391,
103393, 103399, 103409, 103421, 103423, 103451, 103457, 103471,
103483, 103511, 103529, 103549, 103553, 103561, 103567, 103573,
103577, 103583, 103591, 103613, 103619, 103643, 103651, 103657,
103669, 103681, 103687, 103699, 103703, 103723, 103769, 103787,
103801, 103811, 103813, 103837, 103841, 103843, 103867, 103889,
103903, 103913, 103919, 103951, 103963, 103967, 103969, 103979,
103981, 103991, 103993, 103997, 104003, 104009, 104021, 104033,
104047, 104053, 104059, 104087, 104089, 104107, 104113, 104119,
104123, 104147, 104149, 104161, 104173, 104179, 104183, 104207,
104231, 104233, 104239, 104243, 104281, 104287, 104297, 104309,
104311, 104323, 104327, 104347, 104369, 104381, 104383, 104393,
104399, 104417, 104459, 104471, 104473, 104479, 104491, 104513,
104527, 104537, 104543, 104549, 104551, 104561, 104579, 104593,
104597, 104623, 104639, 104651, 104659, 104677, 104681, 104683,
104693, 104701, 104707, 104711, 104717, 104723, 104729, 104743,
104759, 104761, 104773, 104779, 104789, 104801, 104803, 104827,
104831, 104849, 104851, 104869, 104879, 104891, 104911, 104917,
104933, 104947, 104953, 104959, 104971, 104987, 104999, 105019,
105023, 105031, 105037, 105071, 105097, 105107, 105137, 105143,

प्रथम सौ हजार अभाज्य संख्याएँ

105167, 105173, 105199, 105211, 105227, 105229, 105239, 105251,
105253, 105263, 105269, 105277, 105319, 105323, 105331, 105337,
105341, 105359, 105361, 105367, 105373, 105379, 105389, 105397,
105401, 105407, 105437, 105449, 105467, 105491, 105499, 105503,
105509, 105517, 105527, 105529, 105533, 105541, 105557, 105563,
105601, 105607, 105613, 105619, 105649, 105653, 105667, 105673,
105683, 105691, 105701, 105727, 105733, 105751, 105761, 105767,
105769, 105817, 105829, 105863, 105871, 105883, 105899, 105907,
105913, 105929, 105943, 105953, 105967, 105971, 105977, 105983,
105997, 106013, 106019, 106031, 106033, 106087, 106103, 106109,
106121, 106123, 106129, 106163, 106181, 106187, 106189, 106207,
106213, 106217, 106219, 106243, 106261, 106273, 106277, 106279,
106291, 106297, 106303, 106307, 106319, 106321, 106331, 106349,
106357, 106363, 106367, 106373, 106391, 106397, 106411, 106417,
106427, 106433, 106441, 106451, 106453, 106487, 106501, 106531,
106537, 106541, 106543, 106591, 106619, 106621, 106627, 106637,
106649, 106657, 106661, 106663, 106669, 106681, 106693, 106699,
106703, 106721, 106727, 106739, 106747, 106751, 106753, 106759,
106781, 106783, 106787, 106801, 106823, 106853, 106859, 106861,
106867, 106871, 106877, 106903, 106907, 106921, 106937, 106949,
106957, 106961, 106963, 106979, 106993, 107021, 107033, 107053,
107057, 107069, 107071, 107077, 107089, 107099, 107101, 107119,
107123, 107137, 107171, 107183, 107197, 107201, 107209, 107227,
107243, 107251, 107269, 107273, 107279, 107309, 107323, 107339,
107347, 107351, 107357, 107377, 107441, 107449, 107453, 107467,
107473, 107507, 107509, 107563, 107581, 107599, 107603, 107609,
107621, 107641, 107647, 107671, 107687, 107693, 107699, 107713,
107717, 107719, 107741, 107747, 107761, 107773, 107777, 107791,
107827, 107837, 107839, 107843, 107857, 107867, 107873, 107881,
107897, 107903, 107923, 107927, 107941, 107951, 107971, 107981,
107999, 108007, 108011, 108013, 108023, 108037, 108041, 108061,
108079, 108089, 108107, 108109, 108127, 108131, 108139, 108161,
108179, 108187, 108191, 108193, 108203, 108211, 108217, 108223,
108233, 108247, 108263, 108271, 108287, 108289, 108293, 108301,
108343, 108347, 108359, 108377, 108379, 108401, 108413, 108421,
108439, 108457, 108461, 108463, 108497, 108499, 108503, 108517,
108529, 108533, 108541, 108553, 108557, 108571, 108587, 108631,
108637, 108643, 108649, 108677, 108707, 108709, 108727, 108739,
108751, 108761, 108769, 108791, 108793, 108799, 108803, 108821,
108827, 108863, 108869, 108877, 108881, 108883, 108887, 108893,
108907, 108917, 108923, 108929, 108943, 108947, 108949, 108959,
108961, 108967, 108971, 108991, 109001, 109013, 109037, 109049,
109063, 109073, 109097, 109103, 109111, 109121, 109133, 109139,
109141, 109147, 109159, 109169, 109171, 109199, 109201, 109211,
109229, 109253, 109267, 109279, 109297, 109303, 109313, 109321,
109331, 109357, 109363, 109367, 109379, 109387, 109391, 109397,
109423, 109433, 109441, 109451, 109453, 109469, 109471, 109481,
109507, 109517, 109519, 109537, 109541, 109547, 109567, 109579,

109583, 109589, 109597, 109609, 109619, 109621, 109639, 109661,
109663, 109673, 109717, 109721, 109741, 109751, 109789, 109793,
109807, 109819, 109829, 109831, 109841, 109843, 109847, 109849,
109859, 109873, 109883, 109891, 109897, 109903, 109913, 109919,
109937, 109943, 109961, 109987, 110017, 110023, 110039, 110051,
110059, 110063, 110069, 110083, 110119, 110129, 110161, 110183,
110221, 110233, 110237, 110251, 110261, 110269, 110273, 110281,
110291, 110311, 110321, 110323, 110339, 110359, 110419, 110431,
110437, 110441, 110459, 110477, 110479, 110491, 110501, 110503,
110527, 110533, 110543, 110557, 110563, 110567, 110569, 110573,
110581, 110587, 110597, 110603, 110609, 110623, 110629, 110641,
110647, 110651, 110681, 110711, 110729, 110731, 110749, 110753,
110771, 110777, 110807, 110813, 110819, 110821, 110849, 110863,
110879, 110881, 110899, 110909, 110917, 110921, 110923, 110927,
110933, 110939, 110947, 110951, 110969, 110977, 110989, 111029,
111031, 111043, 111049, 111053, 111091, 111103, 111109, 111119,
111121, 111127, 111143, 111149, 111187, 111191, 111211, 111217,
111227, 111229, 111253, 111263, 111269, 111271, 111301, 111317,
111323, 111337, 111341, 111347, 111373, 111409, 111427, 111431,
111439, 111443, 111467, 111487, 111491, 111493, 111497, 111509,
111521, 111533, 111539, 111577, 111581, 111593, 111599, 111611,
111623, 111637, 111641, 111653, 111659, 111667, 111697, 111721,
111731, 111733, 111751, 111767, 111773, 111779, 111781, 111791,
111799, 111821, 111827, 111829, 111833, 111847, 111857, 111863,
111869, 111871, 111893, 111913, 111919, 111949, 111953, 111959,
111973, 111977, 111997, 112019, 112031, 112061, 112067, 112069,
112087, 112097, 112103, 112111, 112121, 112129, 112139, 112153,
112163, 112181, 112199, 112207, 112213, 112223, 112237, 112241,
112247, 112249, 112253, 112261, 112279, 112289, 112291, 112297,
112303, 112327, 112331, 112337, 112339, 112349, 112361, 112363,
112397, 112403, 112429, 112459, 112481, 112501, 112507, 112543,
112559, 112571, 112573, 112577, 112583, 112589, 112601, 112603,
112621, 112643, 112657, 112663, 112687, 112691, 112741, 112757,
112759, 112771, 112787, 112799, 112807, 112831, 112843, 112859,
112877, 112901, 112909, 112913, 112919, 112921, 112927, 112939,
112951, 112967, 112979, 112997, 113011, 113017, 113021, 113023,
113027, 113039, 113041, 113051, 113063, 113081, 113083, 113089,
113093, 113111, 113117, 113123, 113131, 113143, 113147, 113149,
113153, 113159, 113161, 113167, 113171, 113173, 113177, 113189,
113209, 113213, 113227, 113233, 113279, 113287, 113327, 113329,
113341, 113357, 113359, 113363, 113371, 113381, 113383, 113417,
113437, 113453, 113467, 113489, 113497, 113501, 113513, 113537,
113539, 113557, 113567, 113591, 113621, 113623, 113647, 113657,
113683, 113717, 113719, 113723, 113731, 113749, 113759, 113761,
113777, 113779, 113783, 113797, 113809, 113819, 113837, 113843,
113891, 113899, 113903, 113909, 113921, 113933, 113947, 113957,
113963, 113969, 113983, 113989, 114001, 114013, 114031, 114041,
114043, 114067, 114073, 114077, 114083, 114089, 114113, 114143,

प्रथम सौ हजार अभाज्य संख्याएँ

114157, 114161, 114167, 114193, 114197, 114199, 114203, 114217,
114221, 114229, 114259, 114269, 114277, 114281, 114299, 114311,
114319, 114329, 114343, 114371, 114377, 114407, 114419, 114451,
114467, 114473, 114479, 114487, 114493, 114547, 114553, 114571,
114577, 114593, 114599, 114601, 114613, 114617, 114641, 114643,
114649, 114659, 114661, 114671, 114679, 114689, 114691, 114713,
114743, 114749, 114757, 114761, 114769, 114773, 114781, 114797,
114799, 114809, 114827, 114833, 114847, 114859, 114883, 114889,
114901, 114913, 114941, 114967, 114973, 114997, 115001, 115013,
115019, 115021, 115057, 115061, 115067, 115079, 115099, 115117,
115123, 115127, 115133, 115151, 115153, 115163, 115183, 115201,
115211, 115223, 115237, 115249, 115259, 115279, 115301, 115303,
115309, 115319, 115321, 115327, 115331, 115337, 115343, 115361,
115363, 115399, 115421, 115429, 115459, 115469, 115471, 115499,
115513, 115523, 115547, 115553, 115561, 115571, 115589, 115597,
115601, 115603, 115613, 115631, 115637, 115657, 115663, 115679,
115693, 115727, 115733, 115741, 115751, 115757, 115763, 115769,
115771, 115777, 115781, 115783, 115793, 115807, 115811, 115823,
115831, 115837, 115849, 115853, 115859, 115861, 115873, 115877,
115879, 115883, 115891, 115901, 115903, 115931, 115933, 115963,
115979, 115981, 115987, 116009, 116027, 116041, 116047, 116089,
116099, 116101, 116107, 116113, 116131, 116141, 116159, 116167,
116177, 116189, 116191, 116201, 116239, 116243, 116257, 116269,
116273, 116279, 116293, 116329, 116341, 116351, 116359, 116371,
116381, 116387, 116411, 116423, 116437, 116443, 116447, 116461,
116471, 116483, 116491, 116507, 116531, 116533, 116537, 116539,
116549, 116579, 116593, 116639, 116657, 116663, 116681, 116687,
116689, 116707, 116719, 116731, 116741, 116747, 116789, 116791,
116797, 116803, 116819, 116827, 116833, 116849, 116867, 116881,
116903, 116911, 116923, 116927, 116929, 116933, 116953, 116959,
116969, 116981, 116989, 116993, 117017, 117023, 117037, 117041,
117043, 117053, 117071, 117101, 117109, 117119, 117127, 117133,
117163, 117167, 117191, 117193, 117203, 117209, 117223, 117239,
117241, 117251, 117259, 117269, 117281, 117307, 117319, 117329,
117331, 117353, 117361, 117371, 117373, 117389, 117413, 117427,
117431, 117437, 117443, 117497, 117499, 117503, 117511, 117517,
117529, 117539, 117541, 117563, 117571, 117577, 117617, 117619,
117643, 117659, 117671, 117673, 117679, 117701, 117703, 117709,
117721, 117727, 117731, 117751, 117757, 117763, 117773, 117779,
117787, 117797, 117809, 117811, 117833, 117839, 117841, 117851,
117877, 117881, 117883, 117889, 117899, 117911, 117917, 117937,
117959, 117973, 117977, 117979, 117989, 117991, 118033, 118037,
118043, 118051, 118057, 118061, 118081, 118093, 118127, 118147,
118163, 118169, 118171, 118189, 118211, 118213, 118219, 118247,
118249, 118253, 118259, 118273, 118277, 118297, 118343, 118361,
118369, 118373, 118387, 118399, 118409, 118411, 118423, 118429,
118453, 118457, 118463, 118471, 118493, 118529, 118543, 118549,
118571, 118583, 118589, 118603, 118619, 118621, 118633, 118661,

प्रथम सौ हजार अभाज्य संख्याएँ

118669, 118673, 118681, 118687, 118691, 118709, 118717, 118739,
118747, 118751, 118757, 118787, 118799, 118801, 118819, 118831,
118843, 118861, 118873, 118891, 118897, 118901, 118903, 118907,
118913, 118927, 118931, 118967, 118973, 119027, 119033, 119039,
119047, 119057, 119069, 119083, 119087, 119089, 119099, 119101,
119107, 119129, 119131, 119159, 119173, 119179, 119183, 119191,
119227, 119233, 119237, 119243, 119267, 119291, 119293, 119297,
119299, 119311, 119321, 119359, 119363, 119389, 119417, 119419,
119429, 119447, 119489, 119503, 119513, 119533, 119549, 119551,
119557, 119563, 119569, 119591, 119611, 119617, 119627, 119633,
119653, 119657, 119659, 119671, 119677, 119687, 119689, 119699,
119701, 119723, 119737, 119747, 119759, 119771, 119773, 119783,
119797, 119809, 119813, 119827, 119831, 119839, 119849, 119851,
119869, 119881, 119891, 119921, 119923, 119929, 119953, 119963,
119971, 119981, 119983, 119993, 120011, 120017, 120041, 120047,
120049, 120067, 120077, 120079, 120091, 120097, 120103, 120121,
120157, 120163, 120167, 120181, 120193, 120199, 120209, 120223,
120233, 120247, 120277, 120283, 120293, 120299, 120319, 120331,
120349, 120371, 120383, 120391, 120397, 120401, 120413, 120427,
120431, 120473, 120503, 120511, 120539, 120551, 120557, 120563,
120569, 120577, 120587, 120607, 120619, 120623, 120641, 120647,
120661, 120671, 120677, 120689, 120691, 120709, 120713, 120721,
120737, 120739, 120749, 120763, 120767, 120779, 120811, 120817,
120823, 120829, 120833, 120847, 120851, 120863, 120871, 120877,
120889, 120899, 120907, 120917, 120919, 120929, 120937, 120941,
120943, 120947, 120977, 120997, 121001, 121007, 121013, 121019,
121021, 121039, 121061, 121063, 121067, 121081, 121123, 121139,
121151, 121157, 121169, 121171, 121181, 121189, 121229, 121259,
121267, 121271, 121283, 121291, 121309, 121313, 121321, 121327,
121333, 121343, 121349, 121351, 121357, 121367, 121369, 121379,
121403, 121421, 121439, 121441, 121447, 121453, 121469, 121487,
121493, 121501, 121507, 121523, 121531, 121547, 121553, 121559,
121571, 121577, 121579, 121591, 121607, 121609, 121621, 121631,
121633, 121637, 121661, 121687, 121697, 121711, 121721, 121727,
121763, 121787, 121789, 121843, 121853, 121867, 121883, 121889,
121909, 121921, 121931, 121937, 121949, 121951, 121963, 121967,
121993, 121997, 122011, 122021, 122027, 122029, 122033, 122039,
122041, 122051, 122053, 122069, 122081, 122099, 122117, 122131,
122147, 122149, 122167, 122173, 122201, 122203, 122207, 122209,
122219, 122231, 122251, 122263, 122267, 122273, 122279, 122299,
122321, 122323, 122327, 122347, 122363, 122387, 122389, 122393,
122399, 122401, 122443, 122449, 122453, 122471, 122477, 122489,
122497, 122501, 122503, 122509, 122527, 122533, 122557, 122561,
122579, 122597, 122599, 122609, 122611, 122651, 122653, 122663,
122693, 122701, 122719, 122741, 122743, 122753, 122761, 122777,
122789, 122819, 122827, 122833, 122839, 122849, 122861, 122867,
122869, 122887, 122891, 122921, 122929, 122939, 122953, 122957,
122963, 122971, 123001, 123007, 123017, 123031, 123049, 123059,

प्रथम सौ हजार अभाज्य संख्याएँ

123077, 123083, 123091, 123113, 123121, 123127, 123143, 123169,
123191, 123203, 123209, 123217, 123229, 123239, 123259, 123269,
123289, 123307, 123311, 123323, 123341, 123373, 123377, 123379,
123397, 123401, 123407, 123419, 123427, 123433, 123439, 123449,
123457, 123479, 123491, 123493, 123499, 123503, 123517, 123527,
123547, 123551, 123553, 123581, 123583, 123593, 123601, 123619,
123631, 123637, 123653, 123661, 123667, 123677, 123701, 123707,
123719, 123727, 123731, 123733, 123737, 123757, 123787, 123791,
123803, 123817, 123821, 123829, 123833, 123853, 123863, 123887,
123911, 123923, 123931, 123941, 123953, 123973, 123979, 123983,
123989, 123997, 124001, 124021, 124067, 124087, 124097, 124121,
124123, 124133, 124139, 124147, 124153, 124171, 124181, 124183,
124193, 124199, 124213, 124231, 124247, 124249, 124277, 124291,
124297, 124301, 124303, 124309, 124337, 124339, 124343, 124349,
124351, 124363, 124367, 124427, 124429, 124433, 124447, 124459,
124471, 124477, 124489, 124493, 124513, 124529, 124541, 124543,
124561, 124567, 124577, 124601, 124633, 124643, 124669, 124673,
124679, 124693, 124699, 124703, 124717, 124721, 124739, 124753,
124759, 124769, 124771, 124777, 124781, 124783, 124793, 124799,
124819, 124823, 124847, 124853, 124897, 124907, 124909, 124919,
124951, 124979, 124981, 124987, 124991, 125003, 125017, 125029,
125053, 125063, 125093, 125101, 125107, 125113, 125117, 125119,
125131, 125141, 125149, 125183, 125197, 125201, 125207, 125219,
125221, 125231, 125243, 125261, 125269, 125287, 125299, 125303,
125311, 125329, 125339, 125353, 125371, 125383, 125387, 125399,
125407, 125423, 125429, 125441, 125453, 125471, 125497, 125507,
125509, 125527, 125539, 125551, 125591, 125597, 125617, 125621,
125627, 125639, 125641, 125651, 125659, 125669, 125683, 125687,
125693, 125707, 125711, 125717, 125731, 125737, 125743, 125753,
125777, 125789, 125791, 125803, 125813, 125821, 125863, 125887,
125897, 125899, 125921, 125927, 125929, 125933, 125941, 125959,
125963, 126001, 126011, 126013, 126019, 126023, 126031, 126037,
126041, 126047, 126067, 126079, 126097, 126107, 126127, 126131,
126143, 126151, 126173, 126199, 126211, 126223, 126227, 126229,
126233, 126241, 126257, 126271, 126307, 126311, 126317, 126323,
126337, 126341, 126349, 126359, 126397, 126421, 126433, 126443,
126457, 126461, 126473, 126481, 126487, 126491, 126493, 126499,
126517, 126541, 126547, 126551, 126583, 126601, 126611, 126613,
126631, 126641, 126653, 126683, 126691, 126703, 126713, 126719,
126733, 126739, 126743, 126751, 126757, 126761, 126781, 126823,
126827, 126839, 126851, 126857, 126859, 126913, 126923, 126943,
126949, 126961, 126967, 126989, 127031, 127033, 127037, 127051,
127079, 127081, 127103, 127123, 127133, 127139, 127157, 127163,
127189, 127207, 127217, 127219, 127241, 127247, 127249, 127261,
127271, 127277, 127289, 127291, 127297, 127301, 127321, 127331,
127343, 127363, 127373, 127399, 127403, 127423, 127447, 127453,
127481, 127487, 127493, 127507, 127529, 127541, 127549, 127579,
127583, 127591, 127597, 127601, 127607, 127609, 127637, 127643,

प्रथम सौ हजार अभाज्य संख्याएँ

127649, 127657, 127663, 127669, 127679, 127681, 127691, 127703,
127709, 127711, 127717, 127727, 127733, 127739, 127747, 127763,
127781, 127807, 127817, 127819, 127837, 127843, 127849, 127859,
127867, 127873, 127877, 127913, 127921, 127931, 127951, 127973,
127979, 127997, 128021, 128033, 128047, 128053, 128099, 128111,
128113, 128119, 128147, 128153, 128159, 128173, 128189, 128201,
128203, 128213, 128221, 128237, 128239, 128257, 128273, 128287,
128291, 128311, 128321, 128327, 128339, 128341, 128347, 128351,
128377, 128389, 128393, 128399, 128411, 128413, 128431, 128437,
128449, 128461, 128467, 128473, 128477, 128483, 128489, 128509,
128519, 128521, 128549, 128551, 128563, 128591, 128599, 128603,
128621, 128629, 128657, 128659, 128663, 128669, 128677, 128683,
128693, 128717, 128747, 128749, 128761, 128767, 128813, 128819,
128831, 128833, 128837, 128857, 128861, 128873, 128879, 128903,
128923, 128939, 128941, 128951, 128959, 128969, 128971, 128981,
128983, 128987, 128993, 129001, 129011, 129023, 129037, 129049,
129061, 129083, 129089, 129097, 129113, 129119, 129121, 129127,
129169, 129187, 129193, 129197, 129209, 129221, 129223, 129229,
129263, 129277, 129281, 129287, 129289, 129293, 129313, 129341,
129347, 129361, 129379, 129401, 129403, 129419, 129439, 129443,
129449, 129457, 129461, 129469, 129491, 129497, 129499, 129509,
129517, 129527, 129529, 129533, 129539, 129553, 129581, 129587,
129589, 129593, 129607, 129629, 129631, 129641, 129643, 129671,
129707, 129719, 129733, 129737, 129749, 129757, 129763, 129769,
129793, 129803, 129841, 129853, 129887, 129893, 129901, 129917,
129919, 129937, 129953, 129959, 129967, 129971, 130003, 130021,
130027, 130043, 130051, 130057, 130069, 130073, 130079, 130087,
130099, 130121, 130127, 130147, 130171, 130183, 130199, 130201,
130211, 130223, 130241, 130253, 130259, 130261, 130267, 130279,
130303, 130307, 130337, 130343, 130349, 130363, 130367, 130369,
130379, 130399, 130409, 130411, 130423, 130439, 130447, 130457,
130469, 130477, 130483, 130489, 130513, 130517, 130523, 130531,
130547, 130553, 130579, 130589, 130619, 130621, 130631, 130633,
130639, 130643, 130649, 130651, 130657, 130681, 130687, 130693,
130699, 130729, 130769, 130783, 130787, 130807, 130811, 130817,
130829, 130841, 130843, 130859, 130873, 130927, 130957, 130969,
130973, 130981, 130987, 131009, 131011, 131023, 131041, 131059,
131063, 131071, 131101, 131111, 131113, 131129, 131143, 131149,
131171, 131203, 131213, 131221, 131231, 131249, 131251, 131267,
131293, 131297, 131303, 131311, 131317, 131321, 131357, 131363,
131371, 131381, 131413, 131431, 131437, 131441, 131447, 131449,
131477, 131479, 131489, 131497, 131501, 131507, 131519, 131543,
131561, 131581, 131591, 131611, 131617, 131627, 131639, 131641,
131671, 131687, 131701, 131707, 131711, 131713, 131731, 131743,
131749, 131759, 131771, 131777, 131779, 131783, 131797, 131837,
131839, 131849, 131861, 131891, 131893, 131899, 131909, 131927,
131933, 131939, 131941, 131947, 131959, 131969, 132001, 132019,
132047, 132049, 132059, 132071, 132103, 132109, 132113, 132137,

प्रथम सौ हजार अभाज्य संख्याएँ

132151, 132157, 132169, 132173, 132199, 132229, 132233, 132241,
132247, 132257, 132263, 132283, 132287, 132299, 132313, 132329,
132331, 132347, 132361, 132367, 132371, 132383, 132403, 132409,
132421, 132437, 132439, 132469, 132491, 132499, 132511, 132523,
132527, 132529, 132533, 132541, 132547, 132589, 132607, 132611,
132619, 132623, 132631, 132637, 132647, 132661, 132667, 132679,
132689, 132697, 132701, 132707, 132709, 132721, 132739, 132749,
132751, 132757, 132761, 132763, 132817, 132833, 132851, 132857,
132859, 132863, 132887, 132893, 132911, 132929, 132947, 132949,
132953, 132961, 132967, 132971, 132989, 133013, 133033, 133039,
133051, 133069, 133073, 133087, 133097, 133103, 133109, 133117,
133121, 133153, 133157, 133169, 133183, 133187, 133201, 133213,
133241, 133253, 133261, 133271, 133277, 133279, 133283, 133303,
133319, 133321, 133327, 133337, 133349, 133351, 133379, 133387,
133391, 133403, 133417, 133439, 133447, 133451, 133481, 133493,
133499, 133519, 133541, 133543, 133559, 133571, 133583, 133597,
133631, 133633, 133649, 133657, 133669, 133673, 133691, 133697,
133709, 133711, 133717, 133723, 133733, 133769, 133781, 133801,
133811, 133813, 133831, 133843, 133853, 133873, 133877, 133919,
133949, 133963, 133967, 133979, 133981, 133993, 133999, 134033,
134039, 134047, 134053, 134059, 134077, 134081, 134087, 134089,
134093, 134129, 134153, 134161, 134171, 134177, 134191, 134207,
134213, 134219, 134227, 134243, 134257, 134263, 134269, 134287,
134291, 134293, 134327, 134333, 134339, 134341, 134353, 134359,
134363, 134369, 134371, 134399, 134401, 134417, 134437, 134443,
134471, 134489, 134503, 134507, 134513, 134581, 134587, 134591,
134593, 134597, 134609, 134639, 134669, 134677, 134681, 134683,
134699, 134707, 134731, 134741, 134753, 134777, 134789, 134807,
134837, 134839, 134851, 134857, 134867, 134873, 134887, 134909,
134917, 134921, 134923, 134947, 134951, 134989, 134999, 135007,
135017, 135019, 135029, 135043, 135049, 135059, 135077, 135089,
135101, 135119, 135131, 135151, 135173, 135181, 135193, 135197,
135209, 135211, 135221, 135241, 135257, 135271, 135277, 135281,
135283, 135301, 135319, 135329, 135347, 135349, 135353, 135367,
135389, 135391, 135403, 135409, 135427, 135431, 135433, 135449,
135461, 135463, 135467, 135469, 135479, 135497, 135511, 135533,
135559, 135571, 135581, 135589, 135593, 135599, 135601, 135607,
135613, 135617, 135623, 135637, 135647, 135649, 135661, 135671,
135697, 135701, 135719, 135721, 135727, 135731, 135743, 135757,
135781, 135787, 135799, 135829, 135841, 135851, 135859, 135887,
135893, 135899, 135911, 135913, 135929, 135937, 135977, 135979,
136013, 136027, 136033, 136043, 136057, 136067, 136069, 136093,
136099, 136111, 136133, 136139, 136163, 136177, 136189, 136193,
136207, 136217, 136223, 136237, 136247, 136261, 136273, 136277,
136303, 136309, 136319, 136327, 136333, 136337, 136343, 136351,
136361, 136373, 136379, 136393, 136397, 136399, 136403, 136417,
136421, 136429, 136447, 136453, 136463, 136471, 136481, 136483,
136501, 136511, 136519, 136523, 136531, 136537, 136541, 136547,

136559, 136573, 136601, 136603, 136607, 136621, 136649, 136651,
136657, 136691, 136693, 136709, 136711, 136727, 136733, 136739,
136751, 136753, 136769, 136777, 136811, 136813, 136841, 136849,
136859, 136861, 136879, 136883, 136889, 136897, 136943, 136949,
136951, 136963, 136973, 136979, 136987, 136991, 136993, 136999,
137029, 137077, 137087, 137089, 137117, 137119, 137131, 137143,
137147, 137153, 137177, 137183, 137191, 137197, 137201, 137209,
137219, 137239, 137251, 137273, 137279, 137303, 137321, 137339,
137341, 137353, 137359, 137363, 137369, 137383, 137387, 137393,
137399, 137413, 137437, 137443, 137447, 137453, 137477, 137483,
137491, 137507, 137519, 137537, 137567, 137573, 137587, 137593,
137597, 137623, 137633, 137639, 137653, 137659, 137699, 137707,
137713, 137723, 137737, 137743, 137771, 137777, 137791, 137803,
137827, 137831, 137849, 137867, 137869, 137873, 137909, 137911,
137927, 137933, 137941, 137947, 137957, 137983, 137993, 137999,
138007, 138041, 138053, 138059, 138071, 138077, 138079, 138101,
138107, 138113, 138139, 138143, 138157, 138163, 138179, 138181,
138191, 138197, 138209, 138239, 138241, 138247, 138251, 138283,
138289, 138311, 138319, 138323, 138337, 138349, 138371, 138373,
138389, 138401, 138403, 138407, 138427, 138433, 138449, 138451,
138461, 138469, 138493, 138497, 138511, 138517, 138547, 138559,
138563, 138569, 138571, 138577, 138581, 138587, 138599, 138617,
138629, 138637, 138641, 138647, 138661, 138679, 138683, 138727,
138731, 138739, 138763, 138793, 138797, 138799, 138821, 138829,
138841, 138863, 138869, 138883, 138889, 138893, 138899, 138917,
138923, 138937, 138959, 138967, 138977, 139021, 139033, 139067,
139079, 139091, 139109, 139121, 139123, 139133, 139169, 139177,
139187, 139199, 139201, 139241, 139267, 139273, 139291, 139297,
139301, 139303, 139309, 139313, 139333, 139339, 139343, 139361,
139367, 139369, 139387, 139393, 139397, 139409, 139423, 139429,
139439, 139457, 139459, 139483, 139487, 139493, 139501, 139511,
139537, 139547, 139571, 139589, 139591, 139597, 139609, 139619,
139627, 139661, 139663, 139681, 139697, 139703, 139709, 139721,
139729, 139739, 139747, 139753, 139759, 139787, 139801, 139813,
139831, 139837, 139861, 139871, 139883, 139891, 139901, 139907,
139921, 139939, 139943, 139967, 139969, 139981, 139987, 139991,
139999, 140009, 140053, 140057, 140069, 140071, 140111, 140123,
140143, 140159, 140167, 140171, 140177, 140191, 140197, 140207,
140221, 140227, 140237, 140249, 140263, 140269, 140281, 140297,
140317, 140321, 140333, 140339, 140351, 140363, 140381, 140401,
140407, 140411, 140417, 140419, 140423, 140443, 140449, 140453,
140473, 140477, 140521, 140527, 140533, 140549, 140551, 140557,
140587, 140593, 140603, 140611, 140617, 140627, 140629, 140639,
140659, 140663, 140677, 140681, 140683, 140689, 140717, 140729,
140731, 140741, 140759, 140761, 140773, 140779, 140797, 140813,
140827, 140831, 140837, 140839, 140863, 140867, 140869, 140891,
140893, 140897, 140909, 140929, 140939, 140977, 140983, 140989,
141023, 141041, 141061, 141067, 141073, 141079, 141101, 141107,

141121, 141131, 141157, 141161, 141179, 141181, 141199, 141209,
141221, 141223, 141233, 141241, 141257, 141263, 141269, 141277,
141283, 141301, 141307, 141311, 141319, 141353, 141359, 141371,
141397, 141403, 141413, 141439, 141443, 141461, 141481, 141497,
141499, 141509, 141511, 141529, 141539, 141551, 141587, 141601,
141613, 141619, 141623, 141629, 141637, 141649, 141653, 141667,
141671, 141677, 141679, 141689, 141697, 141707, 141709, 141719,
141731, 141761, 141767, 141769, 141773, 141793, 141803, 141811,
141829, 141833, 141851, 141853, 141863, 141871, 141907, 141917,
141931, 141937, 141941, 141959, 141961, 141971, 141991, 142007,
142019, 142031, 142039, 142049, 142057, 142061, 142067, 142097,
142099, 142111, 142123, 142151, 142157, 142159, 142169, 142183,
142189, 142193, 142211, 142217, 142223, 142231, 142237, 142271,
142297, 142319, 142327, 142357, 142369, 142381, 142391, 142403,
142421, 142427, 142433, 142453, 142469, 142501, 142529, 142537,
142543, 142547, 142553, 142559, 142567, 142573, 142589, 142591,
142601, 142607, 142609, 142619, 142657, 142673, 142697, 142699,
142711, 142733, 142757, 142759, 142771, 142787, 142789, 142799,
142811, 142837, 142841, 142867, 142871, 142873, 142897, 142903,
142907, 142939, 142949, 142963, 142969, 142973, 142979, 142981,
142993, 143053, 143063, 143093, 143107, 143111, 143113, 143137,
143141, 143159, 143177, 143197, 143239, 143243, 143249, 143257,
143261, 143263, 143281, 143287, 143291, 143329, 143333, 143357,
143387, 143401, 143413, 143419, 143443, 143461, 143467, 143477,
143483, 143489, 143501, 143503, 143509, 143513, 143519, 143527,
143537, 143551, 143567, 143569, 143573, 143593, 143609, 143617,
143629, 143651, 143653, 143669, 143677, 143687, 143699, 143711,
143719, 143729, 143743, 143779, 143791, 143797, 143807, 143813,
143821, 143827, 143831, 143833, 143873, 143879, 143881, 143909,
143947, 143953, 143971, 143977, 143981, 143999, 144013, 144031,
144037, 144061, 144071, 144073, 144103, 144139, 144161, 144163,
144167, 144169, 144173, 144203, 144223, 144241, 144247, 144253,
144259, 144271, 144289, 144299, 144307, 144311, 144323, 144341,
144349, 144379, 144383, 144407, 144409, 144413, 144427, 144439,
144451, 144461, 144479, 144481, 144497, 144511, 144539, 144541,
144563, 144569, 144577, 144583, 144589, 144593, 144611, 144629,
144659, 144667, 144671, 144701, 144709, 144719, 144731, 144737,
144751, 144757, 144763, 144773, 144779, 144791, 144817, 144829,
144839, 144847, 144883, 144887, 144889, 144899, 144917, 144931,
144941, 144961, 144967, 144973, 144983, 145007, 145009, 145021,
145031, 145037, 145043, 145063, 145069, 145091, 145109, 145121,
145133, 145139, 145177, 145193, 145207, 145213, 145219, 145253,
145259, 145267, 145283, 145289, 145303, 145307, 145349, 145361,
145381, 145391, 145399, 145417, 145423, 145433, 145441, 145451,
145459, 145463, 145471, 145477, 145487, 145501, 145511, 145513,
145517, 145531, 145543, 145547, 145549, 145577, 145589, 145601,
145603, 145633, 145637, 145643, 145661, 145679, 145681, 145687,
145703, 145709, 145721, 145723, 145753, 145757, 145759, 145771,

145777, 145799, 145807, 145819, 145823, 145829, 145861, 145879,
145897, 145903, 145931, 145933, 145949, 145963, 145967, 145969,
145987, 145991, 146009, 146011, 146021, 146023, 146033, 146051,
146057, 146059, 146063, 146077, 146093, 146099, 146117, 146141,
146161, 146173, 146191, 146197, 146203, 146213, 146221, 146239,
146249, 146273, 146291, 146297, 146299, 146309, 146317, 146323,
146347, 146359, 146369, 146381, 146383, 146389, 146407, 146417,
146423, 146437, 146449, 146477, 146513, 146519, 146521, 146527,
146539, 146543, 146563, 146581, 146603, 146609, 146617, 146639,
146647, 146669, 146677, 146681, 146683, 146701, 146719, 146743,
146749, 146767, 146777, 146801, 146807, 146819, 146833, 146837,
146843, 146849, 146857, 146891, 146893, 146917, 146921, 146933,
146941, 146953, 146977, 146983, 146987, 146989, 147011, 147029,
147031, 147047, 147073, 147083, 147089, 147097, 147107, 147137,
147139, 147151, 147163, 147179, 147197, 147209, 147211, 147221,
147227, 147229, 147253, 147263, 147283, 147289, 147293, 147299,
147311, 147319, 147331, 147341, 147347, 147353, 147377, 147391,
147397, 147401, 147409, 147419, 147449, 147451, 147457, 147481,
147487, 147503, 147517, 147541, 147547, 147551, 147557, 147571,
147583, 147607, 147613, 147617, 147629, 147647, 147661, 147671,
147673, 147689, 147703, 147709, 147727, 147739, 147743, 147761,
147769, 147773, 147779, 147787, 147793, 147799, 147811, 147827,
147853, 147859, 147863, 147881, 147919, 147937, 147949, 147977,
147997, 148013, 148021, 148061, 148063, 148073, 148079, 148091,
148123, 148139, 148147, 148151, 148153, 148157, 148171, 148193,
148199, 148201, 148207, 148229, 148243, 148249, 148279, 148301,
148303, 148331, 148339, 148361, 148367, 148381, 148387, 148399,
148403, 148411, 148429, 148439, 148457, 148469, 148471, 148483,
148501, 148513, 148517, 148531, 148537, 148549, 148573, 148579,
148609, 148627, 148633, 148639, 148663, 148667, 148669, 148691,
148693, 148711, 148721, 148723, 148727, 148747, 148763, 148781,
148783, 148793, 148817, 148829, 148853, 148859, 148861, 148867,
148873, 148891, 148913, 148921, 148927, 148931, 148933, 148949,
148957, 148961, 148991, 148997, 149011, 149021, 149027, 149033,
149053, 149057, 149059, 149069, 149077, 149087, 149099, 149101,
149111, 149113, 149119, 149143, 149153, 149159, 149161, 149173,
149183, 149197, 149213, 149239, 149249, 149251, 149257, 149269,
149287, 149297, 149309, 149323, 149333, 149341, 149351, 149371,
149377, 149381, 149393, 149399, 149411, 149417, 149419, 149423,
149441, 149459, 149489, 149491, 149497, 149503, 149519, 149521,
149531, 149533, 149543, 149551, 149561, 149563, 149579, 149603,
149623, 149627, 149629, 149689, 149711, 149713, 149717, 149729,
149731, 149749, 149759, 149767, 149771, 149791, 149803, 149827,
149837, 149839, 149861, 149867, 149873, 149893, 149899, 149909,
149911, 149921, 149939, 149953, 149969, 149971, 149993, 150001,
150011, 150041, 150053, 150061, 150067, 150077, 150083, 150089,
150091, 150097, 150107, 150131, 150151, 150169, 150193, 150197,
150203, 150209, 150211, 150217, 150221, 150223, 150239, 150247,

प्रथम सौ हजार अभाज्य संख्याएँ

150287, 150299, 150301, 150323, 150329, 150343, 150373, 150377,
150379, 150383, 150401, 150407, 150413, 150427, 150431, 150439,
150473, 150497, 150503, 150517, 150523, 150533, 150551, 150559,
150571, 150583, 150587, 150589, 150607, 150611, 150617, 150649,
150659, 150697, 150707, 150721, 150743, 150767, 150769, 150779,
150791, 150797, 150827, 150833, 150847, 150869, 150881, 150883,
150889, 150893, 150901, 150907, 150919, 150929, 150959, 150961,
150967, 150979, 150989, 150991, 151007, 151009, 151013, 151027,
151049, 151051, 151057, 151091, 151121, 151141, 151153, 151157,
151163, 151169, 151171, 151189, 151201, 151213, 151237, 151241,
151243, 151247, 151253, 151273, 151279, 151289, 151303, 151337,
151339, 151343, 151357, 151379, 151381, 151391, 151397, 151423,
151429, 151433, 151451, 151471, 151477, 151483, 151499, 151507,
151517, 151523, 151531, 151537, 151549, 151553, 151561, 151573,
151579, 151597, 151603, 151607, 151609, 151631, 151637, 151643,
151651, 151667, 151673, 151681, 151687, 151693, 151703, 151717,
151729, 151733, 151769, 151771, 151783, 151787, 151799, 151813,
151817, 151841, 151847, 151849, 151871, 151883, 151897, 151901,
151903, 151909, 151937, 151939, 151967, 151969, 152003, 152017,
152027, 152029, 152039, 152041, 152063, 152077, 152081, 152083,
152093, 152111, 152123, 152147, 152183, 152189, 152197, 152203,
152213, 152219, 152231, 152239, 152249, 152267, 152287, 152293,
152297, 152311, 152363, 152377, 152381, 152389, 152393, 152407,
152417, 152419, 152423, 152429, 152441, 152443, 152459, 152461,
152501, 152519, 152531, 152533, 152539, 152563, 152567, 152597,
152599, 152617, 152623, 152629, 152639, 152641, 152657, 152671,
152681, 152717, 152723, 152729, 152753, 152767, 152777, 152783,
152791, 152809, 152819, 152821, 152833, 152837, 152839, 152843,
152851, 152857, 152879, 152897, 152899, 152909, 152939, 152941,
152947, 152953, 152959, 152981, 152989, 152993, 153001, 153059,
153067, 153071, 153073, 153077, 153089, 153107, 153113, 153133,
153137, 153151, 153191, 153247, 153259, 153269, 153271, 153277,
153281, 153287, 153313, 153319, 153337, 153343, 153353, 153359,
153371, 153379, 153407, 153409, 153421, 153427, 153437, 153443,
153449, 153457, 153469, 153487, 153499, 153509, 153511, 153521,
153523, 153529, 153533, 153557, 153563, 153589, 153607, 153611,
153623, 153641, 153649, 153689, 153701, 153719, 153733, 153739,
153743, 153749, 153757, 153763, 153817, 153841, 153871, 153877,
153887, 153889, 153911, 153913, 153929, 153941, 153947, 153949,
153953, 153991, 153997, 154001, 154027, 154043, 154057, 154061,
154067, 154073, 154079, 154081, 154087, 154097, 154111, 154127,
154153, 154157, 154159, 154181, 154183, 154211, 154213, 154229,
154243, 154247, 154267, 154277, 154279, 154291, 154303, 154313,
154321, 154333, 154339, 154351, 154369, 154373, 154387, 154409,
154417, 154423, 154439, 154459, 154487, 154493, 154501, 154523,
154543, 154571, 154573, 154579, 154589, 154591, 154613, 154619,
154621, 154643, 154667, 154669, 154681, 154691, 154699, 154723,
154727, 154733, 154747, 154753, 154769, 154787, 154789, 154799,

154807, 154823, 154841, 154849, 154871, 154873, 154877, 154883,
154897, 154927, 154933, 154937, 154943, 154981, 154991, 155003,
155009, 155017, 155027, 155047, 155069, 155081, 155083, 155087,
155119, 155137, 155153, 155161, 155167, 155171, 155191, 155201,
155203, 155209, 155219, 155231, 155251, 155269, 155291, 155299,
155303, 155317, 155327, 155333, 155371, 155377, 155381, 155383,
155387, 155399, 155413, 155423, 155443, 155453, 155461, 155473,
155501, 155509, 155521, 155537, 155539, 155557, 155569, 155579,
155581, 155593, 155599, 155609, 155621, 155627, 155653, 155657,
155663, 155671, 155689, 155693, 155699, 155707, 155717, 155719,
155723, 155731, 155741, 155747, 155773, 155777, 155783, 155797,
155801, 155809, 155821, 155833, 155849, 155851, 155861, 155863,
155887, 155891, 155893, 155921, 156007, 156011, 156019, 156041,
156059, 156061, 156071, 156089, 156109, 156119, 156127, 156131,
156139, 156151, 156157, 156217, 156227, 156229, 156241, 156253,
156257, 156259, 156269, 156307, 156319, 156329, 156347, 156353,
156361, 156371, 156419, 156421, 156437, 156467, 156487, 156491,
156493, 156511, 156521, 156539, 156577, 156589, 156593, 156601,
156619, 156623, 156631, 156641, 156659, 156671, 156677, 156679,
156683, 156691, 156703, 156707, 156719, 156727, 156733, 156749,
156781, 156797, 156799, 156817, 156823, 156833, 156841, 156887,
156899, 156901, 156913, 156941, 156943, 156967, 156971, 156979,
157007, 157013, 157019, 157037, 157049, 157051, 157057, 157061,
157081, 157103, 157109, 157127, 157133, 157141, 157163, 157177,
157181, 157189, 157207, 157211, 157217, 157219, 157229, 157231,
157243, 157247, 157253, 157259, 157271, 157273, 157277, 157279,
157291, 157303, 157307, 157321, 157327, 157349, 157351, 157363,
157393, 157411, 157427, 157429, 157433, 157457, 157477, 157483,
157489, 157513, 157519, 157523, 157543, 157559, 157561, 157571,
157579, 157627, 157637, 157639, 157649, 157667, 157669, 157679,
157721, 157733, 157739, 157747, 157769, 157771, 157793, 157799,
157813, 157823, 157831, 157837, 157841, 157867, 157877, 157889,
157897, 157901, 157907, 157931, 157933, 157951, 157991, 157999,
158003, 158009, 158017, 158029, 158047, 158071, 158077, 158113,
158129, 158141, 158143, 158161, 158189, 158201, 158209, 158227,
158231, 158233, 158243, 158261, 158269, 158293, 158303, 158329,
158341, 158351, 158357, 158359, 158363, 158371, 158393, 158407,
158419, 158429, 158443, 158449, 158489, 158507, 158519, 158527,
158537, 158551, 158563, 158567, 158573, 158581, 158591, 158597,
158611, 158617, 158621, 158633, 158647, 158657, 158663, 158699,
158731, 158747, 158749, 158759, 158761, 158771, 158777, 158791,
158803, 158843, 158849, 158863, 158867, 158881, 158909, 158923,
158927, 158941, 158959, 158981, 158993, 159013, 159017, 159023,
159059, 159073, 159079, 159097, 159113, 159119, 159157, 159161,
159167, 159169, 159179, 159191, 159193, 159199, 159209, 159223,
159227, 159233, 159287, 159293, 159311, 159319, 159337, 159347,
159349, 159361, 159389, 159403, 159407, 159421, 159431, 159437,
159457, 159463, 159469, 159473, 159491, 159499, 159503, 159521,

प्रथम सौ हजार अभाज्य संख्याएँ

159539, 159541, 159553, 159563, 159569, 159571, 159589, 159617,
159623, 159629, 159631, 159667, 159671, 159673, 159683, 159697,
159701, 159707, 159721, 159737, 159739, 159763, 159769, 159773,
159779, 159787, 159791, 159793, 159799, 159811, 159833, 159839,
159853, 159857, 159869, 159871, 159899, 159911, 159931, 159937,
159977, 159979, 160001, 160009, 160019, 160031, 160033, 160049,
160073, 160079, 160081, 160087, 160091, 160093, 160117, 160141,
160159, 160163, 160169, 160183, 160201, 160207, 160217, 160231,
160243, 160253, 160309, 160313, 160319, 160343, 160357, 160367,
160373, 160387, 160397, 160403, 160409, 160423, 160441, 160453,
160481, 160483, 160499, 160507, 160541, 160553, 160579, 160583,
160591, 160603, 160619, 160621, 160627, 160637, 160639, 160649,
160651, 160663, 160669, 160681, 160687, 160697, 160709, 160711,
160723, 160739, 160751, 160753, 160757, 160781, 160789, 160807,
160813, 160817, 160829, 160841, 160861, 160877, 160879, 160883,
160903, 160907, 160933, 160967, 160969, 160981, 160997, 161009,
161017, 161033, 161039, 161047, 161053, 161059, 161071, 161087,
161093, 161123, 161137, 161141, 161149, 161159, 161167, 161201,
161221, 161233, 161237, 161263, 161267, 161281, 161303, 161309,
161323, 161333, 161339, 161341, 161363, 161377, 161387, 161407,
161411, 161453, 161459, 161461, 161471, 161503, 161507, 161521,
161527, 161531, 161543, 161561, 161563, 161569, 161573, 161591,
161599, 161611, 161627, 161639, 161641, 161659, 161683, 161717,
161729, 161731, 161741, 161743, 161753, 161761, 161771, 161773,
161779, 161783, 161807, 161831, 161839, 161869, 161873, 161879,
161881, 161911, 161921, 161923, 161947, 161957, 161969, 161971,
161977, 161983, 161999, 162007, 162011, 162017, 162053, 162059,
162079, 162091, 162109, 162119, 162143, 162209, 162221, 162229,
162251, 162257, 162263, 162269, 162277, 162287, 162289, 162293,
162343, 162359, 162389, 162391, 162413, 162419, 162439, 162451,
162457, 162473, 162493, 162499, 162517, 162523, 162527, 162529,
162553, 162557, 162563, 162577, 162593, 162601, 162611, 162623,
162629, 162641, 162649, 162671, 162677, 162683, 162691, 162703,
162709, 162713, 162727, 162731, 162739, 162749, 162751, 162779,
162787, 162791, 162821, 162823, 162829, 162839, 162847, 162853,
162859, 162881, 162889, 162901, 162907, 162917, 162937, 162947,
162971, 162973, 162989, 162997, 163003, 163019, 163021, 163027,
163061, 163063, 163109, 163117, 163127, 163129, 163147, 163151,
163169, 163171, 163181, 163193, 163199, 163211, 163223, 163243,
163249, 163259, 163307, 163309, 163321, 163327, 163337, 163351,
163363, 163367, 163393, 163403, 163409, 163411, 163417, 163433,
163469, 163477, 163481, 163483, 163487, 163517, 163543, 163561,
163567, 163573, 163601, 163613, 163621, 163627, 163633, 163637,
163643, 163661, 163673, 163679, 163697, 163729, 163733, 163741,
163753, 163771, 163781, 163789, 163811, 163819, 163841, 163847,
163853, 163859, 163861, 163871, 163883, 163901, 163909, 163927,
163973, 163979, 163981, 163987, 163991, 163993, 163997, 164011,
164023, 164039, 164051, 164057, 164071, 164089, 164093, 164113,

164117, 164147, 164149, 164173, 164183, 164191, 164201, 164209,
164231, 164233, 164239, 164249, 164251, 164267, 164279, 164291,
164299, 164309, 164321, 164341, 164357, 164363, 164371, 164377,
164387, 164413, 164419, 164429, 164431, 164443, 164447, 164449,
164471, 164477, 164503, 164513, 164531, 164569, 164581, 164587,
164599, 164617, 164621, 164623, 164627, 164653, 164663, 164677,
164683, 164701, 164707, 164729, 164743, 164767, 164771, 164789,
164809, 164821, 164831, 164837, 164839, 164881, 164893, 164911,
164953, 164963, 164987, 164999, 165001, 165037, 165041, 165047,
165049, 165059, 165079, 165083, 165089, 165103, 165133, 165161,
165173, 165181, 165203, 165211, 165229, 165233, 165247, 165287,
165293, 165311, 165313, 165317, 165331, 165343, 165349, 165367,
165379, 165383, 165391, 165397, 165437, 165443, 165449, 165457,
165463, 165469, 165479, 165511, 165523, 165527, 165533, 165541,
165551, 165553, 165559, 165569, 165587, 165589, 165601, 165611,
165617, 165653, 165667, 165673, 165701, 165703, 165707, 165709,
165713, 165719, 165721, 165749, 165779, 165799, 165811, 165817,
165829, 165833, 165857, 165877, 165883, 165887, 165901, 165931,
165941, 165947, 165961, 165983, 166013, 166021, 166027, 166031,
166043, 166063, 166081, 166099, 166147, 166151, 166157, 166169,
166183, 166189, 166207, 166219, 166237, 166247, 166259, 166273,
166289, 166297, 166301, 166303, 166319, 166349, 166351, 166357,
166363, 166393, 166399, 166403, 166409, 166417, 166429, 166457,
166471, 166487, 166541, 166561, 166567, 166571, 166597, 166601,
166603, 166609, 166613, 166619, 166627, 166631, 166643, 166657,
166667, 166669, 166679, 166693, 166703, 166723, 166739, 166741,
166781, 166783, 166799, 166807, 166823, 166841, 166843, 166847,
166849, 166853, 166861, 166867, 166871, 166909, 166919, 166931,
166949, 166967, 166973, 166979, 166987, 167009, 167017, 167021,
167023, 167033, 167039, 167047, 167051, 167071, 167077, 167081,
167087, 167099, 167107, 167113, 167117, 167119, 167149, 167159,
167173, 167177, 167191, 167197, 167213, 167221, 167249, 167261,
167267, 167269, 167309, 167311, 167317, 167329, 167339, 167341,
167381, 167393, 167407, 167413, 167423, 167429, 167437, 167441,
167443, 167449, 167471, 167483, 167491, 167521, 167537, 167543,
167593, 167597, 167611, 167621, 167623, 167627, 167633, 167641,
167663, 167677, 167683, 167711, 167729, 167747, 167759, 167771,
167777, 167779, 167801, 167809, 167861, 167863, 167873, 167879,
167887, 167891, 167899, 167911, 167917, 167953, 167971, 167987,
168013, 168023, 168029, 168037, 168043, 168067, 168071, 168083,
168089, 168109, 168127, 168143, 168151, 168193, 168197, 168211,
168227, 168247, 168253, 168263, 168269, 168277, 168281, 168293,
168323, 168331, 168347, 168353, 168391, 168409, 168433, 168449,
168451, 168457, 168463, 168481, 168491, 168499, 168523, 168527,
168533, 168541, 168559, 168599, 168601, 168617, 168629, 168631,
168643, 168673, 168677, 168697, 168713, 168719, 168731, 168737,
168743, 168761, 168769, 168781, 168803, 168851, 168863, 168869,
168887, 168893, 168899, 168901, 168913, 168937, 168943, 168977,

प्रथम सौ हजार अभाज्य संख्याएँ

168991, 169003, 169007, 169009, 169019, 169049, 169063, 169067,
169069, 169079, 169093, 169097, 169111, 169129, 169151, 169159,
169177, 169181, 169199, 169217, 169219, 169241, 169243, 169249,
169259, 169283, 169307, 169313, 169319, 169321, 169327, 169339,
169343, 169361, 169369, 169373, 169399, 169409, 169427, 169457,
169471, 169483, 169489, 169493, 169501, 169523, 169531, 169553,
169567, 169583, 169591, 169607, 169627, 169633, 169639, 169649,
169657, 169661, 169667, 169681, 169691, 169693, 169709, 169733,
169751, 169753, 169769, 169777, 169783, 169789, 169817, 169823,
169831, 169837, 169843, 169859, 169889, 169891, 169909, 169913,
169919, 169933, 169937, 169943, 169951, 169957, 169987, 169991,
170003, 170021, 170029, 170047, 170057, 170063, 170081, 170099,
170101, 170111, 170123, 170141, 170167, 170179, 170189, 170197,
170207, 170213, 170227, 170231, 170239, 170243, 170249, 170263,
170267, 170279, 170293, 170299, 170327, 170341, 170347, 170351,
170353, 170363, 170369, 170371, 170383, 170389, 170393, 170413,
170441, 170447, 170473, 170483, 170497, 170503, 170509, 170537,
170539, 170551, 170557, 170579, 170603, 170609, 170627, 170633,
170641, 170647, 170669, 170689, 170701, 170707, 170711, 170741,
170749, 170759, 170761, 170767, 170773, 170777, 170801, 170809,
170813, 170827, 170837, 170843, 170851, 170857, 170873, 170881,
170887, 170899, 170921, 170927, 170953, 170957, 170971, 171007,
171023, 171029, 171043, 171047, 171049, 171053, 171077, 171079,
171091, 171103, 171131, 171161, 171163, 171167, 171169, 171179,
171203, 171233, 171251, 171253, 171263, 171271, 171293, 171299,
171317, 171329, 171341, 171383, 171401, 171403, 171427, 171439,
171449, 171467, 171469, 171473, 171481, 171491, 171517, 171529,
171539, 171541, 171553, 171559, 171571, 171583, 171617, 171629,
171637, 171641, 171653, 171659, 171671, 171673, 171679, 171697,
171707, 171713, 171719, 171733, 171757, 171761, 171763, 171793,
171799, 171803, 171811, 171823, 171827, 171851, 171863, 171869,
171877, 171881, 171889, 171917, 171923, 171929, 171937, 171947,
172001, 172009, 172021, 172027, 172031, 172049, 172069, 172079,
172093, 172097, 172127, 172147, 172153, 172157, 172169, 172171,
172181, 172199, 172213, 172217, 172219, 172223, 172243, 172259,
172279, 172283, 172297, 172307, 172313, 172321, 172331, 172343,
172351, 172357, 172373, 172399, 172411, 172421, 172423, 172427,
172433, 172439, 172441, 172489, 172507, 172517, 172519, 172541,
172553, 172561, 172573, 172583, 172589, 172597, 172603, 172607,
172619, 172633, 172643, 172649, 172657, 172663, 172673, 172681,
172687, 172709, 172717, 172721, 172741, 172751, 172759, 172787,
172801, 172807, 172829, 172849, 172853, 172859, 172867, 172871,
172877, 172883, 172933, 172969, 172973, 172981, 172987, 172993,
172999, 173021, 173023, 173039, 173053, 173059, 173081, 173087,
173099, 173137, 173141, 173149, 173177, 173183, 173189, 173191,
173207, 173209, 173219, 173249, 173263, 173267, 173273, 173291,
173293, 173297, 173309, 173347, 173357, 173359, 173429, 173431,
173473, 173483, 173491, 173497, 173501, 173531, 173539, 173543,

173549, 173561, 173573, 173599, 173617, 173629, 173647, 173651,
173659, 173669, 173671, 173683, 173687, 173699, 173707, 173713,
173729, 173741, 173743, 173773, 173777, 173779, 173783, 173807,
173819, 173827, 173839, 173851, 173861, 173867, 173891, 173897,
173909, 173917, 173923, 173933, 173969, 173977, 173981, 173993,
174007, 174017, 174019, 174047, 174049, 174061, 174067, 174071,
174077, 174079, 174091, 174101, 174121, 174137, 174143, 174149,
174157, 174169, 174197, 174221, 174241, 174257, 174259, 174263,
174281, 174289, 174299, 174311, 174329, 174331, 174337, 174347,
174367, 174389, 174407, 174413, 174431, 174443, 174457, 174467,
174469, 174481, 174487, 174491, 174527, 174533, 174569, 174571,
174583, 174599, 174613, 174617, 174631, 174637, 174649, 174653,
174659, 174673, 174679, 174703, 174721, 174737, 174749, 174761,
174763, 174767, 174773, 174799, 174821, 174829, 174851, 174859,
174877, 174893, 174901, 174907, 174917, 174929, 174931, 174943,
174959, 174989, 174991, 175003, 175013, 175039, 175061, 175067,
175069, 175079, 175081, 175103, 175129, 175141, 175211, 175229,
175261, 175267, 175277, 175291, 175303, 175309, 175327, 175333,
175349, 175361, 175391, 175393, 175403, 175411, 175433, 175447,
175453, 175463, 175481, 175493, 175499, 175519, 175523, 175543,
175573, 175601, 175621, 175631, 175633, 175649, 175663, 175673,
175687, 175691, 175699, 175709, 175723, 175727, 175753, 175757,
175759, 175781, 175783, 175811, 175829, 175837, 175843, 175853,
175859, 175873, 175891, 175897, 175909, 175919, 175937, 175939,
175949, 175961, 175963, 175979, 175991, 175993, 176017, 176021,
176023, 176041, 176047, 176051, 176053, 176063, 176081, 176087,
176089, 176123, 176129, 176153, 176159, 176161, 176179, 176191,
176201, 176207, 176213, 176221, 176227, 176237, 176243, 176261,
176299, 176303, 176317, 176321, 176327, 176329, 176333, 176347,
176353, 176357, 176369, 176383, 176389, 176401, 176413, 176417,
176419, 176431, 176459, 176461, 176467, 176489, 176497, 176503,
176507, 176509, 176521, 176531, 176537, 176549, 176551, 176557,
176573, 176591, 176597, 176599, 176609, 176611, 176629, 176641,
176651, 176677, 176699, 176711, 176713, 176741, 176747, 176753,
176777, 176779, 176789, 176791, 176797, 176807, 176809, 176819,
176849, 176857, 176887, 176899, 176903, 176921, 176923, 176927,
176933, 176951, 176977, 176983, 176989, 177007, 177011, 177013,
177019, 177043, 177091, 177101, 177109, 177113, 177127, 177131,
177167, 177173, 177209, 177211, 177217, 177223, 177239, 177257,
177269, 177283, 177301, 177319, 177323, 177337, 177347, 177379,
177383, 177409, 177421, 177427, 177431, 177433, 177467, 177473,
177481, 177487, 177493, 177511, 177533, 177539, 177553, 177589,
177601, 177623, 177647, 177677, 177679, 177691, 177739, 177743,
177761, 177763, 177787, 177791, 177797, 177811, 177823, 177839,
177841, 177883, 177887, 177889, 177893, 177907, 177913, 177917,
177929, 177943, 177949, 177953, 177967, 177979, 178001, 178021,
178037, 178039, 178067, 178069, 178091, 178093, 178103, 178117,
178127, 178141, 178151, 178169, 178183, 178187, 178207, 178223,

प्रथम सौ हजार अभाज्य संख्याएँ

178231, 178247, 178249, 178259, 178261, 178289, 178301, 178307,
178327, 178333, 178349, 178351, 178361, 178393, 178397, 178403,
178417, 178439, 178441, 178447, 178469, 178481, 178487, 178489,
178501, 178513, 178531, 178537, 178559, 178561, 178567, 178571,
178597, 178601, 178603, 178609, 178613, 178621, 178627, 178639,
178643, 178681, 178691, 178693, 178697, 178753, 178757, 178781,
178793, 178799, 178807, 178813, 178817, 178819, 178831, 178853,
178859, 178873, 178877, 178889, 178897, 178903, 178907, 178909,
178921, 178931, 178933, 178939, 178951, 178973, 178987, 179021,
179029, 179033, 179041, 179051, 179057, 179083, 179089, 179099,
179107, 179111, 179119, 179143, 179161, 179167, 179173, 179203,
179209, 179213, 179233, 179243, 179261, 179269, 179281, 179287,
179317, 179321, 179327, 179351, 179357, 179369, 179381, 179383,
179393, 179407, 179411, 179429, 179437, 179441, 179453, 179461,
179471, 179479, 179483, 179497, 179519, 179527, 179533, 179549,
179563, 179573, 179579, 179581, 179591, 179593, 179603, 179623,
179633, 179651, 179657, 179659, 179671, 179687, 179689, 179693,
179717, 179719, 179737, 179743, 179749, 179779, 179801, 179807,
179813, 179819, 179821, 179827, 179833, 179849, 179897, 179899,
179903, 179909, 179917, 179923, 179939, 179947, 179951, 179953,
179957, 179969, 179981, 179989, 179999, 180001, 180007, 180023,
180043, 180053, 180071, 180073, 180077, 180097, 180137, 180161,
180179, 180181, 180211, 180221, 180233, 180239, 180241, 180247,
180259, 180263, 180281, 180287, 180289, 180307, 180311, 180317,
180331, 180337, 180347, 180361, 180371, 180379, 180391, 180413,
180419, 180437, 180463, 180473, 180491, 180497, 180503, 180511,
180533, 180539, 180541, 180547, 180563, 180569, 180617, 180623,
180629, 180647, 180667, 180679, 180701, 180731, 180749, 180751,
180773, 180779, 180793, 180797, 180799, 180811, 180847, 180871,
180883, 180907, 180949, 180959, 181001, 181003, 181019, 181031,
181039, 181061, 181063, 181081, 181087, 181123, 181141, 181157,
181183, 181193, 181199, 181201, 181211, 181213, 181219, 181243,
181253, 181273, 181277, 181283, 181297, 181301, 181303, 181361,
181387, 181397, 181399, 181409, 181421, 181439, 181457, 181459,
181499, 181501, 181513, 181523, 181537, 181549, 181553, 181603,
181607, 181609, 181619, 181639, 181667, 181669, 181693, 181711,
181717, 181721, 181729, 181739, 181751, 181757, 181759, 181763,
181777, 181787, 181789, 181813, 181837, 181871, 181873, 181889,
181891, 181903, 181913, 181919, 181927, 181931, 181943, 181957,
181967, 181981, 181997, 182009, 182011, 182027, 182029, 182041,
182047, 182057, 182059, 182089, 182099, 182101, 182107, 182111,
182123, 182129, 182131, 182141, 182159, 182167, 182177, 182179,
182201, 182209, 182233, 182239, 182243, 182261, 182279, 182297,
182309, 182333, 182339, 182341, 182353, 182387, 182389, 182417,
182423, 182431, 182443, 182453, 182467, 182471, 182473, 182489,
182503, 182509, 182519, 182537, 182549, 182561, 182579, 182587,
182593, 182599, 182603, 182617, 182627, 182639, 182641, 182653,
182657, 182659, 182681, 182687, 182701, 182711, 182713, 182747,

प्रथम सौ हजार अभाज्य संख्याएँ

182773, 182779, 182789, 182803, 182813, 182821, 182839, 182851,
182857, 182867, 182887, 182893, 182899, 182921, 182927, 182929,
182933, 182953, 182957, 182969, 182981, 182999, 183023, 183037,
183041, 183047, 183059, 183067, 183089, 183091, 183119, 183151,
183167, 183191, 183203, 183247, 183259, 183263, 183283, 183289,
183299, 183301, 183307, 183317, 183319, 183329, 183343, 183349,
183361, 183373, 183377, 183383, 183389, 183397, 183437, 183439,
183451, 183461, 183473, 183479, 183487, 183497, 183499, 183503,
183509, 183511, 183523, 183527, 183569, 183571, 183577, 183581,
183587, 183593, 183611, 183637, 183661, 183683, 183691, 183697,
183707, 183709, 183713, 183761, 183763, 183797, 183809, 183823,
183829, 183871, 183877, 183881, 183907, 183917, 183919, 183943,
183949, 183959, 183971, 183973, 183979, 184003, 184007, 184013,
184031, 184039, 184043, 184057, 184073, 184081, 184087, 184111,
184117, 184133, 184153, 184157, 184181, 184187, 184189, 184199,
184211, 184231, 184241, 184259, 184271, 184273, 184279, 184291,
184309, 184321, 184333, 184337, 184351, 184369, 184409, 184417,
184441, 184447, 184463, 184477, 184487, 184489, 184511, 184517,
184523, 184553, 184559, 184567, 184571, 184577, 184607, 184609,
184627, 184631, 184633, 184649, 184651, 184669, 184687, 184693,
184703, 184711, 184721, 184727, 184733, 184753, 184777, 184823,
184829, 184831, 184837, 184843, 184859, 184879, 184901, 184903,
184913, 184949, 184957, 184967, 184969, 184993, 184997, 184999,
185021, 185027, 185051, 185057, 185063, 185069, 185071, 185077,
185089, 185099, 185123, 185131, 185137, 185149, 185153, 185161,
185167, 185177, 185183, 185189, 185221, 185233, 185243, 185267,
185291, 185299, 185303, 185309, 185323, 185327, 185359, 185363,
185369, 185371, 185401, 185429, 185441, 185467, 185477, 185483,
185491, 185519, 185527, 185531, 185533, 185539, 185543, 185551,
185557, 185567, 185569, 185593, 185599, 185621, 185641, 185651,
185677, 185681, 185683, 185693, 185699, 185707, 185711, 185723,
185737, 185747, 185749, 185753, 185767, 185789, 185797, 185813,
185819, 185821, 185831, 185833, 185849, 185869, 185873, 185893,
185897, 185903, 185917, 185923, 185947, 185951, 185957, 185959,
185971, 185987, 185993, 186007, 186013, 186019, 186023, 186037,
186041, 186049, 186071, 186097, 186103, 186107, 186113, 186119,
186149, 186157, 186161, 186163, 186187, 186191, 186211, 186227,
186229, 186239, 186247, 186253, 186259, 186271, 186283, 186299,
186301, 186311, 186317, 186343, 186377, 186379, 186391, 186397,
186419, 186437, 186451, 186469, 186479, 186481, 186551, 186569,
186581, 186583, 186587, 186601, 186619, 186629, 186647, 186649,
186653, 186671, 186679, 186689, 186701, 186707, 186709, 186727,
186733, 186743, 186757, 186761, 186763, 186773, 186793, 186799,
186841, 186859, 186869, 186871, 186877, 186883, 186889, 186917,
186947, 186959, 187003, 187009, 187027, 187043, 187049, 187067,
187069, 187073, 187081, 187091, 187111, 187123, 187127, 187129,
187133, 187139, 187141, 187163, 187171, 187177, 187181, 187189,
187193, 187211, 187217, 187219, 187223, 187237, 187273, 187277,

प्रथम सौ हजार अभाज्य संख्याएँ

187303, 187337, 187339, 187349, 187361, 187367, 187373, 187379,
187387, 187393, 187409, 187417, 187423, 187433, 187441, 187463,
187469, 187471, 187477, 187507, 187513, 187531, 187547, 187559,
187573, 187597, 187631, 187633, 187637, 187639, 187651, 187661,
187669, 187687, 187699, 187711, 187721, 187751, 187763, 187787,
187793, 187823, 187843, 187861, 187871, 187877, 187883, 187897,
187907, 187909, 187921, 187927, 187931, 187951, 187963, 187973,
187987, 188011, 188017, 188021, 188029, 188107, 188137, 188143,
188147, 188159, 188171, 188179, 188189, 188197, 188249, 188261,
188273, 188281, 188291, 188299, 188303, 188311, 188317, 188323,
188333, 188351, 188359, 188369, 188389, 188401, 188407, 188417,
188431, 188437, 188443, 188459, 188473, 188483, 188491, 188519,
188527, 188533, 188563, 188579, 188603, 188609, 188621, 188633,
188653, 188677, 188681, 188687, 188693, 188701, 188707, 188711,
188719, 188729, 188753, 188767, 188779, 188791, 188801, 188827,
188831, 188833, 188843, 188857, 188861, 188863, 188869, 188891,
188911, 188927, 188933, 188939, 188941, 188953, 188957, 188983,
188999, 189011, 189017, 189019, 189041, 189043, 189061, 189067,
189127, 189139, 189149, 189151, 189169, 189187, 189199, 189223,
189229, 189239, 189251, 189253, 189257, 189271, 189307, 189311,
189337, 189347, 189349, 189353, 189361, 189377, 189389, 189391,
189401, 189407, 189421, 189433, 189437, 189439, 189463, 189467,
189473, 189479, 189491, 189493, 189509, 189517, 189523, 189529,
189547, 189559, 189583, 189593, 189599, 189613, 189617, 189619,
189643, 189653, 189661, 189671, 189691, 189697, 189701, 189713,
189733, 189743, 189757, 189767, 189797, 189799, 189817, 189823,
189851, 189853, 189859, 189877, 189881, 189887, 189901, 189913,
189929, 189947, 189949, 189961, 189967, 189977, 189983, 189989,
189997, 190027, 190031, 190051, 190063, 190093, 190097, 190121,
190129, 190147, 190159, 190181, 190207, 190243, 190249, 190261,
190271, 190283, 190297, 190301, 190313, 190321, 190331, 190339,
190357, 190367, 190369, 190387, 190391, 190403, 190409, 190471,
190507, 190523, 190529, 190537, 190543, 190573, 190577, 190579,
190583, 190591, 190607, 190613, 190633, 190639, 190649, 190657,
190667, 190669, 190699, 190709, 190711, 190717, 190753, 190759,
190763, 190769, 190783, 190787, 190793, 190807, 190811, 190823,
190829, 190837, 190843, 190871, 190889, 190891, 190901, 190909,
190913, 190921, 190979, 190997, 191021, 191027, 191033, 191039,
191047, 191057, 191071, 191089, 191099, 191119, 191123, 191137,
191141, 191143, 191161, 191173, 191189, 191227, 191231, 191237,
191249, 191251, 191281, 191297, 191299, 191339, 191341, 191353,
191413, 191441, 191447, 191449, 191453, 191459, 191461, 191467,
191473, 191491, 191497, 191507, 191509, 191519, 191531, 191533,
191537, 191551, 191561, 191563, 191579, 191599, 191621, 191627,
191657, 191669, 191671, 191677, 191689, 191693, 191699, 191707,
191717, 191747, 191749, 191773, 191783, 191791, 191801, 191803,
191827, 191831, 191833, 191837, 191861, 191899, 191903, 191911,
191929, 191953, 191969, 191977, 191999, 192007, 192013, 192029,

प्रथम सौ हजार अभाज्य संख्याएँ

192037, 192043, 192047, 192053, 192091, 192097, 192103, 192113,
192121, 192133, 192149, 192161, 192173, 192187, 192191, 192193,
192229, 192233, 192239, 192251, 192259, 192263, 192271, 192307,
192317, 192319, 192323, 192341, 192343, 192347, 192373, 192377,
192383, 192391, 192407, 192431, 192461, 192463, 192497, 192499,
192529, 192539, 192547, 192553, 192557, 192571, 192581, 192583,
192587, 192601, 192611, 192613, 192617, 192629, 192631, 192637,
192667, 192677, 192697, 192737, 192743, 192749, 192757, 192767,
192781, 192791, 192799, 192811, 192817, 192833, 192847, 192853,
192859, 192877, 192883, 192887, 192889, 192917, 192923, 192931,
192949, 192961, 192971, 192977, 192979, 192991, 193003, 193009,
193013, 193031, 193043, 193051, 193057, 193073, 193093, 193133,
193139, 193147, 193153, 193163, 193181, 193183, 193189, 193201,
193243, 193247, 193261, 193283, 193301, 193327, 193337, 193357,
193367, 193373, 193379, 193381, 193387, 193393, 193423, 193433,
193441, 193447, 193451, 193463, 193469, 193493, 193507, 193513,
193541, 193549, 193559, 193573, 193577, 193597, 193601, 193603,
193607, 193619, 193649, 193663, 193679, 193703, 193723, 193727,
193741, 193751, 193757, 193763, 193771, 193789, 193793, 193799,
193811, 193813, 193841, 193847, 193859, 193861, 193871, 193873,
193877, 193883, 193891, 193937, 193939, 193943, 193951, 193957,
193979, 193993, 194003, 194017, 194027, 194057, 194069, 194071,
194083, 194087, 194093, 194101, 194113, 194119, 194141, 194149,
194167, 194179, 194197, 194203, 194239, 194263, 194267, 194269,
194309, 194323, 194353, 194371, 194377, 194413, 194431, 194443,
194471, 194479, 194483, 194507, 194521, 194527, 194543, 194569,
194581, 194591, 194609, 194647, 194653, 194659, 194671, 194681,
194683, 194687, 194707, 194713, 194717, 194723, 194729, 194749,
194767, 194771, 194809, 194813, 194819, 194827, 194839, 194861,
194863, 194867, 194869, 194891, 194899, 194911, 194917, 194933,
194963, 194977, 194981, 194989, 195023, 195029, 195043, 195047,
195049, 195053, 195071, 195077, 195089, 195103, 195121, 195127,
195131, 195137, 195157, 195161, 195163, 195193, 195197, 195203,
195229, 195241, 195253, 195259, 195271, 195277, 195281, 195311,
195319, 195329, 195341, 195343, 195353, 195359, 195389, 195401,
195407, 195413, 195427, 195443, 195457, 195469, 195479, 195493,
195497, 195511, 195527, 195539, 195541, 195581, 195593, 195599,
195659, 195677, 195691, 195697, 195709, 195731, 195733, 195737,
195739, 195743, 195751, 195761, 195781, 195787, 195791, 195809,
195817, 195863, 195869, 195883, 195887, 195893, 195907, 195913,
195919, 195929, 195931, 195967, 195971, 195973, 195977, 195991,
195997, 196003, 196033, 196039, 196043, 196051, 196073, 196081,
196087, 196111, 196117, 196139, 196159, 196169, 196171, 196177,
196181, 196187, 196193, 196201, 196247, 196271, 196277, 196279,
196291, 196303, 196307, 196331, 196337, 196379, 196387, 196429,
196439, 196453, 196459, 196477, 196499, 196501, 196519, 196523,
196541, 196543, 196549, 196561, 196579, 196583, 196597, 196613,
196643, 196657, 196661, 196663, 196681, 196687, 196699, 196709,

प्रथम सौ हजार अभाज्य संख्याएँ

196717, 196727, 196739, 196751, 196769, 196771, 196799, 196817,
196831, 196837, 196853, 196871, 196873, 196879, 196901, 196907,
196919, 196927, 196961, 196991, 196993, 197003, 197009, 197023,
197033, 197059, 197063, 197077, 197083, 197089, 197101, 197117,
197123, 197137, 197147, 197159, 197161, 197203, 197207, 197221,
197233, 197243, 197257, 197261, 197269, 197273, 197279, 197293,
197297, 197299, 197311, 197339, 197341, 197347, 197359, 197369,
197371, 197381, 197383, 197389, 197419, 197423, 197441, 197453,
197479, 197507, 197521, 197539, 197551, 197567, 197569, 197573,
197597, 197599, 197609, 197621, 197641, 197647, 197651, 197677,
197683, 197689, 197699, 197711, 197713, 197741, 197753, 197759,
197767, 197773, 197779, 197803, 197807, 197831, 197837, 197887,
197891, 197893, 197909, 197921, 197927, 197933, 197947, 197957,
197959, 197963, 197969, 197971, 198013, 198017, 198031, 198043,
198047, 198073, 198083, 198091, 198097, 198109, 198127, 198139,
198173, 198179, 198193, 198197, 198221, 198223, 198241, 198251,
198257, 198259, 198277, 198281, 198301, 198313, 198323, 198337,
198347, 198349, 198377, 198391, 198397, 198409, 198413, 198427,
198437, 198439, 198461, 198463, 198469, 198479, 198491, 198503,
198529, 198533, 198553, 198571, 198589, 198593, 198599, 198613,
198623, 198637, 198641, 198647, 198659, 198673, 198689, 198701,
198719, 198733, 198761, 198769, 198811, 198817, 198823, 198827,
198829, 198833, 198839, 198841, 198851, 198859, 198899, 198901,
198929, 198937, 198941, 198943, 198953, 198959, 198967, 198971,
198977, 198997, 199021, 199033, 199037, 199039, 199049, 199081,
199103, 199109, 199151, 199153, 199181, 199193, 199207, 199211,
199247, 199261, 199267, 199289, 199313, 199321, 199337, 199343,
199357, 199373, 199379, 199399, 199403, 199411, 199417, 199429,
199447, 199453, 199457, 199483, 199487, 199489, 199499, 199501,
199523, 199559, 199567, 199583, 199601, 199603, 199621, 199637,
199657, 199669, 199673, 199679, 199687, 199697, 199721, 199729,
199739, 199741, 199751, 199753, 199777, 199783, 199799, 199807,
199811, 199813, 199819, 199831, 199853, 199873, 199877, 199889,
199909, 199921, 199931, 199933, 199961, 199967, 199999, 200003,
200009, 200017, 200023, 200029, 200033, 200041, 200063, 200087,
200117, 200131, 200153, 200159, 200171, 200177, 200183, 200191,
200201, 200227, 200231, 200237, 200257, 200273, 200293, 200297,
200323, 200329, 200341, 200351, 200357, 200363, 200371, 200381,
200383, 200401, 200407, 200437, 200443, 200461, 200467, 200483,
200513, 200569, 200573, 200579, 200587, 200591, 200597, 200609,
200639, 200657, 200671, 200689, 200699, 200713, 200723, 200731,
200771, 200779, 200789, 200797, 200807, 200843, 200861, 200867,
200869, 200881, 200891, 200899, 200903, 200909, 200927, 200929,
200971, 200983, 200987, 200989, 201007, 201011, 201031, 201037,
201049, 201073, 201101, 201107, 201119, 201121, 201139, 201151,
201163, 201167, 201193, 201203, 201209, 201211, 201233, 201247,
201251, 201281, 201287, 201307, 201329, 201337, 201359, 201389,
201401, 201403, 201413, 201437, 201449, 201451, 201473, 201491,

प्रथम सौ हजार अभाज्य संख्याएँ

201493, 201497, 201499, 201511, 201517, 201547, 201557, 201577,
201581, 201589, 201599, 201611, 201623, 201629, 201653, 201661,
201667, 201673, 201683, 201701, 201709, 201731, 201743, 201757,
201767, 201769, 201781, 201787, 201791, 201797, 201809, 201821,
201823, 201827, 201829, 201833, 201847, 201881, 201889, 201893,
201907, 201911, 201919, 201923, 201937, 201947, 201953, 201961,
201973, 201979, 201997, 202001, 202021, 202031, 202049, 202061,
202063, 202067, 202087, 202099, 202109, 202121, 202127, 202129,
202183, 202187, 202201, 202219, 202231, 202243, 202277, 202289,
202291, 202309, 202327, 202339, 202343, 202357, 202361, 202381,
202387, 202393, 202403, 202409, 202441, 202471, 202481, 202493,
202519, 202529, 202549, 202567, 202577, 202591, 202613, 202621,
202627, 202637, 202639, 202661, 202667, 202679, 202693, 202717,
202729, 202733, 202747, 202751, 202753, 202757, 202777, 202799,
202817, 202823, 202841, 202859, 202877, 202879, 202889, 202907,
202921, 202931, 202933, 202949, 202967, 202973, 202981, 202987,
202999, 203011, 203017, 203023, 203039, 203051, 203057, 203117,
203141, 203173, 203183, 203207, 203209, 203213, 203221, 203227,
203233, 203249, 203279, 203293, 203309, 203311, 203317, 203321,
203323, 203339, 203341, 203351, 203353, 203363, 203381, 203383,
203387, 203393, 203417, 203419, 203429, 203431, 203449, 203459,
203461, 203531, 203549, 203563, 203569, 203579, 203591, 203617,
203627, 203641, 203653, 203657, 203659, 203663, 203669, 203713,
203761, 203767, 203771, 203773, 203789, 203807, 203809, 203821,
203843, 203857, 203869, 203873, 203897, 203909, 203911, 203921,
203947, 203953, 203969, 203971, 203977, 203989, 203999, 204007,
204013, 204019, 204023, 204047, 204059, 204067, 204101, 204107,
204133, 204137, 204143, 204151, 204161, 204163, 204173, 204233,
204251, 204299, 204301, 204311, 204319, 204329, 204331, 204353,
204359, 204361, 204367, 204371, 204377, 204397, 204427, 204431,
204437, 204439, 204443, 204461, 204481, 204487, 204509, 204511,
204517, 204521, 204557, 204563, 204583, 204587, 204599, 204601,
204613, 204623, 204641, 204667, 204679, 204707, 204719, 204733,
204749, 204751, 204781, 204791, 204793, 204797, 204803, 204821,
204857, 204859, 204871, 204887, 204913, 204917, 204923, 204931,
204947, 204973, 204979, 204983, 205019, 205031, 205033, 205043,
205063, 205069, 205081, 205097, 205103, 205111, 205129, 205133,
205141, 205151, 205157, 205171, 205187, 205201, 205211, 205213,
205223, 205237, 205253, 205267, 205297, 205307, 205319, 205327,
205339, 205357, 205391, 205397, 205399, 205417, 205421, 205423,
205427, 205433, 205441, 205453, 205463, 205477, 205483, 205487,
205493, 205507, 205519, 205529, 205537, 205549, 205553, 205559,
205589, 205603, 205607, 205619, 205627, 205633, 205651, 205657,
205661, 205663, 205703, 205721, 205759, 205763, 205783, 205817,
205823, 205837, 205847, 205879, 205883, 205913, 205937, 205949,
205951, 205957, 205963, 205967, 205981, 205991, 205993, 206009,
206021, 206027, 206033, 206039, 206047, 206051, 206069, 206077,
206081, 206083, 206123, 206153, 206177, 206179, 206183, 206191,

प्रथम सौ हजार अभाज्य संख्याएँ

206197, 206203, 206209, 206221, 206233, 206237, 206249, 206251,
206263, 206273, 206279, 206281, 206291, 206299, 206303, 206341,
206347, 206351, 206369, 206383, 206399, 206407, 206411, 206413,
206419, 206447, 206461, 206467, 206477, 206483, 206489, 206501,
206519, 206527, 206543, 206551, 206593, 206597, 206603, 206623,
206627, 206639, 206641, 206651, 206699, 206749, 206779, 206783,
206803, 206807, 206813, 206819, 206821, 206827, 206879, 206887,
206897, 206909, 206911, 206917, 206923, 206933, 206939, 206951,
206953, 206993, 207013, 207017, 207029, 207037, 207041, 207061,
207073, 207079, 207113, 207121, 207127, 207139, 207169, 207187,
207191, 207197, 207199, 207227, 207239, 207241, 207257, 207269,
207287, 207293, 207301, 207307, 207329, 207331, 207341, 207343,
207367, 207371, 207377, 207401, 207409, 207433, 207443, 207457,
207463, 207469, 207479, 207481, 207491, 207497, 207509, 207511,
207517, 207521, 207523, 207541, 207547, 207551, 207563, 207569,
207589, 207593, 207619, 207629, 207643, 207653, 207661, 207671,
207673, 207679, 207709, 207719, 207721, 207743, 207763, 207769,
207797, 207799, 207811, 207821, 207833, 207847, 207869, 207877,
207923, 207931, 207941, 207947, 207953, 207967, 207971, 207973,
207997, 208001, 208003, 208009, 208037, 208049, 208057, 208067,
208073, 208099, 208111, 208121, 208129, 208139, 208141, 208147,
208189, 208207, 208213, 208217, 208223, 208231, 208253, 208261,
208277, 208279, 208283, 208291, 208309, 208319, 208333, 208337,
208367, 208379, 208387, 208391, 208393, 208409, 208433, 208441,
208457, 208459, 208463, 208469, 208489, 208493, 208499, 208501,
208511, 208513, 208519, 208529, 208553, 208577, 208589, 208591,
208609, 208627, 208631, 208657, 208667, 208673, 208687, 208697,
208699, 208721, 208729, 208739, 208759, 208787, 208799, 208807,
208837, 208843, 208877, 208889, 208891, 208907, 208927, 208931,
208933, 208961, 208963, 208991, 208993, 208997, 209021, 209029,
209039, 209063, 209071, 209089, 209123, 209147, 209159, 209173,
209179, 209189, 209201, 209203, 209213, 209221, 209227, 209233,
209249, 209257, 209263, 209267, 209269, 209299, 209311, 209317,
209327, 209333, 209347, 209353, 209357, 209359, 209371, 209381,
209393, 209401, 209431, 209441, 209449, 209459, 209471, 209477,
209497, 209519, 209533, 209543, 209549, 209563, 209567, 209569,
209579, 209581, 209597, 209621, 209623, 209639, 209647, 209659,
209669, 209687, 209701, 209707, 209717, 209719, 209743, 209767,
209771, 209789, 209801, 209809, 209813, 209819, 209821, 209837,
209851, 209857, 209861, 209887, 209917, 209927, 209929, 209939,
209953, 209959, 209971, 209977, 209983, 209987, 210011, 210019,
210031, 210037, 210053, 210071, 210097, 210101, 210109, 210113,
210127, 210131, 210139, 210143, 210157, 210169, 210173, 210187,
210191, 210193, 210209, 210229, 210233, 210241, 210247, 210257,
210263, 210277, 210283, 210299, 210317, 210319, 210323, 210347,
210359, 210361, 210391, 210401, 210403, 210407, 210421, 210437,
210461, 210467, 210481, 210487, 210491, 210499, 210523, 210527,
210533, 210557, 210599, 210601, 210619, 210631, 210643, 210659,

प्रथम सौ हजार अभाज्य संख्याएँ

210671, 210709, 210713, 210719, 210731, 210739, 210761, 210773,
210803, 210809, 210811, 210823, 210827, 210839, 210853, 210857,
210869, 210901, 210907, 210911, 210913, 210923, 210929, 210943,
210961, 210967, 211007, 211039, 211049, 211051, 211061, 211063,
211067, 211073, 211093, 211097, 211129, 211151, 211153, 211177,
211187, 211193, 211199, 211213, 211217, 211219, 211229, 211231,
211241, 211247, 211271, 211283, 211291, 211297, 211313, 211319,
211333, 211339, 211349, 211369, 211373, 211403, 211427, 211433,
211441, 211457, 211469, 211493, 211499, 211501, 211507, 211543,
211559, 211571, 211573, 211583, 211597, 211619, 211639, 211643,
211657, 211661, 211663, 211681, 211691, 211693, 211711, 211723,
211727, 211741, 211747, 211777, 211781, 211789, 211801, 211811,
211817, 211859, 211867, 211873, 211877, 211879, 211889, 211891,
211927, 211931, 211933, 211943, 211949, 211969, 211979, 211997,
212029, 212039, 212057, 212081, 212099, 212117, 212123, 212131,
212141, 212161, 212167, 212183, 212203, 212207, 212209, 212227,
212239, 212243, 212281, 212293, 212297, 212353, 212369, 212383,
212411, 212419, 212423, 212437, 212447, 212453, 212461, 212467,
212479, 212501, 212507, 212557, 212561, 212573, 212579, 212587,
212593, 212627, 212633, 212651, 212669, 212671, 212677, 212683,
212701, 212777, 212791, 212801, 212827, 212837, 212843, 212851,
212867, 212869, 212873, 212881, 212897, 212903, 212909, 212917,
212923, 212969, 212981, 212987, 212999, 213019, 213023, 213029,
213043, 213067, 213079, 213091, 213097, 213119, 213131, 213133,
213139, 213149, 213173, 213181, 213193, 213203, 213209, 213217,
213223, 213229, 213247, 213253, 213263, 213281, 213287, 213289,
213307, 213319, 213329, 213337, 213349, 213359, 213361, 213383,
213391, 213397, 213407, 213449, 213461, 213467, 213481, 213491,
213523, 213533, 213539, 213553, 213557, 213589, 213599, 213611,
213613, 213623, 213637, 213641, 213649, 213659, 213713, 213721,
213727, 213737, 213751, 213791, 213799, 213821, 213827, 213833,
213847, 213859, 213881, 213887, 213901, 213919, 213929, 213943,
213947, 213949, 213953, 213973, 213977, 213989, 214003, 214007,
214009, 214021, 214031, 214033, 214043, 214051, 214063, 214069,
214087, 214091, 214129, 214133, 214141, 214147, 214163, 214177,
214189, 214211, 214213, 214219, 214237, 214243, 214259, 214283,
214297, 214309, 214351, 214363, 214373, 214381, 214391, 214399,
214433, 214439, 214451, 214457, 214463, 214469, 214481, 214483,
214499, 214507, 214517, 214519, 214531, 214541, 214559, 214561,
214589, 214603, 214607, 214631, 214639, 214651, 214657, 214663,
214667, 214673, 214691, 214723, 214729, 214733, 214741, 214759,
214763, 214771, 214783, 214787, 214789, 214807, 214811, 214817,
214831, 214849, 214853, 214867, 214883, 214891, 214913, 214939,
214943, 214967, 214987, 214993, 215051, 215063, 215077, 215087,
215123, 215141, 215143, 215153, 215161, 215179, 215183, 215191,
215197, 215239, 215249, 215261, 215273, 215279, 215297, 215309,
215317, 215329, 215351, 215353, 215359, 215381, 215389, 215393,
215399, 215417, 215443, 215447, 215459, 215461, 215471, 215483,

प्रथम सौ हजार अभाज्य संख्याएँ

215497, 215503, 215507, 215521, 215531, 215563, 215573, 215587,
215617, 215653, 215659, 215681, 215687, 215689, 215693, 215723,
215737, 215753, 215767, 215771, 215797, 215801, 215827, 215833,
215843, 215851, 215857, 215863, 215893, 215899, 215909, 215921,
215927, 215939, 215953, 215959, 215981, 215983, 216023, 216037,
216061, 216071, 216091, 216103, 216107, 216113, 216119, 216127,
216133, 216149, 216157, 216173, 216179, 216211, 216217, 216233,
216259, 216263, 216289, 216317, 216319, 216329, 216347, 216371,
216373, 216379, 216397, 216401, 216421, 216431, 216451, 216481,
216493, 216509, 216523, 216551, 216553, 216569, 216571, 216577,
216607, 216617, 216641, 216647, 216649, 216653, 216661, 216679,
216703, 216719, 216731, 216743, 216751, 216757, 216761, 216779,
216781, 216787, 216791, 216803, 216829, 216841, 216851, 216859,
216877, 216899, 216901, 216911, 216917, 216919, 216947, 216967,
216973, 216991, 217001, 217003, 217027, 217033, 217057, 217069,
217081, 217111, 217117, 217121, 217157, 217163, 217169, 217199,
217201, 217207, 217219, 217223, 217229, 217241, 217253, 217271,
217307, 217309, 217313, 217319, 217333, 217337, 217339, 217351,
217361, 217363, 217367, 217369, 217387, 217397, 217409, 217411,
217421, 217429, 217439, 217457, 217463, 217489, 217499, 217517,
217519, 217559, 217561, 217573, 217577, 217579, 217619, 217643,
217661, 217667, 217681, 217687, 217691, 217697, 217717, 217727,
217733, 217739, 217747, 217771, 217781, 217793, 217823, 217829,
217849, 217859, 217901, 217907, 217909, 217933, 217937, 217969,
217979, 217981, 218003, 218021, 218047, 218069, 218077, 218081,
218083, 218087, 218107, 218111, 218117, 218131, 218137, 218143,
218149, 218171, 218191, 218213, 218227, 218233, 218249, 218279,
218287, 218357, 218363, 218371, 218381, 218389, 218401, 218417,
218419, 218423, 218437, 218447, 218453, 218459, 218461, 218479,
218509, 218513, 218521, 218527, 218531, 218549, 218551, 218579,
218591, 218599, 218611, 218623, 218627, 218629, 218641, 218651,
218657, 218677, 218681, 218711, 218717, 218719, 218723, 218737,
218749, 218761, 218783, 218797, 218809, 218819, 218833, 218839,
218843, 218849, 218857, 218873, 218887, 218923, 218941, 218947,
218963, 218969, 218971, 218987, 218989, 218993, 219001, 219017,
219019, 219031, 219041, 219053, 219059, 219071, 219083, 219091,
219097, 219103, 219119, 219133, 219143, 219169, 219187, 219217,
219223, 219251, 219277, 219281, 219293, 219301, 219311, 219313,
219353, 219361, 219371, 219377, 219389, 219407, 219409, 219433,
219437, 219451, 219463, 219467, 219491, 219503, 219517, 219523,
219529, 219533, 219547, 219577, 219587, 219599, 219607, 219613,
219619, 219629, 219647, 219649, 219677, 219679, 219683, 219689,
219707, 219721, 219727, 219731, 219749, 219757, 219761, 219763,
219767, 219787, 219797, 219799, 219809, 219823, 219829, 219839,
219847, 219851, 219871, 219881, 219889, 219911, 219917, 219931,
219937, 219941, 219943, 219953, 219959, 219971, 219977, 219979,
219983, 220009, 220013, 220019, 220021, 220057, 220063, 220123,
220141, 220147, 220151, 220163, 220169, 220177, 220189, 220217,

प्रथम सौ हजार अभाज्य संख्याएँ

220243, 220279, 220291, 220301, 220307, 220327, 220333, 220351,
220357, 220361, 220369, 220373, 220391, 220399, 220403, 220411,
220421, 220447, 220469, 220471, 220511, 220513, 220529, 220537,
220543, 220553, 220559, 220573, 220579, 220589, 220613, 220663,
220667, 220673, 220681, 220687, 220699, 220709, 220721, 220747,
220757, 220771, 220783, 220789, 220793, 220807, 220811, 220841,
220859, 220861, 220873, 220877, 220879, 220889, 220897, 220901,
220903, 220907, 220919, 220931, 220933, 220939, 220973, 221021,
221047, 221059, 221069, 221071, 221077, 221083, 221087, 221093,
221101, 221159, 221171, 221173, 221197, 221201, 221203, 221209,
221219, 221227, 221233, 221239, 221251, 221261, 221281, 221303,
221311, 221317, 221327, 221393, 221399, 221401, 221411, 221413,
221447, 221453, 221461, 221471, 221477, 221489, 221497, 221509,
221537, 221539, 221549, 221567, 221581, 221587, 221603, 221621,
221623, 221653, 221657, 221659, 221671, 221677, 221707, 221713,
221717, 221719, 221723, 221729, 221737, 221747, 221773, 221797,
221807, 221813, 221827, 221831, 221849, 221873, 221891, 221909,
221941, 221951, 221953, 221957, 221987, 221989, 221999, 222007,
222011, 222023, 222029, 222041, 222043, 222059, 222067, 222073,
222107, 222109, 222113, 222127, 222137, 222149, 222151, 222161,
222163, 222193, 222197, 222199, 222247, 222269, 222289, 222293,
222311, 222317, 222323, 222329, 222337, 222347, 222349, 222361,
222367, 222379, 222389, 222403, 222419, 222437, 222461, 222493,
222499, 222511, 222527, 222533, 222553, 222557, 222587, 222601,
222613, 222619, 222643, 222647, 222659, 222679, 222707, 222713,
222731, 222773, 222779, 222787, 222791, 222793, 222799, 222823,
222839, 222841, 222857, 222863, 222877, 222883, 222913, 222919,
222931, 222941, 222947, 222953, 222967, 222977, 222979, 222991,
223007, 223009, 223019, 223037, 223049, 223051, 223061, 223063,
223087, 223099, 223103, 223129, 223133, 223151, 223207, 223211,
223217, 223219, 223229, 223241, 223243, 223247, 223253, 223259,
223273, 223277, 223283, 223291, 223303, 223313, 223319, 223331,
223337, 223339, 223361, 223367, 223381, 223403, 223423, 223429,
223439, 223441, 223463, 223469, 223481, 223493, 223507, 223529,
223543, 223547, 223549, 223577, 223589, 223621, 223633, 223637,
223667, 223679, 223681, 223697, 223711, 223747, 223753, 223757,
223759, 223781, 223823, 223829, 223831, 223837, 223841, 223843,
223849, 223903, 223919, 223921, 223939, 223963, 223969, 223999,
224011, 224027, 224033, 224041, 224047, 224057, 224069, 224071,
224101, 224113, 224129, 224131, 224149, 224153, 224171, 224177,
224197, 224201, 224209, 224221, 224233, 224239, 224251, 224261,
224267, 224291, 224299, 224303, 224309, 224317, 224327, 224351,
224359, 224363, 224401, 224423, 224429, 224443, 224449, 224461,
224467, 224473, 224491, 224501, 224513, 224527, 224563, 224569,
224579, 224591, 224603, 224611, 224617, 224629, 224633, 224669,
224677, 224683, 224699, 224711, 224717, 224729, 224737, 224743,
224759, 224771, 224797, 224813, 224831, 224863, 224869, 224881,
224891, 224897, 224909, 224911, 224921, 224929, 224947, 224951,

224969, 224977, 224993, 225023, 225037, 225061, 225067, 225077,
225079, 225089, 225109, 225119, 225133, 225143, 225149, 225157,
225161, 225163, 225167, 225217, 225221, 225223, 225227, 225241,
225257, 225263, 225287, 225289, 225299, 225307, 225341, 225343,
225347, 225349, 225353, 225371, 225373, 225383, 225427, 225431,
225457, 225461, 225479, 225493, 225499, 225503, 225509, 225523,
225527, 225529, 225569, 225581, 225583, 225601, 225611, 225613,
225619, 225629, 225637, 225671, 225683, 225689, 225697, 225721,
225733, 225749, 225751, 225767, 225769, 225779, 225781, 225809,
225821, 225829, 225839, 225859, 225871, 225889, 225919, 225931,
225941, 225943, 225949, 225961, 225977, 225983, 225989, 226001,
226007, 226013, 226027, 226063, 226087, 226099, 226103, 226123,
226129, 226133, 226141, 226169, 226183, 226189, 226199, 226201,
226217, 226231, 226241, 226267, 226283, 226307, 226313, 226337,
226357, 226367, 226379, 226381, 226397, 226409, 226427, 226433,
226451, 226453, 226463, 226483, 226487, 226511, 226531, 226547,
226549, 226553, 226571, 226601, 226609, 226621, 226631, 226637,
226643, 226649, 226657, 226663, 226669, 226691, 226697, 226741,
226753, 226769, 226777, 226783, 226789, 226799, 226813, 226817,
226819, 226823, 226843, 226871, 226901, 226903, 226907, 226913,
226937, 226943, 226991, 227011, 227027, 227053, 227081, 227089,
227093, 227111, 227113, 227131, 227147, 227153, 227159, 227167,
227177, 227189, 227191, 227207, 227219, 227231, 227233, 227251,
227257, 227267, 227281, 227299, 227303, 227363, 227371, 227377,
227387, 227393, 227399, 227407, 227419, 227431, 227453, 227459,
227467, 227471, 227473, 227489, 227497, 227501, 227519, 227531,
227533, 227537, 227561, 227567, 227569, 227581, 227593, 227597,
227603, 227609, 227611, 227627, 227629, 227651, 227653, 227663,
227671, 227693, 227699, 227707, 227719, 227729, 227743, 227789,
227797, 227827, 227849, 227869, 227873, 227893, 227947, 227951,
227977, 227989, 227993, 228013, 228023, 228049, 228061, 228077,
228097, 228103, 228113, 228127, 228131, 228139, 228181, 228197,
228199, 228203, 228211, 228223, 228233, 228251, 228257, 228281,
228299, 228301, 228307, 228311, 228331, 228337, 228341, 228353,
228359, 228383, 228409, 228419, 228421, 228427, 228443, 228451,
228457, 228461, 228469, 228479, 228509, 228511, 228517, 228521,
228523, 228539, 228559, 228577, 228581, 228587, 228593, 228601,
228611, 228617, 228619, 228637, 228647, 228677, 228707, 228713,
228731, 228733, 228737, 228751, 228757, 228773, 228793, 228797,
228799, 228829, 228841, 228847, 228853, 228859, 228869, 228881,
228883, 228887, 228901, 228911, 228913, 228923, 228929, 228953,
228959, 228961, 228983, 228989, 229003, 229027, 229037, 229081,
229093, 229123, 229127, 229133, 229139, 229153, 229157, 229171,
229181, 229189, 229199, 229213, 229217, 229223, 229237, 229247,
229249, 229253, 229261, 229267, 229283, 229309, 229321, 229343,
229351, 229373, 229393, 229399, 229403, 229409, 229423, 229433,
229459, 229469, 229487, 229499, 229507, 229519, 229529, 229547,
229549, 229553, 229561, 229583, 229589, 229591, 229601, 229613,

229627, 229631, 229637, 229639, 229681, 229693, 229699, 229703,
229711, 229717, 229727, 229739, 229751, 229753, 229759, 229763,
229769, 229771, 229777, 229781, 229799, 229813, 229819, 229837,
229841, 229847, 229849, 229897, 229903, 229937, 229939, 229949,
229961, 229963, 229979, 229981, 230003, 230017, 230047, 230059,
230063, 230077, 230081, 230089, 230101, 230107, 230117, 230123,
230137, 230143, 230149, 230189, 230203, 230213, 230221, 230227,
230233, 230239, 230257, 230273, 230281, 230291, 230303, 230309,
230311, 230327, 230339, 230341, 230353, 230357, 230369, 230383,
230387, 230389, 230393, 230431, 230449, 230453, 230467, 230471,
230479, 230501, 230507, 230539, 230551, 230561, 230563, 230567,
230597, 230611, 230647, 230653, 230663, 230683, 230693, 230719,
230729, 230743, 230761, 230767, 230771, 230773, 230779, 230807,
230819, 230827, 230833, 230849, 230861, 230863, 230873, 230891,
230929, 230933, 230939, 230941, 230959, 230969, 230977, 230999,
231001, 231017, 231019, 231031, 231041, 231053, 231067, 231079,
231107, 231109, 231131, 231169, 231197, 231223, 231241, 231269,
231271, 231277, 231289, 231293, 231299, 231317, 231323, 231331,
231347, 231349, 231359, 231367, 231379, 231409, 231419, 231431,
231433, 231443, 231461, 231463, 231479, 231481, 231493, 231503,
231529, 231533, 231547, 231551, 231559, 231563, 231571, 231589,
231599, 231607, 231611, 231613, 231631, 231643, 231661, 231677,
231701, 231709, 231719, 231779, 231799, 231809, 231821, 231823,
231827, 231839, 231841, 231859, 231871, 231877, 231893, 231901,
231919, 231923, 231943, 231947, 231961, 231967, 232003, 232007,
232013, 232049, 232051, 232073, 232079, 232081, 232091, 232103,
232109, 232117, 232129, 232153, 232171, 232187, 232189, 232207,
232217, 232259, 232303, 232307, 232333, 232357, 232363, 232367,
232381, 232391, 232409, 232411, 232417, 232433, 232439, 232451,
232457, 232459, 232487, 232499, 232513, 232523, 232549, 232567,
232571, 232591, 232597, 232607, 232621, 232633, 232643, 232663,
232669, 232681, 232699, 232709, 232711, 232741, 232751, 232753,
232777, 232801, 232811, 232819, 232823, 232847, 232853, 232861,
232871, 232877, 232891, 232901, 232907, 232919, 232937, 232961,
232963, 232987, 233021, 233069, 233071, 233083, 233113, 233117,
233141, 233143, 233159, 233161, 233173, 233183, 233201, 233221,
233231, 233239, 233251, 233267, 233279, 233293, 233297, 233323,
233327, 233329, 233341, 233347, 233353, 233357, 233371, 233407,
233417, 233419, 233423, 233437, 233477, 233489, 233509, 233549,
233551, 233557, 233591, 233599, 233609, 233617, 233621, 233641,
233663, 233669, 233683, 233687, 233689, 233693, 233713, 233743,
233747, 233759, 233777, 233837, 233851, 233861, 233879, 233881,
233911, 233917, 233921, 233923, 233939, 233941, 233969, 233983,
233993, 234007, 234029, 234043, 234067, 234083, 234089, 234103,
234121, 234131, 234139, 234149, 234161, 234167, 234181, 234187,
234191, 234193, 234197, 234203, 234211, 234217, 234239, 234259,
234271, 234281, 234287, 234293, 234317, 234319, 234323, 234331,
234341, 234343, 234361, 234383, 234431, 234457, 234461, 234463,

प्रथम सौ हजार अभाज्य संख्याएँ

234467, 234473, 234499, 234511, 234527, 234529, 234539, 234541,
234547, 234571, 234587, 234589, 234599, 234613, 234629, 234653,
234659, 234673, 234683, 234713, 234721, 234727, 234733, 234743,
234749, 234769, 234781, 234791, 234799, 234803, 234809, 234811,
234833, 234847, 234851, 234863, 234869, 234893, 234907, 234917,
234931, 234947, 234959, 234961, 234967, 234977, 234979, 234989,
235003, 235007, 235009, 235013, 235043, 235051, 235057, 235069,
235091, 235099, 235111, 235117, 235159, 235171, 235177, 235181,
235199, 235211, 235231, 235241, 235243, 235273, 235289, 235307,
235309, 235337, 235349, 235369, 235397, 235439, 235441, 235447,
235483, 235489, 235493, 235513, 235519, 235523, 235537, 235541,
235553, 235559, 235577, 235591, 235601, 235607, 235621, 235661,
235663, 235673, 235679, 235699, 235723, 235747, 235751, 235783,
235787, 235789, 235793, 235811, 235813, 235849, 235871, 235877,
235889, 235891, 235901, 235919, 235927, 235951, 235967, 235979,
235997, 236017, 236021, 236053, 236063, 236069, 236077, 236087,
236107, 236111, 236129, 236143, 236153, 236167, 236207, 236209,
236219, 236231, 236261, 236287, 236293, 236297, 236323, 236329,
236333, 236339, 236377, 236381, 236387, 236399, 236407, 236429,
236449, 236461, 236471, 236477, 236479, 236503, 236507, 236519,
236527, 236549, 236563, 236573, 236609, 236627, 236641, 236653,
236659, 236681, 236699, 236701, 236707, 236713, 236723, 236729,
236737, 236749, 236771, 236773, 236779, 236783, 236807, 236813,
236867, 236869, 236879, 236881, 236891, 236893, 236897, 236909,
236917, 236947, 236981, 236983, 236993, 237011, 237019, 237043,
237053, 237067, 237071, 237073, 237089, 237091, 237137, 237143,
237151, 237157, 237161, 237163, 237173, 237179, 237203, 237217,
237233, 237257, 237271, 237277, 237283, 237287, 237301, 237313,
237319, 237331, 237343, 237361, 237373, 237379, 237401, 237409,
237467, 237487, 237509, 237547, 237563, 237571, 237581, 237607,
237619, 237631, 237673, 237683, 237689, 237691, 237701, 237707,
237733, 237737, 237749, 237763, 237767, 237781, 237791, 237821,
237851, 237857, 237859, 237877, 237883, 237901, 237911, 237929,
237959, 237967, 237971, 237973, 237977, 237997, 238001, 238009,
238019, 238031, 238037, 238039, 238079, 238081, 238093, 238099,
238103, 238109, 238141, 238151, 238157, 238159, 238163, 238171,
238181, 238201, 238207, 238213, 238223, 238229, 238237, 238247,
238261, 238267, 238291, 238307, 238313, 238321, 238331, 238339,
238361, 238363, 238369, 238373, 238397, 238417, 238423, 238439,
238451, 238463, 238471, 238477, 238481, 238499, 238519, 238529,
238531, 238547, 238573, 238591, 238627, 238639, 238649, 238657,
238673, 238681, 238691, 238703, 238709, 238723, 238727, 238729,
238747, 238759, 238781, 238789, 238801, 238829, 238837, 238841,
238853, 238859, 238877, 238879, 238883, 238897, 238919, 238921,
238939, 238943, 238949, 238967, 238991, 239017, 239023, 239027,
239053, 239069, 239081, 239087, 239119, 239137, 239147, 239167,
239171, 239179, 239201, 239231, 239233, 239237, 239243, 239251,
239263, 239273, 239287, 239297, 239329, 239333, 239347, 239357,

प्रथम सौ हजार अभाज्य संख्याएँ

239383, 239387, 239389, 239417, 239423, 239429, 239431, 239441,
239461, 239489, 239509, 239521, 239527, 239531, 239539, 239543,
239557, 239567, 239579, 239587, 239597, 239611, 239623, 239633,
239641, 239671, 239689, 239699, 239711, 239713, 239731, 239737,
239753, 239779, 239783, 239803, 239807, 239831, 239843, 239849,
239851, 239857, 239873, 239879, 239893, 239929, 239933, 239947,
239957, 239963, 239977, 239999, 240007, 240011, 240017, 240041,
240043, 240047, 240049, 240059, 240073, 240089, 240101, 240109,
240113, 240131, 240139, 240151, 240169, 240173, 240197, 240203,
240209, 240257, 240259, 240263, 240271, 240283, 240287, 240319,
240341, 240347, 240349, 240353, 240371, 240379, 240421, 240433,
240437, 240473, 240479, 240491, 240503, 240509, 240517, 240551,
240571, 240587, 240589, 240599, 240607, 240623, 240631, 240641,
240659, 240677, 240701, 240707, 240719, 240727, 240733, 240739,
240743, 240763, 240769, 240797, 240811, 240829, 240841, 240853,
240859, 240869, 240881, 240883, 240893, 240899, 240913, 240943,
240953, 240959, 240967, 240997, 241013, 241027, 241037, 241049,
241051, 241061, 241067, 241069, 241079, 241093, 241117, 241127,
241141, 241169, 241177, 241183, 241207, 241229, 241249, 241253,
241259, 241261, 241271, 241291, 241303, 241313, 241321, 241327,
241333, 241337, 241343, 241361, 241363, 241391, 241393, 241421,
241429, 241441, 241453, 241463, 241469, 241489, 241511, 241513,
241517, 241537, 241543, 241559, 241561, 241567, 241589, 241597,
241601, 241603, 241639, 241643, 241651, 241663, 241667, 241679,
241687, 241691, 241711, 241727, 241739, 241771, 241781, 241783,
241793, 241807, 241811, 241817, 241823, 241847, 241861, 241867,
241873, 241877, 241883, 241903, 241907, 241919, 241921, 241931,
241939, 241951, 241963, 241973, 241979, 241981, 241993, 242009,
242057, 242059, 242069, 242083, 242093, 242101, 242119, 242129,
242147, 242161, 242171, 242173, 242197, 242201, 242227, 242243,
242257, 242261, 242273, 242279, 242309, 242329, 242357, 242371,
242377, 242393, 242399, 242413, 242419, 242441, 242447, 242449,
242453, 242467, 242479, 242483, 242491, 242509, 242519, 242521,
242533, 242551, 242591, 242603, 242617, 242621, 242629, 242633,
242639, 242647, 242659, 242677, 242681, 242689, 242713, 242729,
242731, 242747, 242773, 242779, 242789, 242797, 242807, 242813,
242819, 242863, 242867, 242873, 242887, 242911, 242923, 242927,
242971, 242989, 242999, 243011, 243031, 243073, 243077, 243091,
243101, 243109, 243119, 243121, 243137, 243149, 243157, 243161,
243167, 243197, 243203, 243209, 243227, 243233, 243239, 243259,
243263, 243301, 243311, 243343, 243367, 243391, 243401, 243403,
243421, 243431, 243433, 243437, 243461, 243469, 243473, 243479,
243487, 243517, 243521, 243527, 243533, 243539, 243553, 243577,
243583, 243587, 243589, 243613, 243623, 243631, 243643, 243647,
243671, 243673, 243701, 243703, 243707, 243709, 243769, 243781,
243787, 243799, 243809, 243829, 243839, 243851, 243857, 243863,
243871, 243889, 243911, 243917, 243931, 243953, 243973, 243989,
244003, 244009, 244021, 244033, 244043, 244087, 244091, 244109,

प्रथम सौ हजार अभाज्य संख्याएँ

244121, 244129, 244141, 244147, 244157, 244159, 244177, 244199,
244217, 244219, 244243, 244247, 244253, 244261, 244291, 244297,
244301, 244303, 244313, 244333, 244339, 244351, 244357, 244367,
244379, 244381, 244393, 244399, 244403, 244411, 244423, 244429,
244451, 244457, 244463, 244471, 244481, 244493, 244507, 244529,
244547, 244553, 244561, 244567, 244583, 244589, 244597, 244603,
244619, 244633, 244637, 244639, 244667, 244669, 244687, 244691,
244703, 244711, 244721, 244733, 244747, 244753, 244759, 244781,
244787, 244813, 244837, 244841, 244843, 244859, 244861, 244873,
244877, 244889, 244897, 244901, 244939, 244943, 244957, 244997,
245023, 245029, 245033, 245039, 245071, 245083, 245087, 245107,
245129, 245131, 245149, 245171, 245173, 245177, 245183, 245209,
245251, 245257, 245261, 245269, 245279, 245291, 245299, 245317,
245321, 245339, 245383, 245389, 245407, 245411, 245417, 245419,
245437, 245471, 245473, 245477, 245501, 245513, 245519, 245521,
245527, 245533, 245561, 245563, 245587, 245591, 245593, 245621,
245627, 245629, 245639, 245653, 245671, 245681, 245683, 245711,
245719, 245723, 245741, 245747, 245753, 245759, 245771, 245783,
245789, 245821, 245849, 245851, 245863, 245881, 245897, 245899,
245909, 245911, 245941, 245963, 245977, 245981, 245983, 245989,
246011, 246017, 246049, 246073, 246097, 246119, 246121, 246131,
246133, 246151, 246167, 246173, 246187, 246193, 246203, 246209,
246217, 246223, 246241, 246247, 246251, 246271, 246277, 246289,
246317, 246319, 246329, 246343, 246349, 246361, 246371, 246391,
246403, 246439, 246469, 246473, 246497, 246509, 246511, 246523,
246527, 246539, 246557, 246569, 246577, 246599, 246607, 246611,
246613, 246637, 246641, 246643, 246661, 246683, 246689, 246707,
246709, 246713, 246731, 246739, 246769, 246773, 246781, 246787,
246793, 246803, 246809, 246811, 246817, 246833, 246839, 246889,
246899, 246907, 246913, 246919, 246923, 246929, 246931, 246937,
246941, 246947, 246971, 246979, 247001, 247007, 247031, 247067,
247069, 247073, 247087, 247099, 247141, 247183, 247193, 247201,
247223, 247229, 247241, 247249, 247259, 247279, 247301, 247309,
247337, 247339, 247343, 247363, 247369, 247381, 247391, 247393,
247409, 247421, 247433, 247439, 247451, 247463, 247501, 247519,
247529, 247531, 247547, 247553, 247579, 247591, 247601, 247603,
247607, 247609, 247613, 247633, 247649, 247651, 247691, 247693,
247697, 247711, 247717, 247729, 247739, 247759, 247769, 247771,
247781, 247799, 247811, 247813, 247829, 247847, 247853, 247873,
247879, 247889, 247901, 247913, 247939, 247943, 247957, 247991,
247993, 247997, 247999, 248021, 248033, 248041, 248051, 248057,
248063, 248071, 248077, 248089, 248099, 248117, 248119, 248137,
248141, 248161, 248167, 248177, 248179, 248189, 248201, 248203,
248231, 248243, 248257, 248267, 248291, 248293, 248299, 248309,
248317, 248323, 248351, 248357, 248371, 248389, 248401, 248407,
248431, 248441, 248447, 248461, 248473, 248477, 248483, 248509,
248533, 248537, 248543, 248569, 248579, 248587, 248593, 248597,
248609, 248621, 248627, 248639, 248641, 248657, 248683, 248701,

248707, 248719, 248723, 248737, 248749, 248753, 248779, 248783,
248789, 248797, 248813, 248821, 248827, 248839, 248851, 248861,
248867, 248869, 248879, 248887, 248891, 248893, 248903, 248909,
248971, 248981, 248987, 249017, 249037, 249059, 249079, 249089,
249097, 249103, 249107, 249127, 249131, 249133, 249143, 249181,
249187, 249199, 249211, 249217, 249229, 249233, 249253, 249257,
249287, 249311, 249317, 249329, 249341, 249367, 249377, 249383,
249397, 249419, 249421, 249427, 249433, 249437, 249439, 249449,
249463, 249497, 249499, 249503, 249517, 249521, 249533, 249539,
249541, 249563, 249583, 249589, 249593, 249607, 249647, 249659,
249671, 249677, 249703, 249721, 249727, 249737, 249749, 249763,
249779, 249797, 249811, 249827, 249833, 249853, 249857, 249859,
249863, 249871, 249881, 249911, 249923, 249943, 249947, 249967,
249971, 249973, 249989, 250007, 250013, 250027, 250031, 250037,
250043, 250049, 250051, 250057, 250073, 250091, 250109, 250123,
250147, 250153, 250169, 250199, 250253, 250259, 250267, 250279,
250301, 250307, 250343, 250361, 250403, 250409, 250423, 250433,
250441, 250451, 250489, 250499, 250501, 250543, 250583, 250619,
250643, 250673, 250681, 250687, 250693, 250703, 250709, 250721,
250727, 250739, 250741, 250751, 250753, 250777, 250787, 250793,
250799, 250807, 250813, 250829, 250837, 250841, 250853, 250867,
250871, 250889, 250919, 250949, 250951, 250963, 250967, 250969,
250979, 250993, 251003, 251033, 251051, 251057, 251059, 251063,
251071, 251081, 251087, 251099, 251117, 251143, 251149, 251159,
251171, 251177, 251179, 251191, 251197, 251201, 251203, 251219,
251221, 251231, 251233, 251257, 251261, 251263, 251287, 251291,
251297, 251323, 251347, 251353, 251359, 251387, 251393, 251417,
251429, 251431, 251437, 251443, 251467, 251473, 251477, 251483,
251491, 251501, 251513, 251519, 251527, 251533, 251539, 251543,
251561, 251567, 251609, 251611, 251621, 251623, 251639, 251653,
251663, 251677, 251701, 251707, 251737, 251761, 251789, 251791,
251809, 251831, 251833, 251843, 251857, 251861, 251879, 251887,
251893, 251897, 251903, 251917, 251939, 251941, 251947, 251969,
251971, 251983, 252001, 252013, 252017, 252029, 252037, 252079,
252101, 252139, 252143, 252151, 252157, 252163, 252169, 252173,
252181, 252193, 252209, 252223, 252233, 252253, 252277, 252283,
252289, 252293, 252313, 252319, 252323, 252341, 252359, 252383,
252391, 252401, 252409, 252419, 252431, 252443, 252449, 252457,
252463, 252481, 252509, 252533, 252541, 252559, 252583, 252589,
252607, 252611, 252617, 252641, 252667, 252691, 252709, 252713,
252727, 252731, 252737, 252761, 252767, 252779, 252817, 252823,
252827, 252829, 252869, 252877, 252881, 252887, 252893, 252899,
252911, 252913, 252919, 252937, 252949, 252971, 252979, 252983,
253003, 253013, 253049, 253063, 253081, 253103, 253109, 253133,
253153, 253157, 253159, 253229, 253243, 253247, 253273, 253307,
253321, 253343, 253349, 253361, 253367, 253369, 253381, 253387,
253417, 253423, 253427, 253433, 253439, 253447, 253469, 253481,
253493, 253501, 253507, 253531, 253537, 253543, 253553, 253567,

प्रथम सौ हजार अभाज्य संख्याएँ

253573, 253601, 253607, 253609, 253613, 253633, 253637, 253639,
253651, 253661, 253679, 253681, 253703, 253717, 253733, 253741,
253751, 253763, 253769, 253777, 253787, 253789, 253801, 253811,
253819, 253823, 253853, 253867, 253871, 253879, 253901, 253907,
253909, 253919, 253937, 253949, 253951, 253969, 253987, 253993,
253999, 254003, 254021, 254027, 254039, 254041, 254047, 254053,
254071, 254083, 254119, 254141, 254147, 254161, 254179, 254197,
254207, 254209, 254213, 254249, 254257, 254279, 254281, 254291,
254299, 254329, 254369, 254377, 254383, 254389, 254407, 254413,
254437, 254447, 254461, 254489, 254491, 254519, 254537, 254557,
254593, 254623, 254627, 254647, 254659, 254663, 254699, 254713,
254729, 254731, 254741, 254747, 254753, 254773, 254777, 254783,
254791, 254803, 254827, 254831, 254833, 254857, 254869, 254873,
254879, 254887, 254899, 254911, 254927, 254929, 254941, 254959,
254963, 254971, 254977, 254987, 254993, 255007, 255019, 255023,
255043, 255049, 255053, 255071, 255077, 255083, 255097, 255107,
255121, 255127, 255133, 255137, 255149, 255173, 255179, 255181,
255191, 255193, 255197, 255209, 255217, 255239, 255247, 255251,
255253, 255259, 255313, 255329, 255349, 255361, 255371, 255383,
255413, 255419, 255443, 255457, 255467, 255469, 255473, 255487,
255499, 255503, 255511, 255517, 255523, 255551, 255571, 255587,
255589, 255613, 255617, 255637, 255641, 255649, 255653, 255659,
255667, 255679, 255709, 255713, 255733, 255743, 255757, 255763,
255767, 255803, 255839, 255841, 255847, 255851, 255859, 255869,
255877, 255887, 255907, 255917, 255919, 255923, 255947, 255961,
255971, 255973, 255977, 255989, 256019, 256021, 256031, 256033,
256049, 256057, 256079, 256093, 256117, 256121, 256129, 256133,
256147, 256163, 256169, 256181, 256187, 256189, 256199, 256211,
256219, 256279, 256301, 256307, 256313, 256337, 256349, 256363,
256369, 256391, 256393, 256423, 256441, 256469, 256471, 256483,
256489, 256493, 256499, 256517, 256541, 256561, 256567, 256577,
256579, 256589, 256603, 256609, 256639, 256643, 256651, 256661,
256687, 256699, 256721, 256723, 256757, 256771, 256799, 256801,
256813, 256831, 256873, 256877, 256889, 256901, 256903, 256931,
256939, 256957, 256967, 256981, 257003, 257017, 257053, 257069,
257077, 257093, 257099, 257107, 257123, 257141, 257161, 257171,
257177, 257189, 257219, 257221, 257239, 257249, 257263, 257273,
257281, 257287, 257293, 257297, 257311, 257321, 257339, 257351,
257353, 257371, 257381, 257399, 257401, 257407, 257437, 257443,
257447, 257459, 257473, 257489, 257497, 257501, 257503, 257519,
257539, 257561, 257591, 257611, 257627, 257639, 257657, 257671,
257687, 257689, 257707, 257711, 257713, 257717, 257731, 257783,
257791, 257797, 257837, 257857, 257861, 257863, 257867, 257869,
257879, 257893, 257903, 257921, 257947, 257953, 257981, 257987,
257989, 257993, 258019, 258023, 258031, 258061, 258067, 258101,
258107, 258109, 258113, 258119, 258127, 258131, 258143, 258157,
258161, 258173, 258197, 258211, 258233, 258241, 258253, 258277,
258283, 258299, 258317, 258319, 258329, 258331, 258337, 258353,

258373, 258389, 258403, 258407, 258413, 258421, 258437, 258443,
258449, 258469, 258487, 258491, 258499, 258521, 258527, 258539,
258551, 258563, 258569, 258581, 258607, 258611, 258613, 258617,
258623, 258631, 258637, 258659, 258673, 258677, 258691, 258697,
258703, 258707, 258721, 258733, 258737, 258743, 258763, 258779,
258787, 258803, 258809, 258827, 258847, 258871, 258887, 258917,
258919, 258949, 258959, 258967, 258971, 258977, 258983, 258991,
259001, 259009, 259019, 259033, 259099, 259121, 259123, 259151,
259157, 259159, 259163, 259169, 259177, 259183, 259201, 259211,
259213, 259219, 259229, 259271, 259277, 259309, 259321, 259339,
259379, 259381, 259387, 259397, 259411, 259421, 259429, 259451,
259453, 259459, 259499, 259507, 259517, 259531, 259537, 259547,
259577, 259583, 259603, 259619, 259621, 259627, 259631, 259639,
259643, 259657, 259667, 259681, 259691, 259697, 259717, 259723,
259733, 259751, 259771, 259781, 259783, 259801, 259813, 259823,
259829, 259837, 259841, 259867, 259907, 259933, 259937, 259943,
259949, 259967, 259991, 259993, 260003, 260009, 260011, 260017,
260023, 260047, 260081, 260089, 260111, 260137, 260171, 260179,
260189, 260191, 260201, 260207, 260209, 260213, 260231, 260263,
260269, 260317, 260329, 260339, 260363, 260387, 260399, 260411,
260413, 260417, 260419, 260441, 260453, 260461, 260467, 260483,
260489, 260527, 260539, 260543, 260549, 260551, 260569, 260573,
260581, 260587, 260609, 260629, 260647, 260651, 260671, 260677,
260713, 260717, 260723, 260747, 260753, 260761, 260773, 260791,
260807, 260809, 260849, 260857, 260861, 260863, 260873, 260879,
260893, 260921, 260941, 260951, 260959, 260969, 260983, 260987,
260999, 261011, 261013, 261017, 261031, 261043, 261059, 261061,
261071, 261077, 261089, 261101, 261127, 261167, 261169, 261223,
261229, 261241, 261251, 261271, 261281, 261301, 261323, 261329,
261337, 261347, 261353, 261379, 261389, 261407, 261427, 261431,
261433, 261439, 261451, 261463, 261467, 261509, 261523, 261529,
261557, 261563, 261577, 261581, 261587, 261593, 261601, 261619,
261631, 261637, 261641, 261643, 261673, 261697, 261707, 261713,
261721, 261739, 261757, 261761, 261773, 261787, 261791, 261799,
261823, 261847, 261881, 261887, 261917, 261959, 261971, 261973,
261977, 261983, 262007, 262027, 262049, 262051, 262069, 262079,
262103, 262109, 262111, 262121, 262127, 262133, 262139, 262147,
262151, 262153, 262187, 262193, 262217, 262231, 262237, 262253,
262261, 262271, 262303, 262313, 262321, 262331, 262337, 262349,
262351, 262369, 262387, 262391, 262399, 262411, 262433, 262459,
262469, 262489, 262501, 262511, 262513, 262519, 262541, 262543,
262553, 262567, 262583, 262597, 262621, 262627, 262643, 262649,
262651, 262657, 262681, 262693, 262697, 262709, 262723, 262733,
262739, 262741, 262747, 262781, 262783, 262807, 262819, 262853,
262877, 262883, 262897, 262901, 262909, 262937, 262949, 262957,
262981, 263009, 263023, 263047, 263063, 263071, 263077, 263083,
263089, 263101, 263111, 263119, 263129, 263167, 263171, 263183,
263191, 263201, 263209, 263213, 263227, 263239, 263257, 263267,

प्रथम सौ हजार अभाज्य संख्याएँ

263269, 263273, 263287, 263293, 263303, 263323, 263369, 263383,
263387, 263399, 263401, 263411, 263423, 263429, 263437, 263443,
263489, 263491, 263503, 263513, 263519, 263521, 263533, 263537,
263561, 263567, 263573, 263591, 263597, 263609, 263611, 263621,
263647, 263651, 263657, 263677, 263723, 263729, 263737, 263759,
263761, 263803, 263819, 263821, 263827, 263843, 263849, 263863,
263867, 263869, 263881, 263899, 263909, 263911, 263927, 263933,
263941, 263951, 263953, 263957, 263983, 264007, 264013, 264029,
264031, 264053, 264059, 264071, 264083, 264091, 264101, 264113,
264127, 264133, 264137, 264139, 264167, 264169, 264179, 264211,
264221, 264263, 264269, 264283, 264289, 264301, 264323, 264331,
264343, 264349, 264353, 264359, 264371, 264391, 264403, 264437,
264443, 264463, 264487, 264527, 264529, 264553, 264559, 264577,
264581, 264599, 264601, 264619, 264631, 264637, 264643, 264659,
264697, 264731, 264739, 264743, 264749, 264757, 264763, 264769,
264779, 264787, 264791, 264793, 264811, 264827, 264829, 264839,
264871, 264881, 264889, 264893, 264899, 264919, 264931, 264949,
264959, 264961, 264977, 264991, 264997, 265003, 265007, 265021,
265037, 265079, 265091, 265093, 265117, 265123, 265129, 265141,
265151, 265157, 265163, 265169, 265193, 265207, 265231, 265241,
265247, 265249, 265261, 265271, 265273, 265277, 265313, 265333,
265337, 265339, 265381, 265399, 265403, 265417, 265423, 265427,
265451, 265459, 265471, 265483, 265493, 265511, 265513, 265541,
265543, 265547, 265561, 265567, 265571, 265579, 265607, 265613,
265619, 265621, 265703, 265709, 265711, 265717, 265729, 265739,
265747, 265757, 265781, 265787, 265807, 265813, 265819, 265831,
265841, 265847, 265861, 265871, 265873, 265883, 265891, 265921,
265957, 265961, 265987, 266003, 266009, 266023, 266027, 266029,
266047, 266051, 266053, 266059, 266081, 266083, 266089, 266093,
266099, 266111, 266117, 266129, 266137, 266153, 266159, 266177,
266183, 266221, 266239, 266261, 266269, 266281, 266291, 266293,
266297, 266333, 266351, 266353, 266359, 266369, 266381, 266401,
266411, 266417, 266447, 266449, 266477, 266479, 266489, 266491,
266521, 266549, 266587, 266599, 266603, 266633, 266641, 266647,
266663, 266671, 266677, 266681, 266683, 266687, 266689, 266701,
266711, 266719, 266759, 266767, 266797, 266801, 266821, 266837,
266839, 266863, 266867, 266891, 266897, 266899, 266909, 266921,
266927, 266933, 266947, 266953, 266957, 266971, 266977, 266983,
266993, 266999, 267017, 267037, 267049, 267097, 267131, 267133,
267139, 267143, 267167, 267187, 267193, 267199, 267203, 267217,
267227, 267229, 267233, 267259, 267271, 267277, 267299, 267301,
267307, 267317, 267341, 267353, 267373, 267389, 267391, 267401,
267403, 267413, 267419, 267431, 267433, 267439, 267451, 267469,
267479, 267481, 267493, 267497, 267511, 267517, 267521, 267523,
267541, 267551, 267557, 267569, 267581, 267587, 267593, 267601,
267611, 267613, 267629, 267637, 267643, 267647, 267649, 267661,
267667, 267671, 267677, 267679, 267713, 267719, 267721, 267727,
267737, 267739, 267749, 267763, 267781, 267791, 267797, 267803,

प्रथम सौ हजार अभाज्य संख्याएँ

267811, 267829, 267833, 267857, 267863, 267877, 267887, 267893,
267899, 267901, 267907, 267913, 267929, 267941, 267959, 267961,
268003, 268013, 268043, 268049, 268063, 268069, 268091, 268123,
268133, 268153, 268171, 268189, 268199, 268207, 268211, 268237,
268253, 268267, 268271, 268283, 268291, 268297, 268343, 268403,
268439, 268459, 268487, 268493, 268501, 268507, 268517, 268519,
268529, 268531, 268537, 268547, 268573, 268607, 268613, 268637,
268643, 268661, 268693, 268721, 268729, 268733, 268747, 268757,
268759, 268771, 268777, 268781, 268783, 268789, 268811, 268813,
268817, 268819, 268823, 268841, 268843, 268861, 268883, 268897,
268909, 268913, 268921, 268927, 268937, 268969, 268973, 268979,
268993, 268997, 268999, 269023, 269029, 269039, 269041, 269057,
269063, 269069, 269089, 269117, 269131, 269141, 269167, 269177,
269179, 269183, 269189, 269201, 269209, 269219, 269221, 269231,
269237, 269251, 269257, 269281, 269317, 269327, 269333, 269341,
269351, 269377, 269383, 269387, 269389, 269393, 269413, 269419,
269429, 269431, 269441, 269461, 269473, 269513, 269519, 269527,
269539, 269543, 269561, 269573, 269579, 269597, 269617, 269623,
269641, 269651, 269663, 269683, 269701, 269713, 269719, 269723,
269741, 269749, 269761, 269779, 269783, 269791, 269851, 269879,
269887, 269891, 269897, 269923, 269939, 269947, 269953, 269981,
269987, 270001, 270029, 270031, 270037, 270059, 270071, 270073,
270097, 270121, 270131, 270133, 270143, 270157, 270163, 270167,
270191, 270209, 270217, 270223, 270229, 270239, 270241, 270269,
270271, 270287, 270299, 270307, 270311, 270323, 270329, 270337,
270343, 270371, 270379, 270407, 270421, 270437, 270443, 270451,
270461, 270463, 270493, 270509, 270527, 270539, 270547, 270551,
270553, 270563, 270577, 270583, 270587, 270593, 270601, 270619,
270631, 270653, 270659, 270667, 270679, 270689, 270701, 270709,
270719, 270737, 270749, 270761, 270763, 270791, 270797, 270799,
270821, 270833, 270841, 270859, 270899, 270913, 270923, 270931,
270937, 270953, 270961, 270967, 270973, 271003, 271013, 271021,
271027, 271043, 271057, 271067, 271079, 271097, 271109, 271127,
271129, 271163, 271169, 271177, 271181, 271211, 271217, 271231,
271241, 271253, 271261, 271273, 271277, 271279, 271289, 271333,
271351, 271357, 271363, 271367, 271393, 271409, 271429, 271451,
271463, 271471, 271483, 271489, 271499, 271501, 271517, 271549,
271553, 271571, 271573, 271597, 271603, 271619, 271637, 271639,
271651, 271657, 271693, 271703, 271723, 271729, 271753, 271769,
271771, 271787, 271807, 271811, 271829, 271841, 271849, 271853,
271861, 271867, 271879, 271897, 271903, 271919, 271927, 271939,
271967, 271969, 271981, 272003, 272009, 272011, 272029, 272039,
272053, 272059, 272093, 272131, 272141, 272171, 272179, 272183,
272189, 272191, 272201, 272203, 272227, 272231, 272249, 272257,
272263, 272267, 272269, 272287, 272299, 272317, 272329, 272333,
272341, 272347, 272351, 272353, 272359, 272369, 272381, 272383,
272399, 272407, 272411, 272417, 272423, 272449, 272453, 272477,
272507, 272533, 272537, 272539, 272549, 272563, 272567, 272581,

प्रथम सौ हजार अभाज्य संख्याएँ

272603, 272621, 272651, 272659, 272683, 272693, 272717, 272719,
272737, 272759, 272761, 272771, 272777, 272807, 272809, 272813,
272863, 272879, 272887, 272903, 272911, 272917, 272927, 272933,
272959, 272971, 272981, 272983, 272989, 272999, 273001, 273029,
273043, 273047, 273059, 273061, 273067, 273073, 273083, 273107,
273113, 273127, 273131, 273149, 273157, 273181, 273187, 273193,
273233, 273253, 273269, 273271, 273281, 273283, 273289, 273311,
273313, 273323, 273349, 273359, 273367, 273433, 273457, 273473,
273503, 273517, 273521, 273527, 273551, 273569, 273601, 273613,
273617, 273629, 273641, 273643, 273653, 273697, 273709, 273719,
273727, 273739, 273773, 273787, 273797, 273803, 273821, 273827,
273857, 273881, 273899, 273901, 273913, 273919, 273929, 273941,
273943, 273967, 273971, 273979, 273997, 274007, 274019, 274033,
274061, 274069, 274081, 274093, 274103, 274117, 274121, 274123,
274139, 274147, 274163, 274171, 274177, 274187, 274199, 274201,
274213, 274223, 274237, 274243, 274259, 274271, 274277, 274283,
274301, 274333, 274349, 274357, 274361, 274403, 274423, 274441,
274451, 274453, 274457, 274471, 274489, 274517, 274529, 274579,
274583, 274591, 274609, 274627, 274661, 274667, 274679, 274693,
274697, 274709, 274711, 274723, 274739, 274751, 274777, 274783,
274787, 274811, 274817, 274829, 274831, 274837, 274843, 274847,
274853, 274861, 274867, 274871, 274889, 274909, 274931, 274943,
274951, 274957, 274961, 274973, 274993, 275003, 275027, 275039,
275047, 275053, 275059, 275083, 275087, 275129, 275131, 275147,
275153, 275159, 275161, 275167, 275183, 275201, 275207, 275227,
275251, 275263, 275269, 275299, 275309, 275321, 275323, 275339,
275357, 275371, 275389, 275393, 275399, 275419, 275423, 275447,
275449, 275453, 275459, 275461, 275489, 275491, 275503, 275521,
275531, 275543, 275549, 275573, 275579, 275581, 275591, 275593,
275599, 275623, 275641, 275651, 275657, 275669, 275677, 275699,
275711, 275719, 275729, 275741, 275767, 275773, 275783, 275813,
275827, 275837, 275881, 275897, 275911, 275917, 275921, 275923,
275929, 275939, 275941, 275963, 275969, 275981, 275987, 275999,
276007, 276011, 276019, 276037, 276041, 276043, 276047, 276049,
276079, 276083, 276091, 276113, 276137, 276151, 276173, 276181,
276187, 276191, 276209, 276229, 276239, 276247, 276251, 276257,
276277, 276293, 276319, 276323, 276337, 276343, 276347, 276359,
276371, 276373, 276389, 276401, 276439, 276443, 276449, 276461,
276467, 276487, 276499, 276503, 276517, 276527, 276553, 276557,
276581, 276587, 276589, 276593, 276599, 276623, 276629, 276637,
276671, 276673, 276707, 276721, 276739, 276763, 276767, 276779,
276781, 276817, 276821, 276823, 276827, 276833, 276839, 276847,
276869, 276883, 276901, 276907, 276917, 276919, 276929, 276949,
276953, 276961, 276977, 277003, 277007, 277021, 277051, 277063,
277073, 277087, 277097, 277099, 277157, 277163, 277169, 277177,
277183, 277213, 277217, 277223, 277231, 277247, 277259, 277261,
277273, 277279, 277297, 277301, 277309, 277331, 277363, 277373,
277411, 277421, 277427, 277429, 277483, 277493, 277499, 277513,

प्रथम सौ हजार अभाज्य संख्याएँ

277531, 277547, 277549, 277567, 277577, 277579, 277597, 277601,
277603, 277637, 277639, 277643, 277657, 277663, 277687, 277691,
277703, 277741, 277747, 277751, 277757, 277787, 277789, 277793,
277813, 277829, 277847, 277859, 277883, 277889, 277891, 277897,
277903, 277919, 277961, 277993, 277999, 278017, 278029, 278041,
278051, 278063, 278071, 278087, 278111, 278119, 278123, 278143,
278147, 278149, 278177, 278191, 278207, 278209, 278219, 278227,
278233, 278237, 278261, 278269, 278279, 278321, 278329, 278347,
278353, 278363, 278387, 278393, 278413, 278437, 278459, 278479,
278489, 278491, 278497, 278501, 278503, 278543, 278549, 278557,
278561, 278563, 278581, 278591, 278609, 278611, 278617, 278623,
278627, 278639, 278651, 278671, 278687, 278689, 278701, 278717,
278741, 278743, 278753, 278767, 278801, 278807, 278809, 278813,
278819, 278827, 278843, 278849, 278867, 278879, 278881, 278891,
278903, 278909, 278911, 278917, 278947, 278981, 279001, 279007,
279023, 279029, 279047, 279073, 279109, 279119, 279121, 279127,
279131, 279137, 279143, 279173, 279179, 279187, 279203, 279211,
279221, 279269, 279311, 279317, 279329, 279337, 279353, 279397,
279407, 279413, 279421, 279431, 279443, 279451, 279479, 279481,
279511, 279523, 279541, 279551, 279553, 279557, 279571, 279577,
279583, 279593, 279607, 279613, 279619, 279637, 279641, 279649,
279659, 279679, 279689, 279707, 279709, 279731, 279751, 279761,
279767, 279779, 279817, 279823, 279847, 279857, 279863, 279883,
279913, 279919, 279941, 279949, 279967, 279977, 279991, 280001,
280009, 280013, 280031, 280037, 280061, 280069, 280097, 280099,
280103, 280121, 280129, 280139, 280183, 280187, 280199, 280207,
280219, 280223, 280229, 280243, 280249, 280253, 280277, 280297,
280303, 280321, 280327, 280337, 280339, 280351, 280373, 280409,
280411, 280451, 280463, 280487, 280499, 280507, 280513, 280537,
280541, 280547, 280549, 280561, 280583, 280589, 280591, 280597,
280603, 280607, 280613, 280627, 280639, 280673, 280681, 280697,
280699, 280703, 280711, 280717, 280729, 280751, 280759, 280769,
280771, 280811, 280817, 280837, 280843, 280859, 280871, 280879,
280883, 280897, 280909, 280913, 280921, 280927, 280933, 280939,
280949, 280957, 280963, 280967, 280979, 280997, 281023, 281033,
281053, 281063, 281069, 281081, 281117, 281131, 281153, 281159,
281167, 281189, 281191, 281207, 281227, 281233, 281243, 281249,
281251, 281273, 281279, 281291, 281297, 281317, 281321, 281327,
281339, 281353, 281357, 281363, 281381, 281419, 281423, 281429,
281431, 281509, 281527, 281531, 281539, 281549, 281551, 281557,
281563, 281579, 281581, 281609, 281621, 281623, 281627, 281641,
281647, 281651, 281653, 281663, 281669, 281683, 281717, 281719,
281737, 281747, 281761, 281767, 281777, 281783, 281791, 281797,
281803, 281807, 281833, 281837, 281839, 281849, 281857, 281867,
281887, 281893, 281921, 281923, 281927, 281933, 281947, 281959,
281971, 281989, 281993, 282001, 282011, 282019, 282053, 282059,
282071, 282089, 282091, 282097, 282101, 282103, 282127, 282143,
282157, 282167, 282221, 282229, 282239, 282241, 282253, 282281,

प्रथम सौ हजार अभाज्य संख्याएँ

282287, 282299, 282307, 282311, 282313, 282349, 282377, 282383,
282389, 282391, 282407, 282409, 282413, 282427, 282439, 282461,
282481, 282487, 282493, 282559, 282563, 282571, 282577, 282589,
282599, 282617, 282661, 282671, 282677, 282679, 282683, 282691,
282697, 282703, 282707, 282713, 282767, 282769, 282773, 282797,
282809, 282827, 282833, 282847, 282851, 282869, 282881, 282889,
282907, 282911, 282913, 282917, 282959, 282973, 282977, 282991,
283001, 283007, 283009, 283027, 283051, 283079, 283093, 283097,
283099, 283111, 283117, 283121, 283133, 283139, 283159, 283163,
283181, 283183, 283193, 283207, 283211, 283267, 283277, 283289,
283303, 283369, 283397, 283403, 283411, 283447, 283463, 283487,
283489, 283501, 283511, 283519, 283541, 283553, 283571, 283573,
283579, 283583, 283601, 283607, 283609, 283631, 283637, 283639,
283669, 283687, 283697, 283721, 283741, 283763, 283769, 283771,
283793, 283799, 283807, 283813, 283817, 283831, 283837, 283859,
283861, 283873, 283909, 283937, 283949, 283957, 283961, 283979,
284003, 284023, 284041, 284051, 284057, 284059, 284083, 284093,
284111, 284117, 284129, 284131, 284149, 284153, 284159, 284161,
284173, 284191, 284201, 284227, 284231, 284233, 284237, 284243,
284261, 284267, 284269, 284293, 284311, 284341, 284357, 284369,
284377, 284387, 284407, 284413, 284423, 284429, 284447, 284467,
284477, 284483, 284489, 284507, 284509, 284521, 284527, 284539,
284551, 284561, 284573, 284587, 284591, 284593, 284623, 284633,
284651, 284657, 284659, 284681, 284689, 284701, 284707, 284723,
284729, 284731, 284737, 284741, 284743, 284747, 284749, 284759,
284777, 284783, 284803, 284807, 284813, 284819, 284831, 284833,
284839, 284857, 284881, 284897, 284899, 284917, 284927, 284957,
284969, 284989, 285007, 285023, 285031, 285049, 285071, 285079,
285091, 285101, 285113, 285119, 285121, 285139, 285151, 285161,
285179, 285191, 285199, 285221, 285227, 285251, 285281, 285283,
285287, 285289, 285301, 285317, 285343, 285377, 285421, 285433,
285451, 285457, 285463, 285469, 285473, 285497, 285517, 285521,
285533, 285539, 285553, 285557, 285559, 285569, 285599, 285611,
285613, 285629, 285631, 285641, 285643, 285661, 285667, 285673,
285697, 285707, 285709, 285721, 285731, 285749, 285757, 285763,
285767, 285773, 285781, 285823, 285827, 285839, 285841, 285871,
285937, 285949, 285953, 285977, 285979, 285983, 285997, 286001,
286009, 286019, 286043, 286049, 286061, 286063, 286073, 286103,
286129, 286163, 286171, 286199, 286243, 286249, 286289, 286301,
286333, 286367, 286369, 286381, 286393, 286397, 286411, 286421,
286427, 286453, 286457, 286459, 286469, 286477, 286483, 286487,
286493, 286499, 286513, 286519, 286541, 286543, 286547, 286553,
286589, 286591, 286609, 286613, 286619, 286633, 286651, 286673,
286687, 286697, 286703, 286711, 286721, 286733, 286751, 286753,
286763, 286771, 286777, 286789, 286801, 286813, 286831, 286859,
286873, 286927, 286973, 286981, 286987, 286999, 287003, 287047,
287057, 287059, 287087, 287093, 287099, 287107, 287117, 287137,
287141, 287149, 287159, 287167, 287173, 287179, 287191, 287219,

प्रथम सौ हजार अभाज्य संख्याएँ

287233, 287237, 287239, 287251, 287257, 287269, 287279, 287281,
287291, 287297, 287321, 287327, 287333, 287341, 287347, 287383,
287387, 287393, 287437, 287449, 287491, 287501, 287503, 287537,
287549, 287557, 287579, 287597, 287611, 287629, 287669, 287671,
287681, 287689, 287701, 287731, 287747, 287783, 287789, 287801,
287813, 287821, 287849, 287851, 287857, 287863, 287867, 287873,
287887, 287921, 287933, 287939, 287977, 288007, 288023, 288049,
288053, 288061, 288077, 288089, 288109, 288137, 288179, 288181,
288191, 288199, 288203, 288209, 288227, 288241, 288247, 288257,
288283, 288293, 288307, 288313, 288317, 288349, 288359, 288361,
288383, 288389, 288403, 288413, 288427, 288433, 288461, 288467,
288481, 288493, 288499, 288527, 288529, 288539, 288551, 288559,
288571, 288577, 288583, 288647, 288649, 288653, 288661, 288679,
288683, 288689, 288697, 288731, 288733, 288751, 288767, 288773,
288803, 288817, 288823, 288833, 288839, 288851, 288853, 288877,
288907, 288913, 288929, 288931, 288947, 288973, 288979, 288989,
288991, 288997, 289001, 289019, 289021, 289031, 289033, 289039,
289049, 289063, 289067, 289099, 289103, 289109, 289111, 289127,
289129, 289139, 289141, 289151, 289169, 289171, 289181, 289189,
289193, 289213, 289241, 289243, 289249, 289253, 289273, 289283,
289291, 289297, 289309, 289319, 289343, 289349, 289361, 289369,
289381, 289397, 289417, 289423, 289439, 289453, 289463, 289469,
289477, 289489, 289511, 289543, 289559, 289573, 289577, 289589,
289603, 289607, 289637, 289643, 289657, 289669, 289717, 289721,
289727, 289733, 289741, 289759, 289763, 289771, 289789, 289837,
289841, 289843, 289847, 289853, 289859, 289871, 289889, 289897,
289937, 289951, 289957, 289967, 289973, 289987, 289999, 290011,
290021, 290023, 290027, 290033, 290039, 290041, 290047, 290057,
290083, 290107, 290113, 290119, 290137, 290141, 290161, 290183,
290189, 290201, 290209, 290219, 290233, 290243, 290249, 290317,
290327, 290347, 290351, 290359, 290369, 290383, 290393, 290399,
290419, 290429, 290441, 290443, 290447, 290471, 290473, 290489,
290497, 290509, 290527, 290531, 290533, 290539, 290557, 290593,
290597, 290611, 290617, 290621, 290623, 290627, 290657, 290659,
290663, 290669, 290671, 290677, 290701, 290707, 290711, 290737,
290761, 290767, 290791, 290803, 290821, 290827, 290837, 290839,
290861, 290869, 290879, 290897, 290923, 290959, 290963, 290971,
290987, 290993, 290999, 291007, 291013, 291037, 291041, 291043,
291077, 291089, 291101, 291103, 291107, 291113, 291143, 291167,
291169, 291173, 291191, 291199, 291209, 291217, 291253, 291257,
291271, 291287, 291293, 291299, 291331, 291337, 291349, 291359,
291367, 291371, 291373, 291377, 291419, 291437, 291439, 291443,
291457, 291481, 291491, 291503, 291509, 291521, 291539, 291547,
291559, 291563, 291569, 291619, 291647, 291649, 291661, 291677,
291689, 291691, 291701, 291721, 291727, 291743, 291751, 291779,
291791, 291817, 291829, 291833, 291853, 291857, 291869, 291877,
291887, 291899, 291901, 291923, 291971, 291979, 291983, 291997,
292021, 292027, 292037, 292057, 292069, 292079, 292081, 292091,

प्रथम सौ हजार अभाज्य संख्याएँ

292093, 292133, 292141, 292147, 292157, 292181, 292183, 292223,
292231, 292241, 292249, 292267, 292283, 292301, 292309, 292319,
292343, 292351, 292363, 292367, 292381, 292393, 292427, 292441,
292459, 292469, 292471, 292477, 292483, 292489, 292493, 292517,
292531, 292541, 292549, 292561, 292573, 292577, 292601, 292627,
292631, 292661, 292667, 292673, 292679, 292693, 292703, 292709,
292711, 292717, 292727, 292753, 292759, 292777, 292793, 292801,
292807, 292819, 292837, 292841, 292849, 292867, 292879, 292909,
292921, 292933, 292969, 292973, 292979, 292993, 293021, 293071,
293081, 293087, 293093, 293099, 293107, 293123, 293129, 293147,
293149, 293173, 293177, 293179, 293201, 293207, 293213, 293221,
293257, 293261, 293263, 293269, 293311, 293329, 293339, 293351,
293357, 293399, 293413, 293431, 293441, 293453, 293459, 293467,
293473, 293483, 293507, 293543, 293599, 293603, 293617, 293621,
293633, 293639, 293651, 293659, 293677, 293681, 293701, 293717,
293723, 293729, 293749, 293767, 293773, 293791, 293803, 293827,
293831, 293861, 293863, 293893, 293899, 293941, 293957, 293983,
293989, 293999, 294001, 294013, 294023, 294029, 294043, 294053,
294059, 294067, 294103, 294127, 294131, 294149, 294157, 294167,
294169, 294179, 294181, 294199, 294211, 294223, 294227, 294241,
294247, 294251, 294269, 294277, 294289, 294293, 294311, 294313,
294317, 294319, 294337, 294341, 294347, 294353, 294383, 294391,
294397, 294403, 294431, 294439, 294461, 294467, 294479, 294499,
294509, 294523, 294529, 294551, 294563, 294629, 294641, 294647,
294649, 294659, 294673, 294703, 294731, 294751, 294757, 294761,
294773, 294781, 294787, 294793, 294799, 294803, 294809, 294821,
294829, 294859, 294869, 294887, 294893, 294911, 294919, 294923,
294947, 294949, 294953, 294979, 294989, 294991, 294997, 295007,
295033, 295037, 295039, 295049, 295073, 295079, 295081, 295111,
295123, 295129, 295153, 295187, 295199, 295201, 295219, 295237,
295247, 295259, 295271, 295277, 295283, 295291, 295313, 295319,
295333, 295357, 295363, 295387, 295411, 295417, 295429, 295433,
295439, 295441, 295459, 295513, 295517, 295541, 295553, 295567,
295571, 295591, 295601, 295663, 295693, 295699, 295703, 295727,
295751, 295759, 295769, 295777, 295787, 295819, 295831, 295837,
295843, 295847, 295853, 295861, 295871, 295873, 295877, 295879,
295901, 295903, 295909, 295937, 295943, 295949, 295951, 295961,
295973, 295993, 296011, 296017, 296027, 296041, 296047, 296071,
296083, 296099, 296117, 296129, 296137, 296159, 296183, 296201,
296213, 296221, 296237, 296243, 296249, 296251, 296269, 296273,
296279, 296287, 296299, 296347, 296353, 296363, 296369, 296377,
296437, 296441, 296473, 296477, 296479, 296489, 296503, 296507,
296509, 296519, 296551, 296557, 296561, 296563, 296579, 296581,
296587, 296591, 296627, 296651, 296663, 296669, 296683, 296687,
296693, 296713, 296719, 296729, 296731, 296741, 296749, 296753,
296767, 296771, 296773, 296797, 296801, 296819, 296827, 296831,
296833, 296843, 296909, 296911, 296921, 296929, 296941, 296969,
296971, 296981, 296983, 296987, 297019, 297023, 297049, 297061,

प्रथम सौ हजार अभाज्य संख्याएँ

297067, 297079, 297083, 297097, 297113, 297133, 297151, 297161,
297169, 297191, 297233, 297247, 297251, 297257, 297263, 297289,
297317, 297359, 297371, 297377, 297391, 297397, 297403, 297421,
297439, 297457, 297467, 297469, 297481, 297487, 297503, 297509,
297523, 297533, 297581, 297589, 297601, 297607, 297613, 297617,
297623, 297629, 297641, 297659, 297683, 297691, 297707, 297719,
297727, 297757, 297779, 297793, 297797, 297809, 297811, 297833,
297841, 297853, 297881, 297889, 297893, 297907, 297911, 297931,
297953, 297967, 297971, 297989, 297991, 298013, 298021, 298031,
298043, 298049, 298063, 298087, 298093, 298099, 298153, 298157,
298159, 298169, 298171, 298187, 298201, 298211, 298213, 298223,
298237, 298247, 298261, 298283, 298303, 298307, 298327, 298339,
298343, 298349, 298369, 298373, 298399, 298409, 298411, 298427,
298451, 298477, 298483, 298513, 298559, 298579, 298583, 298589,
298601, 298607, 298621, 298631, 298651, 298667, 298679, 298681,
298687, 298691, 298693, 298709, 298723, 298733, 298757, 298759,
298777, 298799, 298801, 298817, 298819, 298841, 298847, 298853,
298861, 298897, 298937, 298943, 298993, 298999, 299011, 299017,
299027, 299029, 299053, 299059, 299063, 299087, 299099, 299107,
299113, 299137, 299147, 299171, 299179, 299191, 299197, 299213,
299239, 299261, 299281, 299287, 299311, 299317, 299329, 299333,
299357, 299359, 299363, 299371, 299389, 299393, 299401, 299417,
299419, 299447, 299471, 299473, 299477, 299479, 299501, 299513,
299521, 299527, 299539, 299567, 299569, 299603, 299617, 299623,
299653, 299671, 299681, 299683, 299699, 299701, 299711, 299723,
299731, 299743, 299749, 299771, 299777, 299807, 299843, 299857,
299861, 299881, 299891, 299903, 299909, 299933, 299941, 299951,
299969, 299977, 299983, 299993, 300007, 300017, 300023, 300043,
300073, 300089, 300109, 300119, 300137, 300149, 300151, 300163,
300187, 300191, 300193, 300221, 300229, 300233, 300239, 300247,
300277, 300299, 300301, 300317, 300319, 300323, 300331, 300343,
300347, 300367, 300397, 300413, 300427, 300431, 300439, 300463,
300481, 300491, 300493, 300497, 300499, 300511, 300557, 300569,
300581, 300583, 300589, 300593, 300623, 300631, 300647, 300649,
300661, 300667, 300673, 300683, 300691, 300719, 300721, 300733,
300739, 300743, 300749, 300757, 300761, 300779, 300787, 300799,
300809, 300821, 300823, 300851, 300857, 300869, 300877, 300889,
300893, 300929, 300931, 300953, 300961, 300967, 300973, 300977,
300997, 301013, 301027, 301039, 301051, 301057, 301073, 301079,
301123, 301127, 301141, 301153, 301159, 301177, 301181, 301183,
301211, 301219, 301237, 301241, 301243, 301247, 301267, 301303,
301319, 301331, 301333, 301349, 301361, 301363, 301381, 301403,
301409, 301423, 301429, 301447, 301459, 301463, 301471, 301487,
301489, 301493, 301501, 301531, 301577, 301579, 301583, 301591,
301601, 301619, 301627, 301643, 301649, 301657, 301669, 301673,
301681, 301703, 301711, 301747, 301751, 301753, 301759, 301789,
301793, 301813, 301831, 301841, 301843, 301867, 301877, 301897,
301901, 301907, 301913, 301927, 301933, 301943, 301949, 301979,

प्रथम सौ हजार अभाज्य संख्याएँ

301991, 301993, 301997, 301999, 302009, 302053, 302111, 302123,
302143, 302167, 302171, 302173, 302189, 302191, 302213, 302221,
302227, 302261, 302273, 302279, 302287, 302297, 302299, 302317,
302329, 302399, 302411, 302417, 302429, 302443, 302459, 302483,
302507, 302513, 302551, 302563, 302567, 302573, 302579, 302581,
302587, 302593, 302597, 302609, 302629, 302647, 302663, 302681,
302711, 302723, 302747, 302759, 302767, 302779, 302791, 302801,
302831, 302833, 302837, 302843, 302851, 302857, 302873, 302891,
302903, 302909, 302921, 302927, 302941, 302959, 302969, 302971,
302977, 302983, 302989, 302999, 303007, 303011, 303013, 303019,
303029, 303049, 303053, 303073, 303089, 303091, 303097, 303119,
303139, 303143, 303151, 303157, 303187, 303217, 303257, 303271,
303283, 303287, 303293, 303299, 303307, 303313, 303323, 303337,
303341, 303361, 303367, 303371, 303377, 303379, 303389, 303409,
303421, 303431, 303463, 303469, 303473, 303491, 303493, 303497,
303529, 303539, 303547, 303551, 303553, 303571, 303581, 303587,
303593, 303613, 303617, 303619, 303643, 303647, 303649, 303679,
303683, 303689, 303691, 303703, 303713, 303727, 303731, 303749,
303767, 303781, 303803, 303817, 303827, 303839, 303859, 303871,
303889, 303907, 303917, 303931, 303937, 303959, 303983, 303997,
304009, 304013, 304021, 304033, 304039, 304049, 304063, 304067,
304069, 304081, 304091, 304099, 304127, 304151, 304153, 304163,
304169, 304193, 304211, 304217, 304223, 304253, 304259, 304279,
304301, 304303, 304331, 304349, 304357, 304363, 304373, 304391,
304393, 304411, 304417, 304429, 304433, 304439, 304457, 304459,
304477, 304481, 304489, 304501, 304511, 304517, 304523, 304537,
304541, 304553, 304559, 304561, 304597, 304609, 304631, 304643,
304651, 304663, 304687, 304709, 304723, 304729, 304739, 304751,
304757, 304763, 304771, 304781, 304789, 304807, 304813, 304831,
304847, 304849, 304867, 304879, 304883, 304897, 304901, 304903,
304907, 304933, 304937, 304943, 304949, 304961, 304979, 304981,
305017, 305021, 305023, 305029, 305033, 305047, 305069, 305093,
305101, 305111, 305113, 305119, 305131, 305143, 305147, 305209,
305219, 305231, 305237, 305243, 305267, 305281, 305297, 305329,
305339, 305351, 305353, 305363, 305369, 305377, 305401, 305407,
305411, 305413, 305419, 305423, 305441, 305449, 305471, 305477,
305479, 305483, 305489, 305497, 305521, 305533, 305551, 305563,
305581, 305593, 305597, 305603, 305611, 305621, 305633, 305639,
305663, 305717, 305719, 305741, 305743, 305749, 305759, 305761,
305771, 305783, 305803, 305821, 305839, 305849, 305857, 305861,
305867, 305873, 305917, 305927, 305933, 305947, 305971, 305999,
306011, 306023, 306029, 306041, 306049, 306083, 306091, 306121,
306133, 306139, 306149, 306157, 306167, 306169, 306191, 306193,
306209, 306239, 306247, 306253, 306259, 306263, 306301, 306329,
306331, 306347, 306349, 306359, 306367, 306377, 306389, 306407,
306419, 306421, 306431, 306437, 306457, 306463, 306473, 306479,
306491, 306503, 306511, 306517, 306529, 306533, 306541, 306563,
306577, 306587, 306589, 306643, 306653, 306661, 306689, 306701,

306703, 306707, 306727, 306739, 306749, 306763, 306781, 306809,
306821, 306827, 306829, 306847, 306853, 306857, 306871, 306877,
306883, 306893, 306899, 306913, 306919, 306941, 306947, 306949,
306953, 306991, 307009, 307019, 307031, 307033, 307067, 307079,
307091, 307093, 307103, 307121, 307129, 307147, 307163, 307169,
307171, 307187, 307189, 307201, 307243, 307253, 307259, 307261,
307267, 307273, 307277, 307283, 307289, 307301, 307337, 307339,
307361, 307367, 307381, 307397, 307399, 307409, 307423, 307451,
307471, 307481, 307511, 307523, 307529, 307537, 307543, 307577,
307583, 307589, 307609, 307627, 307631, 307633, 307639, 307651,
307669, 307687, 307691, 307693, 307711, 307733, 307759, 307817,
307823, 307831, 307843, 307859, 307871, 307873, 307891, 307903,
307919, 307939, 307969, 308003, 308017, 308027, 308041, 308051,
308081, 308093, 308101, 308107, 308117, 308129, 308137, 308141,
308149, 308153, 308213, 308219, 308249, 308263, 308291, 308293,
308303, 308309, 308311, 308317, 308323, 308327, 308333, 308359,
308383, 308411, 308423, 308437, 308447, 308467, 308489, 308491,
308501, 308507, 308509, 308519, 308521, 308527, 308537, 308551,
308569, 308573, 308587, 308597, 308621, 308639, 308641, 308663,
308681, 308701, 308713, 308723, 308761, 308773, 308801, 308809,
308813, 308827, 308849, 308851, 308857, 308887, 308899, 308923,
308927, 308929, 308933, 308939, 308951, 308989, 308999, 309007,
309011, 309013, 309019, 309031, 309037, 309059, 309079, 309083,
309091, 309107, 309109, 309121, 309131, 309137, 309157, 309167,
309173, 309193, 309223, 309241, 309251, 309259, 309269, 309271,
309277, 309289, 309293, 309311, 309313, 309317, 309359, 309367,
309371, 309391, 309403, 309433, 309437, 309457, 309461, 309469,
309479, 309481, 309493, 309503, 309521, 309523, 309539, 309541,
309559, 309571, 309577, 309583, 309599, 309623, 309629, 309637,
309667, 309671, 309677, 309707, 309713, 309731, 309737, 309769,
309779, 309781, 309797, 309811, 309823, 309851, 309853, 309857,
309877, 309899, 309929, 309931, 309937, 309977, 309989, 310019,
310021, 310027, 310043, 310049, 310081, 310087, 310091, 310111,
310117, 310127, 310129, 310169, 310181, 310187, 310223, 310229,
310231, 310237, 310243, 310273, 310283, 310291, 310313, 310333,
310357, 310361, 310363, 310379, 310397, 310423, 310433, 310439,
310447, 310459, 310463, 310481, 310489, 310501, 310507, 310511,
310547, 310553, 310559, 310567, 310571, 310577, 310591, 310627,
310643, 310663, 310693, 310697, 310711, 310721, 310727, 310729,
310733, 310741, 310747, 310771, 310781, 310789, 310801, 310819,
310823, 310829, 310831, 310861, 310867, 310883, 310889, 310901,
310927, 310931, 310949, 310969, 310987, 310997, 311009, 311021,
311027, 311033, 311041, 311099, 311111, 311123, 311137, 311153,
311173, 311177, 311183, 311189, 311197, 311203, 311237, 311279,
311291, 311293, 311299, 311303, 311323, 311329, 311341, 311347,
311359, 311371, 311393, 311407, 311419, 311447, 311453, 311473,
311533, 311537, 311539, 311551, 311557, 311561, 311567, 311569,
311603, 311609, 311653, 311659, 311677, 311681, 311683, 311687,

प्रथम सौ हजार अभाज्य संख्याएँ

311711, 311713, 311737, 311743, 311747, 311749, 311791, 311803,
311807, 311821, 311827, 311867, 311869, 311881, 311897, 311951,
311957, 311963, 311981, 312007, 312023, 312029, 312031, 312043,
312047, 312071, 312073, 312083, 312089, 312101, 312107, 312121,
312161, 312197, 312199, 312203, 312209, 312211, 312217, 312229,
312233, 312241, 312251, 312253, 312269, 312281, 312283, 312289,
312311, 312313, 312331, 312343, 312349, 312353, 312371, 312383,
312397, 312401, 312407, 312413, 312427, 312451, 312469, 312509,
312517, 312527, 312551, 312553, 312563, 312581, 312583, 312589,
312601, 312617, 312619, 312623, 312643, 312673, 312677, 312679,
312701, 312703, 312709, 312727, 312737, 312743, 312757, 312773,
312779, 312799, 312839, 312841, 312857, 312863, 312887, 312899,
312929, 312931, 312937, 312941, 312943, 312967, 312971, 312979,
312989, 313003, 313009, 313031, 313037, 313081, 313087, 313109,
313127, 313129, 313133, 313147, 313151, 313153, 313163, 313207,
313211, 313219, 313241, 313249, 313267, 313273, 313289, 313297,
313301, 313307, 313321, 313331, 313333, 313343, 313351, 313373,
313381, 313387, 313399, 313409, 313471, 313477, 313507, 313517,
313543, 313549, 313553, 313561, 313567, 313571, 313583, 313589,
313597, 313603, 313613, 313619, 313637, 313639, 313661, 313669,
313679, 313699, 313711, 313717, 313721, 313727, 313739, 313741,
313763, 313777, 313783, 313829, 313849, 313853, 313879, 313883,
313889, 313897, 313909, 313921, 313931, 313933, 313949, 313961,
313969, 313979, 313981, 313987, 313991, 313993, 313997, 314003,
314021, 314059, 314063, 314077, 314107, 314113, 314117, 314129,
314137, 314159, 314161, 314173, 314189, 314213, 314219, 314227,
314233, 314239, 314243, 314257, 314261, 314263, 314267, 314299,
314329, 314339, 314351, 314357, 314359, 314399, 314401, 314407,
314423, 314441, 314453, 314467, 314491, 314497, 314513, 314527,
314543, 314549, 314569, 314581, 314591, 314597, 314599, 314603,
314623, 314627, 314641, 314651, 314693, 314707, 314711, 314719,
314723, 314747, 314761, 314771, 314777, 314779, 314807, 314813,
314827, 314851, 314879, 314903, 314917, 314927, 314933, 314953,
314957, 314983, 314989, 315011, 315013, 315037, 315047, 315059,
315067, 315083, 315097, 315103, 315109, 315127, 315179, 315181,
315193, 315199, 315223, 315247, 315251, 315257, 315269, 315281,
315313, 315349, 315361, 315373, 315377, 315389, 315407, 315409,
315421, 315437, 315449, 315451, 315461, 315467, 315481, 315493,
315517, 315521, 315527, 315529, 315547, 315551, 315559, 315569,
315589, 315593, 315599, 315613, 315617, 315631, 315643, 315671,
315677, 315691, 315697, 315701, 315703, 315739, 315743, 315751,
315779, 315803, 315811, 315829, 315851, 315857, 315881, 315883,
315893, 315899, 315907, 315937, 315949, 315961, 315967, 315977,
316003, 316031, 316033, 316037, 316051, 316067, 316073, 316087,
316097, 316109, 316133, 316139, 316153, 316177, 316189, 316193,
316201, 316213, 316219, 316223, 316241, 316243, 316259, 316271,
316291, 316297, 316301, 316321, 316339, 316343, 316363, 316373,
316391, 316403, 316423, 316429, 316439, 316453, 316469, 316471,

प्रथम सौ हजार अभाज्य संख्याएँ

316493, 316499, 316501, 316507, 316531, 316567, 316571, 316577,
316583, 316621, 316633, 316637, 316649, 316661, 316663, 316681,
316691, 316697, 316699, 316703, 316717, 316753, 316759, 316769,
316777, 316783, 316793, 316801, 316817, 316819, 316847, 316853,
316859, 316861, 316879, 316891, 316903, 316907, 316919, 316937,
316951, 316957, 316961, 316991, 317003, 317011, 317021, 317029,
317047, 317063, 317071, 317077, 317087, 317089, 317123, 317159,
317171, 317179, 317189, 317197, 317209, 317227, 317257, 317263,
317267, 317269, 317279, 317321, 317323, 317327, 317333, 317351,
317353, 317363, 317371, 317399, 317411, 317419, 317431, 317437,
317453, 317459, 317483, 317489, 317491, 317503, 317539, 317557,
317563, 317587, 317591, 317593, 317599, 317609, 317617, 317621,
317651, 317663, 317671, 317693, 317701, 317711, 317717, 317729,
317731, 317741, 317743, 317771, 317773, 317777, 317783, 317789,
317797, 317827, 317831, 317839, 317857, 317887, 317903, 317921,
317923, 317957, 317959, 317963, 317969, 317971, 317983, 317987,
318001, 318007, 318023, 318077, 318103, 318107, 318127, 318137,
318161, 318173, 318179, 318181, 318191, 318203, 318209, 318211,
318229, 318233, 318247, 318259, 318271, 318281, 318287, 318289,
318299, 318301, 318313, 318319, 318323, 318337, 318347, 318349,
318377, 318403, 318407, 318419, 318431, 318443, 318457, 318467,
318473, 318503, 318523, 318557, 318559, 318569, 318581, 318589,
318601, 318629, 318641, 318653, 318671, 318677, 318679, 318683,
318691, 318701, 318713, 318737, 318743, 318749, 318751, 318781,
318793, 318809, 318811, 318817, 318823, 318833, 318841, 318863,
318881, 318883, 318889, 318907, 318911, 318917, 318919, 318949,
318979, 319001, 319027, 319031, 319037, 319049, 319057, 319061,
319069, 319093, 319097, 319117, 319127, 319129, 319133, 319147,
319159, 319169, 319183, 319201, 319211, 319223, 319237, 319259,
319279, 319289, 319313, 319321, 319327, 319339, 319343, 319351,
319357, 319387, 319391, 319399, 319411, 319427, 319433, 319439,
319441, 319453, 319469, 319477, 319483, 319489, 319499, 319511,
319519, 319541, 319547, 319567, 319577, 319589, 319591, 319601,
319607, 319639, 319673, 319679, 319681, 319687, 319691, 319699,
319727, 319729, 319733, 319747, 319757, 319763, 319811, 319817,
319819, 319829, 319831, 319849, 319883, 319897, 319901, 319919,
319927, 319931, 319937, 319967, 319973, 319981, 319993, 320009,
320011, 320027, 320039, 320041, 320053, 320057, 320063, 320081,
320083, 320101, 320107, 320113, 320119, 320141, 320143, 320149,
320153, 320179, 320209, 320213, 320219, 320237, 320239, 320267,
320269, 320273, 320291, 320293, 320303, 320317, 320329, 320339,
320377, 320387, 320389, 320401, 320417, 320431, 320449, 320471,
320477, 320483, 320513, 320521, 320533, 320539, 320561, 320563,
320591, 320609, 320611, 320627, 320647, 320657, 320659, 320669,
320687, 320693, 320699, 320713, 320741, 320759, 320767, 320791,
320821, 320833, 320839, 320843, 320851, 320861, 320867, 320899,
320911, 320923, 320927, 320939, 320941, 320953, 321007, 321017,
321031, 321037, 321047, 321053, 321073, 321077, 321091, 321109,

प्रथम सौ हजार अभाज्य संख्याएँ

321143, 321163, 321169, 321187, 321193, 321199, 321203, 321221,
321227, 321239, 321247, 321289, 321301, 321311, 321313, 321319,
321323, 321329, 321331, 321341, 321359, 321367, 321371, 321383,
321397, 321403, 321413, 321427, 321443, 321449, 321467, 321469,
321509, 321547, 321553, 321569, 321571, 321577, 321593, 321611,
321617, 321619, 321631, 321647, 321661, 321679, 321707, 321709,
321721, 321733, 321743, 321751, 321757, 321779, 321799, 321817,
321821, 321823, 321829, 321833, 321847, 321851, 321889, 321901,
321911, 321947, 321949, 321961, 321983, 321991, 322001, 322009,
322013, 322037, 322039, 322051, 322057, 322067, 322073, 322079,
322093, 322097, 322109, 322111, 322139, 322169, 322171, 322193,
322213, 322229, 322237, 322243, 322247, 322249, 322261, 322271,
322319, 322327, 322339, 322349, 322351, 322397, 322403, 322409,
322417, 322429, 322433, 322459, 322463, 322501, 322513, 322519,
322523, 322537, 322549, 322559, 322571, 322573, 322583, 322589,
322591, 322607, 322613, 322627, 322631, 322633, 322649, 322669,
322709, 322727, 322747, 322757, 322769, 322771, 322781, 322783,
322807, 322849, 322859, 322871, 322877, 322891, 322901, 322919,
322921, 322939, 322951, 322963, 322969, 322997, 322999, 323003,
323009, 323027, 323053, 323077, 323083, 323087, 323093, 323101,
323123, 323131, 323137, 323149, 323201, 323207, 323233, 323243,
323249, 323251, 323273, 323333, 323339, 323341, 323359, 323369,
323371, 323377, 323381, 323383, 323413, 323419, 323441, 323443,
323467, 323471, 323473, 323507, 323509, 323537, 323549, 323567,
323579, 323581, 323591, 323597, 323599, 323623, 323641, 323647,
323651, 323699, 323707, 323711, 323717, 323759, 323767, 323789,
323797, 323801, 323803, 323819, 323837, 323879, 323899, 323903,
323923, 323927, 323933, 323951, 323957, 323987, 324011, 324031,
324053, 324067, 324073, 324089, 324097, 324101, 324113, 324119,
324131, 324143, 324151, 324161, 324179, 324199, 324209, 324211,
324217, 324223, 324239, 324251, 324293, 324299, 324301, 324319,
324329, 324341, 324361, 324391, 324397, 324403, 324419, 324427,
324431, 324437, 324439, 324449, 324451, 324469, 324473, 324491,
324497, 324503, 324517, 324523, 324529, 324557, 324587, 324589,
324593, 324617, 324619, 324637, 324641, 324647, 324661, 324673,
324689, 324697, 324707, 324733, 324743, 324757, 324763, 324773,
324781, 324791, 324799, 324809, 324811, 324839, 324847, 324869,
324871, 324889, 324893, 324901, 324931, 324941, 324949, 324953,
324977, 324979, 324983, 324991, 324997, 325001, 325009, 325019,
325021, 325027, 325043, 325051, 325063, 325079, 325081, 325093,
325133, 325153, 325163, 325181, 325187, 325189, 325201, 325217,
325219, 325229, 325231, 325249, 325271, 325301, 325307, 325309,
325319, 325333, 325343, 325349, 325379, 325411, 325421, 325439,
325447, 325453, 325459, 325463, 325477, 325487, 325513, 325517,
325537, 325541, 325543, 325571, 325597, 325607, 325627, 325631,
325643, 325667, 325673, 325681, 325691, 325693, 325697, 325709,
325723, 325729, 325747, 325751, 325753, 325769, 325777, 325781,
325783, 325807, 325813, 325849, 325861, 325877, 325883, 325889,

प्रथम सौ हजार अभाज्य संख्याएँ

325891, 325901, 325921, 325939, 325943, 325951, 325957, 325987,
325993, 325999, 326023, 326057, 326063, 326083, 326087, 326099,
326101, 326113, 326119, 326141, 326143, 326147, 326149, 326153,
326159, 326171, 326189, 326203, 326219, 326251, 326257, 326309,
326323, 326351, 326353, 326369, 326437, 326441, 326449, 326467,
326479, 326497, 326503, 326537, 326539, 326549, 326561, 326563,
326567, 326581, 326593, 326597, 326609, 326611, 326617, 326633,
326657, 326659, 326663, 326681, 326687, 326693, 326701, 326707,
326737, 326741, 326773, 326779, 326831, 326863, 326867, 326869,
326873, 326881, 326903, 326923, 326939, 326941, 326947, 326951,
326983, 326993, 326999, 327001, 327007, 327011, 327017, 327023,
327059, 327071, 327079, 327127, 327133, 327163, 327179, 327193,
327203, 327209, 327211, 327247, 327251, 327263, 327277, 327289,
327307, 327311, 327317, 327319, 327331, 327337, 327343, 327347,
327401, 327407, 327409, 327419, 327421, 327433, 327443, 327463,
327469, 327473, 327479, 327491, 327493, 327499, 327511, 327517,
327529, 327553, 327557, 327559, 327571, 327581, 327583, 327599,
327619, 327629, 327647, 327661, 327667, 327673, 327689, 327707,
327721, 327737, 327739, 327757, 327779, 327797, 327799, 327809,
327823, 327827, 327829, 327839, 327851, 327853, 327869, 327871,
327881, 327889, 327917, 327923, 327941, 327953, 327967, 327979,
327983, 328007, 328037, 328043, 328051, 328061, 328063, 328067,
328093, 328103, 328109, 328121, 328127, 328129, 328171, 328177,
328213, 328243, 328249, 328271, 328277, 328283, 328291, 328303,
328327, 328331, 328333, 328343, 328357, 328373, 328379, 328381,
328397, 328411, 328421, 328429, 328439, 328481, 328511, 328513,
328519, 328543, 328579, 328589, 328591, 328619, 328621, 328633,
328637, 328639, 328651, 328667, 328687, 328709, 328721, 328753,
328777, 328781, 328787, 328789, 328813, 328829, 328837, 328847,
328849, 328883, 328891, 328897, 328901, 328919, 328921, 328931,
328961, 328981, 329009, 329027, 329053, 329059, 329081, 329083,
329089, 329101, 329111, 329123, 329143, 329167, 329177, 329191,
329201, 329207, 329209, 329233, 329243, 329257, 329267, 329269,
329281, 329293, 329297, 329299, 329309, 329317, 329321, 329333,
329347, 329387, 329393, 329401, 329419, 329431, 329471, 329473,
329489, 329503, 329519, 329533, 329551, 329557, 329587, 329591,
329597, 329603, 329617, 329627, 329629, 329639, 329657, 329663,
329671, 329677, 329683, 329687, 329711, 329717, 329723, 329729,
329761, 329773, 329779, 329789, 329801, 329803, 329863, 329867,
329873, 329891, 329899, 329941, 329947, 329951, 329957, 329969,
329977, 329993, 329999, 330017, 330019, 330037, 330041, 330047,
330053, 330061, 330067, 330097, 330103, 330131, 330133, 330139,
330149, 330167, 330199, 330203, 330217, 330227, 330229, 330233,
330241, 330247, 330271, 330287, 330289, 330311, 330313, 330329,
330331, 330347, 330359, 330383, 330389, 330409, 330413, 330427,
330431, 330433, 330439, 330469, 330509, 330557, 330563, 330569,
330587, 330607, 330611, 330623, 330641, 330643, 330653, 330661,
330679, 330683, 330689, 330697, 330703, 330719, 330721, 330731,

प्रथम सौ हजार अभाज्य संख्याएँ

330749, 330767, 330787, 330791, 330793, 330821, 330823, 330839,
330853, 330857, 330859, 330877, 330887, 330899, 330907, 330917,
330943, 330983, 330997, 331013, 331027, 331031, 331043, 331063,
331081, 331099, 331127, 331141, 331147, 331153, 331159, 331171,
331183, 331207, 331213, 331217, 331231, 331241, 331249, 331259,
331277, 331283, 331301, 331307, 331319, 331333, 331337, 331339,
331349, 331367, 331369, 331391, 331399, 331423, 331447, 331451,
331489, 331501, 331511, 331519, 331523, 331537, 331543, 331547,
331549, 331553, 331577, 331579, 331589, 331603, 331609, 331613,
331651, 331663, 331691, 331693, 331697, 331711, 331739, 331753,
331769, 331777, 331781, 331801, 331819, 331841, 331843, 331871,
331883, 331889, 331897, 331907, 331909, 331921, 331937, 331943,
331957, 331967, 331973, 331997, 331999, 332009, 332011, 332039,
332053, 332069, 332081, 332099, 332113, 332117, 332147, 332159,
332161, 332179, 332183, 332191, 332201, 332203, 332207, 332219,
332221, 332251, 332263, 332273, 332287, 332303, 332309, 332317,
332393, 332399, 332411, 332417, 332441, 332447, 332461, 332467,
332471, 332473, 332477, 332489, 332509, 332513, 332561, 332567,
332569, 332573, 332611, 332617, 332623, 332641, 332687, 332699,
332711, 332729, 332743, 332749, 332767, 332779, 332791, 332803,
332837, 332851, 332873, 332881, 332887, 332903, 332921, 332933,
332947, 332951, 332987, 332989, 332993, 333019, 333023, 333029,
333031, 333041, 333049, 333071, 333097, 333101, 333103, 333107,
333131, 333139, 333161, 333187, 333197, 333209, 333227, 333233,
333253, 333269, 333271, 333283, 333287, 333299, 333323, 333331,
333337, 333341, 333349, 333367, 333383, 333397, 333419, 333427,
333433, 333439, 333449, 333451, 333457, 333479, 333491, 333493,
333497, 333503, 333517, 333533, 333539, 333563, 333581, 333589,
333623, 333631, 333647, 333667, 333673, 333679, 333691, 333701,
333713, 333719, 333721, 333737, 333757, 333769, 333779, 333787,
333791, 333793, 333803, 333821, 333857, 333871, 333911, 333923,
333929, 333941, 333959, 333973, 333989, 333997, 334021, 334031,
334043, 334049, 334057, 334069, 334093, 334099, 334127, 334133,
334157, 334171, 334177, 334183, 334189, 334199, 334231, 334247,
334261, 334289, 334297, 334319, 334331, 334333, 334349, 334363,
334379, 334387, 334393, 334403, 334421, 334423, 334427, 334429,
334447, 334487, 334493, 334507, 334511, 334513, 334541, 334547,
334549, 334561, 334603, 334619, 334637, 334643, 334651, 334661,
334667, 334681, 334693, 334699, 334717, 334721, 334727, 334751,
334753, 334759, 334771, 334777, 334783, 334787, 334793, 334843,
334861, 334877, 334889, 334891, 334897, 334931, 334963, 334973,
334987, 334991, 334993, 335009, 335021, 335029, 335033, 335047,
335051, 335057, 335077, 335081, 335089, 335107, 335113, 335117,
335123, 335131, 335149, 335161, 335171, 335173, 335207, 335213,
335221, 335249, 335261, 335273, 335281, 335299, 335323, 335341,
335347, 335381, 335383, 335411, 335417, 335429, 335449, 335453,
335459, 335473, 335477, 335507, 335519, 335527, 335539, 335557,
335567, 335579, 335591, 335609, 335633, 335641, 335653, 335663,

335669, 335681, 335689, 335693, 335719, 335729, 335743, 335747,
335771, 335807, 335809, 335813, 335821, 335833, 335843, 335857,
335879, 335893, 335897, 335917, 335941, 335953, 335957, 335999,
336029, 336031, 336041, 336059, 336079, 336101, 336103, 336109,
336113, 336121, 336143, 336151, 336157, 336163, 336181, 336199,
336211, 336221, 336223, 336227, 336239, 336247, 336251, 336253,
336263, 336307, 336317, 336353, 336361, 336373, 336397, 336403,
336419, 336437, 336463, 336491, 336499, 336503, 336521, 336527,
336529, 336533, 336551, 336563, 336571, 336577, 336587, 336593,
336599, 336613, 336631, 336643, 336649, 336653, 336667, 336671,
336683, 336689, 336703, 336727, 336757, 336761, 336767, 336769,
336773, 336793, 336799, 336803, 336823, 336827, 336829, 336857,
336863, 336871, 336887, 336899, 336901, 336911, 336929, 336961,
336977, 336983, 336989, 336997, 337013, 337021, 337031, 337039,
337049, 337069, 337081, 337091, 337097, 337121, 337153, 337189,
337201, 337213, 337217, 337219, 337223, 337261, 337277, 337279,
337283, 337291, 337301, 337313, 337327, 337339, 337343, 337349,
337361, 337367, 337369, 337397, 337411, 337427, 337453, 337457,
337487, 337489, 337511, 337517, 337529, 337537, 337541, 337543,
337583, 337607, 337609, 337627, 337633, 337639, 337651, 337661,
337669, 337681, 337691, 337697, 337721, 337741, 337751, 337759,
337781, 337793, 337817, 337837, 337853, 337859, 337861, 337867,
337871, 337873, 337891, 337901, 337903, 337907, 337919, 337949,
337957, 337969, 337973, 337999, 338017, 338027, 338033, 338119,
338137, 338141, 338153, 338159, 338161, 338167, 338171, 338183,
338197, 338203, 338207, 338213, 338231, 338237, 338251, 338263,
338267, 338269, 338279, 338287, 338293, 338297, 338309, 338321,
338323, 338339, 338341, 338347, 338369, 338383, 338389, 338407,
338411, 338413, 338423, 338431, 338449, 338461, 338473, 338477,
338497, 338531, 338543, 338563, 338567, 338573, 338579, 338581,
338609, 338659, 338669, 338683, 338687, 338707, 338717, 338731,
338747, 338753, 338761, 338773, 338777, 338791, 338803, 338839,
338851, 338857, 338867, 338893, 338909, 338927, 338959, 338993,
338999, 339023, 339049, 339067, 339071, 339091, 339103, 339107,
339121, 339127, 339137, 339139, 339151, 339161, 339173, 339187,
339211, 339223, 339239, 339247, 339257, 339263, 339289, 339307,
339323, 339331, 339341, 339373, 339389, 339413, 339433, 339467,
339491, 339517, 339527, 339539, 339557, 339583, 339589, 339601,
339613, 339617, 339631, 339637, 339649, 339653, 339659, 339671,
339673, 339679, 339707, 339727, 339749, 339751, 339761, 339769,
339799, 339811, 339817, 339821, 339827, 339839, 339841, 339863,
339887, 339907, 339943, 339959, 339991, 340007, 340027, 340031,
340037, 340049, 340057, 340061, 340063, 340073, 340079, 340103,
340111, 340117, 340121, 340127, 340129, 340169, 340183, 340201,
340211, 340237, 340261, 340267, 340283, 340297, 340321, 340337,
340339, 340369, 340381, 340387, 340393, 340397, 340409, 340429,
340447, 340451, 340453, 340477, 340481, 340519, 340541, 340559,
340573, 340577, 340579, 340583, 340591, 340601, 340619, 340633,

प्रथम सौ हजार अभाज्य संख्याएँ

340643, 340649, 340657, 340661, 340687, 340693, 340709, 340723,
340757, 340777, 340787, 340789, 340793, 340801, 340811, 340819,
340849, 340859, 340877, 340889, 340897, 340903, 340909, 340913,
340919, 340927, 340931, 340933, 340937, 340939, 340957, 340979,
340999, 341017, 341027, 341041, 341057, 341059, 341063, 341083,
341087, 341123, 341141, 341171, 341179, 341191, 341203, 341219,
341227, 341233, 341269, 341273, 341281, 341287, 341293, 341303,
341311, 341321, 341323, 341333, 341339, 341347, 341357, 341423,
341443, 341447, 341459, 341461, 341477, 341491, 341501, 341507,
341521, 341543, 341557, 341569, 341587, 341597, 341603, 341617,
341623, 341629, 341641, 341647, 341659, 341681, 341687, 341701,
341729, 341743, 341749, 341771, 341773, 341777, 341813, 341821,
341827, 341839, 341851, 341863, 341879, 341911, 341927, 341947,
341951, 341953, 341959, 341963, 341983, 341993, 342037, 342047,
342049, 342059, 342061, 342071, 342073, 342077, 342101, 342107,
342131, 342143, 342179, 342187, 342191, 342197, 342203, 342211,
342233, 342239, 342241, 342257, 342281, 342283, 342299, 342319,
342337, 342341, 342343, 342347, 342359, 342371, 342373, 342379,
342389, 342413, 342421, 342449, 342451, 342467, 342469, 342481,
342497, 342521, 342527, 342547, 342553, 342569, 342593, 342599,
342607, 342647, 342653, 342659, 342673, 342679, 342691, 342697,
342733, 342757, 342761, 342791, 342799, 342803, 342821, 342833,
342841, 342847, 342863, 342869, 342871, 342889, 342899, 342929,
342949, 342971, 342989, 343019, 343037, 343051, 343061, 343073,
343081, 343087, 343127, 343141, 343153, 343163, 343169, 343177,
343193, 343199, 343219, 343237, 343243, 343253, 343261, 343267,
343289, 343303, 343307, 343309, 343313, 343327, 343333, 343337,
343373, 343379, 343381, 343391, 343393, 343411, 343423, 343433,
343481, 343489, 343517, 343529, 343531, 343543, 343547, 343559,
343561, 343579, 343583, 343589, 343591, 343601, 343627, 343631,
343639, 343649, 343661, 343667, 343687, 343709, 343727, 343769,
343771, 343787, 343799, 343801, 343813, 343817, 343823, 343829,
343831, 343891, 343897, 343901, 343913, 343933, 343939, 343943,
343951, 343963, 343997, 344017, 344021, 344039, 344053, 344083,
344111, 344117, 344153, 344161, 344167, 344171, 344173, 344177,
344189, 344207, 344209, 344213, 344221, 344231, 344237, 344243,
344249, 344251, 344257, 344263, 344269, 344273, 344291, 344293,
344321, 344327, 344347, 344353, 344363, 344371, 344417, 344423,
344429, 344453, 344479, 344483, 344497, 344543, 344567, 344587,
344599, 344611, 344621, 344629, 344639, 344653, 344671, 344681,
344683, 344693, 344719, 344749, 344753, 344759, 344791, 344797,
344801, 344807, 344819, 344821, 344843, 344857, 344863, 344873,
344887, 344893, 344909, 344917, 344921, 344941, 344957, 344959,
344963, 344969, 344987, 345001, 345011, 345017, 345019, 345041,
345047, 345067, 345089, 345109, 345133, 345139, 345143, 345181,
345193, 345221, 345227, 345229, 345259, 345263, 345271, 345307,
345311, 345329, 345379, 345413, 345431, 345451, 345461, 345463,
345473, 345479, 345487, 345511, 345517, 345533, 345547, 345551,

345571, 345577, 345581, 345599, 345601, 345607, 345637, 345643,
345647, 345659, 345673, 345679, 345689, 345701, 345707, 345727,
345731, 345733, 345739, 345749, 345757, 345769, 345773, 345791,
345803, 345811, 345817, 345823, 345853, 345869, 345881, 345887,
345889, 345907, 345923, 345937, 345953, 345979, 345997, 346013,
346039, 346043, 346051, 346079, 346091, 346097, 346111, 346117,
346133, 346139, 346141, 346147, 346169, 346187, 346201, 346207,
346217, 346223, 346259, 346261, 346277, 346303, 346309, 346321,
346331, 346337, 346349, 346361, 346369, 346373, 346391, 346393,
346397, 346399, 346417, 346421, 346429, 346433, 346439, 346441,
346447, 346453, 346469, 346501, 346529, 346543, 346547, 346553,
346559, 346561, 346589, 346601, 346607, 346627, 346639, 346649,
346651, 346657, 346667, 346669, 346699, 346711, 346721, 346739,
346751, 346763, 346793, 346831, 346849, 346867, 346873, 346877,
346891, 346903, 346933, 346939, 346943, 346961, 346963, 347003,
347033, 347041, 347051, 347057, 347059, 347063, 347069, 347071,
347099, 347129, 347131, 347141, 347143, 347161, 347167, 347173,
347177, 347183, 347197, 347201, 347209, 347227, 347233, 347239,
347251, 347257, 347287, 347297, 347299, 347317, 347329, 347341,
347359, 347401, 347411, 347437, 347443, 347489, 347509, 347513,
347519, 347533, 347539, 347561, 347563, 347579, 347587, 347591,
347609, 347621, 347629, 347651, 347671, 347707, 347717, 347729,
347731, 347747, 347759, 347771, 347773, 347779, 347801, 347813,
347821, 347849, 347873, 347887, 347891, 347899, 347929, 347933,
347951, 347957, 347959, 347969, 347981, 347983, 347987, 347989,
347993, 348001, 348011, 348017, 348031, 348043, 348053, 348077,
348083, 348097, 348149, 348163, 348181, 348191, 348209, 348217,
348221, 348239, 348241, 348247, 348253, 348259, 348269, 348287,
348307, 348323, 348353, 348367, 348389, 348401, 348407, 348419,
348421, 348431, 348433, 348437, 348443, 348451, 348457, 348461,
348463, 348487, 348527, 348547, 348553, 348559, 348563, 348571,
348583, 348587, 348617, 348629, 348637, 348643, 348661, 348671,
348709, 348731, 348739, 348757, 348763, 348769, 348779, 348811,
348827, 348833, 348839, 348851, 348883, 348889, 348911, 348917,
348919, 348923, 348937, 348949, 348989, 348991, 349007, 349039,
349043, 349051, 349079, 349081, 349093, 349099, 349109, 349121,
349133, 349171, 349177, 349183, 349187, 349199, 349207, 349211,
349241, 349291, 349303, 349313, 349331, 349337, 349343, 349357,
349369, 349373, 349379, 349381, 349387, 349397, 349399, 349403,
349409, 349411, 349423, 349471, 349477, 349483, 349493, 349499,
349507, 349519, 349529, 349553, 349567, 349579, 349589, 349603,
349637, 349663, 349667, 349697, 349709, 349717, 349729, 349753,
349759, 349787, 349793, 349801, 349813, 349819, 349829, 349831,
349837, 349841, 349849, 349871, 349903, 349907, 349913, 349919,
349927, 349931, 349933, 349939, 349949, 349963, 349967, 349981,
350003, 350029, 350033, 350039, 350087, 350089, 350093, 350107,
350111, 350137, 350159, 350179, 350191, 350213, 350219, 350237,
350249, 350257, 350281, 350293, 350347, 350351, 350377, 350381,

प्रथम सौ हजार अभाज्य संख्याएँ

350411, 350423, 350429, 350431, 350437, 350443, 350447, 350453,
350459, 350503, 350521, 350549, 350561, 350563, 350587, 350593,
350617, 350621, 350629, 350657, 350663, 350677, 350699, 350711,
350719, 350729, 350731, 350737, 350741, 350747, 350767, 350771,
350783, 350789, 350803, 350809, 350843, 350851, 350869, 350881,
350887, 350891, 350899, 350941, 350947, 350963, 350971, 350981,
350983, 350989, 351011, 351023, 351031, 351037, 351041, 351047,
351053, 351059, 351061, 351077, 351079, 351097, 351121, 351133,
351151, 351157, 351179, 351217, 351223, 351229, 351257, 351259,
351269, 351287, 351289, 351293, 351301, 351311, 351341, 351343,
351347, 351359, 351361, 351383, 351391, 351397, 351401, 351413,
351427, 351437, 351457, 351469, 351479, 351497, 351503, 351517,
351529, 351551, 351563, 351587, 351599, 351643, 351653, 351661,
351667, 351691, 351707, 351727, 351731, 351733, 351749, 351751,
351763, 351773, 351779, 351797, 351803, 351811, 351829, 351847,
351851, 351859, 351863, 351887, 351913, 351919, 351929, 351931,
351959, 351971, 351991, 352007, 352021, 352043, 352049, 352057,
352069, 352073, 352081, 352097, 352109, 352111, 352123, 352133,
352181, 352193, 352201, 352217, 352229, 352237, 352249, 352267,
352271, 352273, 352301, 352309, 352327, 352333, 352349, 352357,
352361, 352367, 352369, 352381, 352399, 352403, 352409, 352411,
352421, 352423, 352441, 352459, 352463, 352481, 352483, 352489,
352493, 352511, 352523, 352543, 352549, 352579, 352589, 352601,
352607, 352619, 352633, 352637, 352661, 352691, 352711, 352739,
352741, 352753, 352757, 352771, 352813, 352817, 352819, 352831,
352837, 352841, 352853, 352867, 352883, 352907, 352909, 352931,
352939, 352949, 352951, 352973, 352991, 353011, 353021, 353047,
353053, 353057, 353069, 353081, 353099, 353117, 353123, 353137,
353147, 353149, 353161, 353173, 353179, 353201, 353203, 353237,
353263, 353293, 353317, 353321, 353329, 353333, 353341, 353359,
353389, 353401, 353411, 353429, 353443, 353453, 353459, 353471,
353473, 353489, 353501, 353527, 353531, 353557, 353567, 353603,
353611, 353621, 353627, 353629, 353641, 353653, 353657, 353677,
353681, 353687, 353699, 353711, 353737, 353747, 353767, 353777,
353783, 353797, 353807, 353813, 353819, 353833, 353867, 353869,
353879, 353891, 353897, 353911, 353917, 353921, 353929, 353939,
353963, 354001, 354007, 354017, 354023, 354031, 354037, 354041,
354043, 354047, 354073, 354091, 354097, 354121, 354139, 354143,
354149, 354163, 354169, 354181, 354209, 354247, 354251, 354253,
354257, 354259, 354271, 354301, 354307, 354313, 354317, 354323,
354329, 354337, 354353, 354371, 354373, 354377, 354383, 354391,
354401, 354421, 354439, 354443, 354451, 354461, 354463, 354469,
354479, 354533, 354539, 354551, 354553, 354581, 354587, 354619,
354643, 354647, 354661, 354667, 354677, 354689, 354701, 354703,
354727, 354737, 354743, 354751, 354763, 354779, 354791, 354799,
354829, 354833, 354839, 354847, 354869, 354877, 354881, 354883,
354911, 354953, 354961, 354971, 354973, 354979, 354983, 354997,
355007, 355009, 355027, 355031, 355037, 355039, 355049, 355057,

प्रथम सौ हजार अभाज्य संख्याएँ

77

355063, 355073, 355087, 355093, 355099, 355109, 355111, 355127,
355139, 355171, 355193, 355211, 355261, 355297, 355307, 355321,
355331, 355339, 355343, 355361, 355363, 355379, 355417, 355427,
355441, 355457, 355463, 355483, 355499, 355501, 355507, 355513,
355517, 355519, 355529, 355541, 355549, 355559, 355571, 355573,
355591, 355609, 355633, 355643, 355651, 355669, 355679, 355697,
355717, 355721, 355723, 355753, 355763, 355777, 355783, 355799,
355811, 355819, 355841, 355847, 355853, 355867, 355891, 355909,
355913, 355933, 355937, 355939, 355951, 355967, 355969, 356023,
356039, 356077, 356093, 356101, 356113, 356123, 356129, 356137,
356141, 356143, 356171, 356173, 356197, 356219, 356243, 356261,
356263, 356287, 356299, 356311, 356327, 356333, 356351, 356387,
356399, 356441, 356443, 356449, 356453, 356467, 356479, 356501,
356509, 356533, 356549, 356561, 356563, 356567, 356579, 356591,
356621, 356647, 356663, 356693, 356701, 356731, 356737, 356749,
356761, 356803, 356819, 356821, 356831, 356869, 356887, 356893,
356927, 356929, 356933, 356947, 356959, 356969, 356977, 356981,
356989, 356999, 357031, 357047, 357073, 357079, 357083, 357103,
357107, 357109, 357131, 357139, 357169, 357179, 357197, 357199,
357211, 357229, 357239, 357241, 357263, 357271, 357281, 357283,
357293, 357319, 357347, 357349, 357353, 357359, 357377, 357389,
357421, 357431, 357437, 357473, 357503, 357509, 357517, 357551,
357559, 357563, 357569, 357571, 357583, 357587, 357593, 357611,
357613, 357619, 357649, 357653, 357659, 357661, 357667, 357671,
357677, 357683, 357689, 357703, 357727, 357733, 357737, 357739,
357767, 357779, 357781, 357787, 357793, 357809, 357817, 357823,
357829, 357839, 357859, 357883, 357913, 357967, 357977, 357983,
357989, 357997, 358031, 358051, 358069, 358073, 358079, 358103,
358109, 358153, 358157, 358159, 358181, 358201, 358213, 358219,
358223, 358229, 358243, 358273, 358277, 358279, 358289, 358291,
358297, 358301, 358313, 358327, 358331, 358349, 358373, 358417,
358427, 358429, 358441, 358447, 358459, 358471, 358483, 358487,
358499, 358531, 358541, 358571, 358573, 358591, 358597, 358601,
358607, 358613, 358637, 358667, 358669, 358681, 358691, 358697,
358703, 358711, 358723, 358727, 358733, 358747, 358753, 358769,
358783, 358793, 358811, 358829, 358847, 358859, 358861, 358867,
358877, 358879, 358901, 358903, 358907, 358909, 358931, 358951,
358973, 358979, 358987, 358993, 358999, 359003, 359017, 359027,
359041, 359063, 359069, 359101, 359111, 359129, 359137, 359143,
359147, 359153, 359167, 359171, 359207, 359209, 359231, 359243,
359263, 359267, 359279, 359291, 359297, 359299, 359311, 359323,
359327, 359353, 359357, 359377, 359389, 359407, 359417, 359419,
359441, 359449, 359477, 359479, 359483, 359501, 359509, 359539,
359549, 359561, 359563, 359581, 359587, 359599, 359621, 359633,
359641, 359657, 359663, 359701, 359713, 359719, 359731, 359747,
359753, 359761, 359767, 359783, 359837, 359851, 359869, 359897,
359911, 359929, 359981, 359987, 360007, 360023, 360037, 360049,
360053, 360071, 360089, 360091, 360163, 360167, 360169, 360181,

प्रथम सौ हजार अभाज्य संख्याएँ

360187, 360193, 360197, 360223, 360229, 360233, 360257, 360271,
360277, 360287, 360289, 360293, 360307, 360317, 360323, 360337,
360391, 360407, 360421, 360439, 360457, 360461, 360497, 360509,
360511, 360541, 360551, 360589, 360593, 360611, 360637, 360649,
360653, 360749, 360769, 360779, 360781, 360803, 360817, 360821,
360823, 360827, 360851, 360853, 360863, 360869, 360901, 360907,
360947, 360949, 360953, 360959, 360973, 360977, 360979, 360989,
361001, 361003, 361013, 361033, 361069, 361091, 361093, 361111,
361159, 361183, 361211, 361213, 361217, 361219, 361223, 361237,
361241, 361271, 361279, 361313, 361321, 361327, 361337, 361349,
361351, 361357, 361363, 361373, 361409, 361411, 361421, 361433,
361441, 361447, 361451, 361463, 361469, 361481, 361499, 361507,
361511, 361523, 361531, 361541, 361549, 361561, 361577, 361637,
361643, 361649, 361651, 361663, 361679, 361687, 361723, 361727,
361747, 361763, 361769, 361787, 361789, 361793, 361799, 361807,
361843, 361871, 361873, 361877, 361901, 361903, 361909, 361919,
361927, 361943, 361961, 361967, 361973, 361979, 361993, 362003,
362027, 362051, 362053, 362059, 362069, 362081, 362093, 362099,
362107, 362137, 362143, 362147, 362161, 362177, 362191, 362203,
362213, 362221, 362233, 362237, 362281, 362291, 362293, 362303,
362309, 362333, 362339, 362347, 362353, 362357, 362363, 362371,
362377, 362381, 362393, 362407, 362419, 362429, 362431, 362443,
362449, 362459, 362473, 362521, 362561, 362569, 362581, 362599,
362629, 362633, 362657, 362693, 362707, 362717, 362723, 362741,
362743, 362749, 362753, 362759, 362801, 362851, 362863, 362867,
362897, 362903, 362911, 362927, 362941, 362951, 362953, 362969,
362977, 362983, 362987, 363017, 363019, 363037, 363043, 363047,
363059, 363061, 363067, 363119, 363149, 363151, 363157, 363161,
363173, 363179, 363199, 363211, 363217, 363257, 363269, 363271,
363277, 363313, 363317, 363329, 363343, 363359, 363361, 363367,
363371, 363373, 363379, 363397, 363401, 363403, 363431, 363437,
363439, 363463, 363481, 363491, 363497, 363523, 363529, 363533,
363541, 363551, 363557, 363563, 363569, 363577, 363581, 363589,
363611, 363619, 363659, 363677, 363683, 363691, 363719, 363731,
363751, 363757, 363761, 363767, 363773, 363799, 363809, 363829,
363833, 363841, 363871, 363887, 363889, 363901, 363911, 363917,
363941, 363947, 363949, 363959, 363967, 363977, 363989, 364027,
364031, 364069, 364073, 364079, 364103, 364127, 364129, 364141,
364171, 364183, 364187, 364193, 364213, 364223, 364241, 364267,
364271, 364289, 364291, 364303, 364313, 364321, 364333, 364337,
364349, 364373, 364379, 364393, 364411, 364417, 364423, 364433,
364447, 364451, 364459, 364471, 364499, 364513, 364523, 364537,
364541, 364543, 364571, 364583, 364601, 364607, 364621, 364627,
364643, 364657, 364669, 364687, 364691, 364699, 364717, 364739,
364747, 364751, 364753, 364759, 364801, 364829, 364853, 364873,
364879, 364883, 364891, 364909, 364919, 364921, 364937, 364943,
364961, 364979, 364993, 364997, 365003, 365017, 365021, 365039,
365063, 365069, 365089, 365107, 365119, 365129, 365137, 365147,

365159, 365173, 365179, 365201, 365213, 365231, 365249, 365251,
365257, 365291, 365293, 365297, 365303, 365327, 365333, 365357,
365369, 365377, 365411, 365413, 365419, 365423, 365441, 365461,
365467, 365471, 365473, 365479, 365489, 365507, 365509, 365513,
365527, 365531, 365537, 365557, 365567, 365569, 365587, 365591,
365611, 365627, 365639, 365641, 365669, 365683, 365689, 365699,
365747, 365749, 365759, 365773, 365779, 365791, 365797, 365809,
365837, 365839, 365851, 365903, 365929, 365933, 365941, 365969,
365983, 366001, 366013, 366019, 366029, 366031, 366053, 366077,
366097, 366103, 366127, 366133, 366139, 366161, 366167, 366169,
366173, 366181, 366193, 366199, 366211, 366217, 366221, 366227,
366239, 366259, 366269, 366277, 366287, 366293, 366307, 366313,
366329, 366341, 366343, 366347, 366383, 366397, 366409, 366419,
366433, 366437, 366439, 366461, 366463, 366467, 366479, 366497,
366511, 366517, 366521, 366547, 366593, 366599, 366607, 366631,
366677, 366683, 366697, 366701, 366703, 366713, 366721, 366727,
366733, 366787, 366791, 366811, 366829, 366841, 366851, 366853,
366859, 366869, 366881, 366889, 366901, 366907, 366917, 366923,
366941, 366953, 366967, 366973, 366983, 366997, 367001, 367007,
367019, 367021, 367027, 367033, 367049, 367069, 367097, 367121,
367123, 367127, 367139, 367163, 367181, 367189, 367201, 367207,
367219, 367229, 367231, 367243, 367259, 367261, 367273, 367277,
367307, 367309, 367313, 367321, 367357, 367369, 367391, 367397,
367427, 367453, 367457, 367469, 367501, 367519, 367531, 367541,
367547, 367559, 367561, 367573, 367597, 367603, 367613, 367621,
367637, 367649, 367651, 367663, 367673, 367687, 367699, 367711,
367721, 367733, 367739, 367751, 367771, 367777, 367781, 367789,
367819, 367823, 367831, 367841, 367849, 367853, 367867, 367879,
367883, 367889, 367909, 367949, 367957, 368021, 368029, 368047,
368059, 368077, 368083, 368089, 368099, 368107, 368111, 368117,
368129, 368141, 368149, 368153, 368171, 368189, 368197, 368227,
368231, 368233, 368243, 368273, 368279, 368287, 368293, 368323,
368327, 368359, 368363, 368369, 368399, 368411, 368443, 368447,
368453, 368471, 368491, 368507, 368513, 368521, 368531, 368539,
368551, 368579, 368593, 368597, 368609, 368633, 368647, 368651,
368653, 368689, 368717, 368729, 368737, 368743, 368773, 368783,
368789, 368791, 368801, 368803, 368833, 368857, 368873, 368881,
368899, 368911, 368939, 368947, 368957, 369007, 369013, 369023,
369029, 369067, 369071, 369077, 369079, 369097, 369119, 369133,
369137, 369143, 369169, 369181, 369191, 369197, 369211, 369247,
369253, 369263, 369269, 369283, 369293, 369301, 369319, 369331,
369353, 369361, 369407, 369409, 369419, 369469, 369487, 369491,
369539, 369553, 369557, 369581, 369637, 369647, 369659, 369661,
369673, 369703, 369709, 369731, 369739, 369751, 369791, 369793,
369821, 369827, 369829, 369833, 369841, 369851, 369877, 369893,
369913, 369917, 369947, 369959, 369961, 369979, 369983, 369991,
369997, 370003, 370009, 370021, 370033, 370057, 370061, 370067,
370081, 370091, 370103, 370121, 370133, 370147, 370159, 370169,

प्रथम सौ हजार अभाज्य संख्याएँ

370193, 370199, 370207, 370213, 370217, 370241, 370247, 370261,
370373, 370387, 370399, 370411, 370421, 370423, 370427, 370439,
370441, 370451, 370463, 370471, 370477, 370483, 370493, 370511,
370529, 370537, 370547, 370561, 370571, 370597, 370603, 370609,
370613, 370619, 370631, 370661, 370663, 370673, 370679, 370687,
370693, 370723, 370759, 370793, 370801, 370813, 370837, 370871,
370873, 370879, 370883, 370891, 370897, 370919, 370949, 371027,
371029, 371057, 371069, 371071, 371083, 371087, 371099, 371131,
371141, 371143, 371153, 371177, 371179, 371191, 371213, 371227,
371233, 371237, 371249, 371251, 371257, 371281, 371291, 371299,
371303, 371311, 371321, 371333, 371339, 371341, 371353, 371359,
371383, 371387, 371389, 371417, 371447, 371453, 371471, 371479,
371491, 371509, 371513, 371549, 371561, 371573, 371587, 371617,
371627, 371633, 371639, 371663, 371669, 371699, 371719, 371737,
371779, 371797, 371831, 371837, 371843, 371851, 371857, 371869,
371873, 371897, 371927, 371929, 371939, 371941, 371951, 371957,
371971, 371981, 371999, 372013, 372023, 372037, 372049, 372059,
372061, 372067, 372107, 372121, 372131, 372137, 372149, 372167,
372173, 372179, 372223, 372241, 372263, 372269, 372271, 372277,
372289, 372293, 372299, 372311, 372313, 372353, 372367, 372371,
372377, 372397, 372401, 372409, 372413, 372443, 372451, 372461,
372473, 372481, 372497, 372511, 372523, 372539, 372607, 372611,
372613, 372629, 372637, 372653, 372661, 372667, 372677, 372689,
372707, 372709, 372719, 372733, 372739, 372751, 372763, 372769,
372773, 372797, 372803, 372809, 372817, 372829, 372833, 372839,
372847, 372859, 372871, 372877, 372881, 372901, 372917, 372941,
372943, 372971, 372973, 372979, 373003, 373007, 373019, 373049,
373063, 373073, 373091, 373127, 373151, 373157, 373171, 373181,
373183, 373187, 373193, 373199, 373207, 373211, 373213, 373229,
373231, 373273, 373291, 373297, 373301, 373327, 373339, 373343,
373349, 373357, 373361, 373363, 373379, 373393, 373447, 373453,
373459, 373463, 373487, 373489, 373501, 373517, 373553, 373561,
373567, 373613, 373621, 373631, 373649, 373657, 373661, 373669,
373693, 373717, 373721, 373753, 373757, 373777, 373783, 373823,
373837, 373859, 373861, 373903, 373909, 373937, 373943, 373951,
373963, 373969, 373981, 373987, 373999, 374009, 374029, 374039,
374041, 374047, 374063, 374069, 374083, 374089, 374093, 374111,
374117, 374123, 374137, 374149, 374159, 374173, 374177, 374189,
374203, 374219, 374239, 374287, 374291, 374293, 374299, 374317,
374321, 374333, 374347, 374351, 374359, 374389, 374399, 374441,
374443, 374447, 374461, 374483, 374501, 374531, 374537, 374557,
374587, 374603, 374639, 374641, 374653, 374669, 374677, 374681,
374683, 374687, 374701, 374713, 374719, 374729, 374741, 374753,
374761, 374771, 374783, 374789, 374797, 374807, 374819, 374837,
374839, 374849, 374879, 374887, 374893, 374903, 374909, 374929,
374939, 374953, 374977, 374981, 374987, 374989, 374993, 375017,
375019, 375029, 375043, 375049, 375059, 375083, 375091, 375097,
375101, 375103, 375113, 375119, 375121, 375127, 375149, 375157,

375163, 375169, 375203, 375209, 375223, 375227, 375233, 375247,
375251, 375253, 375257, 375259, 375281, 375283, 375311, 375341,
375359, 375367, 375371, 375373, 375391, 375407, 375413, 375443,
375449, 375451, 375457, 375467, 375481, 375509, 375511, 375523,
375527, 375533, 375553, 375559, 375563, 375569, 375593, 375607,
375623, 375631, 375643, 375647, 375667, 375673, 375703, 375707,
375709, 375743, 375757, 375761, 375773, 375779, 375787, 375799,
375833, 375841, 375857, 375899, 375901, 375923, 375931, 375967,
375971, 375979, 375983, 375997, 376001, 376003, 376009, 376021,
376039, 376049, 376063, 376081, 376097, 376099, 376127, 376133,
376147, 376153, 376171, 376183, 376199, 376231, 376237, 376241,
376283, 376291, 376297, 376307, 376351, 376373, 376393, 376399,
376417, 376463, 376469, 376471, 376477, 376483, 376501, 376511,
376529, 376531, 376547, 376573, 376577, 376583, 376589, 376603,
376609, 376627, 376631, 376633, 376639, 376657, 376679, 376687,
376699, 376709, 376721, 376729, 376757, 376759, 376769, 376787,
376793, 376801, 376807, 376811, 376819, 376823, 376837, 376841,
376847, 376853, 376889, 376891, 376897, 376921, 376927, 376931,
376933, 376949, 376963, 376969, 377011, 377021, 377051, 377059,
377071, 377099, 377123, 377129, 377137, 377147, 377171, 377173,
377183, 377197, 377219, 377231, 377257, 377263, 377287, 377291,
377297, 377327, 377329, 377339, 377347, 377353, 377369, 377371,
377387, 377393, 377459, 377471, 377477, 377491, 377513, 377521,
377527, 377537, 377543, 377557, 377561, 377563, 377581, 377593,
377599, 377617, 377623, 377633, 377653, 377681, 377687, 377711,
377717, 377737, 377749, 377761, 377771, 377779, 377789, 377801,
377809, 377827, 377831, 377843, 377851, 377873, 377887, 377911,
377963, 377981, 377999, 378011, 378019, 378023, 378041, 378071,
378083, 378089, 378101, 378127, 378137, 378149, 378151, 378163,
378167, 378179, 378193, 378223, 378229, 378239, 378241, 378253,
378269, 378277, 378283, 378289, 378317, 378353, 378361, 378379,
378401, 378407, 378439, 378449, 378463, 378467, 378493, 378503,
378509, 378523, 378533, 378551, 378559, 378569, 378571, 378583,
378593, 378601, 378619, 378629, 378661, 378667, 378671, 378683,
378691, 378713, 378733, 378739, 378757, 378761, 378779, 378793,
378809, 378817, 378821, 378823, 378869, 378883, 378893, 378901,
378919, 378929, 378941, 378949, 378953, 378967, 378977, 378997,
379007, 379009, 379013, 379033, 379039, 379073, 379081, 379087,
379097, 379103, 379123, 379133, 379147, 379157, 379163, 379177,
379187, 379189, 379199, 379207, 379273, 379277, 379283, 379289,
379307, 379319, 379333, 379343, 379369, 379387, 379391, 379397,
379399, 379417, 379433, 379439, 379441, 379451, 379459, 379499,
379501, 379513, 379531, 379541, 379549, 379571, 379573, 379579,
379597, 379607, 379633, 379649, 379663, 379667, 379679, 379681,
379693, 379699, 379703, 379721, 379723, 379727, 379751, 379777,
379787, 379811, 379817, 379837, 379849, 379853, 379859, 379877,
379889, 379903, 379909, 379913, 379927, 379931, 379963, 379979,
379993, 379997, 379999, 380041, 380047, 380059, 380071, 380117,

प्रथम सौ हज़ार अभाज्य संख्याएँ

```
380129,  380131,  380141,  380147,  380179,  380189,  380197,  380201,
380203,  380207,  380231,  380251,  380267,  380269,  380287,  380291,
380299,  380309,  380311,  380327,  380329,  380333,  380363,  380377,
380383,  380417,  380423,  380441,  380447,  380453,  380459,  380461,
380483,  380503,  380533,  380557,  380563,  380591,  380621,  380623,
380629,  380641,  380651,  380657,  380707,  380713,  380729,  380753,
380777,  380797,  380803,  380819,  380837,  380839,  380843,  380867,
380869,  380879,  380881,  380909,  380917,  380929,  380951,  380957,
380971,  380977,  380983,  381001,  381011,  381019,  381037,  381047,
381061,  381071,  381077,  381097,  381103,  381167,  381169,  381181,
381209,  381221,  381223,  381233,  381239,  381253,  381287,  381289,
381301,  381319,  381323,  381343,  381347,  381371,  381373,  381377,
381383,  381389,  381401,  381413,  381419,  381439,  381443,  381461,
381467,  381481,  381487,  381509,  381523,  381527,  381529,  381533,
381541,  381559,  381569,  381607,  381629,  381631,  381637,  381659,
381673,  381697,  381707,  381713,  381737,  381739,  381749,  381757,
381761,  381791,  381793,  381817,  381841,  381853,  381859,  381911,
381917,  381937,  381943,  381949,  381977,  381989,  381991,  382001,
382003,  382021,  382037,  382061,  382069,  382073,  382087,  382103,
382117,  382163,  382171,  382189,  382229,  382231,  382241,  382253,
382267,  382271,  382303,  382331,  382351,  382357,  382363,  382373,
382391,  382427,  382429,  382457,  382463,  382493,  382507,  382511,
382519,  382541,  382549,  382553,  382567,  382579,  382583,  382589,
382601,  382621,  382631,  382643,  382649,  382661,  382663,  382693,
382703,  382709,  382727,  382729,  382747,  382751,  382763,  382769,
382777,  382801,  382807,  382813,  382843,  382847,  382861,  382867,
382871,  382873,  382883,  382919,  382933,  382939,  382961,  382979,
382999,  383011,  383023,  383029,  383041,  383051,  383069,  383077,
383081,  383083,  383099,  383101,  383107,  383113,  383143,  383147,
383153,  383171,  383179,  383219,  383221,  383261,  383267,  383281,
383291,  383297,  383303,  383321,  383347,  383371,  383393,  383399,
383417,  383419,  383429,  383459,  383483,  383489,  383519,  383521,
383527,  383533,  383549,  383557,  383573,  383587,  383609,  383611,
383623,  383627,  383633,  383651,  383657,  383659,  383681,  383683,
383693,  383723,  383729,  383753,  383759,  383767,  383777,  383791,
383797,  383807,  383813,  383821,  383833,  383837,  383839,  383869,
383891,  383909,  383917,  383923,  383941,  383951,  383963,  383969,
383983,  383987,  384001,  384017,  384029,  384049,  384061,  384067,
384079,  384089,  384107,  384113,  384133,  384143,  384151,  384157,
384173,  384187,  384193,  384203,  384227,  384247,  384253,  384257,
384259,  384277,  384287,  384289,  384299,  384301,  384317,  384331,
384343,  384359,  384367,  384383,  384403,  384407,  384437,  384469,
384473,  384479,  384481,  384487,  384497,  384509,  384533,  384547,
384577,  384581,  384589,  384599,  384611,  384619,  384623,  384641,
384673,  384691,  384697,  384701,  384719,  384733,  384737,  384751,
384757,  384773,  384779,  384817,  384821,  384827,  384841,  384847,
384851,  384889,  384907,  384913,  384919,  384941,  384961,  384973,
385001,  385013,  385027,  385039,  385057,  385069,  385079,  385081,
```

385087, 385109, 385127, 385129, 385139, 385141, 385153, 385159,
385171, 385193, 385199, 385223, 385249, 385261, 385267, 385279,
385289, 385291, 385321, 385327, 385331, 385351, 385379, 385391,
385393, 385397, 385403, 385417, 385433, 385471, 385481, 385493,
385501, 385519, 385531, 385537, 385559, 385571, 385573, 385579,
385589, 385591, 385597, 385607, 385621, 385631, 385639, 385657,
385661, 385663, 385709, 385739, 385741, 385771, 385783, 385793,
385811, 385817, 385831, 385837, 385843, 385859, 385877, 385897,
385901, 385907, 385927, 385939, 385943, 385967, 385991, 385997,
386017, 386039, 386041, 386047, 386051, 386083, 386093, 386117,
386119, 386129, 386131, 386143, 386149, 386153, 386159, 386161,
386173, 386219, 386227, 386233, 386237, 386249, 386263, 386279,
386297, 386299, 386303, 386329, 386333, 386339, 386363, 386369,
386371, 386381, 386383, 386401, 386411, 386413, 386429, 386431,
386437, 386471, 386489, 386501, 386521, 386537, 386543, 386549,
386569, 386587, 386609, 386611, 386621, 386629, 386641, 386647,
386651, 386677, 386689, 386693, 386713, 386719, 386723, 386731,
386747, 386777, 386809, 386839, 386851, 386887, 386891, 386921,
386927, 386963, 386977, 386987, 386989, 386993, 387007, 387017,
387031, 387047, 387071, 387077, 387083, 387089, 387109, 387137,
387151, 387161, 387169, 387173, 387187, 387197, 387199, 387203,
387227, 387253, 387263, 387269, 387281, 387307, 387313, 387329,
387341, 387371, 387397, 387403, 387433, 387437, 387449, 387463,
387493, 387503, 387509, 387529, 387551, 387577, 387587, 387613,
387623, 387631, 387641, 387659, 387677, 387679, 387683, 387707,
387721, 387727, 387743, 387749, 387763, 387781, 387791, 387799,
387839, 387853, 387857, 387911, 387913, 387917, 387953, 387967,
387971, 387973, 387977, 388009, 388051, 388057, 388067, 388081,
388099, 388109, 388111, 388117, 388133, 388159, 388163, 388169,
388177, 388181, 388183, 388187, 388211, 388231, 388237, 388253,
388259, 388273, 388277, 388301, 388313, 388319, 388351, 388363,
388369, 388373, 388391, 388403, 388459, 388471, 388477, 388481,
388483, 388489, 388499, 388519, 388529, 388541, 388567, 388573,
388621, 388651, 388657, 388673, 388691, 388693, 388697, 388699,
388711, 388727, 388757, 388777, 388781, 388789, 388793, 388813,
388823, 388837, 388859, 388879, 388891, 388897, 388901, 388903,
388931, 388933, 388937, 388961, 388963, 388991, 389003, 389023,
389027, 389029, 389041, 389047, 389057, 389083, 389089, 389099,
389111, 389117, 389141, 389149, 389161, 389167, 389171, 389173,
389189, 389219, 389227, 389231, 389269, 389273, 389287, 389297,
389299, 389303, 389357, 389369, 389381, 389399, 389401, 389437,
389447, 389461, 389479, 389483, 389507, 389513, 389527, 389531,
389533, 389539, 389561, 389563, 389567, 389569, 389579, 389591,
389621, 389629, 389651, 389659, 389663, 389687, 389699, 389713,
389723, 389743, 389749, 389761, 389773, 389783, 389791, 389797,
389819, 389839, 389849, 389867, 389891, 389897, 389903, 389911,
389923, 389927, 389941, 389947, 389953, 389957, 389971, 389981,
389989, 389999, 390001, 390043, 390067, 390077, 390083, 390097,

390101, 390107, 390109, 390113, 390119, 390151, 390157, 390161,
390191, 390193, 390199, 390209, 390211, 390223, 390263, 390281,
390289, 390307, 390323, 390343, 390347, 390353, 390359, 390367,
390373, 390389, 390391, 390407, 390413, 390419, 390421, 390433,
390437, 390449, 390463, 390479, 390487, 390491, 390493, 390499,
390503, 390527, 390539, 390553, 390581, 390647, 390653, 390671,
390673, 390703, 390707, 390721, 390727, 390737, 390739, 390743,
390751, 390763, 390781, 390791, 390809, 390821, 390829, 390851,
390869, 390877, 390883, 390889, 390893, 390953, 390959, 390961,
390967, 390989, 390991, 391009, 391019, 391021, 391031, 391049,
391057, 391063, 391067, 391073, 391103, 391117, 391133, 391151,
391159, 391163, 391177, 391199, 391217, 391219, 391231, 391247,
391249, 391273, 391283, 391291, 391301, 391331, 391337, 391351,
391367, 391373, 391379, 391387, 391393, 391397, 391399, 391403,
391441, 391451, 391453, 391487, 391519, 391537, 391553, 391579,
391613, 391619, 391627, 391631, 391639, 391661, 391679, 391691,
391693, 391711, 391717, 391733, 391739, 391751, 391753, 391757,
391789, 391801, 391817, 391823, 391847, 391861, 391873, 391879,
391889, 391891, 391903, 391907, 391921, 391939, 391961, 391967,
391987, 391999, 392011, 392033, 392053, 392059, 392069, 392087,
392099, 392101, 392111, 392113, 392131, 392143, 392149, 392153,
392159, 392177, 392201, 392209, 392213, 392221, 392233, 392239,
392251, 392261, 392263, 392267, 392269, 392279, 392281, 392297,
392299, 392321, 392333, 392339, 392347, 392351, 392363, 392383,
392389, 392423, 392437, 392443, 392467, 392473, 392477, 392489,
392503, 392519, 392531, 392543, 392549, 392569, 392593, 392599,
392611, 392629, 392647, 392663, 392669, 392699, 392723, 392737,
392741, 392759, 392761, 392767, 392803, 392807, 392809, 392827,
392831, 392837, 392849, 392851, 392857, 392879, 392893, 392911,
392923, 392927, 392929, 392957, 392963, 392969, 392981, 392983,
393007, 393013, 393017, 393031, 393059, 393073, 393077, 393079,
393083, 393097, 393103, 393109, 393121, 393137, 393143, 393157,
393161, 393181, 393187, 393191, 393203, 393209, 393241, 393247,
393257, 393271, 393287, 393299, 393301, 393311, 393331, 393361,
393373, 393377, 393383, 393401, 393403, 393413, 393451, 393473,
393479, 393487, 393517, 393521, 393539, 393541, 393551, 393557,
393571, 393577, 393581, 393583, 393587, 393593, 393611, 393629,
393637, 393649, 393667, 393671, 393677, 393683, 393697, 393709,
393713, 393721, 393727, 393739, 393749, 393761, 393779, 393797,
393847, 393853, 393857, 393859, 393863, 393871, 393901, 393919,
393929, 393931, 393947, 393961, 393977, 393989, 393997, 394007,
394019, 394039, 394049, 394063, 394073, 394099, 394123, 394129,
394153, 394157, 394169, 394187, 394201, 394211, 394223, 394241,
394249, 394259, 394271, 394291, 394319, 394327, 394357, 394363,
394367, 394369, 394393, 394409, 394411, 394453, 394481, 394489,
394501, 394507, 394523, 394529, 394549, 394571, 394577, 394579,
394601, 394619, 394631, 394633, 394637, 394643, 394673, 394699,
394717, 394721, 394727, 394729, 394733, 394739, 394747, 394759,

प्रथम सौ हजार अभाज्य संख्याएँ

394787, 394811, 394813, 394817, 394819, 394829, 394837, 394861,
394879, 394897, 394931, 394943, 394963, 394967, 394969, 394981,
394987, 394993, 395023, 395027, 395039, 395047, 395069, 395089,
395093, 395107, 395111, 395113, 395119, 395137, 395141, 395147,
395159, 395173, 395189, 395191, 395201, 395231, 395243, 395251,
395261, 395273, 395287, 395293, 395303, 395309, 395321, 395323,
395377, 395383, 395407, 395429, 395431, 395443, 395449, 395453,
395459, 395491, 395509, 395513, 395533, 395537, 395543, 395581,
395597, 395611, 395621, 395627, 395657, 395671, 395677, 395687,
395701, 395719, 395737, 395741, 395749, 395767, 395803, 395849,
395851, 395873, 395887, 395891, 395897, 395909, 395921, 395953,
395959, 395971, 396001, 396029, 396031, 396041, 396043, 396061,
396079, 396091, 396103, 396107, 396119, 396157, 396173, 396181,
396197, 396199, 396203, 396217, 396239, 396247, 396259, 396269,
396293, 396299, 396301, 396311, 396323, 396349, 396353, 396373,
396377, 396379, 396413, 396427, 396437, 396443, 396449, 396479,
396509, 396523, 396527, 396533, 396541, 396547, 396563, 396577,
396581, 396601, 396619, 396623, 396629, 396631, 396637, 396647,
396667, 396679, 396703, 396709, 396713, 396719, 396733, 396833,
396871, 396881, 396883, 396887, 396919, 396931, 396937, 396943,
396947, 396953, 396971, 396983, 396997, 397013, 397027, 397037,
397051, 397057, 397063, 397073, 397093, 397099, 397127, 397151,
397153, 397181, 397183, 397211, 397217, 397223, 397237, 397253,
397259, 397283, 397289, 397297, 397301, 397303, 397337, 397351,
397357, 397361, 397373, 397379, 397427, 397429, 397433, 397459,
397469, 397489, 397493, 397517, 397519, 397541, 397543, 397547,
397549, 397567, 397589, 397591, 397597, 397633, 397643, 397673,
397687, 397697, 397721, 397723, 397729, 397751, 397753, 397757,
397759, 397763, 397799, 397807, 397811, 397829, 397849, 397867,
397897, 397907, 397921, 397939, 397951, 397963, 397973, 397981,
398011, 398023, 398029, 398033, 398039, 398053, 398059, 398063,
398077, 398087, 398113, 398117, 398119, 398129, 398143, 398149,
398171, 398207, 398213, 398219, 398227, 398249, 398261, 398267,
398273, 398287, 398303, 398311, 398323, 398339, 398341, 398347,
398353, 398357, 398369, 398393, 398407, 398417, 398423, 398441,
398459, 398467, 398471, 398473, 398477, 398491, 398509, 398539,
398543, 398549, 398557, 398569, 398581, 398591, 398609, 398611,
398621, 398627, 398669, 398681, 398683, 398693, 398711, 398729,
398731, 398759, 398771, 398813, 398819, 398821, 398833, 398857,
398863, 398887, 398903, 398917, 398921, 398933, 398941, 398969,
398977, 398989, 399023, 399031, 399043, 399059, 399067, 399071,
399079, 399097, 399101, 399107, 399131, 399137, 399149, 399151,
399163, 399173, 399181, 399197, 399221, 399227, 399239, 399241,
399263, 399271, 399277, 399281, 399283, 399353, 399379, 399389,
399391, 399401, 399403, 399409, 399433, 399439, 399473, 399481,
399491, 399493, 399499, 399523, 399527, 399541, 399557, 399571,
399577, 399583, 399587, 399601, 399613, 399617, 399643, 399647,
399667, 399677, 399689, 399691, 399719, 399727, 399731, 399739,

प्रथम सौ हजार अभाज्य संख्याएँ

399757, 399761, 399769, 399781, 399787, 399793, 399851, 399853,
399871, 399887, 399899, 399911, 399913, 399937, 399941, 399953,
399979, 399983, 399989, 400009, 400031, 400033, 400051, 400067,
400069, 400087, 400093, 400109, 400123, 400151, 400157, 400187,
400199, 400207, 400217, 400237, 400243, 400247, 400249, 400261,
400277, 400291, 400297, 400307, 400313, 400321, 400331, 400339,
400381, 400391, 400409, 400417, 400429, 400441, 400457, 400471,
400481, 400523, 400559, 400579, 400597, 400601, 400607, 400619,
400643, 400651, 400657, 400679, 400681, 400703, 400711, 400721,
400723, 400739, 400753, 400759, 400823, 400837, 400849, 400853,
400859, 400871, 400903, 400927, 400931, 400943, 400949, 400963,
400997, 401017, 401029, 401039, 401053, 401057, 401069, 401077,
401087, 401101, 401113, 401119, 401161, 401173, 401179, 401201,
401209, 401231, 401237, 401243, 401279, 401287, 401309, 401311,
401321, 401329, 401341, 401347, 401371, 401381, 401393, 401407,
401411, 401417, 401473, 401477, 401507, 401519, 401537, 401539,
401551, 401567, 401587, 401593, 401627, 401629, 401651, 401669,
401671, 401689, 401707, 401711, 401743, 401771, 401773, 401809,
401813, 401827, 401839, 401861, 401867, 401887, 401903, 401909,
401917, 401939, 401953, 401957, 401959, 401981, 401987, 401993,
402023, 402029, 402037, 402043, 402049, 402053, 402071, 402089,
402091, 402107, 402131, 402133, 402137, 402139, 402197, 402221,
402223, 402239, 402253, 402263, 402277, 402299, 402307, 402313,
402329, 402331, 402341, 402343, 402359, 402361, 402371, 402379,
402383, 402403, 402419, 402443, 402487, 402503, 402511, 402517,
402527, 402529, 402541, 402551, 402559, 402581, 402583, 402587,
402593, 402601, 402613, 402631, 402691, 402697, 402739, 402751,
402757, 402761, 402763, 402767, 402769, 402797, 402803, 402817,
402823, 402847, 402851, 402859, 402863, 402869, 402881, 402923,
402943, 402947, 402949, 402991, 403001, 403003, 403037, 403043,
403049, 403057, 403061, 403063, 403079, 403097, 403103, 403133,
403141, 403159, 403163, 403181, 403219, 403241, 403243, 403253,
403261, 403267, 403289, 403301, 403309, 403327, 403331, 403339,
403363, 403369, 403387, 403391, 403433, 403439, 403483, 403499,
403511, 403537, 403547, 403549, 403553, 403567, 403577, 403591,
403603, 403607, 403621, 403649, 403661, 403679, 403681, 403687,
403703, 403717, 403721, 403729, 403757, 403783, 403787, 403817,
403829, 403831, 403849, 403861, 403867, 403877, 403889, 403901,
403933, 403951, 403957, 403969, 403979, 403981, 403993, 404009,
404011, 404017, 404021, 404029, 404051, 404081, 404099, 404113,
404119, 404123, 404161, 404167, 404177, 404189, 404191, 404197,
404213, 404221, 404249, 404251, 404267, 404269, 404273, 404291,
404309, 404321, 404323, 404357, 404381, 404387, 404389, 404399,
404419, 404423, 404429, 404431, 404449, 404461, 404483, 404489,
404497, 404507, 404513, 404527, 404531, 404533, 404539, 404557,
404597, 404671, 404693, 404699, 404713, 404773, 404779, 404783,
404819, 404827, 404837, 404843, 404849, 404851, 404941, 404951,
404959, 404969, 404977, 404981, 404983, 405001, 405011, 405029,

405037, 405047, 405049, 405071, 405073, 405089, 405091, 405143,
405157, 405179, 405199, 405211, 405221, 405227, 405239, 405241,
405247, 405253, 405269, 405277, 405287, 405299, 405323, 405341,
405343, 405347, 405373, 405401, 405407, 405413, 405437, 405439,
405473, 405487, 405491, 405497, 405499, 405521, 405527, 405529,
405541, 405553, 405577, 405599, 405607, 405611, 405641, 405659,
405667, 405677, 405679, 405683, 405689, 405701, 405703, 405709,
405719, 405731, 405749, 405763, 405767, 405781, 405799, 405817,
405827, 405829, 405857, 405863, 405869, 405871, 405893, 405901,
405917, 405947, 405949, 405959, 405967, 405989, 405991, 405997,
406013, 406027, 406037, 406067, 406073, 406093, 406117, 406123,
406169, 406171, 406177, 406183, 406207, 406247, 406253, 406267,
406271, 406309, 406313, 406327, 406331, 406339, 406349, 406361,
406381, 406397, 406403, 406423, 406447, 406481, 406499, 406501,
406507, 406513, 406517, 406531, 406547, 406559, 406561, 406573,
406577, 406579, 406583, 406591, 406631, 406633, 406649, 406661,
406673, 406697, 406699, 406717, 406729, 406739, 406789, 406807,
406811, 406817, 406837, 406859, 406873, 406883, 406907, 406951,
406969, 406981, 406993, 407023, 407047, 407059, 407083, 407119,
407137, 407149, 407153, 407177, 407179, 407191, 407203, 407207,
407219, 407221, 407233, 407249, 407257, 407263, 407273, 407287,
407291, 407299, 407311, 407317, 407321, 407347, 407357, 407359,
407369, 407377, 407383, 407401, 407437, 407471, 407483, 407489,
407501, 407503, 407509, 407521, 407527, 407567, 407573, 407579,
407587, 407599, 407621, 407633, 407639, 407651, 407657, 407669,
407699, 407707, 407713, 407717, 407723, 407741, 407747, 407783,
407789, 407791, 407801, 407807, 407821, 407833, 407843, 407857,
407861, 407879, 407893, 407899, 407917, 407923, 407947, 407959,
407969, 407971, 407977, 407993, 408011, 408019, 408041, 408049,
408071, 408077, 408091, 408127, 408131, 408137, 408169, 408173,
408197, 408203, 408209, 408211, 408217, 408223, 408229, 408241,
408251, 408263, 408271, 408283, 408311, 408337, 408341, 408347,
408361, 408379, 408389, 408403, 408413, 408427, 408431, 408433,
408437, 408461, 408469, 408479, 408491, 408497, 408533, 408539,
408553, 408563, 408607, 408623, 408631, 408637, 408643, 408659,
408677, 408689, 408691, 408701, 408703, 408713, 408719, 408743,
408763, 408769, 408773, 408787, 408803, 408809, 408817, 408841,
408857, 408869, 408911, 408913, 408923, 408943, 408953, 408959,
408971, 408979, 408997, 409007, 409021, 409027, 409033, 409043,
409063, 409069, 409081, 409099, 409121, 409153, 409163, 409177,
409187, 409217, 409237, 409259, 409261, 409267, 409271, 409289,
409291, 409327, 409333, 409337, 409349, 409351, 409369, 409379,
409391, 409397, 409429, 409433, 409441, 409463, 409471, 409477,
409483, 409499, 409517, 409523, 409529, 409543, 409573, 409579,
409589, 409597, 409609, 409639, 409657, 409691, 409693, 409709,
409711, 409723, 409729, 409733, 409753, 409769, 409777, 409781,
409813, 409817, 409823, 409831, 409841, 409861, 409867, 409879,
409889, 409891, 409897, 409901, 409909, 409933, 409943, 409951,

प्रथम सौ हजार अभाज्य संख्याएँ

409961, 409967, 409987, 409993, 409999, 410009, 410029, 410063,
410087, 410093, 410117, 410119, 410141, 410143, 410149, 410171,
410173, 410203, 410231, 410233, 410239, 410243, 410257, 410279,
410281, 410299, 410317, 410323, 410339, 410341, 410353, 410359,
410383, 410387, 410393, 410401, 410411, 410413, 410453, 410461,
410477, 410489, 410491, 410497, 410507, 410513, 410519, 410551,
410561, 410587, 410617, 410621, 410623, 410629, 410651, 410659,
410671, 410687, 410701, 410717, 410731, 410741, 410747, 410749,
410759, 410783, 410789, 410801, 410807, 410819, 410833, 410857,
410899, 410903, 410929, 410953, 410983, 410999, 411001, 411007,
411011, 411013, 411031, 411041, 411049, 411067, 411071, 411083,
411101, 411113, 411119, 411127, 411143, 411157, 411167, 411193,
411197, 411211, 411233, 411241, 411251, 411253, 411259, 411287,
411311, 411337, 411347, 411361, 411371, 411379, 411409, 411421,
411443, 411449, 411469, 411473, 411479, 411491, 411503, 411527,
411529, 411557, 411563, 411569, 411577, 411583, 411589, 411611,
411613, 411617, 411637, 411641, 411667, 411679, 411683, 411703,
411707, 411709, 411721, 411727, 411737, 411739, 411743, 411751,
411779, 411799, 411809, 411821, 411823, 411833, 411841, 411883,
411919, 411923, 411937, 411941, 411947, 411967, 411991, 412001,
412007, 412019, 412031, 412033, 412037, 412039, 412051, 412067,
412073, 412081, 412099, 412109, 412123, 412127, 412133, 412147,
412157, 412171, 412187, 412189, 412193, 412201, 412211, 412213,
412219, 412249, 412253, 412273, 412277, 412289, 412303, 412333,
412339, 412343, 412387, 412397, 412411, 412457, 412463, 412481,
412487, 412493, 412537, 412561, 412567, 412571, 412589, 412591,
412603, 412609, 412619, 412627, 412637, 412639, 412651, 412663,
412667, 412717, 412739, 412771, 412793, 412807, 412831, 412849,
412859, 412891, 412901, 412903, 412939, 412943, 412949, 412967,
412987, 413009, 413027, 413033, 413053, 413069, 413071, 413081,
413087, 413089, 413093, 413111, 413113, 413129, 413141, 413143,
413159, 413167, 413183, 413197, 413201, 413207, 413233, 413243,
413251, 413263, 413267, 413293, 413299, 413353, 413411, 413417,
413429, 413443, 413461, 413477, 413521, 413527, 413533, 413537,
413551, 413557, 413579, 413587, 413597, 413629, 413653, 413681,
413683, 413689, 413711, 413713, 413719, 413737, 413753, 413759,
413779, 413783, 413807, 413827, 413849, 413863, 413867, 413869,
413879, 413887, 413911, 413923, 413951, 413981, 414013, 414017,
414019, 414031, 414049, 414053, 414061, 414077, 414083, 414097,
414101, 414107, 414109, 414131, 414157, 414179, 414199, 414203,
414209, 414217, 414221, 414241, 414259, 414269, 414277, 414283,
414311, 414313, 414329, 414331, 414347, 414361, 414367, 414383,
414389, 414397, 414413, 414431, 414433, 414451, 414457, 414461,
414467, 414487, 414503, 414521, 414539, 414553, 414559, 414571,
414577, 414607, 414611, 414629, 414641, 414643, 414653, 414677,
414679, 414683, 414691, 414697, 414703, 414707, 414709, 414721,
414731, 414737, 414763, 414767, 414769, 414773, 414779, 414793,
414803, 414809, 414833, 414857, 414871, 414889, 414893, 414899,

414913, 414923, 414929, 414949, 414959, 414971, 414977, 414991,
415013, 415031, 415039, 415061, 415069, 415073, 415087, 415097,
415109, 415111, 415133, 415141, 415147, 415153, 415159, 415171,
415187, 415189, 415201, 415213, 415231, 415253, 415271, 415273,
415319, 415343, 415379, 415381, 415391, 415409, 415427, 415447,
415469, 415477, 415489, 415507, 415517, 415523, 415543, 415553,
415559, 415567, 415577, 415603, 415607, 415609, 415627, 415631,
415643, 415651, 415661, 415669, 415673, 415687, 415691, 415697,
415717, 415721, 415729, 415759, 415783, 415787, 415799, 415801,
415819, 415823, 415861, 415873, 415879, 415901, 415931, 415937,
415949, 415951, 415957, 415963, 415969, 415979, 415993, 415999,
416011, 416023, 416071, 416077, 416089, 416107, 416147, 416149,
416153, 416159, 416167, 416201, 416219, 416239, 416243, 416249,
416257, 416263, 416281, 416291, 416333, 416359, 416387, 416389,
416393, 416399, 416401, 416407, 416413, 416417, 416419, 416441,
416443, 416459, 416473, 416477, 416491, 416497, 416501, 416503,
416513, 416531, 416543, 416573, 416579, 416593, 416621, 416623,
416629, 416659, 416677, 416693, 416719, 416761, 416797, 416821,
416833, 416839, 416849, 416851, 416873, 416881, 416887, 416947,
416957, 416963, 416989, 417007, 417017, 417019, 417023, 417037,
417089, 417097, 417113, 417119, 417127, 417133, 417161, 417169,
417173, 417181, 417187, 417191, 417203, 417217, 417227, 417239,
417251, 417271, 417283, 417293, 417311, 417317, 417331, 417337,
417371, 417377, 417379, 417383, 417419, 417437, 417451, 417457,
417479, 417491, 417493, 417509, 417511, 417523, 417541, 417553,
417559, 417577, 417581, 417583, 417617, 417623, 417631, 417643,
417649, 417671, 417691, 417719, 417721, 417727, 417731, 417733,
417737, 417751, 417763, 417773, 417793, 417811, 417821, 417839,
417863, 417869, 417881, 417883, 417899, 417931, 417941, 417947,
417953, 417959, 417961, 417983, 417997, 418007, 418009, 418027,
418031, 418043, 418051, 418069, 418073, 418079, 418087, 418109,
418129, 418157, 418169, 418177, 418181, 418189, 418199, 418207,
418219, 418259, 418273, 418279, 418289, 418303, 418321, 418331,
418337, 418339, 418343, 418349, 418351, 418357, 418373, 418381,
418391, 418423, 418427, 418447, 418459, 418471, 418493, 418511,
418553, 418559, 418597, 418601, 418603, 418631, 418633, 418637,
418657, 418667, 418699, 418709, 418721, 418739, 418751, 418763,
418771, 418783, 418787, 418793, 418799, 418811, 418813, 418819,
418837, 418843, 418849, 418861, 418867, 418871, 418883, 418889,
418909, 418921, 418927, 418933, 418939, 418961, 418981, 418987,
418993, 418997, 419047, 419051, 419053, 419057, 419059, 419087,
419141, 419147, 419161, 419171, 419183, 419189, 419191, 419201,
419231, 419249, 419261, 419281, 419291, 419297, 419303, 419317,
419329, 419351, 419383, 419401, 419417, 419423, 419429, 419443,
419449, 419459, 419467, 419473, 419477, 419483, 419491, 419513,
419527, 419537, 419557, 419561, 419563, 419567, 419579, 419591,
419597, 419599, 419603, 419609, 419623, 419651, 419687, 419693,
419701, 419711, 419743, 419753, 419777, 419789, 419791, 419801,

प्रथम सौ हजार अभाज्य संख्याएँ

419803, 419821, 419827, 419831, 419873, 419893, 419921, 419927,
419929, 419933, 419953, 419959, 419999, 420001, 420029, 420037,
420041, 420047, 420073, 420097, 420103, 420149, 420163, 420191,
420193, 420221, 420241, 420253, 420263, 420269, 420271, 420293,
420307, 420313, 420317, 420319, 420323, 420331, 420341, 420349,
420353, 420361, 420367, 420383, 420397, 420419, 420421, 420439,
420457, 420467, 420479, 420481, 420499, 420503, 420521, 420551,
420557, 420569, 420571, 420593, 420599, 420613, 420671, 420677,
420683, 420691, 420731, 420737, 420743, 420757, 420769, 420779,
420781, 420799, 420803, 420809, 420811, 420851, 420853, 420857,
420859, 420899, 420919, 420929, 420941, 420967, 420977, 420997,
421009, 421019, 421033, 421037, 421049, 421079, 421081, 421093,
421103, 421121, 421123, 421133, 421147, 421159, 421163, 421177,
421181, 421189, 421207, 421241, 421273, 421279, 421303, 421313,
421331, 421339, 421349, 421361, 421381, 421397, 421409, 421417,
421423, 421433, 421453, 421459, 421469, 421471, 421483, 421493,
421501, 421517, 421559, 421607, 421609, 421621, 421633, 421639,
421643, 421657, 421661, 421691, 421697, 421699, 421703, 421709,
421711, 421717, 421727, 421739, 421741, 421783, 421801, 421807,
421831, 421847, 421891, 421907, 421913, 421943, 421973, 421987,
421997, 422029, 422041, 422057, 422063, 422069, 422077, 422083,
422087, 422089, 422099, 422101, 422111, 422113, 422129, 422137,
422141, 422183, 422203, 422209, 422231, 422239, 422243, 422249,
422267, 422287, 422291, 422309, 422311, 422321, 422339, 422353,
422363, 422369, 422377, 422393, 422407, 422431, 422453, 422459,
422479, 422537, 422549, 422551, 422557, 422563, 422567, 422573,
422581, 422621, 422627, 422657, 422689, 422701, 422707, 422711,
422749, 422753, 422759, 422761, 422789, 422797, 422803, 422827,
422857, 422861, 422867, 422869, 422879, 422881, 422893, 422897,
422899, 422911, 422923, 422927, 422969, 422987, 423001, 423013,
423019, 423043, 423053, 423061, 423067, 423083, 423091, 423097,
423103, 423109, 423121, 423127, 423133, 423173, 423179, 423191,
423209, 423221, 423229, 423233, 423251, 423257, 423259, 423277,
423281, 423287, 423289, 423299, 423307, 423323, 423341, 423347,
423389, 423403, 423413, 423427, 423431, 423439, 423457, 423461,
423463, 423469, 423481, 423497, 423503, 423509, 423541, 423547,
423557, 423559, 423581, 423587, 423601, 423617, 423649, 423667,
423697, 423707, 423713, 423727, 423749, 423751, 423763, 423769,
423779, 423781, 423791, 423803, 423823, 423847, 423853, 423859,
423869, 423883, 423887, 423931, 423949, 423961, 423977, 423989,
423991, 424001, 424003, 424007, 424019, 424027, 424037, 424079,
424091, 424093, 424103, 424117, 424121, 424129, 424139, 424147,
424157, 424163, 424169, 424187, 424199, 424223, 424231, 424243,
424247, 424261, 424267, 424271, 424273, 424313, 424331, 424339,
424343, 424351, 424397, 424423, 424429, 424433, 424451, 424471,
424481, 424493, 424519, 424537, 424547, 424549, 424559, 424573,
424577, 424597, 424601, 424639, 424661, 424667, 424679, 424687,
424693, 424709, 424727, 424729, 424757, 424769, 424771, 424777,

प्रथम सौ हजार अभाज्य संख्याएँ

424811, 424817, 424819, 424829, 424841, 424843, 424849, 424861,
424867, 424889, 424891, 424903, 424909, 424913, 424939, 424961,
424967, 424997, 425003, 425027, 425039, 425057, 425059, 425071,
425083, 425101, 425107, 425123, 425147, 425149, 425189, 425197,
425207, 425233, 425237, 425251, 425273, 425279, 425281, 425291,
425297, 425309, 425317, 425329, 425333, 425363, 425377, 425387,
425393, 425417, 425419, 425423, 425441, 425443, 425471, 425473,
425489, 425501, 425519, 425521, 425533, 425549, 425563, 425591,
425603, 425609, 425641, 425653, 425681, 425701, 425713, 425779,
425783, 425791, 425801, 425813, 425819, 425837, 425839, 425851,
425857, 425861, 425869, 425879, 425899, 425903, 425911, 425939,
425959, 425977, 425987, 425989, 426007, 426011, 426061, 426073,
426077, 426089, 426091, 426103, 426131, 426161, 426163, 426193,
426197, 426211, 426229, 426233, 426253, 426287, 426301, 426311,
426319, 426331, 426353, 426383, 426389, 426401, 426407, 426421,
426427, 426469, 426487, 426527, 426541, 426551, 426553, 426563,
426583, 426611, 426631, 426637, 426641, 426661, 426691, 426697,
426707, 426709, 426731, 426737, 426739, 426743, 426757, 426761,
426763, 426773, 426779, 426787, 426799, 426841, 426859, 426863,
426871, 426889, 426893, 426913, 426917, 426919, 426931, 426941,
426971, 426973, 426997, 427001, 427013, 427039, 427043, 427067,
427069, 427073, 427079, 427081, 427103, 427117, 427151, 427169,
427181, 427213, 427237, 427241, 427243, 427247, 427249, 427279,
427283, 427307, 427309, 427327, 427333, 427351, 427369, 427379,
427381, 427403, 427417, 427421, 427423, 427429, 427433, 427439,
427447, 427451, 427457, 427477, 427513, 427517, 427523, 427529,
427541, 427579, 427591, 427597, 427619, 427621, 427681, 427711,
427717, 427723, 427727, 427733, 427751, 427781, 427787, 427789,
427813, 427849, 427859, 427877, 427879, 427883, 427913, 427919,
427939, 427949, 427951, 427957, 427967, 427969, 427991, 427993,
427997, 428003, 428023, 428027, 428033, 428039, 428041, 428047,
428083, 428093, 428137, 428143, 428147, 428149, 428161, 428167,
428173, 428177, 428221, 428227, 428231, 428249, 428251, 428273,
428297, 428299, 428303, 428339, 428353, 428369, 428401, 428411,
428429, 428471, 428473, 428489, 428503, 428509, 428531, 428539,
428551, 428557, 428563, 428567, 428569, 428579, 428629, 428633,
428639, 428657, 428663, 428671, 428677, 428683, 428693, 428731,
428741, 428759, 428777, 428797, 428801, 428807, 428809, 428833,
428843, 428851, 428863, 428873, 428899, 428951, 428957, 428977,
429007, 429017, 429043, 429083, 429101, 429109, 429119, 429127,
429137, 429139, 429161, 429181, 429197, 429211, 429217, 429223,
429227, 429241, 429259, 429271, 429277, 429281, 429283, 429329,
429347, 429349, 429361, 429367, 429389, 429397, 429409, 429413,
429427, 429431, 429449, 429463, 429467, 429469, 429487, 429497,
429503, 429509, 429511, 429521, 429529, 429547, 429551, 429563,
429581, 429587, 429589, 429599, 429631, 429643, 429659, 429661,
429673, 429677, 429679, 429683, 429701, 429719, 429727, 429731,
429733, 429773, 429791, 429797, 429817, 429823, 429827, 429851,

प्रथम सौ हजार अभाज्य संख्याएँ

429853, 429881, 429887, 429889, 429899, 429901, 429907, 429911,
429917, 429929, 429931, 429937, 429943, 429953, 429971, 429973,
429991, 430007, 430009, 430013, 430019, 430057, 430061, 430081,
430091, 430093, 430121, 430139, 430147, 430193, 430259, 430267,
430277, 430279, 430289, 430303, 430319, 430333, 430343, 430357,
430393, 430411, 430427, 430433, 430453, 430487, 430499, 430511,
430513, 430517, 430543, 430553, 430571, 430579, 430589, 430601,
430603, 430649, 430663, 430691, 430697, 430699, 430709, 430723,
430739, 430741, 430747, 430751, 430753, 430769, 430783, 430789,
430799, 430811, 430819, 430823, 430841, 430847, 430861, 430873,
430879, 430883, 430891, 430897, 430907, 430909, 430921, 430949,
430957, 430979, 430981, 430987, 430999, 431017, 431021, 431029,
431047, 431051, 431063, 431077, 431083, 431099, 431107, 431141,
431147, 431153, 431173, 431191, 431203, 431213, 431219, 431237,
431251, 431257, 431267, 431269, 431287, 431297, 431311, 431329,
431339, 431363, 431369, 431377, 431381, 431399, 431423, 431429,
431441, 431447, 431449, 431479, 431513, 431521, 431533, 431567,
431581, 431597, 431603, 431611, 431617, 431621, 431657, 431659,
431663, 431671, 431693, 431707, 431729, 431731, 431759, 431777,
431797, 431801, 431803, 431807, 431831, 431833, 431857, 431863,
431867, 431869, 431881, 431887, 431891, 431903, 431911, 431929,
431933, 431947, 431983, 431993, 432001, 432007, 432023, 432031,
432037, 432043, 432053, 432059, 432067, 432073, 432097, 432121,
432137, 432139, 432143, 432149, 432161, 432163, 432167, 432199,
432203, 432227, 432241, 432251, 432277, 432281, 432287, 432301,
432317, 432323, 432337, 432343, 432349, 432359, 432373, 432389,
432391, 432401, 432413, 432433, 432437, 432449, 432457, 432479,
432491, 432499, 432503, 432511, 432527, 432539, 432557, 432559,
432569, 432577, 432587, 432589, 432613, 432631, 432637, 432659,
432661, 432713, 432721, 432727, 432737, 432743, 432749, 432781,
432793, 432797, 432799, 432833, 432847, 432857, 432869, 432893,
432907, 432923, 432931, 432959, 432961, 432979, 432983, 432989,
433003, 433033, 433049, 433051, 433061, 433073, 433079, 433087,
433093, 433099, 433117, 433123, 433141, 433151, 433187, 433193,
433201, 433207, 433229, 433241, 433249, 433253, 433259, 433261,
433267, 433271, 433291, 433309, 433319, 433337, 433351, 433357,
433361, 433369, 433373, 433393, 433399, 433421, 433429, 433439,
433453, 433469, 433471, 433501, 433507, 433513, 433549, 433571,
433577, 433607, 433627, 433633, 433639, 433651, 433661, 433663,
433673, 433679, 433681, 433703, 433723, 433729, 433747, 433759,
433777, 433781, 433787, 433813, 433817, 433847, 433859, 433861,
433877, 433883, 433889, 433931, 433943, 433963, 433967, 433981,
434009, 434011, 434029, 434039, 434081, 434087, 434107, 434111,
434113, 434117, 434141, 434167, 434179, 434191, 434201, 434209,
434221, 434237, 434243, 434249, 434261, 434267, 434293, 434297,
434303, 434311, 434323, 434347, 434353, 434363, 434377, 434383,
434387, 434389, 434407, 434411, 434431, 434437, 434459, 434461,
434471, 434479, 434501, 434509, 434521, 434561, 434563, 434573,

434593, 434597, 434611, 434647, 434659, 434683, 434689, 434699,
434717, 434719, 434743, 434761, 434783, 434803, 434807, 434813,
434821, 434827, 434831, 434839, 434849, 434857, 434867, 434873,
434881, 434909, 434921, 434923, 434927, 434933, 434939, 434947,
434957, 434963, 434977, 434981, 434989, 435037, 435041, 435059,
435103, 435107, 435109, 435131, 435139, 435143, 435151, 435161,
435179, 435181, 435187, 435191, 435221, 435223, 435247, 435257,
435263, 435277, 435283, 435287, 435307, 435317, 435343, 435349,
435359, 435371, 435397, 435401, 435403, 435419, 435427, 435437,
435439, 435451, 435481, 435503, 435529, 435541, 435553, 435559,
435563, 435569, 435571, 435577, 435583, 435593, 435619, 435623,
435637, 435641, 435647, 435649, 435653, 435661, 435679, 435709,
435731, 435733, 435739, 435751, 435763, 435769, 435779, 435817,
435839, 435847, 435857, 435859, 435881, 435889, 435893, 435907,
435913, 435923, 435947, 435949, 435973, 435983, 435997, 436003,
436013, 436027, 436061, 436081, 436087, 436091, 436097, 436127,
436147, 436151, 436157, 436171, 436181, 436217, 436231, 436253,
436273, 436279, 436283, 436291, 436307, 436309, 436313, 436343,
436357, 436399, 436417, 436427, 436439, 436459, 436463, 436477,
436481, 436483, 436507, 436523, 436529, 436531, 436547, 436549,
436571, 436591, 436607, 436621, 436627, 436649, 436651, 436673,
436687, 436693, 436717, 436727, 436729, 436739, 436741, 436757,
436801, 436811, 436819, 436831, 436841, 436853, 436871, 436889,
436913, 436957, 436963, 436967, 436973, 436979, 436993, 436999,
437011, 437033, 437071, 437077, 437083, 437093, 437111, 437113,
437137, 437141, 437149, 437153, 437159, 437191, 437201, 437219,
437237, 437243, 437263, 437273, 437279, 437287, 437293, 437321,
437351, 437357, 437363, 437387, 437389, 437401, 437413, 437467,
437471, 437473, 437497, 437501, 437509, 437519, 437527, 437533,
437539, 437543, 437557, 437587, 437629, 437641, 437651, 437653,
437677, 437681, 437687, 437693, 437719, 437729, 437743, 437753,
437771, 437809, 437819, 437837, 437849, 437861, 437867, 437881,
437909, 437923, 437947, 437953, 437959, 437977, 438001, 438017,
438029, 438047, 438049, 438091, 438131, 438133, 438143, 438169,
438203, 438211, 438223, 438233, 438241, 438253, 438259, 438271,
438281, 438287, 438301, 438313, 438329, 438341, 438377, 438391,
438401, 438409, 438419, 438439, 438443, 438467, 438479, 438499,
438517, 438521, 438523, 438527, 438533, 438551, 438569, 438589,
438601, 438611, 438623, 438631, 438637, 438661, 438667, 438671,
438701, 438707, 438721, 438733, 438761, 438769, 438793, 438827,
438829, 438833, 438847, 438853, 438869, 438877, 438887, 438899,
438913, 438937, 438941, 438953, 438961, 438967, 438979, 438983,
438989, 439007, 439009, 439063, 439081, 439123, 439133, 439141,
439157, 439163, 439171, 439183, 439199, 439217, 439253, 439273,
439279, 439289, 439303, 439339, 439349, 439357, 439367, 439381,
439409, 439421, 439427, 439429, 439441, 439459, 439463, 439471,
439493, 439511, 439519, 439541, 439559, 439567, 439573, 439577,
439583, 439601, 439613, 439631, 439639, 439661, 439667, 439687,

प्रथम सौ हजार अभाज्य संख्याएँ

439693, 439697, 439709, 439723, 439729, 439753, 439759, 439763,
439771, 439781, 439787, 439799, 439811, 439823, 439849, 439853,
439861, 439867, 439883, 439891, 439903, 439919, 439949, 439961,
439969, 439973, 439981, 439991, 440009, 440023, 440039, 440047,
440087, 440093, 440101, 440131, 440159, 440171, 440177, 440179,
440183, 440203, 440207, 440221, 440227, 440239, 440261, 440269,
440281, 440303, 440311, 440329, 440333, 440339, 440347, 440371,
440383, 440389, 440393, 440399, 440431, 440441, 440443, 440471,
440497, 440501, 440507, 440509, 440527, 440537, 440543, 440549,
440551, 440567, 440569, 440579, 440581, 440641, 440651, 440653,
440669, 440677, 440681, 440683, 440711, 440717, 440723, 440731,
440753, 440761, 440773, 440807, 440809, 440821, 440831, 440849,
440863, 440893, 440903, 440911, 440939, 440941, 440953, 440959,
440983, 440987, 440989, 441011, 441029, 441041, 441043, 441053,
441073, 441079, 441101, 441107, 441109, 441113, 441121, 441127,
441157, 441169, 441179, 441187, 441191, 441193, 441229, 441247,
441251, 441257, 441263, 441281, 441307, 441319, 441349, 441359,
441361, 441403, 441421, 441443, 441449, 441461, 441479, 441499,
441517, 441523, 441527, 441547, 441557, 441563, 441569, 441587,
441607, 441613, 441619, 441631, 441647, 441667, 441697, 441703,
441713, 441737, 441751, 441787, 441797, 441799, 441811, 441827,
441829, 441839, 441841, 441877, 441887, 441907, 441913, 441923,
441937, 441953, 441971, 442003, 442007, 442009, 442019, 442027,
442031, 442033, 442061, 442069, 442097, 442109, 442121, 442139,
442147, 442151, 442157, 442171, 442177, 442181, 442193, 442201,
442207, 442217, 442229, 442237, 442243, 442271, 442283, 442291,
442319, 442327, 442333, 442363, 442367, 442397, 442399, 442439,
442447, 442457, 442469, 442487, 442489, 442499, 442501, 442517,
442531, 442537, 442571, 442573, 442577, 442579, 442601, 442609,
442619, 442633, 442691, 442699, 442703, 442721, 442733, 442747,
442753, 442763, 442769, 442777, 442781, 442789, 442807, 442817,
442823, 442829, 442831, 442837, 442843, 442861, 442879, 442903,
442919, 442961, 442963, 442973, 442979, 442987, 442991, 442997,
443011, 443017, 443039, 443041, 443057, 443059, 443063, 443077,
443089, 443117, 443123, 443129, 443147, 443153, 443159, 443161,
443167, 443171, 443189, 443203, 443221, 443227, 443231, 443237,
443243, 443249, 443263, 443273, 443281, 443291, 443293, 443341,
443347, 443353, 443363, 443369, 443389, 443407, 443413, 443419,
443423, 443431, 443437, 443453, 443467, 443489, 443501, 443533,
443543, 443551, 443561, 443563, 443567, 443587, 443591, 443603,
443609, 443629, 443659, 443687, 443689, 443701, 443711, 443731,
443749, 443753, 443759, 443761, 443771, 443777, 443791, 443837,
443851, 443867, 443869, 443873, 443879, 443881, 443893, 443899,
443909, 443917, 443939, 443941, 443953, 443983, 443987, 443999,
444001, 444007, 444029, 444043, 444047, 444079, 444089, 444109,
444113, 444121, 444127, 444131, 444151, 444167, 444173, 444179,
444181, 444187, 444209, 444253, 444271, 444281, 444287, 444289,
444293, 444307, 444341, 444343, 444347, 444349, 444401, 444403,

444421, 444443, 444449, 444461, 444463, 444469, 444473, 444487,
444517, 444523, 444527, 444529, 444539, 444547, 444553, 444557,
444569, 444589, 444607, 444623, 444637, 444641, 444649, 444671,
444677, 444701, 444713, 444739, 444767, 444791, 444793, 444803,
444811, 444817, 444833, 444841, 444859, 444863, 444869, 444877,
444883, 444887, 444893, 444901, 444929, 444937, 444953, 444967,
444971, 444979, 445001, 445019, 445021, 445031, 445033, 445069,
445087, 445091, 445097, 445103, 445141, 445157, 445169, 445183,
445187, 445199, 445229, 445261, 445271, 445279, 445283, 445297,
445307, 445321, 445339, 445363, 445427, 445433, 445447, 445453,
445463, 445477, 445499, 445507, 445537, 445541, 445567, 445573,
445583, 445589, 445597, 445619, 445631, 445633, 445649, 445657,
445691, 445699, 445703, 445741, 445747, 445769, 445771, 445789,
445799, 445807, 445829, 445847, 445853, 445871, 445877, 445883,
445891, 445931, 445937, 445943, 445967, 445969, 446003, 446009,
446041, 446053, 446081, 446087, 446111, 446123, 446129, 446141,
446179, 446189, 446191, 446197, 446221, 446227, 446231, 446261,
446263, 446273, 446279, 446293, 446309, 446323, 446333, 446353,
446363, 446387, 446389, 446399, 446401, 446417, 446441, 446447,
446461, 446473, 446477, 446503, 446533, 446549, 446561, 446569,
446597, 446603, 446609, 446647, 446657, 446713, 446717, 446731,
446753, 446759, 446767, 446773, 446819, 446827, 446839, 446863,
446881, 446891, 446893, 446909, 446911, 446921, 446933, 446951,
446969, 446983, 447001, 447011, 447019, 447053, 447067, 447079,
447101, 447107, 447119, 447133, 447137, 447173, 447179, 447193,
447197, 447211, 447217, 447221, 447233, 447247, 447257, 447259,
447263, 447311, 447319, 447323, 447331, 447353, 447401, 447409,
447427, 447439, 447443, 447449, 447451, 447463, 447467, 447481,
447509, 447521, 447527, 447541, 447569, 447571, 447611, 447617,
447637, 447641, 447677, 447683, 447701, 447703, 447743, 447749,
447757, 447779, 447791, 447793, 447817, 447823, 447827, 447829,
447841, 447859, 447877, 447883, 447893, 447901, 447907, 447943,
447961, 447983, 447991, 448003, 448013, 448027, 448031, 448057,
448067, 448073, 448093, 448111, 448121, 448139, 448141, 448157,
448159, 448169, 448177, 448187, 448193, 448199, 448207, 448241,
448249, 448303, 448309, 448313, 448321, 448351, 448363, 448367,
448373, 448379, 448387, 448397, 448421, 448451, 448519, 448531,
448561, 448597, 448607, 448627, 448631, 448633, 448667, 448687,
448697, 448703, 448727, 448733, 448741, 448769, 448793, 448801,
448807, 448829, 448843, 448853, 448859, 448867, 448871, 448873,
448879, 448883, 448907, 448927, 448939, 448969, 448993, 448997,
448999, 449003, 449011, 449051, 449077, 449083, 449093, 449107,
449117, 449129, 449131, 449149, 449153, 449161, 449171, 449173,
449201, 449203, 449209, 449227, 449243, 449249, 449261, 449263,
449269, 449287, 449299, 449303, 449311, 449321, 449333, 449347,
449353, 449363, 449381, 449399, 449411, 449417, 449419, 449437,
449441, 449459, 449473, 449543, 449549, 449557, 449563, 449567,
449569, 449591, 449609, 449621, 449629, 449653, 449663, 449671,

प्रथम सौ हजार अभाज्य संख्याएँ

449677, 449681, 449689, 449693, 449699, 449741, 449759, 449767,
449773, 449783, 449797, 449807, 449821, 449833, 449851, 449879,
449921, 449929, 449941, 449951, 449959, 449963, 449971, 449987,
449989, 450001, 450011, 450019, 450029, 450067, 450071, 450077,
450083, 450101, 450103, 450113, 450127, 450137, 450161, 450169,
450193, 450199, 450209, 450217, 450223, 450227, 450239, 450257,
450259, 450277, 450287, 450293, 450299, 450301, 450311, 450343,
450349, 450361, 450367, 450377, 450383, 450391, 450403, 450413,
450421, 450431, 450451, 450473, 450479, 450481, 450487, 450493,
450503, 450529, 450533, 450557, 450563, 450581, 450587, 450599,
450601, 450617, 450641, 450643, 450649, 450677, 450691, 450707,
450719, 450727, 450761, 450767, 450787, 450797, 450799, 450803,
450809, 450811, 450817, 450829, 450839, 450841, 450847, 450859,
450881, 450883, 450887, 450893, 450899, 450913, 450917, 450929,
450943, 450949, 450971, 450991, 450997, 451013, 451039, 451051,
451057, 451069, 451093, 451097, 451103, 451109, 451159, 451177,
451181, 451183, 451201, 451207, 451249, 451277, 451279, 451301,
451303, 451309, 451313, 451331, 451337, 451343, 451361, 451387,
451397, 451411, 451439, 451441, 451481, 451499, 451519, 451523,
451541, 451547, 451553, 451579, 451601, 451609, 451621, 451637,
451657, 451663, 451667, 451669, 451679, 451681, 451691, 451699,
451709, 451723, 451747, 451753, 451771, 451783, 451793, 451799,
451823, 451831, 451837, 451859, 451873, 451879, 451897, 451901,
451903, 451909, 451921, 451933, 451937, 451939, 451961, 451967,
451987, 452009, 452017, 452027, 452033, 452041, 452077, 452083,
452087, 452131, 452159, 452161, 452171, 452191, 452201, 452213,
452227, 452233, 452239, 452269, 452279, 452293, 452297, 452329,
452363, 452377, 452393, 452401, 452443, 452453, 452497, 452519,
452521, 452531, 452533, 452537, 452539, 452549, 452579, 452587,
452597, 452611, 452629, 452633, 452671, 452687, 452689, 452701,
452731, 452759, 452773, 452797, 452807, 452813, 452821, 452831,
452857, 452869, 452873, 452923, 452953, 452957, 452983, 452989,
453023, 453029, 453053, 453073, 453107, 453119, 453133, 453137,
453143, 453157, 453161, 453181, 453197, 453199, 453209, 453217,
453227, 453239, 453247, 453269, 453289, 453293, 453301, 453311,
453317, 453329, 453347, 453367, 453371, 453377, 453379, 453421,
453451, 453461, 453527, 453553, 453559, 453569, 453571, 453599,
453601, 453617, 453631, 453637, 453641, 453643, 453659, 453667,
453671, 453683, 453703, 453707, 453709, 453737, 453757, 453797,
453799, 453823, 453833, 453847, 453851, 453877, 453889, 453907,
453913, 453923, 453931, 453949, 453961, 453977, 453983, 453991,
454009, 454021, 454031, 454033, 454039, 454061, 454063, 454079,
454109, 454141, 454151, 454159, 454183, 454199, 454211, 454213,
454219, 454229, 454231, 454247, 454253, 454277, 454297, 454303,
454313, 454331, 454351, 454357, 454361, 454379, 454387, 454409,
454417, 454451, 454453, 454483, 454501, 454507, 454513, 454541,
454543, 454547, 454577, 454579, 454603, 454609, 454627, 454637,
454673, 454679, 454709, 454711, 454721, 454723, 454759, 454763,

454777, 454799, 454823, 454843, 454847, 454849, 454859, 454889,
454891, 454907, 454919, 454921, 454931, 454943, 454967, 454969,
454973, 454991, 455003, 455011, 455033, 455047, 455053, 455093,
455099, 455123, 455149, 455159, 455167, 455171, 455177, 455201,
455219, 455227, 455233, 455237, 455261, 455263, 455269, 455291,
455309, 455317, 455321, 455333, 455339, 455341, 455353, 455381,
455393, 455401, 455407, 455419, 455431, 455437, 455443, 455461,
455471, 455473, 455479, 455489, 455491, 455513, 455527, 455531,
455537, 455557, 455573, 455579, 455597, 455599, 455603, 455627,
455647, 455659, 455681, 455683, 455687, 455701, 455711, 455717,
455737, 455761, 455783, 455789, 455809, 455827, 455831, 455849,
455863, 455881, 455899, 455921, 455933, 455941, 455953, 455969,
455977, 455989, 455993, 455999, 456007, 456013, 456023, 456037,
456047, 456061, 456091, 456107, 456109, 456119, 456149, 456151,
456167, 456193, 456223, 456233, 456241, 456283, 456293, 456329,
456349, 456353, 456367, 456377, 456403, 456409, 456427, 456439,
456451, 456457, 456461, 456499, 456503, 456517, 456523, 456529,
456539, 456553, 456557, 456559, 456571, 456581, 456587, 456607,
456611, 456613, 456623, 456641, 456647, 456649, 456653, 456679,
456683, 456697, 456727, 456737, 456763, 456767, 456769, 456791,
456809, 456811, 456821, 456871, 456877, 456881, 456899, 456901,
456923, 456949, 456959, 456979, 456991, 457001, 457003, 457013,
457021, 457043, 457049, 457057, 457087, 457091, 457097, 457099,
457117, 457139, 457151, 457153, 457183, 457189, 457201, 457213,
457229, 457241, 457253, 457267, 457271, 457277, 457279, 457307,
457319, 457333, 457339, 457363, 457367, 457381, 457393, 457397,
457399, 457403, 457411, 457421, 457433, 457459, 457469, 457507,
457511, 457517, 457547, 457553, 457559, 457571, 457607, 457609,
457621, 457643, 457651, 457661, 457669, 457673, 457679, 457687,
457697, 457711, 457739, 457757, 457789, 457799, 457813, 457817,
457829, 457837, 457871, 457889, 457903, 457913, 457943, 457979,
457981, 457987, 458009, 458027, 458039, 458047, 458053, 458057,
458063, 458069, 458119, 458123, 458173, 458179, 458189, 458191,
458197, 458207, 458219, 458239, 458309, 458317, 458323, 458327,
458333, 458357, 458363, 458377, 458399, 458401, 458407, 458449,
458477, 458483, 458501, 458531, 458533, 458543, 458567, 458569,
458573, 458593, 458599, 458611, 458621, 458629, 458639, 458651,
458663, 458669, 458683, 458701, 458719, 458729, 458747, 458789,
458791, 458797, 458807, 458819, 458849, 458863, 458879, 458891,
458897, 458917, 458921, 458929, 458947, 458957, 458959, 458963,
458971, 458977, 458981, 458987, 458993, 459007, 459013, 459023,
459029, 459031, 459037, 459047, 459089, 459091, 459113, 459127,
459167, 459169, 459181, 459209, 459223, 459229, 459233, 459257,
459271, 459293, 459301, 459313, 459317, 459337, 459341, 459343,
459353, 459373, 459377, 459383, 459397, 459421, 459427, 459443,
459463, 459467, 459469, 459479, 459509, 459521, 459523, 459593,
459607, 459611, 459619, 459623, 459631, 459647, 459649, 459671,
459677, 459691, 459703, 459749, 459763, 459791, 459803, 459817,

प्रथम सौ हजार अभाज्य संख्याएँ

459829, 459841, 459847, 459883, 459913, 459923, 459929, 459937,
459961, 460013, 460039, 460051, 460063, 460073, 460079, 460081,
460087, 460091, 460099, 460111, 460127, 460147, 460157, 460171,
460181, 460189, 460211, 460217, 460231, 460247, 460267, 460289,
460297, 460301, 460337, 460349, 460373, 460379, 460387, 460393,
460403, 460409, 460417, 460451, 460463, 460477, 460531, 460543,
460561, 460571, 460589, 460609, 460619, 460627, 460633, 460637,
460643, 460657, 460673, 460697, 460709, 460711, 460721, 460771,
460777, 460787, 460793, 460813, 460829, 460841, 460843, 460871,
460891, 460903, 460907, 460913, 460919, 460937, 460949, 460951,
460969, 460973, 460979, 460981, 460987, 460991, 461009, 461011,
461017, 461051, 461053, 461059, 461093, 461101, 461119, 461143,
461147, 461171, 461183, 461191, 461207, 461233, 461239, 461257,
461269, 461273, 461297, 461299, 461309, 461317, 461323, 461327,
461333, 461359, 461381, 461393, 461407, 461411, 461413, 461437,
461441, 461443, 461467, 461479, 461507, 461521, 461561, 461569,
461581, 461599, 461603, 461609, 461627, 461639, 461653, 461677,
461687, 461689, 461693, 461707, 461717, 461801, 461803, 461819,
461843, 461861, 461887, 461891, 461917, 461921, 461933, 461957,
461971, 461977, 461983, 462013, 462041, 462067, 462073, 462079,
462097, 462103, 462109, 462113, 462131, 462149, 462181, 462191,
462199, 462221, 462239, 462263, 462271, 462307, 462311, 462331,
462337, 462361, 462373, 462377, 462401, 462409, 462419, 462421,
462437, 462443, 462467, 462481, 462491, 462493, 462499, 462529,
462541, 462547, 462557, 462569, 462571, 462577, 462589, 462607,
462629, 462641, 462643, 462653, 462659, 462667, 462673, 462677,
462697, 462713, 462719, 462727, 462733, 462739, 462773, 462827,
462841, 462851, 462863, 462871, 462881, 462887, 462899, 462901,
462911, 462937, 462947, 462953, 462983, 463003, 463031, 463033,
463093, 463103, 463157, 463181, 463189, 463207, 463213, 463219,
463231, 463237, 463247, 463249, 463261, 463283, 463291, 463297,
463303, 463313, 463319, 463321, 463339, 463343, 463363, 463387,
463399, 463433, 463447, 463451, 463453, 463457, 463459, 463483,
463501, 463511, 463513, 463523, 463531, 463537, 463549, 463579,
463613, 463627, 463633, 463643, 463649, 463663, 463679, 463693,
463711, 463717, 463741, 463747, 463753, 463763, 463781, 463787,
463807, 463823, 463829, 463831, 463849, 463861, 463867, 463873,
463889, 463891, 463907, 463919, 463921, 463949, 463963, 463973,
463987, 463993, 464003, 464011, 464021, 464033, 464047, 464069,
464081, 464089, 464119, 464129, 464131, 464137, 464141, 464143,
464171, 464173, 464197, 464201, 464213, 464237, 464251, 464257,
464263, 464279, 464281, 464291, 464309, 464311, 464327, 464351,
464371, 464381, 464383, 464413, 464419, 464437, 464447, 464459,
464467, 464479, 464483, 464521, 464537, 464539, 464549, 464557,
464561, 464587, 464591, 464603, 464617, 464621, 464647, 464663,
464687, 464699, 464741, 464747, 464749, 464753, 464767, 464771,
464773, 464777, 464801, 464803, 464809, 464813, 464819, 464843,
464857, 464879, 464897, 464909, 464917, 464923, 464927, 464939,

464941, 464951, 464953, 464963, 464983, 464993, 464999, 465007,
465011, 465013, 465019, 465041, 465061, 465067, 465071, 465077,
465079, 465089, 465107, 465119, 465133, 465151, 465161, 465163,
465167, 465169, 465173, 465187, 465209, 465211, 465259, 465271,
465277, 465281, 465293, 465299, 465317, 465319, 465331, 465337,
465373, 465379, 465383, 465407, 465419, 465433, 465463, 465469,
465523, 465529, 465541, 465551, 465581, 465587, 465611, 465631,
465643, 465649, 465659, 465679, 465701, 465721, 465739, 465743,
465761, 465781, 465797, 465799, 465809, 465821, 465833, 465841,
465887, 465893, 465901, 465917, 465929, 465931, 465947, 465977,
465989, 466009, 466019, 466027, 466033, 466043, 466061, 466069,
466073, 466079, 466087, 466091, 466121, 466139, 466153, 466171,
466181, 466183, 466201, 466243, 466247, 466261, 466267, 466273,
466283, 466303, 466321, 466331, 466339, 466357, 466369, 466373,
466409, 466423, 466441, 466451, 466483, 466517, 466537, 466547,
466553, 466561, 466567, 466573, 466579, 466603, 466619, 466637,
466649, 466651, 466673, 466717, 466723, 466729, 466733, 466747,
466751, 466777, 466787, 466801, 466819, 466853, 466859, 466897,
466909, 466913, 466919, 466951, 466957, 466997, 467003, 467009,
467017, 467021, 467063, 467081, 467083, 467101, 467119, 467123,
467141, 467147, 467171, 467183, 467197, 467209, 467213, 467237,
467239, 467261, 467293, 467297, 467317, 467329, 467333, 467353,
467371, 467399, 467417, 467431, 467437, 467447, 467471, 467473,
467477, 467479, 467491, 467497, 467503, 467507, 467527, 467531,
467543, 467549, 467557, 467587, 467591, 467611, 467617, 467627,
467629, 467633, 467641, 467651, 467657, 467669, 467671, 467681,
467689, 467699, 467713, 467729, 467737, 467743, 467749, 467773,
467783, 467813, 467827, 467833, 467867, 467869, 467879, 467881,
467893, 467897, 467899, 467903, 467927, 467941, 467953, 467963,
467977, 468001, 468011, 468019, 468029, 468049, 468059, 468067,
468071, 468079, 468107, 468109, 468113, 468121, 468133, 468137,
468151, 468157, 468173, 468187, 468191, 468199, 468239, 468241,
468253, 468271, 468277, 468289, 468319, 468323, 468353, 468359,
468371, 468389, 468421, 468439, 468451, 468463, 468473, 468491,
468493, 468499, 468509, 468527, 468551, 468557, 468577, 468581,
468593, 468599, 468613, 468619, 468623, 468641, 468647, 468653,
468661, 468667, 468683, 468691, 468697, 468703, 468709, 468719,
468737, 468739, 468761, 468773, 468781, 468803, 468817, 468821,
468841, 468851, 468859, 468869, 468883, 468887, 468889, 468893,
468899, 468913, 468953, 468967, 468973, 468983, 469009, 469031,
469037, 469069, 469099, 469121, 469127, 469141, 469153, 469169,
469193, 469207, 469219, 469229, 469237, 469241, 469253, 469267,
469279, 469283, 469303, 469321, 469331, 469351, 469363, 469367,
469369, 469379, 469397, 469411, 469429, 469439, 469457, 469487,
469501, 469529, 469541, 469543, 469561, 469583, 469589, 469613,
469627, 469631, 469649, 469657, 469673, 469687, 469691, 469717,
469723, 469747, 469753, 469757, 469769, 469787, 469793, 469801,
469811, 469823, 469841, 469849, 469877, 469879, 469891, 469907,

प्रथम सौ हजार अभाज्य संख्याएँ

469919, 469939, 469957, 469969, 469979, 469993, 470021, 470039,
470059, 470077, 470081, 470083, 470087, 470089, 470131, 470149,
470153, 470161, 470167, 470179, 470201, 470207, 470209, 470213,
470219, 470227, 470243, 470251, 470263, 470279, 470297, 470299,
470303, 470317, 470333, 470347, 470359, 470389, 470399, 470411,
470413, 470417, 470429, 470443, 470447, 470453, 470461, 470471,
470473, 470489, 470501, 470513, 470521, 470531, 470539, 470551,
470579, 470593, 470597, 470599, 470609, 470621, 470627, 470647,
470651, 470653, 470663, 470669, 470689, 470711, 470719, 470731,
470749, 470779, 470783, 470791, 470819, 470831, 470837, 470863,
470867, 470881, 470887, 470891, 470903, 470927, 470933, 470941,
470947, 470957, 470959, 470993, 470999, 471007, 471041, 471061,
471073, 471089, 471091, 471101, 471137, 471139, 471161, 471173,
471179, 471187, 471193, 471209, 471217, 471241, 471253, 471259,
471277, 471281, 471283, 471299, 471301, 471313, 471353, 471389,
471391, 471403, 471407, 471439, 471451, 471467, 471481, 471487,
471503, 471509, 471521, 471533, 471539, 471553, 471571, 471589,
471593, 471607, 471617, 471619, 471641, 471649, 471659, 471671,
471673, 471677, 471683, 471697, 471703, 471719, 471721, 471749,
471769, 471781, 471791, 471803, 471817, 471841, 471847, 471853,
471871, 471893, 471901, 471907, 471923, 471929, 471931, 471943,
471949, 471959, 471997, 472019, 472027, 472051, 472057, 472063,
472067, 472103, 472111, 472123, 472127, 472133, 472139, 472151,
472159, 472163, 472189, 472193, 472247, 472249, 472253, 472261,
472273, 472289, 472301, 472309, 472319, 472331, 472333, 472349,
472369, 472391, 472393, 472399, 472411, 472421, 472457, 472469,
472477, 472523, 472541, 472543, 472559, 472561, 472573, 472597,
472631, 472639, 472643, 472669, 472687, 472691, 472697, 472709,
472711, 472721, 472741, 472751, 472763, 472793, 472799, 472817,
472831, 472837, 472847, 472859, 472883, 472907, 472909, 472921,
472937, 472939, 472963, 472993, 473009, 473021, 473027, 473089,
473101, 473117, 473141, 473147, 473159, 473167, 473173, 473191,
473197, 473201, 473203, 473219, 473227, 473257, 473279, 473287,
473293, 473311, 473321, 473327, 473351, 473353, 473377, 473381,
473383, 473411, 473419, 473441, 473443, 473453, 473471, 473477,
473479, 473497, 473503, 473507, 473513, 473519, 473527, 473531,
473533, 473549, 473579, 473597, 473611, 473617, 473633, 473647,
473659, 473719, 473723, 473729, 473741, 473743, 473761, 473789,
473833, 473839, 473857, 473861, 473867, 473887, 473899, 473911,
473923, 473927, 473929, 473939, 473951, 473953, 473971, 473981,
473987, 473999, 474017, 474029, 474037, 474043, 474049, 474059,
474073, 474077, 474101, 474119, 474127, 474137, 474143, 474151,
474163, 474169, 474197, 474211, 474223, 474241, 474263, 474289,
474307, 474311, 474319, 474337, 474343, 474347, 474359, 474379,
474389, 474391, 474413, 474433, 474437, 474443, 474479, 474491,
474497, 474499, 474503, 474533, 474541, 474547, 474557, 474569,
474571, 474581, 474583, 474619, 474629, 474647, 474659, 474667,
474671, 474707, 474709, 474737, 474751, 474757, 474769, 474779,

474787, 474809, 474811, 474839, 474847, 474857, 474899, 474907,
474911, 474917, 474923, 474931, 474937, 474941, 474949, 474959,
474977, 474983, 475037, 475051, 475073, 475081, 475091, 475093,
475103, 475109, 475141, 475147, 475151, 475159, 475169, 475207,
475219, 475229, 475243, 475271, 475273, 475283, 475289, 475297,
475301, 475327, 475331, 475333, 475351, 475367, 475369, 475379,
475381, 475403, 475417, 475421, 475427, 475429, 475441, 475457,
475469, 475483, 475511, 475523, 475529, 475549, 475583, 475597,
475613, 475619, 475621, 475637, 475639, 475649, 475669, 475679,
475681, 475691, 475693, 475697, 475721, 475729, 475751, 475753,
475759, 475763, 475777, 475789, 475793, 475807, 475823, 475831,
475837, 475841, 475859, 475877, 475879, 475889, 475897, 475903,
475907, 475921, 475927, 475933, 475957, 475973, 475991, 475997,
476009, 476023, 476027, 476029, 476039, 476041, 476059, 476081,
476087, 476089, 476101, 476107, 476111, 476137, 476143, 476167,
476183, 476219, 476233, 476237, 476243, 476249, 476279, 476299,
476317, 476347, 476351, 476363, 476369, 476381, 476401, 476407,
476419, 476423, 476429, 476467, 476477, 476479, 476507, 476513,
476519, 476579, 476587, 476591, 476599, 476603, 476611, 476633,
476639, 476647, 476659, 476681, 476683, 476701, 476713, 476719,
476737, 476743, 476753, 476759, 476783, 476803, 476831, 476849,
476851, 476863, 476869, 476887, 476891, 476911, 476921, 476929,
476977, 476981, 476989, 477011, 477013, 477017, 477019, 477031,
477047, 477073, 477077, 477091, 477131, 477149, 477163, 477209,
477221, 477229, 477259, 477277, 477293, 477313, 477317, 477329,
477341, 477359, 477361, 477383, 477409, 477439, 477461, 477469,
477497, 477511, 477517, 477523, 477539, 477551, 477553, 477557,
477571, 477577, 477593, 477619, 477623, 477637, 477671, 477677,
477721, 477727, 477731, 477739, 477767, 477769, 477791, 477797,
477809, 477811, 477821, 477823, 477839, 477847, 477857, 477863,
477881, 477899, 477913, 477941, 477947, 477973, 477977, 477991,
478001, 478039, 478063, 478067, 478069, 478087, 478099, 478111,
478129, 478139, 478157, 478169, 478171, 478189, 478199, 478207,
478213, 478241, 478243, 478253, 478259, 478271, 478273, 478321,
478339, 478343, 478351, 478391, 478399, 478403, 478411, 478417,
478421, 478427, 478433, 478441, 478451, 478453, 478459, 478481,
478483, 478493, 478523, 478531, 478571, 478573, 478579, 478589,
478603, 478627, 478631, 478637, 478651, 478679, 478697, 478711,
478727, 478729, 478739, 478741, 478747, 478763, 478769, 478787,
478801, 478811, 478813, 478823, 478831, 478843, 478853, 478861,
478871, 478879, 478897, 478901, 478913, 478927, 478931, 478937,
478943, 478963, 478967, 478991, 478999, 479023, 479027, 479029,
479041, 479081, 479131, 479137, 479147, 479153, 479189, 479191,
479201, 479209, 479221, 479231, 479239, 479243, 479263, 479267,
479287, 479299, 479309, 479317, 479327, 479357, 479371, 479377,
479387, 479419, 479429, 479431, 479441, 479461, 479473, 479489,
479497, 479509, 479513, 479533, 479543, 479561, 479569, 479581,
479593, 479599, 479623, 479629, 479639, 479701, 479749, 479753,

प्रथम सौ हजार अभाज्य संख्याएँ

479761, 479771, 479777, 479783, 479797, 479813, 479821, 479833,
479839, 479861, 479879, 479881, 479891, 479903, 479909, 479939,
479951, 479953, 479957, 479971, 480013, 480017, 480019, 480023,
480043, 480047, 480049, 480059, 480061, 480071, 480091, 480101,
480107, 480113, 480133, 480143, 480157, 480167, 480169, 480203,
480209, 480287, 480299, 480317, 480329, 480341, 480343, 480349,
480367, 480373, 480379, 480383, 480391, 480409, 480419, 480427,
480449, 480451, 480461, 480463, 480499, 480503, 480509, 480517,
480521, 480527, 480533, 480541, 480553, 480563, 480569, 480583,
480587, 480647, 480661, 480707, 480713, 480731, 480737, 480749,
480761, 480773, 480787, 480803, 480827, 480839, 480853, 480881,
480911, 480919, 480929, 480937, 480941, 480959, 480967, 480979,
480989, 481001, 481003, 481009, 481021, 481043, 481051, 481067,
481073, 481087, 481093, 481097, 481109, 481123, 481133, 481141,
481147, 481153, 481157, 481171, 481177, 481181, 481199, 481207,
481211, 481231, 481249, 481297, 481301, 481303, 481307, 481343,
481363, 481373, 481379, 481387, 481409, 481417, 481433, 481447,
481469, 481489, 481501, 481513, 481531, 481549, 481571, 481577,
481589, 481619, 481633, 481639, 481651, 481667, 481673, 481681,
481693, 481697, 481699, 481721, 481751, 481753, 481769, 481787,
481801, 481807, 481813, 481837, 481843, 481847, 481849, 481861,
481867, 481879, 481883, 481909, 481939, 481963, 481997, 482017,
482021, 482029, 482033, 482039, 482051, 482071, 482093, 482099,
482101, 482117, 482123, 482179, 482189, 482203, 482213, 482227,
482231, 482233, 482243, 482263, 482281, 482309, 482323, 482347,
482351, 482359, 482371, 482387, 482393, 482399, 482401, 482407,
482413, 482423, 482437, 482441, 482483, 482501, 482507, 482509,
482513, 482519, 482527, 482539, 482569, 482593, 482597, 482621,
482627, 482633, 482641, 482659, 482663, 482683, 482687, 482689,
482707, 482711, 482717, 482719, 482731, 482743, 482753, 482759,
482767, 482773, 482789, 482803, 482819, 482827, 482837, 482861,
482863, 482873, 482897, 482899, 482917, 482941, 482947, 482957,
482971, 483017, 483031, 483061, 483071, 483097, 483127, 483139,
483163, 483167, 483179, 483209, 483211, 483221, 483229, 483233,
483239, 483247, 483251, 483281, 483289, 483317, 483323, 483337,
483347, 483367, 483377, 483389, 483397, 483407, 483409, 483433,
483443, 483467, 483481, 483491, 483499, 483503, 483523, 483541,
483551, 483557, 483563, 483577, 483611, 483619, 483629, 483643,
483649, 483671, 483697, 483709, 483719, 483727, 483733, 483751,
483757, 483761, 483767, 483773, 483787, 483809, 483811, 483827,
483829, 483839, 483853, 483863, 483869, 483883, 483907, 483929,
483937, 483953, 483971, 483991, 484019, 484027, 484037, 484061,
484067, 484079, 484091, 484111, 484117, 484123, 484129, 484151,
484153, 484171, 484181, 484193, 484201, 484207, 484229, 484243,
484259, 484283, 484301, 484303, 484327, 484339, 484361, 484369,
484373, 484397, 484411, 484417, 484439, 484447, 484457, 484459,
484487, 484489, 484493, 484531, 484543, 484577, 484597, 484607,
484609, 484613, 484621, 484639, 484643, 484691, 484703, 484727,

484733, 484751, 484763, 484769, 484777, 484787, 484829, 484853,
484867, 484927, 484951, 484987, 484999, 485021, 485029, 485041,
485053, 485059, 485063, 485081, 485101, 485113, 485123, 485131,
485137, 485161, 485167, 485171, 485201, 485207, 485209, 485263,
485311, 485347, 485351, 485363, 485371, 485383, 485389, 485411,
485417, 485423, 485437, 485447, 485479, 485497, 485509, 485519,
485543, 485567, 485587, 485593, 485603, 485609, 485647, 485657,
485671, 485689, 485701, 485717, 485729, 485731, 485753, 485777,
485819, 485827, 485831, 485833, 485893, 485899, 485909, 485923,
485941, 485959, 485977, 485993, 486023, 486037, 486041, 486043,
486053, 486061, 486071, 486091, 486103, 486119, 486133, 486139,
486163, 486179, 486181, 486193, 486203, 486221, 486223, 486247,
486281, 486293, 486307, 486313, 486323, 486329, 486331, 486341,
486349, 486377, 486379, 486389, 486391, 486397, 486407, 486433,
486443, 486449, 486481, 486491, 486503, 486509, 486511, 486527,
486539, 486559, 486569, 486583, 486589, 486601, 486617, 486637,
486641, 486643, 486653, 486667, 486671, 486677, 486679, 486683,
486697, 486713, 486721, 486757, 486767, 486769, 486781, 486797,
486817, 486821, 486833, 486839, 486869, 486907, 486923, 486929,
486943, 486947, 486949, 486971, 486977, 486991, 487007, 487013,
487021, 487049, 487051, 487057, 487073, 487079, 487093, 487099,
487111, 487133, 487177, 487183, 487187, 487211, 487213, 487219,
487247, 487261, 487283, 487303, 487307, 487313, 487349, 487363,
487381, 487387, 487391, 487397, 487423, 487427, 487429, 487447,
487457, 487463, 487469, 487471, 487477, 487481, 487489, 487507,
487561, 487589, 487601, 487603, 487607, 487637, 487649, 487651,
487657, 487681, 487691, 487703, 487709, 487717, 487727, 487733,
487741, 487757, 487769, 487783, 487789, 487793, 487811, 487819,
487829, 487831, 487843, 487873, 487889, 487891, 487897, 487933,
487943, 487973, 487979, 487997, 488003, 488009, 488011, 488021,
488051, 488057, 488069, 488119, 488143, 488149, 488153, 488161,
488171, 488197, 488203, 488207, 488209, 488227, 488231, 488233,
488239, 488249, 488261, 488263, 488287, 488303, 488309, 488311,
488317, 488321, 488329, 488333, 488339, 488347, 488353, 488381,
488399, 488401, 488407, 488417, 488419, 488441, 488459, 488473,
488503, 488513, 488539, 488567, 488573, 488603, 488611, 488617,
488627, 488633, 488639, 488641, 488651, 488687, 488689, 488701,
488711, 488717, 488723, 488729, 488743, 488749, 488759, 488779,
488791, 488797, 488821, 488827, 488833, 488861, 488879, 488893,
488897, 488909, 488921, 488947, 488959, 488981, 488993, 489001,
489011, 489019, 489043, 489053, 489061, 489101, 489109, 489113,
489127, 489133, 489157, 489161, 489179, 489191, 489197, 489217,
489239, 489241, 489257, 489263, 489283, 489299, 489329, 489337,
489343, 489361, 489367, 489389, 489407, 489409, 489427, 489431,
489439, 489449, 489457, 489479, 489487, 489493, 489529, 489539,
489551, 489553, 489557, 489571, 489613, 489631, 489653, 489659,
489673, 489677, 489679, 489689, 489691, 489733, 489743, 489761,
489791, 489793, 489799, 489803, 489817, 489823, 489833, 489847,

प्रथम सौ हजार अभाज्य संख्याएँ

489851, 489869, 489871, 489887, 489901, 489911, 489913, 489941,
489943, 489959, 489961, 489977, 489989, 490001, 490003, 490019,
490031, 490033, 490057, 490097, 490103, 490111, 490117, 490121,
490151, 490159, 490169, 490183, 490201, 490207, 490223, 490241,
490247, 490249, 490267, 490271, 490277, 490283, 490309, 490313,
490339, 490367, 490393, 490417, 490421, 490453, 490459, 490463,
490481, 490493, 490499, 490519, 490537, 490541, 490543, 490549,
490559, 490571, 490573, 490577, 490579, 490591, 490619, 490627,
490631, 490643, 490661, 490663, 490697, 490733, 490741, 490769,
490771, 490783, 490829, 490837, 490849, 490859, 490877, 490891,
490913, 490921, 490927, 490937, 490949, 490951, 490957, 490967,
490969, 490991, 490993, 491003, 491039, 491041, 491059, 491081,
491083, 491129, 491137, 491149, 491159, 491167, 491171, 491201,
491213, 491219, 491251, 491261, 491273, 491279, 491297, 491299,
491327, 491329, 491333, 491339, 491341, 491353, 491357, 491371,
491377, 491417, 491423, 491429, 491461, 491483, 491489, 491497,
491501, 491503, 491527, 491531, 491537, 491539, 491581, 491591,
491593, 491611, 491627, 491633, 491639, 491651, 491653, 491669,
491677, 491707, 491719, 491731, 491737, 491747, 491773, 491783,
491789, 491797, 491819, 491833, 491837, 491851, 491857, 491867,
491873, 491899, 491923, 491951, 491969, 491977, 491983, 492007,
492013, 492017, 492029, 492047, 492053, 492059, 492061, 492067,
492077, 492083, 492103, 492113, 492227, 492251, 492253, 492257,
492281, 492293, 492299, 492319, 492377, 492389, 492397, 492403,
492409, 492413, 492421, 492431, 492463, 492467, 492487, 492491,
492511, 492523, 492551, 492563, 492587, 492601, 492617, 492619,
492629, 492631, 492641, 492647, 492659, 492671, 492673, 492707,
492719, 492721, 492731, 492757, 492761, 492763, 492769, 492781,
492799, 492839, 492853, 492871, 492883, 492893, 492901, 492911,
492967, 492979, 493001, 493013, 493021, 493027, 493043, 493049,
493067, 493093, 493109, 493111, 493121, 493123, 493127, 493133,
493139, 493147, 493159, 493169, 493177, 493193, 493201, 493211,
493217, 493219, 493231, 493243, 493249, 493277, 493279, 493291,
493301, 493313, 493333, 493351, 493369, 493393, 493397, 493399,
493403, 493433, 493447, 493457, 493463, 493481, 493523, 493531,
493541, 493567, 493573, 493579, 493583, 493607, 493621, 493627,
493643, 493657, 493693, 493709, 493711, 493721, 493729, 493733,
493747, 493777, 493793, 493807, 493811, 493813, 493817, 493853,
493859, 493873, 493877, 493897, 493919, 493931, 493937, 493939,
493967, 493973, 493979, 493993, 494023, 494029, 494041, 494051,
494069, 494077, 494083, 494093, 494101, 494107, 494129, 494141,
494147, 494167, 494191, 494213, 494237, 494251, 494257, 494267,
494269, 494281, 494287, 494317, 494327, 494341, 494353, 494359,
494369, 494381, 494383, 494387, 494407, 494413, 494441, 494443,
494471, 494497, 494519, 494521, 494539, 494561, 494563, 494567,
494587, 494591, 494609, 494617, 494621, 494639, 494647, 494651,
494671, 494677, 494687, 494693, 494699, 494713, 494719, 494723,
494731, 494737, 494743, 494749, 494759, 494761, 494783, 494789,

प्रथम सौ हजार अभाज्य संख्याएँ

494803, 494843, 494849, 494873, 494899, 494903, 494917, 494927,
494933, 494939, 494959, 494987, 495017, 495037, 495041, 495043,
495067, 495071, 495109, 495113, 495119, 495133, 495139, 495149,
495151, 495161, 495181, 495199, 495211, 495221, 495241, 495269,
495277, 495289, 495301, 495307, 495323, 495337, 495343, 495347,
495359, 495361, 495371, 495377, 495389, 495401, 495413, 495421,
495433, 495437, 495449, 495457, 495461, 495491, 495511, 495527,
495557, 495559, 495563, 495569, 495571, 495587, 495589, 495611,
495613, 495617, 495619, 495629, 495637, 495647, 495667, 495679,
495701, 495707, 495713, 495749, 495751, 495757, 495769, 495773,
495787, 495791, 495797, 495799, 495821, 495827, 495829, 495851,
495877, 495893, 495899, 495923, 495931, 495947, 495953, 495959,
495967, 495973, 495983, 496007, 496019, 496039, 496051, 496063,
496073, 496079, 496123, 496127, 496163, 496187, 496193, 496211,
496229, 496231, 496259, 496283, 496289, 496291, 496297, 496303,
496313, 496333, 496339, 496343, 496381, 496399, 496427, 496439,
496453, 496459, 496471, 496477, 496481, 496487, 496493, 496499,
496511, 496549, 496579, 496583, 496609, 496631, 496669, 496681,
496687, 496703, 496711, 496733, 496747, 496763, 496789, 496813,
496817, 496841, 496849, 496871, 496877, 496889, 496891, 496897,
496901, 496913, 496919, 496949, 496963, 496997, 496999, 497011,
497017, 497041, 497047, 497051, 497069, 497093, 497111, 497113,
497117, 497137, 497141, 497153, 497171, 497177, 497197, 497239,
497257, 497261, 497269, 497279, 497281, 497291, 497297, 497303,
497309, 497323, 497339, 497351, 497389, 497411, 497417, 497423,
497449, 497461, 497473, 497479, 497491, 497501, 497507, 497509,
497521, 497537, 497551, 497557, 497561, 497579, 497587, 497597,
497603, 497633, 497659, 497663, 497671, 497677, 497689, 497701,
497711, 497719, 497729, 497737, 497741, 497771, 497773, 497801,
497813, 497831, 497839, 497851, 497867, 497869, 497873, 497899,
497929, 497957, 497963, 497969, 497977, 497989, 497993, 497999,
498013, 498053, 498061, 498073, 498089, 498101, 498103, 498119,
498143, 498163, 498167, 498181, 498209, 498227, 498257, 498259,
498271, 498301, 498331, 498343, 498361, 498367, 498391, 498397,
498401, 498403, 498409, 498439, 498461, 498467, 498469, 498493,
498497, 498521, 498523, 498527, 498551, 498557, 498577, 498583,
498599, 498611, 498613, 498643, 498647, 498653, 498679, 498689,
498691, 498733, 498739, 498749, 498761, 498767, 498779, 498781,
498787, 498791, 498803, 498833, 498857, 498859, 498881, 498907,
498923, 498931, 498937, 498947, 498961, 498973, 498977, 498989,
499021, 499027, 499033, 499039, 499063, 499067, 499099, 499117,
499127, 499129, 499133, 499139, 499141, 499151, 499157, 499159,
499181, 499183, 499189, 499211, 499229, 499253, 499267, 499277,
499283, 499309, 499321, 499327, 499349, 499361, 499363, 499391,
499397, 499403, 499423, 499439, 499459, 499481, 499483, 499493,
499507, 499519, 499523, 499549, 499559, 499571, 499591, 499601,
499607, 499621, 499633, 499637, 499649, 499661, 499663, 499669,
499673, 499679, 499687, 499691, 499693, 499711, 499717, 499729,

प्रथम सौ हजार अभाज्य संख्याएँ

499739, 499747, 499781, 499787, 499801, 499819, 499853, 499879,
499883, 499897, 499903, 499927, 499943, 499957, 499969, 499973,
499979, 500009, 500029, 500041, 500057, 500069, 500083, 500107,
500111, 500113, 500119, 500153, 500167, 500173, 500177, 500179,
500197, 500209, 500231, 500233, 500237, 500239, 500249, 500257,
500287, 500299, 500317, 500321, 500333, 500341, 500363, 500369,
500389, 500393, 500413, 500417, 500431, 500443, 500459, 500471,
500473, 500483, 500501, 500509, 500519, 500527, 500567, 500579,
500587, 500603, 500629, 500671, 500677, 500693, 500699, 500713,
500719, 500723, 500729, 500741, 500777, 500791, 500807, 500809,
500831, 500839, 500861, 500873, 500881, 500887, 500891, 500909,
500911, 500921, 500923, 500933, 500947, 500953, 500957, 500977,
501001, 501013, 501019, 501029, 501031, 501037, 501043, 501077,
501089, 501103, 501121, 501131, 501133, 501139, 501157, 501173,
501187, 501191, 501197, 501203, 501209, 501217, 501223, 501229,
501233, 501257, 501271, 501287, 501299, 501317, 501341, 501343,
501367, 501383, 501401, 501409, 501419, 501427, 501451, 501463,
501493, 501503, 501511, 501563, 501577, 501593, 501601, 501617,
501623, 501637, 501659, 501691, 501701, 501703, 501707, 501719,
501731, 501769, 501779, 501803, 501817, 501821, 501827, 501829,
501841, 501863, 501889, 501911, 501931, 501947, 501953, 501967,
501971, 501997, 502001, 502013, 502039, 502043, 502057, 502063,
502079, 502081, 502087, 502093, 502121, 502133, 502141, 502171,
502181, 502217, 502237, 502247, 502259, 502261, 502277, 502301,
502321, 502339, 502393, 502409, 502421, 502429, 502441, 502451,
502487, 502499, 502501, 502507, 502517, 502543, 502549, 502553,
502591, 502597, 502613, 502631, 502633, 502643, 502651, 502669,
502687, 502699, 502703, 502717, 502729, 502769, 502771, 502781,
502787, 502807, 502819, 502829, 502841, 502847, 502861, 502883,
502919, 502921, 502937, 502961, 502973, 503003, 503017, 503039,
503053, 503077, 503123, 503131, 503137, 503147, 503159, 503197,
503207, 503213, 503227, 503231, 503233, 503249, 503267, 503287,
503297, 503303, 503317, 503339, 503351, 503359, 503369, 503381,
503383, 503389, 503407, 503413, 503423, 503431, 503441, 503453,
503483, 503501, 503543, 503549, 503551, 503563, 503593, 503599,
503609, 503611, 503621, 503623, 503647, 503653, 503663, 503707,
503717, 503743, 503753, 503771, 503777, 503779, 503791, 503803,
503819, 503821, 503827, 503851, 503857, 503869, 503879, 503911,
503927, 503929, 503939, 503947, 503959, 503963, 503969, 503983,
503989, 504001, 504011, 504017, 504047, 504061, 504073, 504103,
504121, 504139, 504143, 504149, 504151, 504157, 504181, 504187,
504197, 504209, 504221, 504247, 504269, 504289, 504299, 504307,
504311, 504323, 504337, 504349, 504353, 504359, 504377, 504379,
504389, 504403, 504457, 504461, 504473, 504479, 504521, 504523,
504527, 504547, 504563, 504593, 504599, 504607, 504617, 504619,
504631, 504661, 504667, 504671, 504677, 504683, 504727, 504767,
504787, 504797, 504799, 504817, 504821, 504851, 504853, 504857,
504871, 504877, 504893, 504901, 504929, 504937, 504943, 504947,

प्रथम सौ हजार अभाज्य संख्याएँ

504953, 504967, 504983, 504989, 504991, 505027, 505031, 505033,
505049, 505051, 505061, 505067, 505073, 505091, 505097, 505111,
505117, 505123, 505129, 505139, 505157, 505159, 505181, 505187,
505201, 505213, 505231, 505237, 505277, 505279, 505283, 505301,
505313, 505319, 505321, 505327, 505339, 505357, 505367, 505369,
505399, 505409, 505411, 505429, 505447, 505459, 505469, 505481,
505493, 505501, 505511, 505513, 505523, 505537, 505559, 505573,
505601, 505607, 505613, 505619, 505633, 505639, 505643, 505657,
505663, 505669, 505691, 505693, 505709, 505711, 505727, 505759,
505763, 505777, 505781, 505811, 505819, 505823, 505867, 505871,
505877, 505907, 505919, 505927, 505949, 505961, 505969, 505979,
506047, 506071, 506083, 506101, 506113, 506119, 506131, 506147,
506171, 506173, 506183, 506201, 506213, 506251, 506263, 506269,
506281, 506291, 506327, 506329, 506333, 506339, 506347, 506351,
506357, 506381, 506393, 506417, 506423, 506449, 506459, 506461,
506479, 506491, 506501, 506507, 506531, 506533, 506537, 506551,
506563, 506573, 506591, 506593, 506599, 506609, 506629, 506647,
506663, 506683, 506687, 506689, 506699, 506729, 506731, 506743,
506773, 506783, 506791, 506797, 506809, 506837, 506843, 506861,
506873, 506887, 506893, 506899, 506903, 506911, 506929, 506941,
506963, 506983, 506993, 506999, 507029, 507049, 507071, 507077,
507079, 507103, 507109, 507113, 507119, 507137, 507139, 507149,
507151, 507163, 507193, 507197, 507217, 507289, 507301, 507313,
507317, 507329, 507347, 507349, 507359, 507361, 507371, 507383,
507401, 507421, 507431, 507461, 507491, 507497, 507499, 507503,
507523, 507557, 507571, 507589, 507593, 507599, 507607, 507631,
507641, 507667, 507673, 507691, 507697, 507713, 507719, 507743,
507757, 507779, 507781, 507797, 507803, 507809, 507821, 507827,
507839, 507883, 507901, 507907, 507917, 507919, 507937, 507953,
507961, 507971, 507979, 508009, 508019, 508021, 508033, 508037,
508073, 508087, 508091, 508097, 508103, 508129, 508159, 508171,
508187, 508213, 508223, 508229, 508237, 508243, 508259, 508271,
508273, 508297, 508301, 508327, 508331, 508349, 508363, 508367,
508373, 508393, 508433, 508439, 508451, 508471, 508477, 508489,
508499, 508513, 508517, 508531, 508549, 508559, 508567, 508577,
508579, 508583, 508619, 508621, 508637, 508643, 508661, 508693,
508709, 508727, 508771, 508789, 508799, 508811, 508817, 508841,
508847, 508867, 508901, 508903, 508909, 508913, 508919, 508931,
508943, 508951, 508957, 508961, 508969, 508973, 508987, 509023,
509027, 509053, 509063, 509071, 509087, 509101, 509123, 509137,
509147, 509149, 509203, 509221, 509227, 509239, 509263, 509281,
509287, 509293, 509297, 509317, 509329, 509359, 509363, 509389,
509393, 509413, 509417, 509429, 509441, 509449, 509477, 509513,
509521, 509543, 509549, 509557, 509563, 509569, 509573, 509581,
509591, 509603, 509623, 509633, 509647, 509653, 509659, 509681,
509687, 509689, 509693, 509699, 509723, 509731, 509737, 509741,
509767, 509783, 509797, 509801, 509833, 509837, 509843, 509863,
509867, 509879, 509909, 509911, 509921, 509939, 509947, 509959,

509963, 509989, 510007, 510031, 510047, 510049, 510061, 510067,
510073, 510077, 510079, 510089, 510101, 510121, 510127, 510137,
510157, 510179, 510199, 510203, 510217, 510227, 510233, 510241,
510247, 510253, 510271, 510287, 510299, 510311, 510319, 510331,
510361, 510379, 510383, 510401, 510403, 510449, 510451, 510457,
510463, 510481, 510529, 510551, 510553, 510569, 510581, 510583,
510589, 510611, 510613, 510617, 510619, 510677, 510683, 510691,
510707, 510709, 510751, 510767, 510773, 510793, 510803, 510817,
510823, 510827, 510847, 510889, 510907, 510919, 510931, 510941,
510943, 510989, 511001, 511013, 511019, 511033, 511039, 511057,
511061, 511087, 511109, 511111, 511123, 511151, 511153, 511163,
511169, 511171, 511177, 511193, 511201, 511211, 511213, 511223,
511237, 511243, 511261, 511279, 511289, 511297, 511327, 511333,
511337, 511351, 511361, 511387, 511391, 511409, 511417, 511439,
511447, 511453, 511457, 511463, 511477, 511487, 511507, 511519,
511523, 511541, 511549, 511559, 511573, 511579, 511583, 511591,
511603, 511627, 511631, 511633, 511669, 511691, 511703, 511711,
511723, 511757, 511787, 511793, 511801, 511811, 511831, 511843,
511859, 511867, 511873, 511891, 511897, 511909, 511933, 511939,
511961, 511963, 511991, 511997, 512009, 512011, 512021, 512047,
512059, 512093, 512101, 512137, 512147, 512167, 512207, 512249,
512251, 512269, 512287, 512311, 512321, 512333, 512353, 512389,
512419, 512429, 512443, 512467, 512497, 512503, 512507, 512521,
512531, 512537, 512543, 512569, 512573, 512579, 512581, 512591,
512593, 512597, 512609, 512621, 512641, 512657, 512663, 512671,
512683, 512711, 512713, 512717, 512741, 512747, 512761, 512767,
512779, 512797, 512803, 512819, 512821, 512843, 512849, 512891,
512899, 512903, 512917, 512921, 512927, 512929, 512959, 512977,
512989, 512999, 513001, 513013, 513017, 513031, 513041, 513047,
513053, 513059, 513067, 513083, 513101, 513103, 513109, 513131,
513137, 513157, 513167, 513169, 513173, 513203, 513239, 513257,
513269, 513277, 513283, 513307, 513311, 513313, 513319, 513341,
513347, 513353, 513367, 513371, 513397, 513407, 513419, 513427,
513431, 513439, 513473, 513479, 513481, 513509, 513511, 513529,
513533, 513593, 513631, 513641, 513649, 513673, 513679, 513683,
513691, 513697, 513719, 513727, 513731, 513739, 513749, 513761,
513767, 513769, 513781, 513829, 513839, 513841, 513871, 513881,
513899, 513917, 513923, 513937, 513943, 513977, 513991, 514001,
514009, 514013, 514021, 514049, 514051, 514057, 514061, 514079,
514081, 514093, 514103, 514117, 514123, 514127, 514147, 514177,
514187, 514201, 514219, 514229, 514243, 514247, 514249, 514271,
514277, 514289, 514309, 514313, 514333, 514343, 514357, 514361,
514379, 514399, 514417, 514429, 514433, 514453, 514499, 514513,
514519, 514523, 514529, 514531, 514543, 514561, 514571, 514621,
514637, 514639, 514643, 514649, 514651, 514669, 514681, 514711,
514733, 514739, 514741, 514747, 514751, 514757, 514769, 514783,
514793, 514819, 514823, 514831, 514841, 514847, 514853, 514859,
514867, 514873, 514889, 514903, 514933, 514939, 514949, 514967,

प्रथम सौ हजार अभाज्य संख्याएँ

515041, 515087, 515089, 515111, 515143, 515149, 515153, 515173,
515191, 515227, 515231, 515233, 515237, 515279, 515293, 515311,
515323, 515351, 515357, 515369, 515371, 515377, 515381, 515401,
515429, 515477, 515507, 515519, 515539, 515563, 515579, 515587,
515597, 515611, 515621, 515639, 515651, 515653, 515663, 515677,
515681, 515687, 515693, 515701, 515737, 515741, 515761, 515771,
515773, 515777, 515783, 515803, 515813, 515839, 515843, 515857,
515861, 515873, 515887, 515917, 515923, 515929, 515941, 515951,
515969, 515993, 516017, 516023, 516049, 516053, 516077, 516091,
516127, 516151, 516157, 516161, 516163, 516169, 516179, 516193,
516199, 516209, 516223, 516227, 516233, 516247, 516251, 516253,
516277, 516283, 516293, 516319, 516323, 516349, 516359, 516361,
516371, 516377, 516391, 516407, 516421, 516431, 516433, 516437,
516449, 516457, 516469, 516493, 516499, 516517, 516521, 516539,
516541, 516563, 516587, 516589, 516599, 516611, 516617, 516619,
516623, 516643, 516653, 516673, 516679, 516689, 516701, 516709,
516713, 516721, 516727, 516757, 516793, 516811, 516821, 516829,
516839, 516847, 516871, 516877, 516883, 516907, 516911, 516931,
516947, 516949, 516959, 516973, 516977, 516979, 516991, 517003,
517043, 517061, 517067, 517073, 517079, 517081, 517087, 517091,
517129, 517151, 517169, 517177, 517183, 517189, 517207, 517211,
517217, 517229, 517241, 517243, 517249, 517261, 517267, 517277,
517289, 517303, 517337, 517343, 517367, 517373, 517381, 517393,
517399, 517403, 517411, 517417, 517457, 517459, 517469, 517471,
517481, 517487, 517499, 517501, 517507, 517511, 517513, 517547,
517549, 517553, 517571, 517577, 517589, 517597, 517603, 517609,
517613, 517619, 517637, 517639, 517711, 517717, 517721, 517729,
517733, 517739, 517747, 517817, 517823, 517831, 517861, 517873,
517877, 517901, 517919, 517927, 517931, 517949, 517967, 517981,
517991, 517999, 518017, 518047, 518057, 518059, 518083, 518099,
518101, 518113, 518123, 518129, 518131, 518137, 518153, 518159,
518171, 518179, 518191, 518207, 518209, 518233, 518237, 518239,
518249, 518261, 518291, 518299, 518311, 518327, 518341, 518387,
518389, 518411, 518417, 518429, 518431, 518447, 518467, 518471,
518473, 518509, 518521, 518533, 518543, 518579, 518587, 518597,
518611, 518621, 518657, 518689, 518699, 518717, 518729, 518737,
518741, 518743, 518747, 518759, 518761, 518767, 518779, 518801,
518803, 518807, 518809, 518813, 518831, 518863, 518867, 518893,
518911, 518933, 518953, 518981, 518983, 518989, 519011, 519031,
519037, 519067, 519083, 519089, 519091, 519097, 519107, 519119,
519121, 519131, 519151, 519161, 519193, 519217, 519227, 519229,
519247, 519257, 519269, 519283, 519287, 519301, 519307, 519349,
519353, 519359, 519371, 519373, 519383, 519391, 519413, 519427,
519433, 519457, 519487, 519499, 519509, 519521, 519523, 519527,
519539, 519551, 519553, 519577, 519581, 519587, 519611, 519619,
519643, 519647, 519667, 519683, 519691, 519703, 519713, 519733,
519737, 519769, 519787, 519793, 519797, 519803, 519817, 519863,
519881, 519889, 519907, 519917, 519919, 519923, 519931, 519943,

प्रथम सौ हजार अभाज्य संख्याएँ

519947, 519971, 519989, 519997, 520019, 520021, 520031, 520043,
520063, 520067, 520073, 520103, 520111, 520123, 520129, 520151,
520193, 520213, 520241, 520279, 520291, 520297, 520307, 520309,
520313, 520339, 520349, 520357, 520361, 520363, 520369, 520379,
520381, 520393, 520409, 520411, 520423, 520427, 520433, 520447,
520451, 520529, 520547, 520549, 520567, 520571, 520589, 520607,
520609, 520621, 520631, 520633, 520649, 520679, 520691, 520699,
520703, 520717, 520721, 520747, 520759, 520763, 520787, 520813,
520837, 520841, 520853, 520867, 520889, 520913, 520921, 520943,
520957, 520963, 520967, 520969, 520981, 521009, 521021, 521023,
521039, 521041, 521047, 521051, 521063, 521107, 521119, 521137,
521153, 521161, 521167, 521173, 521177, 521179, 521201, 521231,
521243, 521251, 521267, 521281, 521299, 521309, 521317, 521329,
521357, 521359, 521363, 521369, 521377, 521393, 521399, 521401,
521429, 521447, 521471, 521483, 521491, 521497, 521503, 521519,
521527, 521533, 521537, 521539, 521551, 521557, 521567, 521581,
521603, 521641, 521657, 521659, 521669, 521671, 521693, 521707,
521723, 521743, 521749, 521753, 521767, 521777, 521789, 521791,
521809, 521813, 521819, 521831, 521861, 521869, 521879, 521881,
521887, 521897, 521903, 521923, 521929, 521981, 521993, 521999,
522017, 522037, 522047, 522059, 522061, 522073, 522079, 522083,
522113, 522127, 522157, 522161, 522167, 522191, 522199, 522211,
522227, 522229, 522233, 522239, 522251, 522259, 522281, 522283,
522289, 522317, 522323, 522337, 522371, 522373, 522383, 522391,
522409, 522413, 522439, 522449, 522469, 522479, 522497, 522517,
522521, 522523, 522541, 522553, 522569, 522601, 522623, 522637,
522659, 522661, 522673, 522677, 522679, 522689, 522703, 522707,
522719, 522737, 522749, 522757, 522761, 522763, 522787, 522811,
522827, 522829, 522839, 522853, 522857, 522871, 522881, 522883,
522887, 522919, 522943, 522947, 522959, 522961, 522989, 523007,
523021, 523031, 523049, 523093, 523097, 523109, 523129, 523169,
523177, 523207, 523213, 523219, 523261, 523297, 523307, 523333,
523349, 523351, 523357, 523387, 523403, 523417, 523427, 523433,
523459, 523463, 523487, 523489, 523493, 523511, 523519, 523541,
523543, 523553, 523571, 523573, 523577, 523597, 523603, 523631,
523637, 523639, 523657, 523667, 523669, 523673, 523681, 523717,
523729, 523741, 523759, 523763, 523771, 523777, 523793, 523801,
523829, 523847, 523867, 523877, 523903, 523907, 523927, 523937,
523949, 523969, 523987, 523997, 524047, 524053, 524057, 524063,
524071, 524081, 524087, 524099, 524113, 524119, 524123, 524149,
524171, 524189, 524197, 524201, 524203, 524219, 524221, 524231,
524243, 524257, 524261, 524269, 524287, 524309, 524341, 524347,
524351, 524353, 524369, 524387, 524389, 524411, 524413, 524429,
524453, 524497, 524507, 524509, 524519, 524521, 524591, 524593,
524599, 524633, 524669, 524681, 524683, 524701, 524707, 524731,
524743, 524789, 524801, 524803, 524827, 524831, 524857, 524863,
524869, 524873, 524893, 524899, 524921, 524933, 524939, 524941,
524947, 524957, 524959, 524963, 524969, 524971, 524981, 524983,

प्रथम सौ हजार अभाज्य संख्याएँ

524999, 525001, 525013, 525017, 525029, 525043, 525101, 525127,
525137, 525143, 525157, 525163, 525167, 525191, 525193, 525199,
525209, 525221, 525241, 525247, 525253, 525257, 525299, 525313,
525353, 525359, 525361, 525373, 525377, 525379, 525391, 525397,
525409, 525431, 525433, 525439, 525457, 525461, 525467, 525491,
525493, 525517, 525529, 525533, 525541, 525571, 525583, 525593,
525599, 525607, 525641, 525649, 525671, 525677, 525697, 525709,
525713, 525719, 525727, 525731, 525739, 525769, 525773, 525781,
525809, 525817, 525839, 525869, 525871, 525887, 525893, 525913,
525923, 525937, 525947, 525949, 525953, 525961, 525979, 525983,
526027, 526037, 526049, 526051, 526063, 526067, 526069, 526073,
526087, 526117, 526121, 526139, 526157, 526159, 526189, 526193,
526199, 526213, 526223, 526231, 526249, 526271, 526283, 526289,
526291, 526297, 526307, 526367, 526373, 526381, 526387, 526391,
526397, 526423, 526429, 526441, 526453, 526459, 526483, 526499,
526501, 526511, 526531, 526543, 526571, 526573, 526583, 526601,
526619, 526627, 526633, 526637, 526649, 526651, 526657, 526667,
526679, 526681, 526703, 526709, 526717, 526733, 526739, 526741,
526759, 526763, 526777, 526781, 526829, 526831, 526837, 526853,
526859, 526871, 526909, 526913, 526931, 526937, 526943, 526951,
526957, 526963, 526993, 526997, 527053, 527057, 527063, 527069,
527071, 527081, 527099, 527123, 527129, 527143, 527159, 527161,
527173, 527179, 527203, 527207, 527209, 527237, 527251, 527273,
527281, 527291, 527327, 527333, 527347, 527353, 527377, 527381,
527393, 527399, 527407, 527411, 527419, 527441, 527447, 527453,
527489, 527507, 527533, 527557, 527563, 527581, 527591, 527599,
527603, 527623, 527627, 527633, 527671, 527699, 527701, 527729,
527741, 527749, 527753, 527789, 527803, 527809, 527819, 527843,
527851, 527869, 527881, 527897, 527909, 527921, 527929, 527941,
527981, 527983, 527987, 527993, 528001, 528013, 528041, 528043,
528053, 528091, 528097, 528107, 528127, 528131, 528137, 528163,
528167, 528191, 528197, 528217, 528223, 528247, 528263, 528289,
528299, 528313, 528317, 528329, 528373, 528383, 528391, 528401,
528403, 528413, 528419, 528433, 528469, 528487, 528491, 528509,
528511, 528527, 528559, 528611, 528623, 528629, 528631, 528659,
528667, 528673, 528679, 528691, 528707, 528709, 528719, 528763,
528779, 528791, 528799, 528811, 528821, 528823, 528833, 528863,
528877, 528881, 528883, 528911, 528929, 528947, 528967, 528971,
528973, 528991, 529003, 529007, 529027, 529033, 529037, 529043,
529049, 529051, 529097, 529103, 529117, 529121, 529127, 529129,
529153, 529157, 529181, 529183, 529213, 529229, 529237, 529241,
529259, 529271, 529273, 529301, 529307, 529313, 529327, 529343,
529349, 529357, 529381, 529393, 529411, 529421, 529423, 529471,
529489, 529513, 529517, 529519, 529531, 529547, 529577, 529579,
529603, 529619, 529637, 529649, 529657, 529673, 529681, 529687,
529691, 529693, 529709, 529723, 529741, 529747, 529751, 529807,
529811, 529813, 529819, 529829, 529847, 529871, 529927, 529933,
529939, 529957, 529961, 529973, 529979, 529981, 529987, 529999,

प्रथम सौ हजार अभाज्य संख्याएँ

530017, 530021, 530027, 530041, 530051, 530063, 530087, 530093,
530129, 530137, 530143, 530177, 530183, 530197, 530203, 530209,
530227, 530237, 530249, 530251, 530261, 530267, 530279, 530293,
530297, 530303, 530329, 530333, 530339, 530353, 530359, 530389,
530393, 530401, 530429, 530443, 530447, 530501, 530507, 530513,
530527, 530531, 530533, 530539, 530549, 530567, 530597, 530599,
530603, 530609, 530641, 530653, 530659, 530669, 530693, 530701,
530711, 530713, 530731, 530741, 530743, 530753, 530767, 530773,
530797, 530807, 530833, 530837, 530843, 530851, 530857, 530861,
530869, 530897, 530911, 530947, 530969, 530977, 530983, 530989,
531017, 531023, 531043, 531071, 531079, 531101, 531103, 531121,
531133, 531143, 531163, 531169, 531173, 531197, 531203, 531229,
531239, 531253, 531263, 531281, 531287, 531299, 531331, 531337,
531343, 531347, 531353, 531359, 531383, 531457, 531481, 531497,
531521, 531547, 531551, 531569, 531571, 531581, 531589, 531611,
531613, 531623, 531631, 531637, 531667, 531673, 531689, 531701,
531731, 531793, 531799, 531821, 531823, 531827, 531833, 531841,
531847, 531857, 531863, 531871, 531877, 531901, 531911, 531919,
531977, 531983, 531989, 531997, 532001, 532009, 532027, 532033,
532061, 532069, 532093, 532099, 532141, 532153, 532159, 532163,
532183, 532187, 532193, 532199, 532241, 532249, 532261, 532267,
532277, 532283, 532307, 532313, 532327, 532331, 532333, 532349,
532373, 532379, 532391, 532403, 532417, 532421, 532439, 532447,
532451, 532453, 532489, 532501, 532523, 532529, 532531, 532537,
532547, 532561, 532601, 532603, 532607, 532619, 532621, 532633,
532639, 532663, 532669, 532687, 532691, 532709, 532733, 532739,
532751, 532757, 532771, 532781, 532783, 532789, 532801, 532811,
532823, 532849, 532853, 532867, 532907, 532919, 532949, 532951,
532981, 532993, 532999, 533003, 533009, 533011, 533033, 533051,
533053, 533063, 533077, 533089, 533111, 533129, 533149, 533167,
533177, 533189, 533191, 533213, 533219, 533227, 533237, 533249,
533257, 533261, 533263, 533297, 533303, 533317, 533321, 533327,
533353, 533363, 533371, 533389, 533399, 533413, 533447, 533453,
533459, 533509, 533543, 533549, 533573, 533581, 533593, 533633,
533641, 533671, 533693, 533711, 533713, 533719, 533723, 533737,
533747, 533777, 533801, 533809, 533821, 533831, 533837, 533857,
533879, 533887, 533893, 533909, 533921, 533927, 533959, 533963,
533969, 533971, 533989, 533993, 533999, 534007, 534013, 534019,
534029, 534043, 534047, 534049, 534059, 534073, 534077, 534091,
534101, 534113, 534137, 534167, 534173, 534199, 534203, 534211,
534229, 534241, 534253, 534283, 534301, 534307, 534311, 534323,
534329, 534341, 534367, 534371, 534403, 534407, 534431, 534439,
534473, 534491, 534511, 534529, 534553, 534571, 534577, 534581,
534601, 534607, 534617, 534629, 534631, 534637, 534647, 534649,
534659, 534661, 534671, 534697, 534707, 534739, 534799, 534811,
534827, 534839, 534841, 534851, 534857, 534883, 534889, 534913,
534923, 534931, 534943, 534949, 534971, 535013, 535019, 535033,
535037, 535061, 535099, 535103, 535123, 535133, 535151, 535159,

प्रथम सौ हजार अभाज्य संख्याएँ

535169, 535181, 535193, 535207, 535219, 535229, 535237, 535243,
535273, 535303, 535319, 535333, 535349, 535351, 535361, 535387,
535391, 535399, 535481, 535487, 535489, 535499, 535511, 535523,
535529, 535547, 535571, 535573, 535589, 535607, 535609, 535627,
535637, 535663, 535669, 535673, 535679, 535697, 535709, 535727,
535741, 535751, 535757, 535771, 535783, 535793, 535811, 535849,
535859, 535861, 535879, 535919, 535937, 535939, 535943, 535957,
535967, 535973, 535991, 535999, 536017, 536023, 536051, 536057,
536059, 536069, 536087, 536099, 536101, 536111, 536141, 536147,
536149, 536189, 536191, 536203, 536213, 536219, 536227, 536233,
536243, 536267, 536273, 536279, 536281, 536287, 536293, 536311,
536323, 536353, 536357, 536377, 536399, 536407, 536423, 536441,
536443, 536447, 536449, 536453, 536461, 536467, 536479, 536491,
536509, 536513, 536531, 536533, 536561, 536563, 536593, 536609,
536621, 536633, 536651, 536671, 536677, 536687, 536699, 536717,
536719, 536729, 536743, 536749, 536771, 536773, 536777, 536779,
536791, 536801, 536803, 536839, 536849, 536857, 536867, 536869,
536891, 536909, 536917, 536923, 536929, 536933, 536947, 536953,
536971, 536989, 536999, 537001, 537007, 537011, 537023, 537029,
537037, 537041, 537067, 537071, 537079, 537091, 537127, 537133,
537143, 537157, 537169, 537181, 537191, 537197, 537221, 537233,
537241, 537269, 537281, 537287, 537307, 537331, 537343, 537347,
537373, 537379, 537401, 537403, 537413, 537497, 537527, 537547,
537569, 537583, 537587, 537599, 537611, 537637, 537661, 537673,
537679, 537703, 537709, 537739, 537743, 537749, 537769, 537773,
537781, 537787, 537793, 537811, 537841, 537847, 537853, 537877,
537883, 537899, 537913, 537919, 537941, 537991, 538001, 538019,
538049, 538051, 538073, 538079, 538093, 538117, 538121, 538123,
538127, 538147, 538151, 538157, 538159, 538163, 538199, 538201,
538247, 538249, 538259, 538267, 538283, 538297, 538301, 538303,
538309, 538331, 538333, 538357, 538367, 538397, 538399, 538411,
538423, 538457, 538471, 538481, 538487, 538511, 538513, 538519,
538523, 538529, 538553, 538561, 538567, 538579, 538589, 538597,
538621, 538649, 538651, 538697, 538709, 538711, 538721, 538723,
538739, 538751, 538763, 538771, 538777, 538789, 538799, 538801,
538817, 538823, 538829, 538841, 538871, 538877, 538921, 538927,
538931, 538939, 538943, 538987, 539003, 539009, 539039, 539047,
539089, 539093, 539101, 539107, 539111, 539113, 539129, 539141,
539153, 539159, 539167, 539171, 539207, 539219, 539233, 539237,
539261, 539267, 539269, 539293, 539303, 539309, 539311, 539321,
539323, 539339, 539347, 539351, 539389, 539401, 539447, 539449,
539479, 539501, 539503, 539507, 539509, 539533, 539573, 539621,
539629, 539633, 539639, 539641, 539653, 539663, 539677, 539687,
539711, 539713, 539723, 539729, 539743, 539761, 539783, 539797,
539837, 539839, 539843, 539849, 539863, 539881, 539897, 539899,
539921, 539947, 539993, 540041, 540061, 540079, 540101, 540119,
540121, 540139, 540149, 540157, 540167, 540173, 540179, 540181,
540187, 540203, 540217, 540233, 540251, 540269, 540271, 540283,

प्रथम सौ हजार अभाज्य संख्याएँ

```
540301,  540307,  540343,  540347,  540349,  540367,  540373,  540377,
540383,  540389,  540391,  540433,  540437,  540461,  540469,  540509,
540511,  540517,  540539,  540541,  540557,  540559,  540577,  540587,
540599,  540611,  540613,  540619,  540629,  540677,  540679,  540689,
540691,  540697,  540703,  540713,  540751,  540769,  540773,  540779,
540781,  540803,  540809,  540823,  540851,  540863,  540871,  540877,
540901,  540907,  540961,  540989,  541001,  541007,  541027,  541049,
541061,  541087,  541097,  541129,  541133,  541141,  541153,  541181,
541193,  541201,  541217,  541231,  541237,  541249,  541267,  541271,
541283,  541301,  541309,  541339,  541349,  541361,  541363,  541369,
541381,  541391,  541417,  541439,  541447,  541469,  541483,  541507,
541511,  541523,  541529,  541531,  541537,  541543,  541547,  541549,
541571,  541577,  541579,  541589,  541613,  541631,  541657,  541661,
541669,  541693,  541699,  541711,  541721,  541727,  541759,  541763,
541771,  541777,  541781,  541799,  541817,  541831,  541837,  541859,
541889,  541901,  541927,  541951,  541967,  541987,  541991,  541993,
541999,  542021,  542023,  542027,  542053,  542063,  542071,  542081,
542083,  542093,  542111,  542117,  542119,  542123,  542131,  542141,
542149,  542153,  542167,  542183,  542189,  542197,  542207,  542219,
542237,  542251,  542261,  542263,  542281,  542293,  542299,  542323,
542371,  542401,  542441,  542447,  542461,  542467,  542483,  542489,
542497,  542519,  542533,  542537,  542539,  542551,  542557,  542567,
542579,  542587,  542599,  542603,  542683,  542687,  542693,  542713,
542719,  542723,  542747,  542761,  542771,  542783,  542791,  542797,
542821,  542831,  542837,  542873,  542891,  542911,  542921,  542923,
542933,  542939,  542947,  542951,  542981,  542987,  542999,  543017,
543019,  543029,  543061,  543097,  543113,  543131,  543139,  543143,
543149,  543157,  543161,  543163,  543187,  543203,  543217,  543223,
543227,  543233,  543241,  543253,  543259,  543281,  543287,  543289,
543299,  543307,  543311,  543313,  543341,  543349,  543353,  543359,
543379,  543383,  543407,  543427,  543463,  543497,  543503,  543509,
543539,  543551,  543553,  543593,  543601,  543607,  543611,  543617,
543637,  543659,  543661,  543671,  543679,  543689,  543703,  543707,
543713,  543769,  543773,  543787,  543791,  543793,  543797,  543811,
543827,  543841,  543853,  543857,  543859,  543871,  543877,  543883,
543887,  543889,  543901,  543911,  543929,  543967,  543971,  543997,
544001,  544007,  544009,  544013,  544021,  544031,  544097,  544099,
544109,  544123,  544129,  544133,  544139,  544171,  544177,  544183,
544199,  544223,  544259,  544273,  544277,  544279,  544367,  544373,
544399,  544403,  544429,  544451,  544471,  544477,  544487,  544501,
544513,  544517,  544543,  544549,  544601,  544613,  544627,  544631,
544651,  544667,  544699,  544717,  544721,  544723,  544727,  544757,
544759,  544771,  544781,  544793,  544807,  544813,  544837,  544861,
544877,  544879,  544883,  544889,  544897,  544903,  544919,  544927,
544937,  544961,  544963,  544979,  545023,  545029,  545033,  545057,
545063,  545087,  545089,  545093,  545117,  545131,  545141,  545143,
545161,  545189,  545203,  545213,  545231,  545239,  545257,  545267,
545291,  545329,  545371,  545387,  545429,  545437,  545443,  545449,
```

545473, 545477, 545483, 545497, 545521, 545527, 545533, 545543,
545549, 545551, 545579, 545599, 545609, 545617, 545621, 545641,
545647, 545651, 545663, 545711, 545723, 545731, 545747, 545749,
545759, 545773, 545789, 545791, 545827, 545843, 545863, 545873,
545893, 545899, 545911, 545917, 545929, 545933, 545939, 545947,
545959, 546001, 546017, 546019, 546031, 546047, 546053, 546067,
546071, 546097, 546101, 546103, 546109, 546137, 546149, 546151,
546173, 546179, 546197, 546211, 546233, 546239, 546241, 546253,
546263, 546283, 546289, 546317, 546323, 546341, 546349, 546353,
546361, 546367, 546373, 546391, 546461, 546467, 546479, 546509,
546523, 546547, 546569, 546583, 546587, 546599, 546613, 546617,
546619, 546631, 546643, 546661, 546671, 546677, 546683, 546691,
546709, 546719, 546731, 546739, 546781, 546841, 546859, 546863,
546869, 546881, 546893, 546919, 546937, 546943, 546947, 546961,
546967, 546977, 547007, 547021, 547037, 547061, 547087, 547093,
547097, 547103, 547121, 547133, 547139, 547171, 547223, 547229,
547237, 547241, 547249, 547271, 547273, 547291, 547301, 547321,
547357, 547361, 547363, 547369, 547373, 547387, 547397, 547399,
547411, 547441, 547453, 547471, 547483, 547487, 547493, 547499,
547501, 547513, 547529, 547537, 547559, 547567, 547577, 547583,
547601, 547609, 547619, 547627, 547639, 547643, 547661, 547663,
547681, 547709, 547727, 547741, 547747, 547753, 547763, 547769,
547787, 547817, 547819, 547823, 547831, 547849, 547853, 547871,
547889, 547901, 547909, 547951, 547957, 547999, 548003, 548039,
548059, 548069, 548083, 548089, 548099, 548117, 548123, 548143,
548153, 548189, 548201, 548213, 548221, 548227, 548239, 548243,
548263, 548291, 548309, 548323, 548347, 548351, 548363, 548371,
548393, 548399, 548407, 548417, 548423, 548441, 548453, 548459,
548461, 548489, 548501, 548503, 548519, 548521, 548533, 548543,
548557, 548567, 548579, 548591, 548623, 548629, 548657, 548671,
548677, 548687, 548693, 548707, 548719, 548749, 548753, 548761,
548771, 548783, 548791, 548827, 548831, 548833, 548837, 548843,
548851, 548861, 548869, 548893, 548897, 548903, 548909, 548927,
548953, 548957, 548963, 549001, 549011, 549013, 549019, 549023,
549037, 549071, 549089, 549091, 549097, 549121, 549139, 549149,
549161, 549163, 549167, 549169, 549193, 549203, 549221, 549229,
549247, 549257, 549259, 549281, 549313, 549319, 549323, 549331,
549379, 549391, 549403, 549421, 549431, 549443, 549449, 549481,
549503, 549509, 549511, 549517, 549533, 549547, 549551, 549553,
549569, 549587, 549589, 549607, 549623, 549641, 549643, 549649,
549667, 549683, 549691, 549701, 549707, 549713, 549719, 549733,
549737, 549739, 549749, 549751, 549767, 549817, 549833, 549839,
549863, 549877, 549883, 549911, 549937, 549943, 549949, 549977,
549979, 550007, 550009, 550027, 550049, 550061, 550063, 550073,
550111, 550117, 550127, 550129, 550139, 550163, 550169, 550177,
550181, 550189, 550211, 550213, 550241, 550267, 550279, 550283,
550289, 550309, 550337, 550351, 550369, 550379, 550427, 550439,
550441, 550447, 550457, 550469, 550471, 550489, 550513, 550519,

प्रथम सौ हजार अभाज्य संख्याएँ

550531, 550541, 550553, 550577, 550607, 550609, 550621, 550631,
550637, 550651, 550657, 550661, 550663, 550679, 550691, 550703,
550717, 550721, 550733, 550757, 550763, 550789, 550801, 550811,
550813, 550831, 550841, 550843, 550859, 550861, 550903, 550909,
550937, 550939, 550951, 550961, 550969, 550973, 550993, 550997,
551003, 551017, 551027, 551039, 551059, 551063, 551069, 551093,
551099, 551107, 551113, 551129, 551143, 551179, 551197, 551207,
551219, 551231, 551233, 551269, 551281, 551297, 551311, 551321,
551339, 551347, 551363, 551381, 551387, 551407, 551423, 551443,
551461, 551483, 551489, 551503, 551519, 551539, 551543, 551549,
551557, 551569, 551581, 551587, 551597, 551651, 551653, 551659,
551671, 551689, 551693, 551713, 551717, 551723, 551729, 551731,
551743, 551753, 551767, 551773, 551801, 551809, 551813, 551843,
551849, 551861, 551909, 551911, 551917, 551927, 551933, 551951,
551959, 551963, 551981, 552001, 552011, 552029, 552031, 552047,
552053, 552059, 552089, 552091, 552103, 552107, 552113, 552127,
552137, 552179, 552193, 552217, 552239, 552241, 552259, 552263,
552271, 552283, 552301, 552317, 552341, 552353, 552379, 552397,
552401, 552403, 552469, 552473, 552481, 552491, 552493, 552511,
552523, 552527, 552553, 552581, 552583, 552589, 552611, 552649,
552659, 552677, 552703, 552707, 552709, 552731, 552749, 552751,
552757, 552787, 552791, 552793, 552809, 552821, 552833, 552841,
552847, 552859, 552883, 552887, 552899, 552913, 552917, 552971,
552983, 552991, 553013, 553037, 553043, 553051, 553057, 553067,
553073, 553093, 553097, 553099, 553103, 553123, 553139, 553141,
553153, 553171, 553181, 553193, 553207, 553211, 553229, 553249,
553253, 553277, 553279, 553309, 553351, 553363, 553369, 553411,
553417, 553433, 553439, 553447, 553457, 553463, 553471, 553481,
553507, 553513, 553517, 553529, 553543, 553549, 553561, 553573,
553583, 553589, 553591, 553601, 553607, 553627, 553643, 553649,
553667, 553681, 553687, 553699, 553703, 553727, 553733, 553747,
553757, 553759, 553769, 553789, 553811, 553837, 553849, 553867,
553873, 553897, 553901, 553919, 553921, 553933, 553961, 553963,
553981, 553991, 554003, 554011, 554017, 554051, 554077, 554087,
554089, 554117, 554123, 554129, 554137, 554167, 554171, 554179,
554189, 554207, 554209, 554233, 554237, 554263, 554269, 554293,
554299, 554303, 554317, 554347, 554377, 554383, 554417, 554419,
554431, 554447, 554453, 554467, 554503, 554527, 554531, 554569,
554573, 554597, 554611, 554627, 554633, 554639, 554641, 554663,
554669, 554677, 554699, 554707, 554711, 554731, 554747, 554753,
554759, 554767, 554779, 554789, 554791, 554797, 554803, 554821,
554833, 554837, 554839, 554843, 554849, 554887, 554891, 554893,
554899, 554923, 554927, 554951, 554959, 554969, 554977, 555029,
555041, 555043, 555053, 555073, 555077, 555083, 555091, 555097,
555109, 555119, 555143, 555167, 555209, 555221, 555251, 555253,
555257, 555277, 555287, 555293, 555301, 555307, 555337, 555349,
555361, 555383, 555391, 555419, 555421, 555439, 555461, 555487,
555491, 555521, 555523, 555557, 555589, 555593, 555637, 555661,

555671, 555677, 555683, 555691, 555697, 555707, 555739, 555743,
555761, 555767, 555823, 555827, 555829, 555853, 555857, 555871,
555931, 555941, 555953, 555967, 556007, 556021, 556027, 556037,
556043, 556051, 556067, 556069, 556093, 556103, 556123, 556159,
556177, 556181, 556211, 556219, 556229, 556243, 556253, 556261,
556267, 556271, 556273, 556279, 556289, 556313, 556321, 556327,
556331, 556343, 556351, 556373, 556399, 556403, 556441, 556459,
556477, 556483, 556487, 556513, 556519, 556537, 556559, 556573,
556579, 556583, 556601, 556607, 556609, 556613, 556627, 556639,
556651, 556679, 556687, 556691, 556693, 556697, 556709, 556723,
556727, 556741, 556753, 556763, 556769, 556781, 556789, 556793,
556799, 556811, 556817, 556819, 556823, 556841, 556849, 556859,
556861, 556867, 556883, 556891, 556931, 556939, 556943, 556957,
556967, 556981, 556987, 556999, 557017, 557021, 557027, 557033,
557041, 557057, 557059, 557069, 557087, 557093, 557153, 557159,
557197, 557201, 557261, 557269, 557273, 557281, 557303, 557309,
557321, 557329, 557339, 557369, 557371, 557377, 557423, 557443,
557449, 557461, 557483, 557489, 557519, 557521, 557533, 557537,
557551, 557567, 557573, 557591, 557611, 557633, 557639, 557663,
557671, 557693, 557717, 557729, 557731, 557741, 557743, 557747,
557759, 557761, 557779, 557789, 557801, 557803, 557831, 557857,
557861, 557863, 557891, 557899, 557903, 557927, 557981, 557987,
558007, 558017, 558029, 558053, 558067, 558083, 558091, 558109,
558113, 558121, 558139, 558149, 558167, 558179, 558197, 558203,
558209, 558223, 558241, 558251, 558253, 558287, 558289, 558307,
558319, 558343, 558401, 558413, 558421, 558427, 558431, 558457,
558469, 558473, 558479, 558491, 558497, 558499, 558521, 558529,
558533, 558539, 558541, 558563, 558583, 558587, 558599, 558611,
558629, 558643, 558661, 558683, 558703, 558721, 558731, 558757,
558769, 558781, 558787, 558791, 558793, 558827, 558829, 558863,
558869, 558881, 558893, 558913, 558931, 558937, 558947, 558973,
558979, 558997, 559001, 559049, 559051, 559067, 559081, 559093,
559099, 559123, 559133, 559157, 559177, 559183, 559201, 559211,
559213, 559217, 559219, 559231, 559243, 559259, 559277, 559297,
559313, 559319, 559343, 559357, 559367, 559369, 559397, 559421,
559451, 559459, 559469, 559483, 559511, 559513, 559523, 559529,
559541, 559547, 559549, 559561, 559571, 559577, 559583, 559591,
559597, 559631, 559633, 559639, 559649, 559667, 559673, 559679,
559687, 559703, 559709, 559739, 559747, 559777, 559781, 559799,
559807, 559813, 559831, 559841, 559849, 559859, 559877, 559883,
559901, 559907, 559913, 559939, 559967, 559973, 559991, 560017,
560023, 560029, 560039, 560047, 560081, 560083, 560089, 560093,
560107, 560113, 560117, 560123, 560137, 560149, 560159, 560171,
560173, 560179, 560191, 560207, 560213, 560221, 560227, 560233,
560237, 560239, 560243, 560249, 560281, 560293, 560297, 560299,
560311, 560317, 560341, 560353, 560393, 560411, 560437, 560447,
560459, 560471, 560477, 560479, 560489, 560491, 560501, 560503,
560531, 560543, 560551, 560561, 560597, 560617, 560621, 560639,

प्रथम सौ हजार अभाज्य संख्याएँ

560641, 560653, 560669, 560683, 560689, 560701, 560719, 560737,
560753, 560761, 560767, 560771, 560783, 560797, 560803, 560827,
560837, 560863, 560869, 560873, 560887, 560891, 560893, 560897,
560929, 560939, 560941, 560969, 560977, 561019, 561047, 561053,
561059, 561061, 561079, 561083, 561091, 561097, 561101, 561103,
561109, 561161, 561173, 561181, 561191, 561199, 561229, 561251,
561277, 561307, 561313, 561343, 561347, 561359, 561367, 561373,
561377, 561389, 561409, 561419, 561439, 561461, 561521, 561529,
561551, 561553, 561559, 561599, 561607, 561667, 561703, 561713,
561733, 561761, 561767, 561787, 561797, 561809, 561829, 561839,
561907, 561917, 561923, 561931, 561943, 561947, 561961, 561973,
561983, 561997, 562007, 562019, 562021, 562043, 562091, 562103,
562129, 562147, 562169, 562181, 562193, 562201, 562231, 562259,
562271, 562273, 562283, 562291, 562297, 562301, 562307, 562313,
562333, 562337, 562349, 562351, 562357, 562361, 562399, 562403,
562409, 562417, 562421, 562427, 562439, 562459, 562477, 562493,
562501, 562517, 562519, 562537, 562577, 562579, 562589, 562591,
562607, 562613, 562621, 562631, 562633, 562651, 562663, 562669,
562673, 562691, 562693, 562699, 562703, 562711, 562721, 562739,
562753, 562759, 562763, 562781, 562789, 562813, 562831, 562841,
562871, 562897, 562901, 562909, 562931, 562943, 562949, 562963,
562967, 562973, 562979, 562987, 562997, 563009, 563011, 563021,
563039, 563041, 563047, 563051, 563077, 563081, 563099, 563113,
563117, 563119, 563131, 563149, 563153, 563183, 563197, 563219,
563249, 563263, 563287, 563327, 563351, 563357, 563359, 563377,
563401, 563411, 563413, 563417, 563419, 563447, 563449, 563467,
563489, 563501, 563503, 563543, 563551, 563561, 563587, 563593,
563599, 563623, 563657, 563663, 563723, 563743, 563747, 563777,
563809, 563813, 563821, 563831, 563837, 563851, 563869, 563881,
563887, 563897, 563929, 563933, 563947, 563971, 563987, 563999,
564013, 564017, 564041, 564049, 564059, 564061, 564089, 564097,
564103, 564127, 564133, 564149, 564163, 564173, 564191, 564197,
564227, 564229, 564233, 564251, 564257, 564269, 564271, 564299,
564301, 564307, 564313, 564323, 564353, 564359, 564367, 564371,
564373, 564391, 564401, 564407, 564409, 564419, 564437, 564449,
564457, 564463, 564467, 564491, 564497, 564523, 564533, 564593,
564607, 564617, 564643, 564653, 564667, 564671, 564679, 564701,
564703, 564709, 564713, 564761, 564779, 564793, 564797, 564827,
564871, 564881, 564899, 564917, 564919, 564923, 564937, 564959,
564973, 564979, 564983, 564989, 564997, 565013, 565039, 565049,
565057, 565069, 565109, 565111, 565127, 565163, 565171, 565177,
565183, 565189, 565207, 565237, 565241, 565247, 565259, 565261,
565273, 565283, 565289, 565303, 565319, 565333, 565337, 565343,
565361, 565379, 565381, 565387, 565391, 565393, 565427, 565429,
565441, 565451, 565463, 565469, 565483, 565489, 565507, 565511,
565517, 565519, 565549, 565553, 565559, 565567, 565571, 565583,
565589, 565597, 565603, 565613, 565637, 565651, 565661, 565667,
565723, 565727, 565769, 565771, 565787, 565793, 565813, 565849,

प्रथम सौ हजार अभाज्य संख्याएँ

565867, 565889, 565891, 565907, 565909, 565919, 565921, 565937,
565973, 565979, 565997, 566011, 566023, 566047, 566057, 566077,
566089, 566101, 566107, 566131, 566149, 566161, 566173, 566179,
566183, 566201, 566213, 566227, 566231, 566233, 566273, 566311,
566323, 566347, 566387, 566393, 566413, 566417, 566429, 566431,
566437, 566441, 566443, 566453, 566521, 566537, 566539, 566543,
566549, 566551, 566557, 566563, 566567, 566617, 566633, 566639,
566653, 566659, 566677, 566681, 566693, 566701, 566707, 566717,
566719, 566723, 566737, 566759, 566767, 566791, 566821, 566833,
566851, 566857, 566879, 566911, 566939, 566947, 566963, 566971,
566977, 566987, 566999, 567011, 567013, 567031, 567053, 567059,
567067, 567097, 567101, 567107, 567121, 567143, 567179, 567181,
567187, 567209, 567257, 567263, 567277, 567319, 567323, 567367,
567377, 567383, 567389, 567401, 567407, 567439, 567449, 567451,
567467, 567487, 567493, 567499, 567527, 567529, 567533, 567569,
567601, 567607, 567631, 567649, 567653, 567659, 567661, 567667,
567673, 567689, 567719, 567737, 567751, 567761, 567767, 567779,
567793, 567811, 567829, 567841, 567857, 567863, 567871, 567877,
567881, 567883, 567899, 567937, 567943, 567947, 567949, 567961,
567979, 567991, 567997, 568019, 568027, 568033, 568049, 568069,
568091, 568097, 568109, 568133, 568151, 568153, 568163, 568171,
568177, 568187, 568189, 568193, 568201, 568207, 568231, 568237,
568241, 568273, 568279, 568289, 568303, 568349, 568363, 568367,
568387, 568391, 568433, 568439, 568441, 568453, 568471, 568481,
568493, 568523, 568541, 568549, 568577, 568609, 568619, 568627,
568643, 568657, 568669, 568679, 568691, 568699, 568709, 568723,
568751, 568783, 568787, 568807, 568823, 568831, 568853, 568877,
568891, 568903, 568907, 568913, 568921, 568963, 568979, 568987,
568991, 568999, 569003, 569011, 569021, 569047, 569053, 569057,
569071, 569077, 569081, 569083, 569111, 569117, 569137, 569141,
569159, 569161, 569189, 569197, 569201, 569209, 569213, 569237,
569243, 569249, 569251, 569263, 569267, 569269, 569321, 569323,
569369, 569417, 569419, 569423, 569431, 569447, 569461, 569479,
569497, 569507, 569533, 569573, 569579, 569581, 569599, 569603,
569609, 569617, 569623, 569659, 569663, 569671, 569683, 569711,
569713, 569717, 569729, 569731, 569747, 569759, 569771, 569773,
569797, 569809, 569813, 569819, 569831, 569839, 569843, 569851,
569861, 569869, 569887, 569893, 569897, 569903, 569927, 569939,
569957, 569983, 570001, 570013, 570029, 570041, 570043, 570047,
570049, 570071, 570077, 570079, 570083, 570091, 570107, 570109,
570113, 570131, 570139, 570161, 570173, 570181, 570191, 570217,
570221, 570233, 570253, 570329, 570359, 570373, 570379, 570389,
570391, 570403, 570407, 570413, 570419, 570421, 570461, 570463,
570467, 570487, 570491, 570497, 570499, 570509, 570511, 570527,
570529, 570539, 570547, 570553, 570569, 570587, 570601, 570613,
570637, 570643, 570649, 570659, 570667, 570671, 570677, 570683,
570697, 570719, 570733, 570737, 570743, 570781, 570821, 570827,
570839, 570841, 570851, 570853, 570859, 570881, 570887, 570901,

प्रथम सौ हजार अभाज्य संख्याएँ

570919, 570937, 570949, 570959, 570961, 570967, 570991, 571001,
571019, 571031, 571037, 571049, 571069, 571093, 571099, 571111,
571133, 571147, 571157, 571163, 571199, 571201, 571211, 571223,
571229, 571231, 571261, 571267, 571279, 571303, 571321, 571331,
571339, 571369, 571381, 571397, 571399, 571409, 571433, 571453,
571471, 571477, 571531, 571541, 571579, 571583, 571589, 571601,
571603, 571633, 571657, 571673, 571679, 571699, 571709, 571717,
571721, 571741, 571751, 571759, 571777, 571783, 571789, 571799,
571801, 571811, 571841, 571847, 571853, 571861, 571867, 571871,
571873, 571877, 571903, 571933, 571939, 571969, 571973, 572023,
572027, 572041, 572051, 572053, 572059, 572063, 572069, 572087,
572093, 572107, 572137, 572161, 572177, 572179, 572183, 572207,
572233, 572239, 572251, 572269, 572281, 572303, 572311, 572321,
572323, 572329, 572333, 572357, 572387, 572399, 572417, 572419,
572423, 572437, 572449, 572461, 572471, 572479, 572491, 572497,
572519, 572521, 572549, 572567, 572573, 572581, 572587, 572597,
572599, 572609, 572629, 572633, 572639, 572651, 572653, 572657,
572659, 572683, 572687, 572699, 572707, 572711, 572749, 572777,
572791, 572801, 572807, 572813, 572821, 572827, 572833, 572843,
572867, 572879, 572881, 572903, 572909, 572927, 572933, 572939,
572941, 572963, 572969, 572993, 573007, 573031, 573047, 573101,
573107, 573109, 573119, 573143, 573161, 573163, 573179, 573197,
573247, 573253, 573263, 573277, 573289, 573299, 573317, 573329,
573341, 573343, 573371, 573379, 573383, 573409, 573437, 573451,
573457, 573473, 573479, 573481, 573487, 573493, 573497, 573509,
573511, 573523, 573527, 573557, 573569, 573571, 573637, 573647,
573673, 573679, 573691, 573719, 573737, 573739, 573757, 573761,
573763, 573787, 573791, 573809, 573817, 573829, 573847, 573851,
573863, 573871, 573883, 573887, 573899, 573901, 573929, 573941,
573953, 573967, 573973, 573977, 574003, 574031, 574033, 574051,
574061, 574081, 574099, 574109, 574127, 574157, 574159, 574163,
574169, 574181, 574183, 574201, 574219, 574261, 574279, 574283,
574289, 574297, 574307, 574309, 574363, 574367, 574373, 574393,
574423, 574429, 574433, 574439, 574477, 574489, 574493, 574501,
574507, 574529, 574543, 574547, 574597, 574619, 574621, 574627,
574631, 574643, 574657, 574667, 574687, 574699, 574703, 574711,
574723, 574727, 574733, 574741, 574789, 574799, 574801, 574813,
574817, 574859, 574907, 574913, 574933, 574939, 574949, 574963,
574967, 574969, 575009, 575027, 575033, 575053, 575063, 575077,
575087, 575119, 575123, 575129, 575131, 575137, 575153, 575173,
575177, 575203, 575213, 575219, 575231, 575243, 575249, 575251,
575257, 575261, 575303, 575317, 575359, 575369, 575371, 575401,
575417, 575429, 575431, 575441, 575473, 575479, 575489, 575503,
575513, 575551, 575557, 575573, 575579, 575581, 575591, 575593,
575611, 575623, 575647, 575651, 575669, 575677, 575689, 575693,
575699, 575711, 575717, 575723, 575747, 575753, 575777, 575791,
575821, 575837, 575849, 575857, 575863, 575867, 575893, 575903,
575921, 575923, 575941, 575957, 575959, 575963, 575987, 576001,

प्रथम सौ हजार अभाज्य संख्याएँ

576013, 576019, 576029, 576031, 576041, 576049, 576089, 576101,
576119, 576131, 576151, 576161, 576167, 576179, 576193, 576203,
576211, 576217, 576221, 576223, 576227, 576287, 576293, 576299,
576313, 576319, 576341, 576377, 576379, 576391, 576421, 576427,
576431, 576439, 576461, 576469, 576473, 576493, 576509, 576523,
576529, 576533, 576539, 576551, 576553, 576577, 576581, 576613,
576617, 576637, 576647, 576649, 576659, 576671, 576677, 576683,
576689, 576701, 576703, 576721, 576727, 576731, 576739, 576743,
576749, 576757, 576769, 576787, 576791, 576881, 576883, 576889,
576899, 576943, 576949, 576967, 576977, 577007, 577009, 577033,
577043, 577063, 577067, 577069, 577081, 577097, 577111, 577123,
577147, 577151, 577153, 577169, 577177, 577193, 577219, 577249,
577259, 577271, 577279, 577307, 577327, 577331, 577333, 577349,
577351, 577363, 577387, 577397, 577399, 577427, 577453, 577457,
577463, 577471, 577483, 577513, 577517, 577523, 577529, 577531,
577537, 577547, 577559, 577573, 577589, 577601, 577613, 577627,
577637, 577639, 577667, 577721, 577739, 577751, 577757, 577781,
577799, 577807, 577817, 577831, 577849, 577867, 577873, 577879,
577897, 577901, 577909, 577919, 577931, 577937, 577939, 577957,
577979, 577981, 578021, 578029, 578041, 578047, 578063, 578077,
578093, 578117, 578131, 578167, 578183, 578191, 578203, 578209,
578213, 578251, 578267, 578297, 578299, 578309, 578311, 578317,
578327, 578353, 578363, 578371, 578399, 578401, 578407, 578419,
578441, 578453, 578467, 578477, 578483, 578489, 578497, 578503,
578509, 578533, 578537, 578563, 578573, 578581, 578587, 578597,
578603, 578609, 578621, 578647, 578659, 578687, 578689, 578693,
578701, 578719, 578729, 578741, 578777, 578779, 578789, 578803,
578819, 578821, 578827, 578839, 578843, 578857, 578861, 578881,
578917, 578923, 578957, 578959, 578971, 578999, 579011, 579017,
579023, 579053, 579079, 579083, 579107, 579113, 579119, 579133,
579179, 579197, 579199, 579239, 579251, 579259, 579263, 579277,
579281, 579283, 579287, 579311, 579331, 579353, 579379, 579407,
579409, 579427, 579433, 579451, 579473, 579497, 579499, 579503,
579517, 579521, 579529, 579533, 579539, 579541, 579563, 579569,
579571, 579583, 579587, 579611, 579613, 579629, 579637, 579641,
579643, 579653, 579673, 579701, 579707, 579713, 579721, 579737,
579757, 579763, 579773, 579779, 579809, 579829, 579851, 579869,
579877, 579881, 579883, 579893, 579907, 579947, 579949, 579961,
579967, 579973, 579983, 580001, 580031, 580033, 580079, 580081,
580093, 580133, 580163, 580169, 580183, 580187, 580201, 580213,
580219, 580231, 580259, 580291, 580301, 580303, 580331, 580339,
580343, 580357, 580361, 580373, 580379, 580381, 580409, 580417,
580471, 580477, 580487, 580513, 580529, 580549, 580553, 580561,
580577, 580607, 580627, 580631, 580633, 580639, 580663, 580673,
580687, 580691, 580693, 580711, 580717, 580733, 580747, 580757,
580759, 580763, 580787, 580793, 580807, 580813, 580837, 580843,
580859, 580871, 580889, 580891, 580901, 580913, 580919, 580927,
580939, 580969, 580981, 580997, 581029, 581041, 581047, 581069,

प्रथम सौ हजार अभाज्य संख्याएँ

581071, 581089, 581099, 581101, 581137, 581143, 581149, 581171,
581173, 581177, 581183, 581197, 581201, 581227, 581237, 581239,
581261, 581263, 581293, 581303, 581311, 581323, 581333, 581341,
581351, 581353, 581369, 581377, 581393, 581407, 581411, 581429,
581443, 581447, 581459, 581473, 581491, 581521, 581527, 581549,
581551, 581557, 581573, 581597, 581599, 581617, 581639, 581657,
581663, 581683, 581687, 581699, 581701, 581729, 581731, 581743,
581753, 581767, 581773, 581797, 581809, 581821, 581843, 581857,
581863, 581869, 581873, 581891, 581909, 581921, 581941, 581947,
581953, 581981, 581983, 582011, 582013, 582017, 582031, 582037,
582067, 582083, 582119, 582137, 582139, 582157, 582161, 582167,
582173, 582181, 582203, 582209, 582221, 582223, 582227, 582247,
582251, 582299, 582317, 582319, 582371, 582391, 582409, 582419,
582427, 582433, 582451, 582457, 582469, 582499, 582509, 582511,
582541, 582551, 582563, 582587, 582601, 582623, 582643, 582649,
582677, 582689, 582691, 582719, 582721, 582727, 582731, 582737,
582761, 582763, 582767, 582773, 582781, 582793, 582809, 582821,
582851, 582853, 582859, 582887, 582899, 582931, 582937, 582949,
582961, 582971, 582973, 582983, 583007, 583013, 583019, 583021,
583031, 583069, 583087, 583127, 583139, 583147, 583153, 583169,
583171, 583181, 583189, 583207, 583213, 583229, 583237, 583249,
583267, 583273, 583279, 583291, 583301, 583337, 583339, 583351,
583367, 583391, 583397, 583403, 583409, 583417, 583421, 583447,
583459, 583469, 583481, 583493, 583501, 583511, 583519, 583523,
583537, 583543, 583577, 583603, 583613, 583619, 583621, 583631,
583651, 583657, 583669, 583673, 583697, 583727, 583733, 583753,
583769, 583777, 583783, 583789, 583801, 583841, 583853, 583859,
583861, 583873, 583879, 583903, 583909, 583937, 583969, 583981,
583991, 583997, 584011, 584027, 584033, 584053, 584057, 584063,
584081, 584099, 584141, 584153, 584167, 584183, 584203, 584249,
584261, 584279, 584281, 584303, 584347, 584357, 584359, 584377,
584387, 584393, 584399, 584411, 584417, 584429, 584447, 584471,
584473, 584509, 584531, 584557, 584561, 584587, 584593, 584599,
584603, 584609, 584621, 584627, 584659, 584663, 584677, 584693,
584699, 584707, 584713, 584719, 584723, 584737, 584767, 584777,
584789, 584791, 584809, 584849, 584863, 584869, 584873, 584879,
584897, 584911, 584917, 584923, 584951, 584963, 584971, 584981,
584993, 584999, 585019, 585023, 585031, 585037, 585041, 585043,
585049, 585061, 585071, 585073, 585077, 585107, 585113, 585119,
585131, 585149, 585163, 585199, 585217, 585251, 585269, 585271,
585283, 585289, 585313, 585317, 585337, 585341, 585367, 585383,
585391, 585413, 585437, 585443, 585461, 585467, 585493, 585503,
585517, 585547, 585551, 585569, 585577, 585581, 585587, 585593,
585601, 585619, 585643, 585653, 585671, 585677, 585691, 585721,
585727, 585733, 585737, 585743, 585749, 585757, 585779, 585791,
585799, 585839, 585841, 585847, 585853, 585857, 585863, 585877,
585881, 585883, 585889, 585899, 585911, 585913, 585917, 585919,
585953, 585989, 585997, 586009, 586037, 586051, 586057, 586067,

प्रथम सौ हजार अभाज्य संख्याएँ

586073, 586087, 586111, 586121, 586123, 586129, 586139, 586147,
586153, 586189, 586213, 586237, 586273, 586277, 586291, 586301,
586309, 586319, 586349, 586361, 586363, 586367, 586387, 586403,
586429, 586433, 586457, 586459, 586463, 586471, 586493, 586499,
586501, 586541, 586543, 586567, 586571, 586577, 586589, 586601,
586603, 586609, 586627, 586631, 586633, 586667, 586679, 586693,
586711, 586723, 586741, 586769, 586787, 586793, 586801, 586811,
586813, 586819, 586837, 586841, 586849, 586871, 586897, 586903,
586909, 586919, 586921, 586933, 586939, 586951, 586961, 586973,
586979, 586981, 587017, 587021, 587033, 587051, 587053, 587057,
587063, 587087, 587101, 587107, 587117, 587123, 587131, 587137,
587143, 587149, 587173, 587179, 587189, 587201, 587219, 587263,
587267, 587269, 587281, 587287, 587297, 587303, 587341, 587371,
587381, 587387, 587413, 587417, 587429, 587437, 587441, 587459,
587467, 587473, 587497, 587513, 587519, 587527, 587533, 587539,
587549, 587551, 587563, 587579, 587599, 587603, 587617, 587621,
587623, 587633, 587659, 587669, 587677, 587687, 587693, 587711,
587731, 587737, 587747, 587749, 587753, 587771, 587773, 587789,
587813, 587827, 587833, 587849, 587863, 587887, 587891, 587897,
587927, 587933, 587947, 587959, 587969, 587971, 587987, 587989,
587999, 588011, 588019, 588037, 588043, 588061, 588073, 588079,
588083, 588097, 588113, 588121, 588131, 588151, 588167, 588169,
588173, 588191, 588199, 588229, 588239, 588241, 588257, 588277,
588293, 588311, 588347, 588359, 588361, 588383, 588389, 588397,
588403, 588433, 588437, 588463, 588481, 588493, 588503, 588509,
588517, 588521, 588529, 588569, 588571, 588619, 588631, 588641,
588647, 588649, 588667, 588673, 588683, 588703, 588733, 588737,
588743, 588767, 588773, 588779, 588811, 588827, 588839, 588871,
588877, 588881, 588893, 588911, 588937, 588941, 588947, 588949,
588953, 588977, 589021, 589027, 589049, 589063, 589109, 589111,
589123, 589139, 589159, 589163, 589181, 589187, 589189, 589207,
589213, 589219, 589231, 589241, 589243, 589273, 589289, 589291,
589297, 589327, 589331, 589349, 589357, 589387, 589409, 589439,
589451, 589453, 589471, 589481, 589493, 589507, 589529, 589531,
589579, 589583, 589591, 589601, 589607, 589609, 589639, 589643,
589681, 589711, 589717, 589751, 589753, 589759, 589763, 589783,
589793, 589807, 589811, 589829, 589847, 589859, 589861, 589873,
589877, 589903, 589921, 589933, 589993, 589997, 590021, 590027,
590033, 590041, 590071, 590077, 590099, 590119, 590123, 590129,
590131, 590137, 590141, 590153, 590171, 590201, 590207, 590243,
590251, 590263, 590267, 590269, 590279, 590309, 590321, 590323,
590327, 590357, 590363, 590377, 590383, 590389, 590399, 590407,
590431, 590437, 590489, 590537, 590543, 590567, 590573, 590593,
590599, 590609, 590627, 590641, 590647, 590657, 590659, 590669,
590713, 590717, 590719, 590741, 590753, 590771, 590797, 590809,
590813, 590819, 590833, 590839, 590867, 590899, 590921, 590923,
590929, 590959, 590963, 590983, 590987, 591023, 591053, 591061,
591067, 591079, 591089, 591091, 591113, 591127, 591131, 591137,

प्रथम सौ हजार अभाज्य संख्याएँ

591161, 591163, 591181, 591193, 591233, 591259, 591271, 591287,
591289, 591301, 591317, 591319, 591341, 591377, 591391, 591403,
591407, 591421, 591431, 591443, 591457, 591469, 591499, 591509,
591523, 591553, 591559, 591581, 591599, 591601, 591611, 591623,
591649, 591653, 591659, 591673, 591691, 591709, 591739, 591743,
591749, 591751, 591757, 591779, 591791, 591827, 591841, 591847,
591863, 591881, 591887, 591893, 591901, 591937, 591959, 591973,
592019, 592027, 592049, 592057, 592061, 592073, 592087, 592099,
592121, 592129, 592133, 592139, 592157, 592199, 592217, 592219,
592223, 592237, 592261, 592289, 592303, 592307, 592309, 592321,
592337, 592343, 592351, 592357, 592367, 592369, 592387, 592391,
592393, 592429, 592451, 592453, 592463, 592469, 592483, 592489,
592507, 592517, 592531, 592547, 592561, 592577, 592589, 592597,
592601, 592609, 592621, 592639, 592643, 592649, 592661, 592663,
592681, 592693, 592723, 592727, 592741, 592747, 592759, 592763,
592793, 592843, 592849, 592853, 592861, 592873, 592877, 592897,
592903, 592919, 592931, 592939, 592967, 592973, 592987, 592993,
593003, 593029, 593041, 593051, 593059, 593071, 593081, 593083,
593111, 593119, 593141, 593143, 593149, 593171, 593179, 593183,
593207, 593209, 593213, 593227, 593231, 593233, 593251, 593261,
593273, 593291, 593293, 593297, 593321, 593323, 593353, 593381,
593387, 593399, 593401, 593407, 593429, 593447, 593449, 593473,
593479, 593491, 593497, 593501, 593507, 593513, 593519, 593531,
593539, 593573, 593587, 593597, 593603, 593627, 593629, 593633,
593641, 593647, 593651, 593689, 593707, 593711, 593767, 593777,
593783, 593839, 593851, 593863, 593869, 593899, 593903, 593933,
593951, 593969, 593977, 593987, 593993, 594023, 594037, 594047,
594091, 594103, 594107, 594119, 594137, 594151, 594157, 594161,
594163, 594179, 594193, 594203, 594211, 594227, 594241, 594271,
594281, 594283, 594287, 594299, 594311, 594313, 594329, 594359,
594367, 594379, 594397, 594401, 594403, 594421, 594427, 594449,
594457, 594467, 594469, 594499, 594511, 594521, 594523, 594533,
594551, 594563, 594569, 594571, 594577, 594617, 594637, 594641,
594653, 594667, 594679, 594697, 594709, 594721, 594739, 594749,
594751, 594773, 594793, 594821, 594823, 594827, 594829, 594857,
594889, 594899, 594911, 594917, 594929, 594931, 594953, 594959,
594961, 594977, 594989, 595003, 595037, 595039, 595043, 595057,
595069, 595073, 595081, 595087, 595093, 595097, 595117, 595123,
595129, 595139, 595141, 595157, 595159, 595181, 595183, 595201,
595207, 595229, 595247, 595253, 595261, 595267, 595271, 595277,
595291, 595303, 595313, 595319, 595333, 595339, 595351, 595363,
595373, 595379, 595381, 595411, 595451, 595453, 595481, 595513,
595519, 595523, 595547, 595549, 595571, 595577, 595579, 595613,
595627, 595687, 595703, 595709, 595711, 595717, 595733, 595741,
595801, 595807, 595817, 595843, 595873, 595877, 595927, 595939,
595943, 595949, 595951, 595957, 595961, 595963, 595967, 595981,
596009, 596021, 596027, 596047, 596053, 596059, 596069, 596081,
596083, 596093, 596117, 596119, 596143, 596147, 596159, 596179,

प्रथम सौ हजार अभाज्य संख्याएँ

596209, 596227, 596231, 596243, 596251, 596257, 596261, 596273,
596279, 596291, 596293, 596317, 596341, 596363, 596369, 596399,
596419, 596423, 596461, 596489, 596503, 596507, 596537, 596569,
596573, 596579, 596587, 596593, 596599, 596611, 596623, 596633,
596653, 596663, 596669, 596671, 596693, 596707, 596737, 596741,
596749, 596767, 596779, 596789, 596803, 596821, 596831, 596839,
596851, 596857, 596861, 596863, 596879, 596899, 596917, 596927,
596929, 596933, 596941, 596963, 596977, 596983, 596987, 597031,
597049, 597053, 597059, 597073, 597127, 597131, 597133, 597137,
597169, 597209, 597221, 597239, 597253, 597263, 597269, 597271,
597301, 597307, 597349, 597353, 597361, 597367, 597383, 597391,
597403, 597407, 597409, 597419, 597433, 597437, 597451, 597473,
597497, 597521, 597523, 597539, 597551, 597559, 597577, 597581,
597589, 597593, 597599, 597613, 597637, 597643, 597659, 597671,
597673, 597677, 597679, 597689, 597697, 597757, 597761, 597767,
597769, 597781, 597803, 597823, 597827, 597833, 597853, 597859,
597869, 597889, 597899, 597901, 597923, 597929, 597967, 597997,
598007, 598049, 598051, 598057, 598079, 598093, 598099, 598123,
598127, 598141, 598151, 598159, 598163, 598187, 598189, 598193,
598219, 598229, 598261, 598303, 598307, 598333, 598363, 598369,
598379, 598387, 598399, 598421, 598427, 598439, 598447, 598457,
598463, 598487, 598489, 598501, 598537, 598541, 598571, 598613,
598643, 598649, 598651, 598657, 598669, 598681, 598687, 598691,
598711, 598721, 598727, 598729, 598777, 598783, 598789, 598799,
598817, 598841, 598853, 598867, 598877, 598883, 598891, 598903,
598931, 598933, 598963, 598967, 598973, 598981, 598987, 598999,
599003, 599009, 599021, 599023, 599069, 599087, 599117, 599143,
599147, 599149, 599153, 599191, 599213, 599231, 599243, 599251,
599273, 599281, 599303, 599309, 599321, 599341, 599353, 599359,
599371, 599383, 599387, 599399, 599407, 599413, 599419, 599429,
599477, 599479, 599491, 599513, 599519, 599537, 599551, 599561,
599591, 599597, 599603, 599611, 599623, 599629, 599657, 599663,
599681, 599693, 599699, 599701, 599713, 599719, 599741, 599759,
599779, 599783, 599803, 599831, 599843, 599857, 599869, 599891,
599899, 599927, 599933, 599939, 599941, 599959, 599983, 599993,
599999, 600011, 600043, 600053, 600071, 600073, 600091, 600101,
600109, 600167, 600169, 600203, 600217, 600221, 600233, 600239,
600241, 600247, 600269, 600283, 600289, 600293, 600307, 600311,
600317, 600319, 600337, 600359, 600361, 600367, 600371, 600401,
600403, 600407, 600421, 600433, 600449, 600451, 600463, 600469,
600487, 600517, 600529, 600557, 600569, 600577, 600601, 600623,
600631, 600641, 600659, 600673, 600689, 600697, 600701, 600703,
600727, 600751, 600791, 600823, 600827, 600833, 600841, 600857,
600877, 600881, 600883, 600889, 600893, 600931, 600947, 600949,
600959, 600961, 600973, 600979, 600983, 601021, 601031, 601037,
601039, 601043, 601061, 601067, 601079, 601093, 601127, 601147,
601187, 601189, 601193, 601201, 601207, 601219, 601231, 601241,
601247, 601259, 601267, 601283, 601291, 601297, 601309, 601313,

प्रथम सौ हजार अभाज्य संख्याएँ

601319, 601333, 601339, 601357, 601379, 601397, 601411, 601423,
601439, 601451, 601457, 601487, 601507, 601541, 601543, 601589,
601591, 601607, 601631, 601651, 601669, 601687, 601697, 601717,
601747, 601751, 601759, 601763, 601771, 601801, 601807, 601813,
601819, 601823, 601831, 601849, 601873, 601883, 601889, 601897,
601903, 601943, 601949, 601961, 601969, 601981, 602029, 602033,
602039, 602047, 602057, 602081, 602083, 602087, 602093, 602099,
602111, 602137, 602141, 602143, 602153, 602179, 602197, 602201,
602221, 602227, 602233, 602257, 602267, 602269, 602279, 602297,
602309, 602311, 602317, 602321, 602333, 602341, 602351, 602377,
602383, 602401, 602411, 602431, 602453, 602461, 602477, 602479,
602489, 602501, 602513, 602521, 602543, 602551, 602593, 602597,
602603, 602621, 602627, 602639, 602647, 602677, 602687, 602689,
602711, 602713, 602717, 602729, 602743, 602753, 602759, 602773,
602779, 602801, 602821, 602831, 602839, 602867, 602873, 602887,
602891, 602909, 602929, 602947, 602951, 602971, 602977, 602983,
602999, 603011, 603013, 603023, 603047, 603077, 603091, 603101,
603103, 603131, 603133, 603149, 603173, 603191, 603203, 603209,
603217, 603227, 603257, 603283, 603311, 603319, 603349, 603389,
603391, 603401, 603431, 603443, 603457, 603467, 603487, 603503,
603521, 603523, 603529, 603541, 603553, 603557, 603563, 603569,
603607, 603613, 603623, 603641, 603667, 603679, 603689, 603719,
603731, 603739, 603749, 603761, 603769, 603781, 603791, 603793,
603817, 603821, 603833, 603847, 603851, 603853, 603859, 603881,
603893, 603899, 603901, 603907, 603913, 603917, 603919, 603923,
603931, 603937, 603947, 603949, 603989, 604001, 604007, 604013,
604031, 604057, 604063, 604069, 604073, 604171, 604189, 604223,
604237, 604243, 604249, 604259, 604277, 604291, 604309, 604313,
604319, 604339, 604343, 604349, 604361, 604369, 604379, 604397,
604411, 604427, 604433, 604441, 604477, 604481, 604517, 604529,
604547, 604559, 604579, 604589, 604603, 604609, 604613, 604619,
604649, 604651, 604661, 604697, 604699, 604711, 604727, 604729,
604733, 604753, 604759, 604781, 604787, 604801, 604811, 604819,
604823, 604829, 604837, 604859, 604861, 604867, 604883, 604907,
604931, 604939, 604949, 604957, 604973, 604997, 605009, 605021,
605023, 605039, 605051, 605069, 605071, 605113, 605117, 605123,
605147, 605167, 605173, 605177, 605191, 605221, 605233, 605237,
605239, 605249, 605257, 605261, 605309, 605323, 605329, 605333,
605347, 605369, 605393, 605401, 605411, 605413, 605443, 605471,
605477, 605497, 605503, 605509, 605531, 605533, 605543, 605551,
605573, 605593, 605597, 605599, 605603, 605609, 605617, 605629,
605639, 605641, 605687, 605707, 605719, 605779, 605789, 605809,
605837, 605849, 605861, 605867, 605873, 605879, 605887, 605893,
605909, 605921, 605933, 605947, 605953, 605977, 605987, 605993,
606017, 606029, 606031, 606037, 606041, 606049, 606059, 606077,
606079, 606083, 606091, 606113, 606121, 606131, 606173, 606181,
606223, 606241, 606247, 606251, 606299, 606301, 606311, 606313,
606323, 606341, 606379, 606383, 606413, 606433, 606443, 606449,

606493, 606497, 606503, 606521, 606527, 606539, 606559, 606569,
606581, 606587, 606589, 606607, 606643, 606649, 606653, 606659,
606673, 606721, 606731, 606733, 606737, 606743, 606757, 606791,
606811, 606829, 606833, 606839, 606847, 606857, 606863, 606899,
606913, 606919, 606943, 606959, 606961, 606967, 606971, 606997,
607001, 607003, 607007, 607037, 607043, 607049, 607063, 607067,
607081, 607091, 607093, 607097, 607109, 607127, 607129, 607147,
607151, 607153, 607157, 607163, 607181, 607199, 607213, 607219,
607249, 607253, 607261, 607301, 607303, 607307, 607309, 607319,
607331, 607337, 607339, 607349, 607357, 607363, 607417, 607421,
607423, 607471, 607493, 607517, 607531, 607549, 607573, 607583,
607619, 607627, 607667, 607669, 607681, 607697, 607703, 607721,
607723, 607727, 607741, 607769, 607813, 607819, 607823, 607837,
607843, 607861, 607883, 607889, 607909, 607921, 607931, 607933,
607939, 607951, 607961, 607967, 607991, 607993, 608011, 608029,
608033, 608087, 608089, 608099, 608117, 608123, 608129, 608131,
608147, 608161, 608177, 608191, 608207, 608213, 608269, 608273,
608297, 608299, 608303, 608339, 608347, 608357, 608359, 608369,
608371, 608383, 608389, 608393, 608401, 608411, 608423, 608429,
608431, 608459, 608471, 608483, 608497, 608519, 608521, 608527,
608581, 608591, 608593, 608609, 608611, 608633, 608653, 608659,
608669, 608677, 608693, 608701, 608737, 608743, 608749, 608759,
608767, 608789, 608819, 608831, 608843, 608851, 608857, 608863,
608873, 608887, 608897, 608899, 608903, 608941, 608947, 608953,
608977, 608987, 608989, 608999, 609043, 609047, 609067, 609071,
609079, 609101, 609107, 609113, 609143, 609149, 609163, 609173,
609179, 609199, 609209, 609221, 609227, 609233, 609241, 609253,
609269, 609277, 609283, 609289, 609307, 609313, 609337, 609359,
609361, 609373, 609379, 609391, 609397, 609403, 609407, 609421,
609437, 609443, 609461, 609487, 609503, 609509, 609517, 609527,
609533, 609541, 609571, 609589, 609593, 609599, 609601, 609607,
609613, 609617, 609619, 609641, 609673, 609683, 609701, 609709,
609743, 609751, 609757, 609779, 609781, 609803, 609809, 609821,
609859, 609877, 609887, 609907, 609911, 609913, 609923, 609929,
609979, 609989, 609991, 609997, 610031, 610063, 610081, 610123,
610157, 610163, 610187, 610193, 610199, 610217, 610219, 610229,
610243, 610271, 610279, 610289, 610301, 610327, 610331, 610339,
610391, 610409, 610417, 610429, 610439, 610447, 610457, 610469,
610501, 610523, 610541, 610543, 610553, 610559, 610567, 610579,
610583, 610619, 610633, 610639, 610651, 610661, 610667, 610681,
610699, 610703, 610721, 610733, 610739, 610741, 610763, 610781,
610783, 610787, 610801, 610817, 610823, 610829, 610837, 610843,
610847, 610849, 610867, 610877, 610879, 610891, 610913, 610919,
610921, 610933, 610957, 610969, 610993, 611011, 611027, 611033,
611057, 611069, 611071, 611081, 611101, 611111, 611113, 611131,
611137, 611147, 611189, 611207, 611213, 611257, 611263, 611279,
611293, 611297, 611323, 611333, 611389, 611393, 611411, 611419,
611441, 611449, 611453, 611459, 611467, 611483, 611497, 611531,

प्रथम सौ हजार अभाज्य संख्याएँ

611543, 611549, 611551, 611557, 611561, 611587, 611603, 611621,
611641, 611657, 611671, 611693, 611707, 611729, 611753, 611791,
611801, 611803, 611827, 611833, 611837, 611839, 611873, 611879,
611887, 611903, 611921, 611927, 611939, 611951, 611953, 611957,
611969, 611977, 611993, 611999, 612011, 612023, 612037, 612041,
612043, 612049, 612061, 612067, 612071, 612083, 612107, 612109,
612113, 612133, 612137, 612149, 612169, 612173, 612181, 612193,
612217, 612223, 612229, 612259, 612263, 612301, 612307, 612317,
612319, 612331, 612341, 612349, 612371, 612373, 612377, 612383,
612401, 612407, 612439, 612481, 612497, 612511, 612553, 612583,
612589, 612611, 612613, 612637, 612643, 612649, 612671, 612679,
612713, 612719, 612727, 612737, 612751, 612763, 612791, 612797,
612809, 612811, 612817, 612823, 612841, 612847, 612853, 612869,
612877, 612889, 612923, 612929, 612947, 612967, 612971, 612977,
613007, 613009, 613013, 613049, 613061, 613097, 613099, 613141,
613153, 613163, 613169, 613177, 613181, 613189, 613199, 613213,
613219, 613229, 613231, 613243, 613247, 613253, 613267, 613279,
613289, 613297, 613337, 613357, 613363, 613367, 613381, 613421,
613427, 613439, 613441, 613447, 613451, 613463, 613469, 613471,
613493, 613499, 613507, 613523, 613549, 613559, 613573, 613577,
613597, 613607, 613609, 613633, 613637, 613651, 613661, 613667,
613673, 613699, 613733, 613741, 613747, 613759, 613763, 613807,
613813, 613817, 613829, 613841, 613849, 613861, 613883, 613889,
613903, 613957, 613967, 613969, 613981, 613993, 613999, 614041,
614051, 614063, 614071, 614093, 614101, 614113, 614129, 614143,
614147, 614153, 614167, 614177, 614179, 614183, 614219, 614267,
614279, 614291, 614293, 614297, 614321, 614333, 614377, 614387,
614413, 614417, 614437, 614477, 614483, 614503, 614527, 614531,
614543, 614561, 614563, 614569, 614609, 614611, 614617, 614623,
614633, 614639, 614657, 614659, 614671, 614683, 614687, 614693,
614701, 614717, 614729, 614741, 614743, 614749, 614753, 614759,
614773, 614827, 614843, 614849, 614851, 614863, 614881, 614893,
614909, 614917, 614927, 614963, 614981, 614983, 615019, 615031,
615047, 615053, 615067, 615101, 615103, 615107, 615137, 615151,
615161, 615187, 615229, 615233, 615253, 615259, 615269, 615289,
615299, 615313, 615337, 615341, 615343, 615367, 615379, 615389,
615401, 615403, 615413, 615427, 615431, 615437, 615449, 615473,
615479, 615491, 615493, 615497, 615509, 615521, 615539, 615557,
615577, 615599, 615607, 615617, 615623, 615661, 615677, 615679,
615709, 615721, 615731, 615739, 615743, 615749, 615751, 615761,
615767, 615773, 615793, 615799, 615821, 615827, 615829, 615833,
615869, 615883, 615887, 615907, 615919, 615941, 615949, 615971,
615997, 616003, 616027, 616051, 616069, 616073, 616079, 616103,
616111, 616117, 616129, 616139, 616141, 616153, 616157, 616169,
616171, 616181, 616207, 616211, 616219, 616223, 616229, 616243,
616261, 616277, 616289, 616307, 616313, 616321, 616327, 616361,
616367, 616387, 616391, 616393, 616409, 616411, 616433, 616439,
616459, 616463, 616481, 616489, 616501, 616507, 616513, 616519,

प्रथम सौ हजार अभाज्य संख्याएँ

616523, 616529, 616537, 616547, 616579, 616589, 616597, 616639,
616643, 616669, 616673, 616703, 616717, 616723, 616729, 616741,
616757, 616769, 616783, 616787, 616789, 616793, 616799, 616829,
616841, 616843, 616849, 616871, 616877, 616897, 616909, 616933,
616943, 616951, 616961, 616991, 616997, 616999, 617011, 617027,
617039, 617051, 617053, 617059, 617077, 617087, 617107, 617119,
617129, 617131, 617147, 617153, 617161, 617189, 617191, 617231,
617233, 617237, 617249, 617257, 617269, 617273, 617293, 617311,
617327, 617333, 617339, 617341, 617359, 617363, 617369, 617387,
617401, 617411, 617429, 617447, 617453, 617467, 617471, 617473,
617479, 617509, 617521, 617531, 617537, 617579, 617587, 617647,
617651, 617657, 617677, 617681, 617689, 617693, 617699, 617707,
617717, 617719, 617723, 617731, 617759, 617761, 617767, 617777,
617791, 617801, 617809, 617819, 617843, 617857, 617873, 617879,
617887, 617917, 617951, 617959, 617963, 617971, 617983, 618029,
618031, 618041, 618049, 618053, 618083, 618119, 618131, 618161,
618173, 618199, 618227, 618229, 618253, 618257, 618269, 618271,
618287, 618301, 618311, 618323, 618329, 618337, 618347, 618349,
618361, 618377, 618407, 618413, 618421, 618437, 618439, 618463,
618509, 618521, 618547, 618559, 618571, 618577, 618581, 618587,
618589, 618593, 618619, 618637, 618643, 618671, 618679, 618703,
618707, 618719, 618799, 618823, 618833, 618841, 618847, 618857,
618859, 618869, 618883, 618913, 618929, 618941, 618971, 618979,
618991, 618997, 619007, 619009, 619019, 619027, 619033, 619057,
619061, 619067, 619079, 619111, 619117, 619139, 619159, 619169,
619181, 619187, 619189, 619207, 619247, 619253, 619261, 619273,
619277, 619279, 619303, 619309, 619313, 619331, 619363, 619373,
619391, 619397, 619471, 619477, 619511, 619537, 619543, 619561,
619573, 619583, 619589, 619603, 619607, 619613, 619621, 619657,
619669, 619681, 619687, 619693, 619711, 619739, 619741, 619753,
619763, 619771, 619793, 619807, 619811, 619813, 619819, 619831,
619841, 619849, 619867, 619897, 619909, 619921, 619967, 619979,
619981, 619987, 619999, 620003, 620029, 620033, 620051, 620099,
620111, 620117, 620159, 620161, 620171, 620183, 620197, 620201,
620227, 620233, 620237, 620239, 620251, 620261, 620297, 620303,
620311, 620317, 620329, 620351, 620359, 620363, 620377, 620383,
620393, 620401, 620413, 620429, 620437, 620441, 620461, 620467,
620491, 620507, 620519, 620531, 620549, 620561, 620567, 620569,
620579, 620603, 620623, 620639, 620647, 620657, 620663, 620671,
620689, 620693, 620717, 620731, 620743, 620759, 620771, 620773,
620777, 620813, 620821, 620827, 620831, 620849, 620869, 620887,
620909, 620911, 620929, 620933, 620947, 620957, 620981, 620999,
621007, 621013, 621017, 621029, 621031, 621043, 621059, 621083,
621097, 621113, 621133, 621139, 621143, 621217, 621223, 621227,
621239, 621241, 621259, 621289, 621301, 621317, 621337, 621343,
621347, 621353, 621359, 621371, 621389, 621419, 621427, 621431,
621443, 621451, 621461, 621473, 621521, 621527, 621541, 621583,
621611, 621617, 621619, 621629, 621631, 621641, 621671, 621679,

प्रथम सौ हजार अभाज्य संख्याएँ

621697, 621701, 621703, 621721, 621739, 621749, 621757, 621769,
621779, 621799, 621821, 621833, 621869, 621871, 621883, 621893,
621913, 621923, 621937, 621941, 621983, 621997, 622009, 622019,
622043, 622049, 622051, 622067, 622073, 622091, 622103, 622109,
622123, 622129, 622133, 622151, 622157, 622159, 622177, 622187,
622189, 622241, 622243, 622247, 622249, 622277, 622301, 622313,
622331, 622333, 622337, 622351, 622367, 622397, 622399, 622423,
622477, 622481, 622483, 622493, 622513, 622519, 622529, 622547,
622549, 622561, 622571, 622577, 622603, 622607, 622613, 622619,
622621, 622637, 622639, 622663, 622669, 622709, 622723, 622729,
622751, 622777, 622781, 622793, 622813, 622849, 622861, 622879,
622889, 622901, 622927, 622943, 622957, 622967, 622987, 622997,
623003, 623009, 623017, 623023, 623041, 623057, 623059, 623071,
623107, 623171, 623209, 623221, 623261, 623263, 623269, 623279,
623281, 623291, 623299, 623303, 623321, 623327, 623341, 623351,
623353, 623383, 623387, 623393, 623401, 623417, 623423, 623431,
623437, 623477, 623521, 623531, 623537, 623563, 623591, 623617,
623621, 623633, 623641, 623653, 623669, 623671, 623677, 623681,
623683, 623699, 623717, 623719, 623723, 623729, 623743, 623759,
623767, 623771, 623803, 623839, 623851, 623867, 623869, 623879,
623881, 623893, 623923, 623929, 623933, 623947, 623957, 623963,
623977, 623983, 623989, 624007, 624031, 624037, 624047, 624049,
624067, 624089, 624097, 624119, 624133, 624139, 624149, 624163,
624191, 624199, 624203, 624209, 624229, 624233, 624241, 624251,
624259, 624271, 624277, 624311, 624313, 624319, 624329, 624331,
624347, 624391, 624401, 624419, 624443, 624451, 624467, 624469,
624479, 624487, 624497, 624509, 624517, 624521, 624539, 624541,
624577, 624593, 624599, 624601, 624607, 624643, 624649, 624667,
624683, 624707, 624709, 624721, 624727, 624731, 624737, 624763,
624769, 624787, 624791, 624797, 624803, 624809, 624829, 624839,
624847, 624851, 624859, 624917, 624961, 624973, 624977, 624983,
624997, 625007, 625033, 625057, 625063, 625087, 625103, 625109,
625111, 625129, 625133, 625169, 625171, 625181, 625187, 625199,
625213, 625231, 625237, 625253, 625267, 625279, 625283, 625307,
625319, 625343, 625351, 625367, 625369, 625397, 625409, 625451,
625477, 625483, 625489, 625507, 625517, 625529, 625543, 625589,
625591, 625609, 625621, 625627, 625631, 625637, 625643, 625657,
625661, 625663, 625697, 625699, 625763, 625777, 625789, 625811,
625819, 625831, 625837, 625861, 625871, 625883, 625909, 625913,
625927, 625939, 625943, 625969, 625979, 625997, 626009, 626011,
626033, 626051, 626063, 626113, 626117, 626147, 626159, 626173,
626177, 626189, 626191, 626201, 626207, 626239, 626251, 626261,
626317, 626323, 626333, 626341, 626347, 626363, 626377, 626389,
626393, 626443, 626477, 626489, 626519, 626533, 626539, 626581,
626597, 626599, 626609, 626611, 626617, 626621, 626623, 626627,
626629, 626663, 626683, 626687, 626693, 626701, 626711, 626713,
626723, 626741, 626749, 626761, 626771, 626783, 626797, 626809,
626833, 626837, 626861, 626887, 626917, 626921, 626929, 626947,

626953, 626959, 626963, 626987, 627017, 627041, 627059, 627071,
627073, 627083, 627089, 627091, 627101, 627119, 627131, 627139,
627163, 627169, 627191, 627197, 627217, 627227, 627251, 627257,
627269, 627271, 627293, 627301, 627329, 627349, 627353, 627377,
627379, 627383, 627391, 627433, 627449, 627479, 627481, 627491,
627511, 627541, 627547, 627559, 627593, 627611, 627617, 627619,
627637, 627643, 627659, 627661, 627667, 627673, 627709, 627721,
627733, 627749, 627773, 627787, 627791, 627797, 627799, 627811,
627841, 627859, 627901, 627911, 627919, 627943, 627947, 627953,
627961, 627973, 628013, 628021, 628037, 628049, 628051, 628057,
628063, 628093, 628097, 628127, 628139, 628171, 628183, 628189,
628193, 628207, 628213, 628217, 628219, 628231, 628261, 628267,
628289, 628301, 628319, 628357, 628363, 628373, 628379, 628391,
628399, 628423, 628427, 628447, 628477, 628487, 628493, 628499,
628547, 628561, 628583, 628591, 628651, 628673, 628679, 628681,
628687, 628699, 628709, 628721, 628753, 628757, 628759, 628781,
628783, 628787, 628799, 628801, 628811, 628819, 628841, 628861,
628877, 628909, 628913, 628921, 628937, 628939, 628973, 628993,
628997, 629003, 629009, 629011, 629023, 629029, 629059, 629081,
629113, 629137, 629143, 629171, 629177, 629203, 629243, 629249,
629263, 629281, 629311, 629339, 629341, 629351, 629371, 629381,
629383, 629401, 629411, 629417, 629429, 629449, 629467, 629483,
629491, 629509, 629513, 629537, 629567, 629569, 629591, 629593,
629609, 629611, 629617, 629623, 629653, 629683, 629687, 629689,
629701, 629711, 629723, 629737, 629743, 629747, 629767, 629773,
629779, 629803, 629807, 629819, 629843, 629857, 629861, 629873,
629891, 629897, 629899, 629903, 629921, 629927, 629929, 629939,
629963, 629977, 629987, 629989, 630017, 630023, 630029, 630043,
630067, 630101, 630107, 630127, 630151, 630163, 630167, 630169,
630181, 630193, 630197, 630229, 630247, 630263, 630281, 630299,
630307, 630319, 630349, 630353, 630391, 630433, 630451, 630467,
630473, 630481, 630493, 630521, 630523, 630529, 630559, 630577,
630583, 630587, 630589, 630593, 630607, 630613, 630659, 630677,
630689, 630701, 630709, 630713, 630719, 630733, 630737, 630797,
630803, 630823, 630827, 630841, 630863, 630871, 630893, 630899,
630901, 630907, 630911, 630919, 630941, 630967, 630997, 631003,
631013, 631039, 631061, 631121, 631133, 631139, 631151, 631153,
631157, 631171, 631181, 631187, 631223, 631229, 631247, 631249,
631259, 631271, 631273, 631291, 631307, 631339, 631357, 631361,
631387, 631391, 631399, 631409, 631429, 631453, 631457, 631459,
631469, 631471, 631483, 631487, 631507, 631513, 631529, 631531,
631537, 631549, 631559, 631573, 631577, 631583, 631597, 631613,
631619, 631643, 631667, 631679, 631681, 631711, 631717, 631723,
631733, 631739, 631751, 631753, 631789, 631817, 631819, 631843,
631847, 631853, 631859, 631861, 631867, 631889, 631901, 631903,
631913, 631927, 631931, 631937, 631979, 631987, 631991, 631993,
632029, 632041, 632053, 632081, 632083, 632087, 632089, 632101,
632117, 632123, 632141, 632147, 632153, 632189, 632209, 632221,

प्रथम सौ हजार अभाज्य संख्याएँ

632227, 632231, 632251, 632257, 632267, 632273, 632297, 632299,
632321, 632323, 632327, 632329, 632347, 632351, 632353, 632363,
632371, 632381, 632389, 632393, 632447, 632459, 632473, 632483,
632497, 632501, 632503, 632521, 632557, 632561, 632591, 632609,
632623, 632627, 632629, 632647, 632669, 632677, 632683, 632699,
632713, 632717, 632743, 632747, 632773, 632777, 632813, 632839,
632843, 632851, 632857, 632881, 632897, 632911, 632923, 632939,
632941, 632971, 632977, 632987, 632993, 633001, 633013, 633037,
633053, 633067, 633079, 633091, 633133, 633151, 633161, 633187,
633197, 633209, 633221, 633253, 633257, 633263, 633271, 633287,
633307, 633317, 633337, 633359, 633377, 633379, 633383, 633401,
633407, 633427, 633449, 633461, 633463, 633467, 633469, 633473,
633487, 633497, 633559, 633569, 633571, 633583, 633599, 633613,
633623, 633629, 633649, 633653, 633667, 633739, 633751, 633757,
633767, 633781, 633791, 633793, 633797, 633799, 633803, 633823,
633833, 633877, 633883, 633923, 633931, 633937, 633943, 633953,
633961, 633967, 633991, 634003, 634013, 634031, 634061, 634079,
634091, 634097, 634103, 634141, 634157, 634159, 634169, 634177,
634181, 634187, 634199, 634211, 634223, 634237, 634241, 634247,
634261, 634267, 634273, 634279, 634301, 634307, 634313, 634327,
634331, 634343, 634367, 634373, 634397, 634421, 634441, 634471,
634483, 634493, 634499, 634511, 634519, 634523, 634531, 634541,
634567, 634573, 634577, 634597, 634603, 634609, 634643, 634649,
634651, 634679, 634681, 634687, 634703, 634709, 634717, 634727,
634741, 634747, 634757, 634759, 634793, 634807, 634817, 634841,
634853, 634859, 634861, 634871, 634891, 634901, 634903, 634927,
634937, 634939, 634943, 634969, 634979, 635003, 635021, 635039,
635051, 635057, 635087, 635119, 635147, 635149, 635197, 635203,
635207, 635249, 635251, 635263, 635267, 635279, 635287, 635291,
635293, 635309, 635317, 635333, 635339, 635347, 635351, 635353,
635359, 635363, 635387, 635389, 635413, 635423, 635431, 635441,
635449, 635461, 635471, 635483, 635507, 635519, 635527, 635533,
635563, 635567, 635599, 635603, 635617, 635639, 635653, 635659,
635689, 635707, 635711, 635729, 635731, 635737, 635777, 635801,
635809, 635813, 635821, 635837, 635849, 635867, 635879, 635891,
635893, 635909, 635917, 635923, 635939, 635959, 635969, 635977,
635981, 635983, 635989, 636017, 636023, 636043, 636059, 636061,
636071, 636073, 636107, 636109, 636133, 636137, 636149, 636193,
636211, 636217, 636241, 636247, 636257, 636263, 636277, 636283,
636287, 636301, 636313, 636319, 636331, 636343, 636353, 636359,
636403, 636407, 636409, 636421, 636469, 636473, 636499, 636533,
636539, 636541, 636547, 636553, 636563, 636569, 636613, 636619,
636631, 636653, 636673, 636697, 636719, 636721, 636731, 636739,
636749, 636761, 636763, 636773, 636781, 636809, 636817, 636821,
636829, 636851, 636863, 636877, 636917, 636919, 636931, 636947,
636953, 636967, 636983, 636997, 637001, 637003, 637067, 637073,
637079, 637097, 637129, 637139, 637157, 637163, 637171, 637199,
637201, 637229, 637243, 637271, 637277, 637283, 637291, 637297,

637309, 637319, 637321, 637327, 637337, 637339, 637349, 637369,
637379, 637409, 637421, 637423, 637447, 637459, 637463, 637471,
637489, 637499, 637513, 637519, 637529, 637531, 637543, 637573,
637597, 637601, 637603, 637607, 637627, 637657, 637669, 637691,
637699, 637709, 637711, 637717, 637723, 637727, 637729, 637751,
637771, 637781, 637783, 637787, 637817, 637829, 637831, 637841,
637873, 637883, 637909, 637933, 637937, 637939, 638023, 638047,
638051, 638059, 638063, 638081, 638117, 638123, 638147, 638159,
638161, 638171, 638177, 638179, 638201, 638233, 638263, 638269,
638303, 638317, 638327, 638347, 638359, 638371, 638423, 638431,
638437, 638453, 638459, 638467, 638489, 638501, 638527, 638567,
638581, 638587, 638621, 638629, 638633, 638663, 638669, 638689,
638699, 638717, 638719, 638767, 638801, 638819, 638839, 638857,
638861, 638893, 638923, 638933, 638959, 638971, 638977, 638993,
638999, 639007, 639011, 639043, 639049, 639053, 639083, 639091,
639137, 639143, 639151, 639157, 639167, 639169, 639181, 639211,
639253, 639257, 639259, 639263, 639269, 639299, 639307, 639311,
639329, 639337, 639361, 639371, 639391, 639433, 639439, 639451,
639487, 639491, 639493, 639511, 639517, 639533, 639547, 639563,
639571, 639577, 639589, 639599, 639601, 639631, 639637, 639647,
639671, 639677, 639679, 639689, 639697, 639701, 639703, 639713,
639719, 639731, 639739, 639757, 639833, 639839, 639851, 639853,
639857, 639907, 639911, 639937, 639941, 639949, 639959, 639983,
639997, 640007, 640009, 640019, 640027, 640039, 640043, 640049,
640061, 640069, 640099, 640109, 640121, 640127, 640139, 640151,
640153, 640163, 640193, 640219, 640223, 640229, 640231, 640247,
640249, 640259, 640261, 640267, 640279, 640303, 640307, 640333,
640363, 640369, 640411, 640421, 640457, 640463, 640477, 640483,
640499, 640529, 640531, 640579, 640583, 640589, 640613, 640621,
640631, 640649, 640663, 640667, 640669, 640687, 640691, 640727,
640733, 640741, 640771, 640777, 640793, 640837, 640847, 640853,
640859, 640873, 640891, 640901, 640907, 640919, 640933, 640943,
640949, 640957, 640963, 640967, 640973, 640993, 641051, 641057,
641077, 641083, 641089, 641093, 641101, 641129, 641131, 641143,
641167, 641197, 641203, 641213, 641227, 641239, 641261, 641279,
641287, 641299, 641317, 641327, 641371, 641387, 641411, 641413,
641419, 641437, 641441, 641453, 641467, 641471, 641479, 641491,
641513, 641519, 641521, 641549, 641551, 641579, 641581, 641623,
641633, 641639, 641681, 641701, 641713, 641747, 641749, 641761,
641789, 641791, 641803, 641813, 641819, 641821, 641827, 641833,
641843, 641863, 641867, 641873, 641881, 641891, 641897, 641909,
641923, 641929, 641959, 641969, 641981, 642011, 642013, 642049,
642071, 642077, 642079, 642113, 642121, 642133, 642149, 642151,
642157, 642163, 642197, 642199, 642211, 642217, 642223, 642233,
642241, 642247, 642253, 642281, 642359, 642361, 642373, 642403,
642407, 642419, 642427, 642457, 642487, 642517, 642527, 642529,
642533, 642547, 642557, 642563, 642581, 642613, 642623, 642673,
642683, 642701, 642737, 642739, 642769, 642779, 642791, 642797,

प्रथम सौ हजार अभाज्य संख्याएँ

642799, 642809, 642833, 642853, 642869, 642871, 642877, 642881,
642899, 642907, 642931, 642937, 642947, 642953, 642973, 642977,
642997, 643009, 643021, 643031, 643039, 643043, 643051, 643061,
643073, 643081, 643087, 643099, 643121, 643129, 643183, 643187,
643199, 643213, 643217, 643231, 643243, 643273, 643301, 643303,
643369, 643373, 643403, 643421, 643429, 643439, 643453, 643457,
643463, 643469, 643493, 643507, 643523, 643547, 643553, 643567,
643583, 643589, 643619, 643633, 643639, 643649, 643651, 643661,
643681, 643691, 643693, 643697, 643703, 643723, 643729, 643751,
643781, 643847, 643849, 643859, 643873, 643879, 643883, 643889,
643919, 643927, 643949, 643957, 643961, 643969, 643991, 644009,
644029, 644047, 644051, 644053, 644057, 644089, 644101, 644107,
644117, 644123, 644129, 644131, 644141, 644143, 644153, 644159,
644173, 644191, 644197, 644201, 644227, 644239, 644257, 644261,
644291, 644297, 644327, 644341, 644353, 644359, 644363, 644377,
644381, 644383, 644401, 644411, 644431, 644443, 644447, 644489,
644491, 644507, 644513, 644519, 644531, 644549, 644557, 644563,
644569, 644593, 644597, 644599, 644617, 644629, 644647, 644653,
644669, 644671, 644687, 644701, 644717, 644729, 644731, 644747,
644753, 644767, 644783, 644789, 644797, 644801, 644837, 644843,
644857, 644863, 644867, 644869, 644881, 644899, 644909, 644911,
644923, 644933, 644951, 644977, 644999, 645011, 645013, 645019,
645023, 645037, 645041, 645049, 645067, 645077, 645083, 645091,
645097, 645131, 645137, 645149, 645179, 645187, 645233, 645257,
645313, 645329, 645347, 645353, 645367, 645383, 645397, 645409,
645419, 645431, 645433, 645443, 645467, 645481, 645493, 645497,
645499, 645503, 645521, 645527, 645529, 645571, 645577, 645581,
645583, 645599, 645611, 645629, 645641, 645647, 645649, 645661,
645683, 645691, 645703, 645713, 645727, 645737, 645739, 645751,
645763, 645787, 645803, 645833, 645839, 645851, 645857, 645877,
645889, 645893, 645901, 645907, 645937, 645941, 645973, 645979,
646003, 646013, 646027, 646039, 646067, 646073, 646099, 646103,
646147, 646157, 646159, 646169, 646181, 646183, 646189, 646193,
646199, 646237, 646253, 646259, 646267, 646271, 646273, 646291,
646301, 646307, 646309, 646339, 646379, 646397, 646403, 646411,
646421, 646423, 646433, 646453, 646519, 646523, 646537, 646543,
646549, 646571, 646573, 646577, 646609, 646619, 646631, 646637,
646643, 646669, 646687, 646721, 646757, 646771, 646781, 646823,
646831, 646837, 646843, 646859, 646873, 646879, 646883, 646889,
646897, 646909, 646913, 646927, 646937, 646957, 646979, 646981,
646991, 646993, 647011, 647033, 647039, 647047, 647057, 647069,
647081, 647099, 647111, 647113, 647117, 647131, 647147, 647161,
647189, 647201, 647209, 647219, 647261, 647263, 647293, 647303,
647321, 647327, 647333, 647341, 647357, 647359, 647363, 647371,
647399, 647401, 647417, 647429, 647441, 647453, 647477, 647489,
647503, 647509, 647527, 647531, 647551, 647557, 647579, 647587,
647593, 647609, 647617, 647627, 647641, 647651, 647659, 647663,
647687, 647693, 647719, 647723, 647741, 647743, 647747, 647753,

प्रथम सौ हजार अभाज्य संख्याएँ

647771, 647783, 647789, 647809, 647821, 647837, 647839, 647851,
647861, 647891, 647893, 647909, 647917, 647951, 647953, 647963,
647987, 648007, 648019, 648029, 648041, 648047, 648059, 648061,
648073, 648079, 648097, 648101, 648107, 648119, 648133, 648173,
648181, 648191, 648199, 648211, 648217, 648229, 648239, 648257,
648259, 648269, 648283, 648289, 648293, 648317, 648331, 648341,
648343, 648371, 648377, 648379, 648383, 648391, 648433, 648437,
648449, 648481, 648509, 648563, 648607, 648617, 648619, 648629,
648631, 648649, 648653, 648671, 648677, 648689, 648709, 648719,
648731, 648763, 648779, 648803, 648841, 648859, 648863, 648871,
648887, 648889, 648911, 648917, 648931, 648937, 648953, 648961,
648971, 648997, 649001, 649007, 649039, 649063, 649069, 649073,
649079, 649081, 649087, 649093, 649123, 649141, 649147, 649151,
649157, 649183, 649217, 649261, 649273, 649277, 649279, 649283,
649291, 649307, 649321, 649361, 649379, 649381, 649403, 649421,
649423, 649427, 649457, 649469, 649471, 649483, 649487, 649499,
649501, 649507, 649511, 649529, 649541, 649559, 649567, 649573,
649577, 649613, 649619, 649631, 649633, 649639, 649643, 649651,
649657, 649661, 649697, 649709, 649717, 649739, 649751, 649769,
649771, 649777, 649783, 649787, 649793, 649799, 649801, 649813,
649829, 649843, 649849, 649867, 649871, 649877, 649879, 649897,
649907, 649921, 649937, 649969, 649981, 649991, 650011, 650017,
650059, 650071, 650081, 650099, 650107, 650179, 650183, 650189,
650213, 650227, 650261, 650269, 650281, 650291, 650317, 650327,
650329, 650347, 650359, 650387, 650401, 650413, 650449, 650477,
650479, 650483, 650519, 650537, 650543, 650549, 650563, 650567,
650581, 650591, 650599, 650609, 650623, 650627, 650669, 650701,
650759, 650761, 650779, 650813, 650821, 650827, 650833, 650851,
650861, 650863, 650869, 650873, 650911, 650917, 650927, 650933,
650953, 650971, 650987, 651017, 651019, 651029, 651043, 651067,
651071, 651097, 651103, 651109, 651127, 651139, 651143, 651169,
651179, 651181, 651191, 651193, 651221, 651223, 651239, 651247,
651251, 651257, 651271, 651281, 651289, 651293, 651323, 651331,
651347, 651361, 651397, 651401, 651437, 651439, 651461, 651473,
651481, 651487, 651503, 651509, 651517, 651587, 651617, 651641,
651647, 651649, 651667, 651683, 651689, 651697, 651727, 651731,
651733, 651767, 651769, 651793, 651803, 651809, 651811, 651821,
651839, 651841, 651853, 651857, 651863, 651869, 651877, 651881,
651901, 651913, 651943, 651971, 651997, 652019, 652033, 652039,
652063, 652079, 652081, 652087, 652117, 652121, 652153, 652189,
652207, 652217, 652229, 652237, 652241, 652243, 652261, 652279,
652283, 652291, 652319, 652321, 652331, 652339, 652343, 652357,
652361, 652369, 652373, 652381, 652411, 652417, 652429, 652447,
652451, 652453, 652493, 652499, 652507, 652541, 652543, 652549,
652559, 652567, 652573, 652577, 652591, 652601, 652607, 652609,
652621, 652627, 652651, 652657, 652667, 652699, 652723, 652727,
652733, 652739, 652741, 652747, 652753, 652759, 652787, 652811,
652831, 652837, 652849, 652853, 652871, 652903, 652909, 652913,

प्रथम सौ हजार अभाज्य संख्याएँ

652921, 652931, 652933, 652937, 652943, 652957, 652969, 652991,
652997, 652999, 653033, 653057, 653083, 653111, 653113, 653117,
653143, 653153, 653197, 653203, 653207, 653209, 653243, 653267,
653273, 653281, 653311, 653321, 653339, 653357, 653363, 653431,
653461, 653473, 653491, 653501, 653503, 653507, 653519, 653537,
653539, 653561, 653563, 653579, 653593, 653617, 653621, 653623,
653641, 653647, 653651, 653659, 653687, 653693, 653707, 653711,
653713, 653743, 653749, 653761, 653777, 653789, 653797, 653801,
653819, 653831, 653879, 653881, 653893, 653899, 653903, 653927,
653929, 653941, 653951, 653963, 653969, 653977, 653993, 654001,
654011, 654019, 654023, 654029, 654047, 654053, 654067, 654089,
654107, 654127, 654149, 654161, 654163, 654167, 654169, 654187,
654191, 654209, 654221, 654223, 654229, 654233, 654257, 654293,
654301, 654307, 654323, 654343, 654349, 654371, 654397, 654413,
654421, 654427, 654439, 654491, 654499, 654509, 654527, 654529,
654539, 654541, 654553, 654571, 654587, 654593, 654601, 654611,
654613, 654623, 654629, 654671, 654679, 654697, 654701, 654727,
654739, 654743, 654749, 654767, 654779, 654781, 654799, 654803,
654817, 654821, 654827, 654839, 654853, 654877, 654889, 654917,
654923, 654931, 654943, 654967, 654991, 655001, 655003, 655013,
655021, 655033, 655037, 655043, 655069, 655087, 655103, 655111,
655121, 655157, 655181, 655211, 655219, 655223, 655229, 655241,
655243, 655261, 655267, 655273, 655283, 655289, 655301, 655331,
655337, 655351, 655357, 655373, 655379, 655387, 655399, 655439,
655453, 655471, 655489, 655507, 655511, 655517, 655531, 655541,
655547, 655559, 655561, 655579, 655583, 655597, 655601, 655637,
655643, 655649, 655651, 655657, 655687, 655693, 655717, 655723,
655727, 655757, 655807, 655847, 655849, 655859, 655883, 655901,
655909, 655913, 655927, 655943, 655961, 655987, 656023, 656039,
656063, 656077, 656113, 656119, 656129, 656141, 656147, 656153,
656171, 656221, 656237, 656263, 656267, 656273, 656291, 656297,
656303, 656311, 656321, 656323, 656329, 656333, 656347, 656371,
656377, 656389, 656407, 656423, 656429, 656459, 656471, 656479,
656483, 656519, 656527, 656561, 656587, 656597, 656599, 656603,
656609, 656651, 656657, 656671, 656681, 656683, 656687, 656701,
656707, 656737, 656741, 656749, 656753, 656771, 656783, 656791,
656809, 656819, 656833, 656839, 656891, 656917, 656923, 656939,
656951, 656959, 656977, 656989, 656993, 657017, 657029, 657047,
657049, 657061, 657071, 657079, 657089, 657091, 657113, 657121,
657127, 657131, 657187, 657193, 657197, 657233, 657257, 657269,
657281, 657289, 657299, 657311, 657313, 657323, 657347, 657361,
657383, 657403, 657413, 657431, 657439, 657451, 657469, 657473,
657491, 657493, 657497, 657499, 657523, 657529, 657539, 657557,
657581, 657583, 657589, 657607, 657617, 657649, 657653, 657659,
657661, 657703, 657707, 657719, 657743, 657779, 657793, 657809,
657827, 657841, 657863, 657893, 657911, 657929, 657931, 657947,
657959, 657973, 657983, 658001, 658043, 658051, 658057, 658069,
658079, 658111, 658117, 658123, 658127, 658139, 658153, 658159,

प्रथम सौ हजार अभाज्य संख्याएँ

658169, 658187, 658199, 658211, 658219, 658247, 658253, 658261,
658277, 658279, 658303, 658309, 658319, 658321, 658327, 658349,
658351, 658367, 658379, 658391, 658403, 658417, 658433, 658447,
658453, 658477, 658487, 658507, 658547, 658549, 658573, 658579,
658589, 658591, 658601, 658607, 658613, 658633, 658639, 658643,
658649, 658663, 658681, 658703, 658751, 658753, 658783, 658807,
658817, 658831, 658837, 658841, 658871, 658873, 658883, 658897,
658907, 658913, 658919, 658943, 658961, 658963, 658969, 658979,
658991, 658997, 659011, 659023, 659047, 659059, 659063, 659069,
659077, 659101, 659137, 659159, 659171, 659173, 659177, 659189,
659221, 659231, 659237, 659251, 659279, 659299, 659317, 659327,
659333, 659353, 659371, 659419, 659423, 659437, 659453, 659467,
659473, 659497, 659501, 659513, 659521, 659531, 659539, 659563,
659569, 659591, 659597, 659609, 659611, 659621, 659629, 659639,
659653, 659657, 659669, 659671, 659689, 659693, 659713, 659723,
659741, 659759, 659761, 659783, 659819, 659831, 659843, 659849,
659863, 659873, 659881, 659899, 659917, 659941, 659947, 659951,
659963, 659983, 659999, 660001, 660013, 660029, 660047, 660053,
660061, 660067, 660071, 660073, 660097, 660103, 660119, 660131,
660137, 660157, 660167, 660181, 660197, 660199, 660217, 660227,
660241, 660251, 660271, 660277, 660281, 660299, 660329, 660337,
660347, 660349, 660367, 660377, 660379, 660391, 660403, 660409,
660449, 660493, 660503, 660509, 660521, 660529, 660547, 660557,
660559, 660563, 660589, 660593, 660599, 660601, 660607, 660617,
660619, 660643, 660659, 660661, 660683, 660719, 660727, 660731,
660733, 660757, 660769, 660787, 660791, 660799, 660809, 660811,
660817, 660833, 660851, 660853, 660887, 660893, 660899, 660901,
660917, 660923, 660941, 660949, 660973, 660983, 661009, 661019,
661027, 661049, 661061, 661091, 661093, 661097, 661099, 661103,
661109, 661117, 661121, 661139, 661183, 661187, 661189, 661201,
661217, 661231, 661237, 661253, 661259, 661267, 661321, 661327,
661343, 661361, 661373, 661393, 661417, 661421, 661439, 661459,
661477, 661481, 661483, 661513, 661517, 661541, 661547, 661553,
661603, 661607, 661613, 661621, 661663, 661673, 661679, 661697,
661721, 661741, 661769, 661777, 661823, 661849, 661873, 661877,
661879, 661883, 661889, 661897, 661909, 661931, 661939, 661949,
661951, 661961, 661987, 661993, 662003, 662021, 662029, 662047,
662059, 662063, 662083, 662107, 662111, 662141, 662143, 662149,
662177, 662203, 662227, 662231, 662251, 662261, 662267, 662281,
662287, 662309, 662323, 662327, 662339, 662351, 662353, 662357,
662369, 662401, 662407, 662443, 662449, 662477, 662483, 662491,
662513, 662527, 662531, 662537, 662539, 662551, 662567, 662591,
662617, 662639, 662647, 662657, 662671, 662681, 662689, 662693,
662713, 662719, 662743, 662771, 662773, 662789, 662797, 662819,
662833, 662839, 662843, 662867, 662897, 662899, 662917, 662939,
662941, 662947, 662951, 662953, 662957, 662999, 663001, 663007,
663031, 663037, 663049, 663053, 663071, 663097, 663127, 663149,
663161, 663163, 663167, 663191, 663203, 663209, 663239, 663241,

प्रथम सौ हजार अभाज्य संख्याएँ

663263, 663269, 663281, 663283, 663301, 663319, 663331, 663349,
663359, 663371, 663407, 663409, 663437, 663463, 663517, 663529,
663539, 663541, 663547, 663557, 663563, 663569, 663571, 663581,
663583, 663587, 663589, 663599, 663601, 663631, 663653, 663659,
663661, 663683, 663709, 663713, 663737, 663763, 663787, 663797,
663821, 663823, 663827, 663853, 663857, 663869, 663881, 663893,
663907, 663937, 663959, 663961, 663967, 663973, 663977, 663979,
663983, 663991, 663997, 664009, 664019, 664043, 664061, 664067,
664091, 664099, 664109, 664117, 664121, 664123, 664133, 664141,
664151, 664177, 664193, 664199, 664211, 664243, 664253, 664271,
664273, 664289, 664319, 664331, 664357, 664369, 664379, 664381,
664403, 664421, 664427, 664441, 664459, 664471, 664507, 664511,
664529, 664537, 664549, 664561, 664571, 664579, 664583, 664589,
664597, 664603, 664613, 664619, 664621, 664633, 664661, 664663,
664667, 664669, 664679, 664687, 664691, 664693, 664711, 664739,
664757, 664771, 664777, 664789, 664793, 664799, 664843, 664847,
664849, 664879, 664891, 664933, 664949, 664967, 664973, 664997,
665011, 665017, 665029, 665039, 665047, 665051, 665053, 665069,
665089, 665111, 665113, 665117, 665123, 665131, 665141, 665153,
665177, 665179, 665201, 665207, 665213, 665221, 665233, 665239,
665251, 665267, 665279, 665293, 665299, 665303, 665311, 665351,
665359, 665369, 665381, 665387, 665419, 665429, 665447, 665479,
665501, 665503, 665507, 665527, 665549, 665557, 665563, 665569,
665573, 665591, 665603, 665617, 665629, 665633, 665659, 665677,
665713, 665719, 665723, 665747, 665761, 665773, 665783, 665789,
665801, 665803, 665813, 665843, 665857, 665897, 665921, 665923,
665947, 665953, 665981, 665983, 665993, 666013, 666019, 666023,
666031, 666041, 666067, 666073, 666079, 666089, 666091, 666109,
666119, 666139, 666143, 666167, 666173, 666187, 666191, 666203,
666229, 666233, 666269, 666277, 666301, 666329, 666353, 666403,
666427, 666431, 666433, 666437, 666439, 666461, 666467, 666493,
666511, 666527, 666529, 666541, 666557, 666559, 666599, 666607,
666637, 666643, 666647, 666649, 666667, 666671, 666683, 666697,
666707, 666727, 666733, 666737, 666749, 666751, 666769, 666773,
666811, 666821, 666823, 666829, 666857, 666871, 666889, 666901,
666929, 666937, 666959, 666979, 666983, 666989, 667013, 667019,
667021, 667081, 667091, 667103, 667123, 667127, 667129, 667141,
667171, 667181, 667211, 667229, 667241, 667243, 667273, 667283,
667309, 667321, 667333, 667351, 667361, 667363, 667367, 667379,
667417, 667421, 667423, 667427, 667441, 667463, 667477, 667487,
667501, 667507, 667519, 667531, 667547, 667549, 667553, 667559,
667561, 667577, 667631, 667643, 667649, 667657, 667673, 667687,
667691, 667697, 667699, 667727, 667741, 667753, 667769, 667781,
667801, 667817, 667819, 667829, 667837, 667859, 667861, 667867,
667883, 667903, 667921, 667949, 667963, 667987, 667991, 667999,
668009, 668029, 668033, 668047, 668051, 668069, 668089, 668093,
668111, 668141, 668153, 668159, 668179, 668201, 668203, 668209,
668221, 668243, 668273, 668303, 668347, 668407, 668417, 668471,

प्रथम सौ हजार अभाज्य संख्याएँ

668509, 668513, 668527, 668531, 668533, 668539, 668543, 668567,
668579, 668581, 668599, 668609, 668611, 668617, 668623, 668671,
668677, 668687, 668699, 668713, 668719, 668737, 668741, 668747,
668761, 668791, 668803, 668813, 668821, 668851, 668867, 668869,
668873, 668879, 668903, 668929, 668939, 668947, 668959, 668963,
668989, 668999, 669023, 669029, 669049, 669077, 669089, 669091,
669107, 669113, 669121, 669127, 669133, 669167, 669173, 669181,
669241, 669247, 669271, 669283, 669287, 669289, 669301, 669311,
669329, 669359, 669371, 669377, 669379, 669391, 669401, 669413,
669419, 669433, 669437, 669451, 669463, 669479, 669481, 669527,
669551, 669577, 669607, 669611, 669637, 669649, 669659, 669661,
669667, 669673, 669677, 669679, 669689, 669701, 669707, 669733,
669763, 669787, 669791, 669839, 669847, 669853, 669857, 669859,
669863, 669869, 669887, 669901, 669913, 669923, 669931, 669937,
669943, 669947, 669971, 669989, 670001, 670031, 670037, 670039,
670049, 670051, 670097, 670099, 670129, 670139, 670147, 670177,
670193, 670199, 670211, 670217, 670223, 670231, 670237, 670249,
670261, 670279, 670297, 670303, 670321, 670333, 670343, 670349,
670363, 670379, 670399, 670409, 670447, 670457, 670471, 670487,
670489, 670493, 670507, 670511, 670517, 670541, 670543, 670559,
670577, 670583, 670597, 670613, 670619, 670627, 670639, 670669,
670673, 670693, 670711, 670727, 670729, 670739, 670763, 670777,
670781, 670811, 670823, 670849, 670853, 670867, 670877, 670897,
670903, 670919, 670931, 670951, 670963, 670987, 670991, 671003,
671017, 671029, 671039, 671059, 671063, 671081, 671087, 671093,
671123, 671131, 671141, 671159, 671161, 671189, 671201, 671219,
671233, 671249, 671257, 671261, 671269, 671287, 671299, 671303,
671323, 671339, 671353, 671357, 671369, 671383, 671401, 671417,
671431, 671443, 671467, 671471, 671477, 671501, 671519, 671533,
671537, 671557, 671581, 671591, 671603, 671609, 671633, 671647,
671651, 671681, 671701, 671717, 671729, 671743, 671753, 671777,
671779, 671791, 671831, 671837, 671851, 671887, 671893, 671903,
671911, 671917, 671921, 671933, 671939, 671941, 671947, 671969,
671971, 671981, 671999, 672019, 672029, 672041, 672043, 672059,
672073, 672079, 672097, 672103, 672107, 672127, 672131, 672137,
672143, 672151, 672167, 672169, 672181, 672193, 672209, 672223,
672227, 672229, 672251, 672271, 672283, 672289, 672293, 672311,
672317, 672323, 672341, 672349, 672377, 672379, 672439, 672443,
672473, 672493, 672499, 672521, 672557, 672577, 672587, 672593,
672629, 672641, 672643, 672653, 672667, 672703, 672743, 672757,
672767, 672779, 672781, 672787, 672799, 672803, 672811, 672817,
672823, 672827, 672863, 672869, 672871, 672883, 672901, 672913,
672937, 672943, 672949, 672953, 672967, 672977, 672983, 673019,
673039, 673063, 673069, 673073, 673091, 673093, 673109, 673111,
673117, 673121, 673129, 673157, 673193, 673199, 673201, 673207,
673223, 673241, 673247, 673271, 673273, 673291, 673297, 673313,
673327, 673339, 673349, 673381, 673391, 673397, 673399, 673403,
673411, 673427, 673429, 673441, 673447, 673451, 673457, 673459,

प्रथम सौ हजार अभाज्य संख्याएँ

673469, 673487, 673499, 673513, 673529, 673549, 673553, 673567,
673573, 673579, 673609, 673613, 673619, 673637, 673639, 673643,
673649, 673667, 673669, 673747, 673769, 673781, 673787, 673793,
673801, 673811, 673817, 673837, 673879, 673891, 673921, 673943,
673951, 673961, 673979, 673991, 674017, 674057, 674059, 674071,
674083, 674099, 674117, 674123, 674131, 674159, 674161, 674173,
674183, 674189, 674227, 674231, 674239, 674249, 674263, 674269,
674273, 674299, 674321, 674347, 674357, 674363, 674371, 674393,
674419, 674431, 674449, 674461, 674483, 674501, 674533, 674537,
674551, 674563, 674603, 674647, 674669, 674677, 674683, 674693,
674699, 674701, 674711, 674717, 674719, 674731, 674741, 674749,
674759, 674761, 674767, 674771, 674789, 674813, 674827, 674831,
674833, 674837, 674851, 674857, 674867, 674879, 674903, 674929,
674941, 674953, 674957, 674977, 674987, 675029, 675067, 675071,
675079, 675083, 675097, 675109, 675113, 675131, 675133, 675151,
675161, 675163, 675173, 675179, 675187, 675197, 675221, 675239,
675247, 675251, 675253, 675263, 675271, 675299, 675313, 675319,
675341, 675347, 675391, 675407, 675413, 675419, 675449, 675457,
675463, 675481, 675511, 675539, 675541, 675551, 675553, 675559,
675569, 675581, 675593, 675601, 675607, 675611, 675617, 675629,
675643, 675713, 675739, 675743, 675751, 675781, 675797, 675817,
675823, 675827, 675839, 675841, 675859, 675863, 675877, 675881,
675889, 675923, 675929, 675931, 675959, 675973, 675977, 675979,
676007, 676009, 676031, 676037, 676043, 676051, 676057, 676061,
676069, 676099, 676103, 676111, 676129, 676147, 676171, 676211,
676217, 676219, 676241, 676253, 676259, 676279, 676289, 676297,
676337, 676339, 676349, 676363, 676373, 676387, 676391, 676409,
676411, 676421, 676427, 676463, 676469, 676493, 676523, 676573,
676589, 676597, 676601, 676649, 676661, 676679, 676703, 676717,
676721, 676727, 676733, 676747, 676751, 676763, 676771, 676807,
676829, 676859, 676861, 676883, 676891, 676903, 676909, 676919,
676927, 676931, 676937, 676943, 676961, 676967, 676979, 676981,
676987, 676993, 677011, 677021, 677029, 677041, 677057, 677077,
677081, 677107, 677111, 677113, 677119, 677147, 677167, 677177,
677213, 677227, 677231, 677233, 677239, 677309, 677311, 677321,
677323, 677333, 677357, 677371, 677387, 677423, 677441, 677447,
677459, 677461, 677471, 677473, 677531, 677533, 677539, 677543,
677561, 677563, 677587, 677627, 677639, 677647, 677657, 677681,
677683, 677687, 677717, 677737, 677767, 677779, 677783, 677791,
677813, 677827, 677857, 677891, 677927, 677947, 677953, 677959,
677983, 678023, 678037, 678047, 678061, 678077, 678101, 678103,
678133, 678157, 678169, 678179, 678191, 678199, 678203, 678211,
678217, 678221, 678229, 678253, 678289, 678299, 678329, 678341,
678343, 678367, 678371, 678383, 678401, 678407, 678409, 678413,
678421, 678437, 678451, 678463, 678479, 678481, 678493, 678499,
678533, 678541, 678553, 678563, 678577, 678581, 678593, 678599,
678607, 678611, 678631, 678637, 678641, 678647, 678649, 678653,
678659, 678719, 678721, 678731, 678739, 678749, 678757, 678761,

प्रथम सौ हजार अभाज्य संख्याएँ

678763, 678767, 678773, 678779, 678809, 678823, 678829, 678833,
678859, 678871, 678883, 678901, 678907, 678941, 678943, 678949,
678959, 678971, 678989, 679033, 679037, 679039, 679051, 679067,
679087, 679111, 679123, 679127, 679153, 679157, 679169, 679171,
679183, 679207, 679219, 679223, 679229, 679249, 679277, 679279,
679297, 679309, 679319, 679333, 679361, 679363, 679369, 679373,
679381, 679403, 679409, 679417, 679423, 679433, 679451, 679463,
679487, 679501, 679517, 679519, 679531, 679537, 679561, 679597,
679603, 679607, 679633, 679639, 679669, 679681, 679691, 679699,
679709, 679733, 679741, 679747, 679751, 679753, 679781, 679793,
679807, 679823, 679829, 679837, 679843, 679859, 679867, 679879,
679883, 679891, 679897, 679907, 679909, 679919, 679933, 679951,
679957, 679961, 679969, 679981, 679993, 679999, 680003, 680027,
680039, 680059, 680077, 680081, 680083, 680107, 680123, 680129,
680159, 680161, 680177, 680189, 680203, 680209, 680213, 680237,
680249, 680263, 680291, 680293, 680297, 680299, 680321, 680327,
680341, 680347, 680353, 680377, 680387, 680399, 680401, 680411,
680417, 680431, 680441, 680443, 680453, 680489, 680503, 680507,
680509, 680531, 680539, 680567, 680569, 680587, 680597, 680611,
680623, 680633, 680651, 680657, 680681, 680707, 680749, 680759,
680767, 680783, 680803, 680809, 680831, 680857, 680861, 680873,
680879, 680881, 680917, 680929, 680959, 680971, 680987, 680989,
680993, 681001, 681011, 681019, 681041, 681047, 681049, 681061,
681067, 681089, 681091, 681113, 681127, 681137, 681151, 681167,
681179, 681221, 681229, 681251, 681253, 681257, 681259, 681271,
681293, 681311, 681337, 681341, 681361, 681367, 681371, 681403,
681407, 681409, 681419, 681427, 681449, 681451, 681481, 681487,
681493, 681497, 681521, 681523, 681539, 681557, 681563, 681589,
681607, 681613, 681623, 681631, 681647, 681673, 681677, 681689,
681719, 681727, 681731, 681763, 681773, 681781, 681787, 681809,
681823, 681833, 681839, 681841, 681883, 681899, 681913, 681931,
681943, 681949, 681971, 681977, 681979, 681983, 681997, 682001,
682009, 682037, 682049, 682063, 682069, 682079, 682141, 682147,
682151, 682153, 682183, 682207, 682219, 682229, 682237, 682247,
682259, 682277, 682289, 682291, 682303, 682307, 682321, 682327,
682333, 682337, 682361, 682373, 682411, 682417, 682421, 682427,
682439, 682447, 682463, 682471, 682483, 682489, 682511, 682519,
682531, 682547, 682597, 682607, 682637, 682657, 682673, 682679,
682697, 682699, 682723, 682729, 682733, 682739, 682751, 682763,
682777, 682789, 682811, 682819, 682901, 682933, 682943, 682951,
682967, 683003, 683021, 683041, 683047, 683071, 683083, 683087,
683119, 683129, 683143, 683149, 683159, 683201, 683231, 683251,
683257, 683273, 683299, 683303, 683317, 683323, 683341, 683351,
683357, 683377, 683381, 683401, 683407, 683437, 683447, 683453,
683461, 683471, 683477, 683479, 683483, 683489, 683503, 683513,
683567, 683591, 683597, 683603, 683651, 683653, 683681, 683687,
683693, 683699, 683701, 683713, 683719, 683731, 683737, 683747,
683759, 683777, 683783, 683789, 683807, 683819, 683821, 683831,

प्रथम सौ हजार अभाज्य संख्याएँ

683833, 683843, 683857, 683861, 683863, 683873, 683887, 683899,
683909, 683911, 683923, 683933, 683939, 683957, 683983, 684007,
684017, 684037, 684053, 684091, 684109, 684113, 684119, 684121,
684127, 684157, 684163, 684191, 684217, 684221, 684239, 684269,
684287, 684289, 684293, 684311, 684329, 684337, 684347, 684349,
684373, 684379, 684407, 684419, 684427, 684433, 684443, 684451,
684469, 684473, 684493, 684527, 684547, 684557, 684559, 684569,
684581, 684587, 684599, 684617, 684637, 684643, 684647, 684683,
684713, 684727, 684731, 684751, 684757, 684767, 684769, 684773,
684791, 684793, 684799, 684809, 684829, 684841, 684857, 684869,
684889, 684923, 684949, 684961, 684973, 684977, 684989, 685001,
685019, 685031, 685039, 685051, 685057, 685063, 685073, 685081,
685093, 685099, 685103, 685109, 685123, 685141, 685169, 685177,
685199, 685231, 685247, 685249, 685271, 685297, 685301, 685319,
685337, 685339, 685361, 685367, 685369, 685381, 685393, 685417,
685427, 685429, 685453, 685459, 685471, 685493, 685511, 685513,
685519, 685537, 685541, 685547, 685591, 685609, 685613, 685621,
685631, 685637, 685649, 685669, 685679, 685697, 685717, 685723,
685733, 685739, 685747, 685753, 685759, 685781, 685793, 685819,
685849, 685859, 685907, 685939, 685963, 685969, 685973, 685987,
685991, 686003, 686009, 686011, 686027, 686029, 686039, 686041,
686051, 686057, 686087, 686089, 686099, 686117, 686131, 686141,
686143, 686149, 686173, 686177, 686197, 686201, 686209, 686267,
686269, 686293, 686317, 686321, 686333, 686339, 686353, 686359,
686363, 686417, 686423, 686437, 686449, 686453, 686473, 686479,
686503, 686513, 686519, 686551, 686563, 686593, 686611, 686639,
686669, 686671, 686687, 686723, 686729, 686731, 686737, 686761,
686773, 686789, 686797, 686801, 686837, 686843, 686863, 686879,
686891, 686893, 686897, 686911, 686947, 686963, 686969, 686971,
686977, 686989, 686993, 687007, 687013, 687017, 687019, 687023,
687031, 687041, 687061, 687073, 687083, 687101, 687107, 687109,
687121, 687131, 687139, 687151, 687161, 687163, 687179, 687223,
687233, 687277, 687289, 687299, 687307, 687311, 687317, 687331,
687341, 687343, 687359, 687383, 687389, 687397, 687403, 687413,
687431, 687433, 687437, 687443, 687457, 687461, 687473, 687481,
687499, 687517, 687521, 687523, 687541, 687551, 687559, 687581,
687593, 687623, 687637, 687641, 687647, 687679, 687683, 687691,
687707, 687721, 687737, 687749, 687767, 687773, 687779, 687787,
687809, 687823, 687829, 687839, 687847, 687893, 687901, 687917,
687923, 687931, 687949, 687961, 687977, 688003, 688013, 688027,
688031, 688063, 688067, 688073, 688087, 688097, 688111, 688133,
688139, 688147, 688159, 688187, 688201, 688217, 688223, 688249,
688253, 688277, 688297, 688309, 688333, 688339, 688357, 688379,
688393, 688397, 688403, 688411, 688423, 688433, 688447, 688451,
688453, 688477, 688511, 688531, 688543, 688561, 688573, 688591,
688621, 688627, 688631, 688637, 688657, 688661, 688669, 688679,
688697, 688717, 688729, 688733, 688741, 688747, 688757, 688763,
688777, 688783, 688799, 688813, 688861, 688867, 688871, 688889,

प्रथम सौ हजार अभाज्य संख्याएँ 143

688907, 688939, 688951, 688957, 688969, 688979, 688999, 689021,
689033, 689041, 689063, 689071, 689077, 689081, 689089, 689093,
689107, 689113, 689131, 689141, 689167, 689201, 689219, 689233,
689237, 689257, 689261, 689267, 689279, 689291, 689309, 689317,
689321, 689341, 689357, 689369, 689383, 689389, 689393, 689411,
689431, 689441, 689459, 689461, 689467, 689509, 689551, 689561,
689581, 689587, 689597, 689599, 689603, 689621, 689629, 689641,
689693, 689699, 689713, 689723, 689761, 689771, 689779, 689789,
689797, 689803, 689807, 689827, 689831, 689851, 689867, 689869,
689873, 689879, 689891, 689893, 689903, 689917, 689921, 689929,
689951, 689957, 689959, 689963, 689981, 689987, 690037, 690059,
690073, 690089, 690103, 690119, 690127, 690139, 690143, 690163,
690187, 690233, 690259, 690269, 690271, 690281, 690293, 690323,
690341, 690367, 690377, 690397, 690407, 690419, 690427, 690433,
690439, 690449, 690467, 690491, 690493, 690509, 690511, 690533,
690541, 690553, 690583, 690589, 690607, 690611, 690629, 690661,
690673, 690689, 690719, 690721, 690757, 690787, 690793, 690817,
690839, 690841, 690869, 690871, 690887, 690889, 690919, 690929,
690953, 690997, 691001, 691037, 691051, 691063, 691079, 691109,
691111, 691121, 691129, 691147, 691151, 691153, 691181, 691183,
691189, 691193, 691199, 691231, 691241, 691267, 691289, 691297,
691309, 691333, 691337, 691343, 691349, 691363, 691381, 691399,
691409, 691433, 691451, 691463, 691489, 691499, 691531, 691553,
691573, 691583, 691589, 691591, 691631, 691637, 691651, 691661,
691681, 691687, 691693, 691697, 691709, 691721, 691723, 691727,
691729, 691739, 691759, 691763, 691787, 691799, 691813, 691829,
691837, 691841, 691843, 691871, 691877, 691891, 691897, 691903,
691907, 691919, 691921, 691931, 691949, 691973, 691979, 691991,
691997, 692009, 692017, 692051, 692059, 692063, 692071, 692089,
692099, 692117, 692141, 692147, 692149, 692161, 692191, 692221,
692239, 692249, 692269, 692273, 692281, 692287, 692297, 692299,
692309, 692327, 692333, 692347, 692353, 692371, 692387, 692389,
692399, 692401, 692407, 692413, 692423, 692431, 692441, 692453,
692459, 692467, 692513, 692521, 692537, 692539, 692543, 692567,
692581, 692591, 692621, 692641, 692647, 692651, 692663, 692689,
692707, 692711, 692717, 692729, 692743, 692753, 692761, 692771,
692779, 692789, 692821, 692851, 692863, 692893, 692917, 692927,
692929, 692933, 692957, 692963, 692969, 692983, 693019, 693037,
693041, 693061, 693079, 693089, 693097, 693103, 693127, 693137,
693149, 693157, 693167, 693169, 693179, 693223, 693257, 693283,
693317, 693323, 693337, 693353, 693359, 693373, 693397, 693401,
693403, 693409, 693421, 693431, 693437, 693487, 693493, 693503,
693523, 693527, 693529, 693533, 693569, 693571, 693601, 693607,
693619, 693629, 693659, 693661, 693677, 693683, 693689, 693691,
693697, 693701, 693727, 693731, 693733, 693739, 693743, 693757,
693779, 693793, 693799, 693809, 693827, 693829, 693851, 693859,
693871, 693877, 693881, 693943, 693961, 693967, 693989, 694019,
694033, 694039, 694061, 694069, 694079, 694081, 694087, 694091,

प्रथम सौ हजार अभाज्य संख्याएँ

694123, 694189, 694193, 694201, 694207, 694223, 694259, 694261,
694271, 694273, 694277, 694313, 694319, 694327, 694333, 694339,
694349, 694357, 694361, 694367, 694373, 694381, 694387, 694391,
694409, 694427, 694457, 694471, 694481, 694483, 694487, 694511,
694513, 694523, 694541, 694549, 694559, 694567, 694571, 694591,
694597, 694609, 694619, 694633, 694649, 694651, 694717, 694721,
694747, 694763, 694781, 694783, 694789, 694829, 694831, 694867,
694871, 694873, 694879, 694901, 694919, 694951, 694957, 694979,
694987, 694997, 694999, 695003, 695017, 695021, 695047, 695059,
695069, 695081, 695087, 695089, 695099, 695111, 695117, 695131,
695141, 695171, 695207, 695239, 695243, 695257, 695263, 695269,
695281, 695293, 695297, 695309, 695323, 695327, 695329, 695347,
695369, 695371, 695377, 695389, 695407, 695411, 695441, 695447,
695467, 695477, 695491, 695503, 695509, 695561, 695567, 695573,
695581, 695593, 695599, 695603, 695621, 695627, 695641, 695659,
695663, 695677, 695687, 695689, 695701, 695719, 695743, 695749,
695771, 695777, 695791, 695801, 695809, 695839, 695843, 695867,
695873, 695879, 695881, 695899, 695917, 695927, 695939, 695999,
696019, 696053, 696061, 696067, 696077, 696079, 696083, 696107,
696109, 696119, 696149, 696181, 696239, 696253, 696257, 696263,
696271, 696281, 696313, 696317, 696323, 696343, 696349, 696359,
696361, 696373, 696379, 696403, 696413, 696427, 696433, 696457,
696481, 696491, 696497, 696503, 696517, 696523, 696533, 696547,
696569, 696607, 696611, 696617, 696623, 696629, 696653, 696659,
696679, 696691, 696719, 696721, 696737, 696743, 696757, 696763,
696793, 696809, 696811, 696823, 696827, 696833, 696851, 696853,
696887, 696889, 696893, 696907, 696929, 696937, 696961, 696989,
696991, 697009, 697013, 697019, 697033, 697049, 697063, 697069,
697079, 697087, 697093, 697111, 697121, 697127, 697133, 697141,
697157, 697181, 697201, 697211, 697217, 697259, 697261, 697267,
697271, 697303, 697327, 697351, 697373, 697379, 697381, 697387,
697397, 697399, 697409, 697423, 697441, 697447, 697453, 697457,
697481, 697507, 697511, 697513, 697519, 697523, 697553, 697579,
697583, 697591, 697601, 697603, 697637, 697643, 697673, 697681,
697687, 697691, 697693, 697703, 697727, 697729, 697733, 697757,
697759, 697787, 697819, 697831, 697877, 697891, 697897, 697909,
697913, 697937, 697951, 697967, 697973, 697979, 697993, 697999,
698017, 698021, 698039, 698051, 698053, 698077, 698083, 698111,
698171, 698183, 698239, 698249, 698251, 698261, 698263, 698273,
698287, 698293, 698297, 698311, 698329, 698339, 698359, 698371,
698387, 698393, 698413, 698417, 698419, 698437, 698447, 698471,
698483, 698491, 698507, 698521, 698527, 698531, 698539, 698543,
698557, 698567, 698591, 698641, 698653, 698669, 698701, 698713,
698723, 698729, 698773, 698779, 698821, 698827, 698849, 698891,
698899, 698903, 698923, 698939, 698977, 698983, 699001, 699007,
699037, 699053, 699059, 699073, 699077, 699089, 699113, 699119,
699133, 699151, 699157, 699169, 699187, 699191, 699197, 699211,
699217, 699221, 699241, 699253, 699271, 699287, 699289, 699299,

प्रथम सौ हजार अभाज्य संख्याएँ

699319, 699323, 699343, 699367, 699373, 699379, 699383, 699401,
699427, 699437, 699443, 699449, 699463, 699469, 699493, 699511,
699521, 699527, 699529, 699539, 699541, 699557, 699571, 699581,
699617, 699631, 699641, 699649, 699697, 699709, 699719, 699733,
699757, 699761, 699767, 699791, 699793, 699817, 699823, 699863,
699931, 699943, 699947, 699953, 699961, 699967, 700001, 700027,
700057, 700067, 700079, 700081, 700087, 700099, 700103, 700109,
700127, 700129, 700171, 700199, 700201, 700211, 700223, 700229,
700237, 700241, 700277, 700279, 700303, 700307, 700319, 700331,
700339, 700361, 700363, 700367, 700387, 700391, 700393, 700423,
700429, 700433, 700459, 700471, 700499, 700523, 700537, 700561,
700571, 700573, 700577, 700591, 700597, 700627, 700633, 700639,
700643, 700673, 700681, 700703, 700717, 700751, 700759, 700781,
700789, 700801, 700811, 700831, 700837, 700849, 700871, 700877,
700883, 700897, 700907, 700919, 700933, 700937, 700949, 700963,
700993, 701009, 701011, 701023, 701033, 701047, 701089, 701117,
701147, 701159, 701177, 701179, 701209, 701219, 701221, 701227,
701257, 701279, 701291, 701299, 701329, 701341, 701357, 701359,
701377, 701383, 701399, 701401, 701413, 701417, 701419, 701443,
701447, 701453, 701473, 701479, 701489, 701497, 701507, 701509,
701527, 701531, 701549, 701579, 701581, 701593, 701609, 701611,
701621, 701627, 701629, 701653, 701669, 701671, 701681, 701699,
701711, 701719, 701731, 701741, 701761, 701783, 701791, 701819,
701837, 701863, 701881, 701903, 701951, 701957, 701963, 701969,
702007, 702011, 702017, 702067, 702077, 702101, 702113, 702127,
702131, 702137, 702139, 702173, 702179, 702193, 702199, 702203,
702211, 702239, 702257, 702269, 702281, 702283, 702311, 702313,
702323, 702329, 702337, 702341, 702347, 702349, 702353, 702379,
702391, 702407, 702413, 702431, 702433, 702439, 702451, 702469,
702497, 702503, 702511, 702517, 702523, 702529, 702539, 702551,
702557, 702587, 702589, 702599, 702607, 702613, 702623, 702671,
702679, 702683, 702701, 702707, 702721, 702731, 702733, 702743,
702773, 702787, 702803, 702809, 702817, 702827, 702847, 702851,
702853, 702869, 702881, 702887, 702893, 702913, 702937, 702983,
702991, 703013, 703033, 703039, 703081, 703117, 703121, 703123,
703127, 703139, 703141, 703169, 703193, 703211, 703217, 703223,
703229, 703231, 703243, 703249, 703267, 703277, 703301, 703309,
703321, 703327, 703331, 703349, 703357, 703379, 703393, 703411,
703441, 703447, 703459, 703463, 703471, 703489, 703499, 703531,
703537, 703559, 703561, 703631, 703643, 703657, 703663, 703673,
703679, 703691, 703699, 703709, 703711, 703721, 703733, 703753,
703763, 703789, 703819, 703837, 703849, 703861, 703873, 703883,
703897, 703903, 703907, 703943, 703949, 703957, 703981, 703991,
704003, 704009, 704017, 704023, 704027, 704029, 704059, 704069,
704087, 704101, 704111, 704117, 704131, 704141, 704153, 704161,
704177, 704183, 704189, 704213, 704219, 704233, 704243, 704251,
704269, 704279, 704281, 704287, 704299, 704303, 704309, 704321,
704357, 704393, 704399, 704419, 704441, 704447, 704449, 704453,

प्रथम सौ हजार अभाज्य संख्याएँ

704461, 704477, 704507, 704521, 704527, 704549, 704551, 704567,
704569, 704579, 704581, 704593, 704603, 704617, 704647, 704657,
704663, 704681, 704687, 704713, 704719, 704731, 704747, 704761,
704771, 704777, 704779, 704783, 704797, 704801, 704807, 704819,
704833, 704839, 704849, 704857, 704861, 704863, 704867, 704897,
704929, 704933, 704947, 704983, 704989, 704993, 704999, 705011,
705013, 705017, 705031, 705043, 705053, 705073, 705079, 705097,
705113, 705119, 705127, 705137, 705161, 705163, 705167, 705169,
705181, 705191, 705197, 705209, 705247, 705259, 705269, 705277,
705293, 705307, 705317, 705389, 705403, 705409, 705421, 705427,
705437, 705461, 705491, 705493, 705499, 705521, 705533, 705559,
705613, 705631, 705643, 705689, 705713, 705737, 705751, 705763,
705769, 705779, 705781, 705787, 705821, 705827, 705829, 705833,
705841, 705863, 705871, 705883, 705899, 705919, 705937, 705949,
705967, 705973, 705989, 706001, 706003, 706009, 706019, 706033,
706039, 706049, 706051, 706067, 706099, 706109, 706117, 706133,
706141, 706151, 706157, 706159, 706183, 706193, 706201, 706207,
706213, 706229, 706253, 706267, 706283, 706291, 706297, 706301,
706309, 706313, 706337, 706357, 706369, 706373, 706403, 706417,
706427, 706463, 706481, 706487, 706499, 706507, 706523, 706547,
706561, 706597, 706603, 706613, 706621, 706631, 706633, 706661,
706669, 706679, 706703, 706709, 706729, 706733, 706747, 706751,
706753, 706757, 706763, 706787, 706793, 706801, 706829, 706837,
706841, 706847, 706883, 706897, 706907, 706913, 706919, 706921,
706943, 706961, 706973, 706987, 706999, 707011, 707027, 707029,
707053, 707071, 707099, 707111, 707117, 707131, 707143, 707153,
707159, 707177, 707191, 707197, 707219, 707249, 707261, 707279,
707293, 707299, 707321, 707341, 707359, 707383, 707407, 707429,
707431, 707437, 707459, 707467, 707501, 707527, 707543, 707561,
707563, 707573, 707627, 707633, 707647, 707653, 707669, 707671,
707677, 707683, 707689, 707711, 707717, 707723, 707747, 707753,
707767, 707789, 707797, 707801, 707813, 707827, 707831, 707849,
707857, 707869, 707873, 707887, 707911, 707923, 707929, 707933,
707939, 707951, 707953, 707957, 707969, 707981, 707983, 708007,
708011, 708017, 708023, 708031, 708041, 708047, 708049, 708053,
708061, 708091, 708109, 708119, 708131, 708137, 708139, 708161,
708163, 708179, 708199, 708221, 708223, 708229, 708251, 708269,
708283, 708287, 708293, 708311, 708329, 708343, 708347, 708353,
708359, 708361, 708371, 708403, 708437, 708457, 708473, 708479,
708481, 708493, 708497, 708517, 708527, 708559, 708563, 708569,
708583, 708593, 708599, 708601, 708641, 708647, 708667, 708689,
708703, 708733, 708751, 708803, 708823, 708839, 708857, 708859,
708893, 708899, 708907, 708913, 708923, 708937, 708943, 708959,
708979, 708989, 708991, 708997, 709043, 709057, 709097, 709117,
709123, 709139, 709141, 709151, 709153, 709157, 709201, 709211,
709217, 709231, 709237, 709271, 709273, 709279, 709283, 709307,
709321, 709337, 709349, 709351, 709381, 709409, 709417, 709421,
709433, 709447, 709451, 709453, 709469, 709507, 709519, 709531,

प्रथम सौ हजार अभाज्य संख्याएँ

709537, 709547, 709561, 709589, 709603, 709607, 709609, 709649,
709651, 709663, 709673, 709679, 709691, 709693, 709703, 709729,
709739, 709741, 709769, 709777, 709789, 709799, 709817, 709823,
709831, 709843, 709847, 709853, 709861, 709871, 709879, 709901,
709909, 709913, 709921, 709927, 709957, 709963, 709967, 709981,
709991, 710009, 710023, 710027, 710051, 710053, 710081, 710089,
710119, 710189, 710207, 710219, 710221, 710257, 710261, 710273,
710293, 710299, 710321, 710323, 710327, 710341, 710351, 710371,
710377, 710383, 710389, 710399, 710441, 710443, 710449, 710459,
710473, 710483, 710491, 710503, 710513, 710519, 710527, 710531,
710557, 710561, 710569, 710573, 710599, 710603, 710609, 710621,
710623, 710627, 710641, 710663, 710683, 710693, 710713, 710777,
710779, 710791, 710813, 710837, 710839, 710849, 710851, 710863,
710867, 710873, 710887, 710903, 710909, 710911, 710917, 710929,
710933, 710951, 710959, 710971, 710977, 710987, 710989, 711001,
711017, 711019, 711023, 711041, 711049, 711089, 711097, 711121,
711131, 711133, 711143, 711163, 711173, 711181, 711187, 711209,
711223, 711259, 711287, 711299, 711307, 711317, 711329, 711353,
711371, 711397, 711409, 711427, 711437, 711463, 711479, 711497,
711499, 711509, 711517, 711523, 711539, 711563, 711577, 711583,
711589, 711617, 711629, 711649, 711653, 711679, 711691, 711701,
711707, 711709, 711713, 711727, 711731, 711749, 711751, 711757,
711793, 711811, 711817, 711829, 711839, 711847, 711859, 711877,
711889, 711899, 711913, 711923, 711929, 711937, 711947, 711959,
711967, 711973, 711983, 712007, 712021, 712051, 712067, 712093,
712109, 712121, 712133, 712157, 712169, 712171, 712183, 712199,
712219, 712237, 712279, 712289, 712301, 712303, 712319, 712321,
712331, 712339, 712357, 712409, 712417, 712427, 712429, 712433,
712447, 712477, 712483, 712489, 712493, 712499, 712507, 712511,
712531, 712561, 712571, 712573, 712601, 712603, 712631, 712651,
712669, 712681, 712687, 712693, 712697, 712711, 712717, 712739,
712781, 712807, 712819, 712837, 712841, 712843, 712847, 712883,
712889, 712891, 712909, 712913, 712927, 712939, 712951, 712961,
712967, 712973, 712981, 713021, 713039, 713059, 713077, 713107,
713117, 713129, 713147, 713149, 713159, 713171, 713177, 713183,
713189, 713191, 713227, 713233, 713239, 713243, 713261, 713267,
713281, 713287, 713309, 713311, 713329, 713347, 713351, 713353,
713357, 713381, 713389, 713399, 713407, 713411, 713417, 713467,
713477, 713491, 713497, 713501, 713509, 713533, 713563, 713569,
713597, 713599, 713611, 713627, 713653, 713663, 713681, 713737,
713743, 713747, 713753, 713771, 713807, 713827, 713831, 713833,
713861, 713863, 713873, 713891, 713903, 713917, 713927, 713939,
713941, 713957, 713981, 713987, 714029, 714037, 714061, 714073,
714107, 714113, 714139, 714143, 714151, 714163, 714169, 714199,
714223, 714227, 714247, 714257, 714283, 714341, 714349, 714361,
714377, 714443, 714463, 714479, 714481, 714487, 714503, 714509,
714517, 714521, 714529, 714551, 714557, 714563, 714569, 714577,
714601, 714619, 714673, 714677, 714691, 714719, 714739, 714751,

प्रथम सौ हजार अभाज्य संख्याएँ

714773, 714781, 714787, 714797, 714809, 714827, 714839, 714841,
714851, 714853, 714869, 714881, 714887, 714893, 714907, 714911,
714919, 714943, 714947, 714949, 714971, 714991, 715019, 715031,
715049, 715063, 715069, 715073, 715087, 715109, 715123, 715151,
715153, 715157, 715159, 715171, 715189, 715193, 715223, 715229,
715237, 715243, 715249, 715259, 715289, 715301, 715303, 715313,
715339, 715357, 715361, 715373, 715397, 715417, 715423, 715439,
715441, 715453, 715457, 715489, 715499, 715523, 715537, 715549,
715567, 715571, 715577, 715579, 715613, 715621, 715639, 715643,
715651, 715657, 715679, 715681, 715699, 715727, 715739, 715753,
715777, 715789, 715801, 715811, 715817, 715823, 715843, 715849,
715859, 715867, 715873, 715877, 715879, 715889, 715903, 715909,
715919, 715927, 715943, 715961, 715963, 715969, 715973, 715991,
715999, 716003, 716033, 716063, 716087, 716117, 716123, 716137,
716143, 716161, 716171, 716173, 716249, 716257, 716279, 716291,
716299, 716321, 716351, 716383, 716389, 716399, 716411, 716413,
716447, 716449, 716453, 716459, 716477, 716479, 716483, 716491,
716501, 716531, 716543, 716549, 716563, 716581, 716591, 716621,
716629, 716633, 716659, 716663, 716671, 716687, 716693, 716707,
716713, 716731, 716741, 716743, 716747, 716783, 716789, 716809,
716819, 716827, 716857, 716861, 716869, 716897, 716899, 716917,
716929, 716951, 716953, 716959, 716981, 716987, 717001, 717011,
717047, 717089, 717091, 717103, 717109, 717113, 717127, 717133,
717139, 717149, 717151, 717161, 717191, 717229, 717259, 717271,
717289, 717293, 717317, 717323, 717331, 717341, 717397, 717413,
717419, 717427, 717443, 717449, 717463, 717491, 717511, 717527,
717529, 717533, 717539, 717551, 717559, 717581, 717589, 717593,
717631, 717653, 717659, 717667, 717679, 717683, 717697, 717719,
717751, 717797, 717803, 717811, 717817, 717841, 717851, 717883,
717887, 717917, 717919, 717923, 717967, 717979, 717989, 718007,
718043, 718049, 718051, 718087, 718093, 718121, 718139, 718163,
718169, 718171, 718183, 718187, 718241, 718259, 718271, 718303,
718321, 718331, 718337, 718343, 718349, 718357, 718379, 718381,
718387, 718391, 718411, 718423, 718427, 718433, 718453, 718457,
718463, 718493, 718511, 718513, 718541, 718547, 718559, 718579,
718603, 718621, 718633, 718657, 718661, 718691, 718703, 718717,
718723, 718741, 718747, 718759, 718801, 718807, 718813, 718841,
718847, 718871, 718897, 718901, 718919, 718931, 718937, 718943,
718973, 718999, 719009, 719011, 719027, 719041, 719057, 719063,
719071, 719101, 719119, 719143, 719149, 719153, 719167, 719177,
719179, 719183, 719189, 719197, 719203, 719227, 719237, 719239,
719267, 719281, 719297, 719333, 719351, 719353, 719377, 719393,
719413, 719419, 719441, 719447, 719483, 719503, 719533, 719557,
719567, 719569, 719573, 719597, 719599, 719633, 719639, 719659,
719671, 719681, 719683, 719689, 719699, 719713, 719717, 719723,
719731, 719749, 719753, 719773, 719779, 719791, 719801, 719813,
719821, 719833, 719839, 719893, 719903, 719911, 719941, 719947,
719951, 719959, 719981, 719989, 720007, 720019, 720023, 720053,

720059, 720089, 720091, 720101, 720127, 720133, 720151, 720173,
720179, 720193, 720197, 720211, 720221, 720229, 720241, 720253,
720257, 720281, 720283, 720289, 720299, 720301, 720311, 720319,
720359, 720361, 720367, 720373, 720397, 720403, 720407, 720413,
720439, 720481, 720491, 720497, 720527, 720547, 720569, 720571,
720607, 720611, 720617, 720619, 720653, 720661, 720677, 720683,
720697, 720703, 720743, 720763, 720767, 720773, 720779, 720791,
720793, 720829, 720847, 720857, 720869, 720877, 720887, 720899,
720901, 720913, 720931, 720943, 720947, 720961, 720971, 720983,
720991, 720997, 721003, 721013, 721037, 721043, 721051, 721057,
721079, 721087, 721109, 721111, 721117, 721129, 721139, 721141,
721159, 721163, 721169, 721177, 721181, 721199, 721207, 721213,
721219, 721223, 721229, 721243, 721261, 721267, 721283, 721291,
721307, 721319, 721321, 721333, 721337, 721351, 721363, 721379,
721381, 721387, 721397, 721439, 721451, 721481, 721499, 721529,
721547, 721561, 721571, 721577, 721597, 721613, 721619, 721621,
721631, 721661, 721663, 721687, 721697, 721703, 721709, 721733,
721739, 721783, 721793, 721843, 721849, 721859, 721883, 721891,
721909, 721921, 721951, 721961, 721979, 721991, 721997, 722011,
722023, 722027, 722047, 722063, 722069, 722077, 722093, 722119,
722123, 722147, 722149, 722153, 722159, 722167, 722173, 722213,
722237, 722243, 722257, 722273, 722287, 722291, 722299, 722311,
722317, 722321, 722333, 722341, 722353, 722363, 722369, 722377,
722389, 722411, 722417, 722431, 722459, 722467, 722479, 722489,
722509, 722521, 722537, 722539, 722563, 722581, 722599, 722611,
722633, 722639, 722663, 722669, 722713, 722723, 722737, 722749,
722783, 722791, 722797, 722807, 722819, 722833, 722849, 722881,
722899, 722903, 722921, 722933, 722963, 722971, 722977, 722983,
723029, 723031, 723043, 723049, 723053, 723067, 723071, 723089,
723101, 723103, 723109, 723113, 723119, 723127, 723133, 723157,
723161, 723167, 723169, 723181, 723193, 723209, 723221, 723227,
723257, 723259, 723263, 723269, 723271, 723287, 723293, 723319,
723337, 723353, 723361, 723379, 723391, 723407, 723409, 723413,
723421, 723439, 723451, 723467, 723473, 723479, 723491, 723493,
723529, 723551, 723553, 723559, 723563, 723587, 723589, 723601,
723607, 723617, 723623, 723661, 723721, 723727, 723739, 723761,
723791, 723797, 723799, 723803, 723823, 723829, 723839, 723851,
723857, 723859, 723893, 723901, 723907, 723913, 723917, 723923,
723949, 723959, 723967, 723973, 723977, 723997, 724001, 724007,
724021, 724079, 724093, 724099, 724111, 724117, 724121, 724123,
724153, 724187, 724211, 724219, 724259, 724267, 724277, 724291,
724303, 724309, 724313, 724331, 724393, 724403, 724433, 724441,
724447, 724453, 724459, 724469, 724481, 724487, 724499, 724513,
724517, 724519, 724531, 724547, 724553, 724567, 724573, 724583,
724597, 724601, 724609, 724621, 724627, 724631, 724639, 724643,
724651, 724721, 724723, 724729, 724733, 724747, 724751, 724769,
724777, 724781, 724783, 724807, 724813, 724837, 724847, 724853,
724879, 724901, 724903, 724939, 724949, 724961, 724967, 724991,

प्रथम सौ हजार अभाज्य संख्याएँ

724993, 725009, 725041, 725057, 725071, 725077, 725099, 725111,
725113, 725119, 725147, 725149, 725159, 725161, 725189, 725201,
725209, 725273, 725293, 725303, 725317, 725321, 725323, 725327,
725341, 725357, 725359, 725371, 725381, 725393, 725399, 725423,
725437, 725447, 725449, 725479, 725507, 725519, 725531, 725537,
725579, 725587, 725597, 725603, 725639, 725653, 725663, 725671,
725687, 725723, 725731, 725737, 725749, 725789, 725801, 725807,
725827, 725861, 725863, 725867, 725891, 725897, 725909, 725929,
725939, 725953, 725981, 725983, 725993, 725999, 726007, 726013,
726023, 726043, 726071, 726091, 726097, 726101, 726107, 726109,
726137, 726139, 726149, 726157, 726163, 726169, 726181, 726191,
726221, 726287, 726289, 726301, 726307, 726331, 726337, 726367,
726371, 726377, 726379, 726391, 726413, 726419, 726431, 726457,
726463, 726469, 726487, 726497, 726521, 726527, 726533, 726559,
726589, 726599, 726601, 726611, 726619, 726623, 726629, 726641,
726647, 726659, 726679, 726689, 726697, 726701, 726707, 726751,
726779, 726787, 726797, 726809, 726811, 726839, 726841, 726853,
726893, 726899, 726911, 726917, 726923, 726941, 726953, 726983,
726989, 726991, 727003, 727009, 727019, 727021, 727049, 727061,
727063, 727079, 727121, 727123, 727157, 727159, 727169, 727183,
727189, 727201, 727211, 727241, 727247, 727249, 727261, 727267,
727271, 727273, 727289, 727297, 727313, 727327, 727343, 727351,
727369, 727399, 727409, 727427, 727451, 727459, 727471, 727483,
727487, 727499, 727501, 727541, 727561, 727577, 727589, 727613,
727621, 727633, 727667, 727673, 727691, 727703, 727711, 727717,
727729, 727733, 727747, 727759, 727763, 727777, 727781, 727799,
727807, 727817, 727823, 727843, 727847, 727877, 727879, 727891,
727933, 727939, 727949, 727981, 727997, 728003, 728017, 728027,
728047, 728069, 728087, 728113, 728129, 728131, 728173, 728191,
728207, 728209, 728261, 728267, 728269, 728281, 728293, 728303,
728317, 728333, 728369, 728381, 728383, 728417, 728423, 728437,
728471, 728477, 728489, 728521, 728527, 728537, 728551, 728557,
728561, 728573, 728579, 728627, 728639, 728647, 728659, 728681,
728687, 728699, 728701, 728713, 728723, 728729, 728731, 728743,
728747, 728771, 728809, 728813, 728831, 728837, 728839, 728843,
728851, 728867, 728869, 728873, 728881, 728891, 728899, 728911,
728921, 728927, 728929, 728941, 728947, 728953, 728969, 728971,
728993, 729019, 729023, 729037, 729041, 729059, 729073, 729139,
729143, 729173, 729187, 729191, 729199, 729203, 729217, 729257,
729269, 729271, 729293, 729301, 729329, 729331, 729359, 729367,
729371, 729373, 729389, 729403, 729413, 729451, 729457, 729473,
729493, 729497, 729503, 729511, 729527, 729551, 729557, 729559,
729569, 729571, 729577, 729587, 729601, 729607, 729613, 729637,
729643, 729649, 729661, 729671, 729679, 729689, 729713, 729719,
729737, 729749, 729761, 729779, 729787, 729791, 729821, 729851,
729871, 729877, 729907, 729913, 729919, 729931, 729941, 729943,
729947, 729977, 729979, 729991, 730003, 730021, 730033, 730049,
730069, 730091, 730111, 730139, 730157, 730187, 730199, 730217,

730237, 730253, 730277, 730283, 730297, 730321, 730339, 730363,
730397, 730399, 730421, 730447, 730451, 730459, 730469, 730487,
730537, 730553, 730559, 730567, 730571, 730573, 730589, 730591,
730603, 730619, 730633, 730637, 730663, 730669, 730679, 730727,
730747, 730753, 730757, 730777, 730781, 730783, 730789, 730799,
730811, 730819, 730823, 730837, 730843, 730853, 730867, 730879,
730889, 730901, 730909, 730913, 730943, 730969, 730973, 730993,
730999, 731033, 731041, 731047, 731053, 731057, 731113, 731117,
731141, 731173, 731183, 731189, 731191, 731201, 731209, 731219,
731233, 731243, 731249, 731251, 731257, 731261, 731267, 731287,
731299, 731327, 731333, 731359, 731363, 731369, 731389, 731413,
731447, 731483, 731501, 731503, 731509, 731531, 731539, 731567,
731587, 731593, 731597, 731603, 731611, 731623, 731639, 731651,
731681, 731683, 731711, 731713, 731719, 731729, 731737, 731741,
731761, 731767, 731779, 731803, 731807, 731821, 731827, 731831,
731839, 731851, 731869, 731881, 731893, 731909, 731911, 731921,
731923, 731933, 731957, 731981, 731999, 732023, 732029, 732041,
732073, 732077, 732079, 732097, 732101, 732133, 732157, 732169,
732181, 732187, 732191, 732197, 732209, 732211, 732217, 732229,
732233, 732239, 732257, 732271, 732283, 732287, 732293, 732299,
732311, 732323, 732331, 732373, 732439, 732449, 732461, 732467,
732491, 732493, 732497, 732509, 732521, 732533, 732541, 732601,
732617, 732631, 732653, 732673, 732689, 732703, 732709, 732713,
732731, 732749, 732761, 732769, 732799, 732817, 732827, 732829,
732833, 732841, 732863, 732877, 732889, 732911, 732923, 732943,
732959, 732967, 732971, 732997, 733003, 733009, 733067, 733097,
733099, 733111, 733123, 733127, 733133, 733141, 733147, 733157,
733169, 733177, 733189, 733237, 733241, 733273, 733277, 733283,
733289, 733301, 733307, 733321, 733331, 733333, 733339, 733351,
733373, 733387, 733391, 733393, 733399, 733409, 733427, 733433,
733459, 733477, 733489, 733511, 733517, 733519, 733559, 733561,
733591, 733619, 733639, 733651, 733687, 733697, 733741, 733751,
733753, 733757, 733793, 733807, 733813, 733823, 733829, 733841,
733847, 733849, 733867, 733871, 733879, 733883, 733919, 733921,
733937, 733939, 733949, 733963, 733973, 733981, 733991, 734003,
734017, 734021, 734047, 734057, 734087, 734113, 734131, 734143,
734159, 734171, 734177, 734189, 734197, 734203, 734207, 734221,
734233, 734263, 734267, 734273, 734291, 734303, 734329, 734347,
734381, 734389, 734401, 734411, 734423, 734429, 734431, 734443,
734471, 734473, 734477, 734479, 734497, 734537, 734543, 734549,
734557, 734567, 734627, 734647, 734653, 734659, 734663, 734687,
734693, 734707, 734717, 734729, 734737, 734743, 734759, 734771,
734803, 734807, 734813, 734819, 734837, 734849, 734869, 734879,
734887, 734897, 734911, 734933, 734941, 734953, 734957, 734959,
734971, 735001, 735019, 735043, 735061, 735067, 735071, 735073,
735083, 735107, 735109, 735113, 735139, 735143, 735157, 735169,
735173, 735181, 735187, 735193, 735209, 735211, 735239, 735247,
735263, 735271, 735283, 735307, 735311, 735331, 735337, 735341,

प्रथम सौ हजार अभाज्य संख्याएँ

735359, 735367, 735373, 735389, 735391, 735419, 735421, 735431,
735439, 735443, 735451, 735461, 735467, 735473, 735479, 735491,
735529, 735533, 735557, 735571, 735617, 735649, 735653, 735659,
735673, 735689, 735697, 735719, 735731, 735733, 735739, 735751,
735781, 735809, 735821, 735829, 735853, 735871, 735877, 735883,
735901, 735919, 735937, 735949, 735953, 735979, 735983, 735997,
736007, 736013, 736027, 736037, 736039, 736051, 736061, 736063,
736091, 736093, 736097, 736111, 736121, 736147, 736159, 736181,
736187, 736243, 736247, 736249, 736259, 736273, 736277, 736279,
736357, 736361, 736363, 736367, 736369, 736381, 736387, 736399,
736403, 736409, 736429, 736433, 736441, 736447, 736469, 736471,
736511, 736577, 736607, 736639, 736657, 736679, 736691, 736699,
736717, 736721, 736741, 736787, 736793, 736817, 736823, 736843,
736847, 736867, 736871, 736889, 736903, 736921, 736927, 736937,
736951, 736961, 736973, 736987, 736993, 737017, 737039, 737041,
737047, 737053, 737059, 737083, 737089, 737111, 737119, 737129,
737131, 737147, 737159, 737179, 737183, 737203, 737207, 737251,
737263, 737279, 737281, 737287, 737291, 737293, 737309, 737327,
737339, 737351, 737353, 737411, 737413, 737423, 737431, 737479,
737483, 737497, 737501, 737507, 737509, 737531, 737533, 737537,
737563, 737567, 737573, 737591, 737593, 737617, 737629, 737641,
737657, 737663, 737683, 737687, 737717, 737719, 737729, 737747,
737753, 737767, 737773, 737797, 737801, 737809, 737819, 737843,
737857, 737861, 737873, 737887, 737897, 737921, 737927, 737929,
737969, 737981, 737999, 738011, 738029, 738043, 738053, 738071,
738083, 738107, 738109, 738121, 738151, 738163, 738173, 738197,
738211, 738217, 738223, 738247, 738263, 738301, 738313, 738317,
738319, 738341, 738349, 738373, 738379, 738383, 738391, 738401,
738403, 738421, 738443, 738457, 738469, 738487, 738499, 738509,
738523, 738539, 738547, 738581, 738583, 738589, 738623, 738643,
738677, 738707, 738713, 738721, 738743, 738757, 738781, 738791,
738797, 738811, 738827, 738839, 738847, 738851, 738863, 738877,
738889, 738917, 738919, 738923, 738937, 738953, 738961, 738977,
738989, 739003, 739021, 739027, 739031, 739051, 739061, 739069,
739087, 739099, 739103, 739111, 739117, 739121, 739153, 739163,
739171, 739183, 739187, 739199, 739201, 739217, 739241, 739253,
739273, 739283, 739301, 739303, 739307, 739327, 739331, 739337,
739351, 739363, 739369, 739373, 739379, 739391, 739393, 739397,
739399, 739433, 739439, 739463, 739469, 739493, 739507, 739511,
739513, 739523, 739549, 739553, 739579, 739601, 739603, 739621,
739631, 739633, 739637, 739649, 739693, 739699, 739723, 739751,
739759, 739771, 739777, 739787, 739799, 739813, 739829, 739847,
739853, 739859, 739861, 739909, 739931, 739943, 739951, 739957,
739967, 739969, 740011, 740021, 740023, 740041, 740053, 740059,
740087, 740099, 740123, 740141, 740143, 740153, 740161, 740171,
740189, 740191, 740227, 740237, 740279, 740287, 740303, 740321,
740323, 740329, 740351, 740359, 740371, 740387, 740423, 740429,
740461, 740473, 740477, 740483, 740513, 740521, 740527, 740533,

740549, 740561, 740581, 740591, 740599, 740603, 740651, 740653,
740659, 740671, 740681, 740687, 740693, 740711, 740713, 740717,
740737, 740749, 740801, 740849, 740891, 740893, 740897, 740903,
740923, 740939, 740951, 740969, 740989, 741001, 741007, 741011,
741031, 741043, 741053, 741061, 741071, 741077, 741079, 741101,
741119, 741121, 741127, 741131, 741137, 741163, 741187, 741193,
741227, 741229, 741233, 741253, 741283, 741337, 741341, 741343,
741347, 741373, 741401, 741409, 741413, 741431, 741457, 741467,
741469, 741473, 741479, 741491, 741493, 741509, 741541, 741547,
741563, 741569, 741593, 741599, 741641, 741661, 741667, 741677,
741679, 741683, 741691, 741709, 741721, 741781, 741787, 741803,
741809, 741827, 741833, 741847, 741857, 741859, 741869, 741877,
741883, 741913, 741929, 741941, 741967, 741973, 741991, 742009,
742031, 742037, 742057, 742069, 742073, 742111, 742117, 742127,
742151, 742153, 742193, 742199, 742201, 742211, 742213, 742219,
742229, 742241, 742243, 742253, 742277, 742283, 742289, 742307,
742327, 742333, 742351, 742369, 742381, 742393, 742409, 742439,
742457, 742499, 742507, 742513, 742519, 742531, 742537, 742541,
742549, 742559, 742579, 742591, 742607, 742619, 742657, 742663,
742673, 742681, 742697, 742699, 742711, 742717, 742723, 742757,
742759, 742783, 742789, 742801, 742817, 742891, 742897, 742909,
742913, 742943, 742949, 742967, 742981, 742991, 742993, 742999,
743027, 743047, 743059, 743069, 743089, 743111, 743123, 743129,
743131, 743137, 743143, 743159, 743161, 743167, 743173, 743177,
743179, 743203, 743209, 743221, 743251, 743263, 743269, 743273,
743279, 743297, 743321, 743333, 743339, 743363, 743377, 743401,
743423, 743447, 743507, 743549, 743551, 743573, 743579, 743591,
743609, 743657, 743669, 743671, 743689, 743693, 743711, 743731,
743747, 743777, 743779, 743791, 743803, 743819, 743833, 743837,
743849, 743851, 743881, 743891, 743917, 743921, 743923, 743933,
743947, 743987, 743989, 744019, 744043, 744071, 744077, 744083,
744113, 744127, 744137, 744179, 744187, 744199, 744203, 744221,
744239, 744251, 744253, 744283, 744301, 744313, 744353, 744371,
744377, 744389, 744391, 744397, 744407, 744409, 744431, 744451,
744493, 744503, 744511, 744539, 744547, 744559, 744599, 744607,
744637, 744641, 744649, 744659, 744661, 744677, 744701, 744707,
744721, 744727, 744739, 744761, 744767, 744791, 744811, 744817,
744823, 744829, 744833, 744859, 744893, 744911, 744917, 744941,
744949, 744959, 744977, 745001, 745013, 745027, 745033, 745037,
745051, 745067, 745103, 745117, 745133, 745141, 745181, 745187,
745189, 745201, 745231, 745243, 745247, 745249, 745273, 745301,
745307, 745337, 745343, 745357, 745369, 745379, 745391, 745397,
745471, 745477, 745517, 745529, 745531, 745543, 745567, 745573,
745601, 745609, 745621, 745631, 745649, 745673, 745697, 745699,
745709, 745711, 745727, 745733, 745741, 745747, 745751, 745753,
745757, 745817, 745837, 745859, 745873, 745903, 745931, 745933,
745939, 745951, 745973, 745981, 745993, 745999, 746017, 746023,
746033, 746041, 746047, 746069, 746099, 746101, 746107, 746117,

प्रथम सौ हजार अभाज्य संख्याएँ

746129, 746153, 746167, 746171, 746177, 746183, 746191, 746197,
746203, 746209, 746227, 746231, 746233, 746243, 746267, 746287,
746303, 746309, 746329, 746353, 746363, 746371, 746411, 746413,
746429, 746477, 746479, 746483, 746497, 746503, 746507, 746509,
746531, 746533, 746561, 746563, 746597, 746653, 746659, 746671,
746677, 746723, 746737, 746743, 746747, 746749, 746773, 746777,
746791, 746797, 746807, 746813, 746839, 746843, 746869, 746873,
746891, 746899, 746903, 746939, 746951, 746957, 746959, 746969,
746981, 746989, 747037, 747049, 747053, 747073, 747107, 747113,
747139, 747157, 747161, 747199, 747203, 747223, 747239, 747259,
747277, 747283, 747287, 747319, 747323, 747343, 747361, 747377,
747391, 747401, 747407, 747421, 747427, 747449, 747451, 747457,
747463, 747493, 747497, 747499, 747521, 747529, 747547, 747557,
747563, 747583, 747587, 747599, 747611, 747619, 747647, 747673,
747679, 747713, 747731, 747737, 747743, 747763, 747781, 747811,
747827, 747829, 747833, 747839, 747841, 747853, 747863, 747869,
747871, 747889, 747917, 747919, 747941, 747953, 747977, 747979,
747991, 748003, 748019, 748021, 748039, 748057, 748091, 748093,
748133, 748169, 748183, 748199, 748207, 748211, 748217, 748219,
748249, 748271, 748273, 748283, 748301, 748331, 748337, 748339,
748343, 748361, 748379, 748387, 748441, 748453, 748463, 748471,
748481, 748487, 748499, 748513, 748523, 748541, 748567, 748589,
748597, 748603, 748609, 748613, 748633, 748637, 748639, 748669,
748687, 748691, 748703, 748711, 748717, 748723, 748729, 748763,
748777, 748789, 748801, 748807, 748817, 748819, 748823, 748829,
748831, 748849, 748861, 748871, 748877, 748883, 748889, 748921,
748933, 748963, 748973, 748981, 748987, 749011, 749027, 749051,
749069, 749081, 749083, 749093, 749129, 749137, 749143, 749149,
749153, 749167, 749171, 749183, 749197, 749209, 749219, 749237,
749249, 749257, 749267, 749279, 749297, 749299, 749323, 749339,
749347, 749351, 749383, 749393, 749401, 749423, 749429, 749431,
749443, 749449, 749453, 749461, 749467, 749471, 749543, 749557,
749587, 749641, 749653, 749659, 749677, 749701, 749711, 749729,
749741, 749747, 749761, 749773, 749779, 749803, 749807, 749809,
749843, 749851, 749863, 749891, 749893, 749899, 749909, 749923,
749927, 749939, 749941, 749971, 749993, 750019, 750037, 750059,
750077, 750083, 750097, 750119, 750121, 750131, 750133, 750137,
750151, 750157, 750161, 750163, 750173, 750179, 750203, 750209,
750223, 750229, 750287, 750311, 750313, 750353, 750383, 750401,
750413, 750419, 750437, 750457, 750473, 750487, 750509, 750517,
750521, 750553, 750571, 750599, 750613, 750641, 750653, 750661,
750667, 750679, 750691, 750707, 750713, 750719, 750721, 750749,
750769, 750787, 750791, 750797, 750803, 750809, 750817, 750829,
750853, 750857, 750863, 750917, 750929, 750943, 750961, 750977,
750983, 751001, 751007, 751021, 751027, 751057, 751061, 751087,
751103, 751123, 751133, 751139, 751141, 751147, 751151, 751181,
751183, 751189, 751193, 751199, 751207, 751217, 751237, 751259,
751273, 751277, 751291, 751297, 751301, 751307, 751319, 751321,

प्रथम सौ हजार अभाज्य संख्याएँ

751327, 751343, 751351, 751357, 751363, 751367, 751379, 751411,
751423, 751447, 751453, 751463, 751481, 751523, 751529, 751549,
751567, 751579, 751609, 751613, 751627, 751631, 751633, 751637,
751643, 751661, 751669, 751691, 751711, 751717, 751727, 751739,
751747, 751753, 751759, 751763, 751787, 751799, 751813, 751823,
751841, 751853, 751867, 751871, 751879, 751901, 751909, 751913,
751921, 751943, 751957, 751969, 751987, 751997, 752009, 752023,
752033, 752053, 752083, 752093, 752107, 752111, 752117, 752137,
752149, 752177, 752183, 752189, 752197, 752201, 752203, 752207,
752251, 752263, 752273, 752281, 752287, 752291, 752293, 752299,
752303, 752351, 752359, 752383, 752413, 752431, 752447, 752449,
752459, 752483, 752489, 752503, 752513, 752519, 752527, 752569,
752581, 752593, 752603, 752627, 752639, 752651, 752681, 752683,
752699, 752701, 752707, 752747, 752771, 752789, 752797, 752803,
752809, 752819, 752821, 752831, 752833, 752861, 752867, 752881,
752891, 752903, 752911, 752929, 752933, 752977, 752993, 753001,
753007, 753019, 753023, 753031, 753079, 753091, 753127, 753133,
753139, 753143, 753161, 753187, 753191, 753197, 753229, 753257,
753307, 753329, 753341, 753353, 753367, 753373, 753383, 753409,
753421, 753427, 753437, 753439, 753461, 753463, 753497, 753499,
753527, 753547, 753569, 753583, 753587, 753589, 753611, 753617,
753619, 753631, 753647, 753659, 753677, 753679, 753689, 753691,
753707, 753719, 753721, 753737, 753743, 753751, 753773, 753793,
753799, 753803, 753811, 753821, 753839, 753847, 753859, 753931,
753937, 753941, 753947, 753959, 753979, 753983, 754003, 754027,
754037, 754043, 754057, 754067, 754073, 754081, 754093, 754099,
754109, 754111, 754121, 754123, 754133, 754153, 754157, 754181,
754183, 754207, 754211, 754217, 754223, 754241, 754249, 754267,
754279, 754283, 754289, 754297, 754301, 754333, 754337, 754343,
754367, 754373, 754379, 754381, 754399, 754417, 754421, 754427,
754451, 754463, 754483, 754489, 754513, 754531, 754549, 754573,
754577, 754583, 754597, 754627, 754639, 754651, 754703, 754709,
754711, 754717, 754723, 754739, 754751, 754771, 754781, 754811,
754829, 754861, 754877, 754891, 754903, 754907, 754921, 754931,
754937, 754939, 754967, 754969, 754973, 754979, 754981, 754991,
754993, 755009, 755033, 755057, 755071, 755077, 755081, 755087,
755107, 755137, 755143, 755147, 755171, 755173, 755203, 755213,
755233, 755239, 755257, 755267, 755273, 755309, 755311, 755317,
755329, 755333, 755351, 755357, 755371, 755387, 755393, 755399,
755401, 755413, 755437, 755441, 755449, 755473, 755483, 755509,
755539, 755551, 755561, 755567, 755569, 755593, 755597, 755617,
755627, 755663, 755681, 755707, 755717, 755719, 755737, 755759,
755767, 755771, 755789, 755791, 755809, 755813, 755861, 755863,
755869, 755879, 755899, 755903, 755959, 755969, 755977, 756011,
756023, 756043, 756053, 756097, 756101, 756127, 756131, 756139,
756149, 756167, 756179, 756191, 756199, 756227, 756247, 756251,
756253, 756271, 756281, 756289, 756293, 756319, 756323, 756331,
756373, 756403, 756419, 756421, 756433, 756443, 756463, 756467,

प्रथम सौ हजार अभाज्य संख्याएँ

756527, 756533, 756541, 756563, 756571, 756593, 756601, 756607,
756629, 756641, 756649, 756667, 756673, 756683, 756689, 756703,
756709, 756719, 756727, 756739, 756773, 756799, 756829, 756839,
756853, 756869, 756881, 756887, 756919, 756923, 756961, 756967,
756971, 757019, 757039, 757063, 757067, 757109, 757111, 757151,
757157, 757171, 757181, 757201, 757241, 757243, 757247, 757259,
757271, 757291, 757297, 757307, 757319, 757327, 757331, 757343,
757363, 757381, 757387, 757403, 757409, 757417, 757429, 757433,
757457, 757481, 757487, 757507, 757513, 757517, 757543, 757553,
757577, 757579, 757583, 757607, 757633, 757651, 757661, 757693,
757699, 757709, 757711, 757727, 757751, 757753, 757763, 757793,
757807, 757811, 757819, 757829, 757879, 757903, 757909, 757927,
757937, 757943, 757951, 757993, 757997, 758003, 758029, 758041,
758053, 758071, 758083, 758099, 758101, 758111, 758137, 758141,
758159, 758179, 758189, 758201, 758203, 758227, 758231, 758237,
758243, 758267, 758269, 758273, 758279, 758299, 758323, 758339,
758341, 758357, 758363, 758383, 758393, 758411, 758431, 758441,
758449, 758453, 758491, 758501, 758503, 758519, 758521, 758551,
758561, 758573, 758579, 758599, 758617, 758629, 758633, 758671,
758687, 758699, 758707, 758711, 758713, 758729, 758731, 758741,
758743, 758753, 758767, 758783, 758789, 758819, 758827, 758837,
758851, 758867, 758887, 758893, 758899, 758929, 758941, 758957,
758963, 758969, 758971, 758987, 759001, 759019, 759029, 759037,
759047, 759053, 759089, 759103, 759113, 759131, 759149, 759167,
759173, 759179, 759181, 759193, 759223, 759229, 759263, 759287,
759293, 759301, 759313, 759329, 759359, 759371, 759377, 759397,
759401, 759431, 759433, 759457, 759463, 759467, 759491, 759503,
759523, 759547, 759553, 759557, 759559, 759569, 759571, 759581,
759589, 759599, 759617, 759623, 759631, 759637, 759641, 759653,
759659, 759673, 759691, 759697, 759701, 759709, 759719, 759727,
759739, 759757, 759763, 759797, 759799, 759821, 759833, 759881,
759893, 759911, 759923, 759929, 759947, 759953, 759959, 759961,
759973, 760007, 760043, 760063, 760079, 760093, 760103, 760117,
760129, 760141, 760147, 760153, 760163, 760169, 760183, 760187,
760211, 760229, 760231, 760237, 760241, 760261, 760267, 760273,
760289, 760297, 760301, 760321, 760343, 760367, 760373, 760411,
760423, 760433, 760447, 760453, 760457, 760477, 760489, 760499,
760511, 760519, 760531, 760537, 760549, 760553, 760561, 760567,
760579, 760607, 760619, 760621, 760637, 760649, 760657, 760693,
760723, 760729, 760759, 760769, 760783, 760807, 760813, 760841,
760843, 760847, 760871, 760891, 760897, 760901, 760913, 760927,
760933, 760939, 760951, 760961, 760993, 760997, 761003, 761009,
761023, 761051, 761069, 761087, 761113, 761119, 761129, 761153,
761161, 761177, 761179, 761183, 761203, 761207, 761213, 761227,
761249, 761251, 761261, 761263, 761291, 761297, 761347, 761351,
761357, 761363, 761377, 761381, 761389, 761393, 761399, 761407,
761417, 761429, 761437, 761441, 761443, 761459, 761471, 761477,
761483, 761489, 761521, 761531, 761533, 761543, 761561, 761567,

761591, 761597, 761603, 761611, 761623, 761633, 761669, 761671,
761681, 761689, 761711, 761713, 761731, 761773, 761777, 761779,
761807, 761809, 761833, 761861, 761863, 761869, 761879, 761897,
761927, 761939, 761963, 761977, 761983, 761993, 762001, 762007,
762017, 762031, 762037, 762049, 762053, 762061, 762101, 762121,
762187, 762211, 762227, 762233, 762239, 762241, 762253, 762257,
762277, 762319, 762329, 762367, 762371, 762373, 762379, 762389,
762397, 762401, 762407, 762409, 762479, 762491, 762499, 762529,
762539, 762547, 762557, 762563, 762571, 762577, 762583, 762599,
762647, 762653, 762659, 762667, 762721, 762737, 762743, 762761,
762779, 762791, 762809, 762821, 762823, 762847, 762871, 762877,
762893, 762899, 762901, 762913, 762917, 762919, 762959, 762967,
762973, 762989, 763001, 763013, 763027, 763031, 763039, 763043,
763067, 763073, 763093, 763111, 763123, 763141, 763157, 763159,
763183, 763201, 763223, 763237, 763261, 763267, 763271, 763303,
763307, 763339, 763349, 763369, 763381, 763391, 763403, 763409,
763417, 763423, 763429, 763447, 763457, 763471, 763481, 763493,
763513, 763523, 763549, 763559, 763573, 763579, 763583, 763597,
763601, 763613, 763619, 763621, 763627, 763649, 763663, 763673,
763699, 763739, 763751, 763753, 763757, 763771, 763787, 763801,
763811, 763823, 763843, 763859, 763879, 763883, 763897, 763901,
763907, 763913, 763921, 763927, 763937, 763943, 763957, 763967,
763999, 764003, 764011, 764017, 764021, 764041, 764051, 764053,
764059, 764081, 764089, 764111, 764131, 764143, 764149, 764171,
764189, 764209, 764233, 764249, 764251, 764261, 764273, 764293,
764317, 764321, 764327, 764339, 764341, 764369, 764381, 764399,
764431, 764447, 764459, 764471, 764501, 764521, 764539, 764551,
764563, 764587, 764591, 764593, 764611, 764623, 764627, 764629,
764657, 764683, 764689, 764717, 764719, 764723, 764783, 764789,
764809, 764837, 764839, 764849, 764857, 764887, 764891, 764893,
764899, 764903, 764947, 764969, 764971, 764977, 764989, 764993,
764999, 765007, 765031, 765041, 765043, 765047, 765059, 765091,
765097, 765103, 765109, 765131, 765137, 765139, 765143, 765151,
765169, 765181, 765199, 765203, 765209, 765211, 765227, 765229,
765241, 765251, 765257, 765283, 765287, 765293, 765307, 765313,
765319, 765329, 765353, 765379, 765383, 765389, 765409, 765437,
765439, 765461, 765467, 765487, 765497, 765503, 765521, 765533,
765539, 765577, 765581, 765587, 765613, 765619, 765623, 765649,
765659, 765673, 765707, 765727, 765749, 765763, 765767, 765773,
765781, 765823, 765827, 765847, 765851, 765857, 765859, 765881,
765889, 765893, 765899, 765907, 765913, 765931, 765949, 765953,
765971, 765983, 765991, 766021, 766039, 766049, 766067, 766079,
766091, 766097, 766109, 766111, 766127, 766163, 766169, 766177,
766187, 766211, 766223, 766229, 766231, 766237, 766247, 766261,
766273, 766277, 766301, 766313, 766321, 766333, 766357, 766361,
766369, 766373, 766387, 766393, 766399, 766421, 766439, 766453,
766457, 766471, 766477, 766487, 766501, 766511, 766531, 766541,
766543, 766553, 766559, 766583, 766609, 766637, 766639, 766651,

प्रथम सौ हजार अभाज्य संख्याएँ

766679, 766687, 766721, 766739, 766757, 766763, 766769, 766793,
766807, 766811, 766813, 766817, 766861, 766867, 766873, 766877,
766891, 766901, 766907, 766937, 766939, 766943, 766957, 766967,
766999, 767017, 767029, 767051, 767071, 767089, 767093, 767101,
767111, 767131, 767147, 767153, 767161, 767167, 767203, 767243,
767279, 767287, 767293, 767309, 767317, 767321, 767323, 767339,
767357, 767359, 767381, 767399, 767423, 767443, 767471, 767489,
767509, 767513, 767521, 767527, 767537, 767539, 767549, 767551,
767587, 767597, 767603, 767617, 767623, 767633, 767647, 767677,
767681, 767707, 767729, 767747, 767749, 767759, 767761, 767773,
767783, 767813, 767827, 767831, 767843, 767857, 767863, 767867,
767869, 767881, 767909, 767951, 767957, 768013, 768029, 768041,
768049, 768059, 768073, 768101, 768107, 768127, 768133, 768139,
768161, 768167, 768169, 768191, 768193, 768197, 768199, 768203,
768221, 768241, 768259, 768263, 768301, 768319, 768323, 768329,
768343, 768347, 768353, 768359, 768371, 768373, 768377, 768389,
768401, 768409, 768419, 768431, 768437, 768457, 768461, 768479,
768491, 768503, 768541, 768563, 768571, 768589, 768613, 768623,
768629, 768631, 768641, 768643, 768653, 768671, 768727, 768751,
768767, 768773, 768787, 768793, 768799, 768811, 768841, 768851,
768853, 768857, 768869, 768881, 768923, 768931, 768941, 768953,
768979, 768983, 769003, 769007, 769019, 769033, 769039, 769057,
769073, 769081, 769091, 769117, 769123, 769147, 769151, 769159,
769169, 769207, 769231, 769243, 769247, 769259, 769261, 769273,
769289, 769297, 769309, 769319, 769339, 769357, 769387, 769411,
769421, 769423, 769429, 769453, 769459, 769463, 769469, 769487,
769541, 769543, 769547, 769553, 769577, 769579, 769589, 769591,
769597, 769619, 769627, 769661, 769663, 769673, 769687, 769723,
769729, 769733, 769739, 769751, 769781, 769789, 769799, 769807,
769837, 769871, 769903, 769919, 769927, 769943, 769961, 769963,
769973, 769987, 769997, 769999, 770027, 770039, 770041, 770047,
770053, 770057, 770059, 770069, 770101, 770111, 770113, 770123,
770129, 770167, 770177, 770179, 770183, 770191, 770207, 770227,
770233, 770239, 770261, 770281, 770291, 770309, 770311, 770353,
770359, 770387, 770401, 770417, 770437, 770447, 770449, 770459,
770503, 770519, 770527, 770533, 770537, 770551, 770557, 770573,
770579, 770587, 770591, 770597, 770611, 770639, 770641, 770647,
770657, 770663, 770669, 770741, 770761, 770767, 770771, 770789,
770801, 770813, 770837, 770839, 770843, 770863, 770867, 770873,
770881, 770897, 770909, 770927, 770929, 770951, 770971, 770981,
770993, 771011, 771013, 771019, 771031, 771037, 771047, 771049,
771073, 771079, 771091, 771109, 771143, 771163, 771179, 771181,
771209, 771217, 771227, 771233, 771269, 771283, 771289, 771293,
771299, 771301, 771349, 771359, 771389, 771401, 771403, 771427,
771431, 771437, 771439, 771461, 771473, 771481, 771499, 771503,
771509, 771517, 771527, 771553, 771569, 771583, 771587, 771607,
771619, 771623, 771629, 771637, 771643, 771653, 771679, 771691,
771697, 771703, 771739, 771763, 771769, 771781, 771809, 771853,

प्रथम सौ हजार अभाज्य संख्याएँ

771863, 771877, 771887, 771889, 771899, 771917, 771937, 771941,
771961, 771971, 771973, 771997, 772001, 772003, 772019, 772061,
772073, 772081, 772091, 772097, 772127, 772139, 772147, 772159,
772169, 772181, 772207, 772229, 772231, 772273, 772279, 772297,
772313, 772333, 772339, 772349, 772367, 772379, 772381, 772391,
772393, 772403, 772439, 772441, 772451, 772459, 772477, 772493,
772517, 772537, 772567, 772571, 772573, 772591, 772619, 772631,
772649, 772657, 772661, 772663, 772669, 772691, 772697, 772703,
772721, 772757, 772771, 772789, 772843, 772847, 772853, 772859,
772867, 772903, 772907, 772909, 772913, 772921, 772949, 772963,
772987, 772991, 773021, 773023, 773027, 773029, 773039, 773057,
773063, 773081, 773083, 773093, 773117, 773147, 773153, 773159,
773207, 773209, 773231, 773239, 773249, 773251, 773273, 773287,
773299, 773317, 773341, 773363, 773371, 773387, 773393, 773407,
773417, 773447, 773453, 773473, 773491, 773497, 773501, 773533,
773537, 773561, 773567, 773569, 773579, 773599, 773603, 773609,
773611, 773657, 773659, 773681, 773683, 773693, 773713, 773719,
773723, 773767, 773777, 773779, 773803, 773821, 773831, 773837,
773849, 773863, 773867, 773869, 773879, 773897, 773909, 773933,
773939, 773951, 773953, 773987, 773989, 773999, 774001, 774017,
774023, 774047, 774071, 774073, 774083, 774107, 774119, 774127,
774131, 774133, 774143, 774149, 774161, 774173, 774181, 774199,
774217, 774223, 774229, 774233, 774239, 774283, 774289, 774313,
774317, 774337, 774343, 774377, 774427, 774439, 774463, 774467,
774491, 774511, 774523, 774541, 774551, 774577, 774583, 774589,
774593, 774601, 774629, 774643, 774661, 774667, 774671, 774679,
774691, 774703, 774733, 774757, 774773, 774779, 774791, 774797,
774799, 774803, 774811, 774821, 774833, 774853, 774857, 774863,
774901, 774919, 774929, 774931, 774959, 774997, 775007, 775037,
775043, 775057, 775063, 775079, 775087, 775091, 775097, 775121,
775147, 775153, 775157, 775163, 775189, 775193, 775237, 775241,
775259, 775267, 775273, 775309, 775343, 775349, 775361, 775363,
775367, 775393, 775417, 775441, 775451, 775477, 775507, 775513,
775517, 775531, 775553, 775573, 775601, 775603, 775613, 775627,
775633, 775639, 775661, 775669, 775681, 775711, 775729, 775739,
775741, 775757, 775777, 775787, 775807, 775811, 775823, 775861,
775871, 775889, 775919, 775933, 775937, 775939, 775949, 775963,
775987, 776003, 776029, 776047, 776057, 776059, 776077, 776099,
776117, 776119, 776137, 776143, 776159, 776173, 776177, 776179,
776183, 776201, 776219, 776221, 776233, 776249, 776257, 776267,
776287, 776317, 776327, 776357, 776389, 776401, 776429, 776449,
776453, 776467, 776471, 776483, 776497, 776507, 776513, 776521,
776551, 776557, 776561, 776563, 776569, 776599, 776627, 776651,
776683, 776693, 776719, 776729, 776749, 776753, 776759, 776801,
776813, 776819, 776837, 776851, 776861, 776869, 776879, 776887,
776899, 776921, 776947, 776969, 776977, 776983, 776987, 777001,
777011, 777013, 777031, 777041, 777071, 777097, 777103, 777109,
777137, 777143, 777151, 777167, 777169, 777173, 777181, 777187,

प्रथम सौ हजार अभाज्य संख्याएँ

777191, 777199, 777209, 777221, 777241, 777247, 777251, 777269,
777277, 777313, 777317, 777349, 777353, 777373, 777383, 777389,
777391, 777419, 777421, 777431, 777433, 777437, 777451, 777463,
777473, 777479, 777541, 777551, 777571, 777583, 777589, 777617,
777619, 777641, 777643, 777661, 777671, 777677, 777683, 777731,
777737, 777743, 777761, 777769, 777781, 777787, 777817, 777839,
777857, 777859, 777863, 777871, 777877, 777901, 777911, 777919,
777977, 777979, 777989, 778013, 778027, 778049, 778051, 778061,
778079, 778081, 778091, 778097, 778109, 778111, 778121, 778123,
778153, 778163, 778187, 778201, 778213, 778223, 778237, 778241,
778247, 778301, 778307, 778313, 778319, 778333, 778357, 778361,
778363, 778391, 778397, 778403, 778409, 778417, 778439, 778469,
778507, 778511, 778513, 778523, 778529, 778537, 778541, 778553,
778559, 778567, 778579, 778597, 778633, 778643, 778663, 778667,
778681, 778693, 778697, 778699, 778709, 778717, 778727, 778733,
778759, 778763, 778769, 778777, 778793, 778819, 778831, 778847,
778871, 778873, 778879, 778903, 778907, 778913, 778927, 778933,
778951, 778963, 778979, 778993, 779003, 779011, 779021, 779039,
779063, 779069, 779081, 779101, 779111, 779131, 779137, 779159,
779173, 779189, 779221, 779231, 779239, 779249, 779267, 779327,
779329, 779341, 779347, 779351, 779353, 779357, 779377, 779413,
779477, 779489, 779507, 779521, 779531, 779543, 779561, 779563,
779573, 779579, 779591, 779593, 779599, 779609, 779617, 779621,
779657, 779659, 779663, 779693, 779699, 779707, 779731, 779747,
779749, 779761, 779767, 779771, 779791, 779797, 779827, 779837,
779869, 779873, 779879, 779887, 779899, 779927, 779939, 779971,
779981, 779983, 779993, 780029, 780037, 780041, 780047, 780049,
780061, 780119, 780127, 780163, 780173, 780179, 780191, 780193,
780211, 780223, 780233, 780253, 780257, 780287, 780323, 780343,
780347, 780371, 780379, 780383, 780389, 780397, 780401, 780421,
780433, 780457, 780469, 780499, 780523, 780553, 780583, 780587,
780601, 780613, 780631, 780649, 780667, 780671, 780679, 780683,
780697, 780707, 780719, 780721, 780733, 780799, 780803, 780809,
780817, 780823, 780833, 780841, 780851, 780853, 780869, 780877,
780887, 780889, 780917, 780931, 780953, 780961, 780971, 780973,
780991, 781003, 781007, 781021, 781043, 781051, 781063, 781069,
781087, 781111, 781117, 781127, 781129, 781139, 781163, 781171,
781199, 781211, 781217, 781229, 781243, 781247, 781271, 781283,
781301, 781307, 781309, 781321, 781327, 781351, 781357, 781367,
781369, 781387, 781397, 781399, 781409, 781423, 781427, 781433,
781453, 781481, 781483, 781493, 781511, 781513, 781519, 781523,
781531, 781559, 781567, 781589, 781601, 781607, 781619, 781631,
781633, 781661, 781673, 781681, 781721, 781733, 781741, 781771,
781799, 781801, 781817, 781819, 781853, 781861, 781867, 781883,
781889, 781897, 781919, 781951, 781961, 781967, 781969, 781973,
781987, 781997, 781999, 782003, 782009, 782011, 782053, 782057,
782071, 782083, 782087, 782107, 782113, 782123, 782129, 782137,
782141, 782147, 782149, 782183, 782189, 782191, 782209, 782219,

प्रथम सौ हजार अभाज्य संख्याएँ

782231, 782251, 782263, 782267, 782297, 782311, 782329, 782339,
782371, 782381, 782387, 782389, 782393, 782429, 782443, 782461,
782473, 782489, 782497, 782501, 782519, 782539, 782581, 782611,
782641, 782659, 782669, 782671, 782687, 782689, 782707, 782711,
782723, 782777, 782783, 782791, 782839, 782849, 782861, 782891,
782911, 782921, 782941, 782963, 782981, 782983, 782993, 783007,
783011, 783019, 783023, 783043, 783077, 783089, 783119, 783121,
783131, 783137, 783143, 783149, 783151, 783191, 783193, 783197,
783227, 783247, 783257, 783259, 783269, 783283, 783317, 783323,
783329, 783337, 783359, 783361, 783373, 783379, 783407, 783413,
783421, 783473, 783487, 783527, 783529, 783533, 783553, 783557,
783569, 783571, 783599, 783613, 783619, 783641, 783647, 783661,
783677, 783689, 783691, 783701, 783703, 783707, 783719, 783721,
783733, 783737, 783743, 783749, 783763, 783767, 783779, 783781,
783787, 783791, 783793, 783799, 783803, 783829, 783869, 783877,
783931, 783953, 784009, 784039, 784061, 784081, 784087, 784097,
784103, 784109, 784117, 784129, 784153, 784171, 784181, 784183,
784211, 784213, 784219, 784229, 784243, 784249, 784283, 784307,
784309, 784313, 784321, 784327, 784349, 784351, 784367, 784373,
784379, 784387, 784409, 784411, 784423, 784447, 784451, 784457,
784463, 784471, 784481, 784489, 784501, 784513, 784541, 784543,
784547, 784561, 784573, 784577, 784583, 784603, 784627, 784649,
784661, 784687, 784697, 784717, 784723, 784727, 784753, 784789,
784799, 784831, 784837, 784841, 784859, 784867, 784897, 784913,
784919, 784939, 784957, 784961, 784981, 785003, 785017, 785033,
785053, 785093, 785101, 785107, 785119, 785123, 785129, 785143,
785153, 785159, 785167, 785203, 785207, 785219, 785221, 785227,
785249, 785269, 785287, 785293, 785299, 785303, 785311, 785321,
785329, 785333, 785341, 785347, 785353, 785357, 785363, 785377,
785413, 785423, 785431, 785459, 785461, 785483, 785501, 785503,
785527, 785537, 785549, 785569, 785573, 785579, 785591, 785597,
785623, 785627, 785641, 785651, 785671, 785693, 785717, 785731,
785737, 785753, 785773, 785777, 785779, 785801, 785803, 785809,
785839, 785857, 785861, 785879, 785903, 785921, 785923, 785947,
785951, 785963, 786001, 786013, 786017, 786031, 786047, 786053,
786059, 786061, 786077, 786109, 786127, 786151, 786167, 786173,
786179, 786197, 786211, 786223, 786241, 786251, 786271, 786307,
786311, 786319, 786329, 786337, 786349, 786371, 786407, 786419,
786431, 786433, 786449, 786469, 786491, 786547, 786551, 786553,
786587, 786589, 786613, 786629, 786659, 786661, 786673, 786691,
786697, 786701, 786703, 786707, 786719, 786739, 786763, 786803,
786823, 786829, 786833, 786859, 786881, 786887, 786889, 786901,
786931, 786937, 786941, 786949, 786959, 786971, 786979, 786983,
787021, 787043, 787051, 787057, 787067, 787069, 787079, 787091,
787099, 787123, 787139, 787153, 787181, 787187, 787207, 787217,
787243, 787261, 787277, 787289, 787309, 787331, 787333, 787337,
787357, 787361, 787427, 787429, 787433, 787439, 787447, 787469,
787477, 787483, 787489, 787513, 787517, 787519, 787529, 787537,

प्रथम सौ हजार अभाज्य संख्याएँ

787541, 787547, 787573, 787601, 787609, 787621, 787639, 787649,
787667, 787697, 787711, 787747, 787751, 787757, 787769, 787771,
787777, 787783, 787793, 787807, 787811, 787817, 787823, 787837,
787879, 787883, 787903, 787907, 787939, 787973, 787981, 787993,
787999, 788009, 788023, 788027, 788033, 788041, 788071, 788077,
788087, 788089, 788093, 788107, 788129, 788153, 788159, 788167,
788173, 788189, 788209, 788213, 788231, 788261, 788267, 788287,
788309, 788317, 788321, 788351, 788353, 788357, 788363, 788369,
788377, 788383, 788387, 788393, 788399, 788413, 788419, 788429,
788449, 788467, 788479, 788497, 788521, 788527, 788531, 788537,
788549, 788561, 788563, 788569, 788603, 788621, 788651, 788659,
788677, 788687, 788701, 788719, 788761, 788779, 788789, 788813,
788819, 788849, 788863, 788867, 788869, 788873, 788891, 788897,
788903, 788927, 788933, 788941, 788947, 788959, 788971, 788993,
788999, 789001, 789017, 789029, 789031, 789067, 789077, 789091,
789097, 789101, 789109, 789121, 789133, 789137, 789149, 789169,
789181, 789221, 789227, 789251, 789311, 789323, 789331, 789343,
789367, 789377, 789389, 789391, 789407, 789419, 789443, 789473,
789491, 789493, 789511, 789527, 789533, 789557, 789571, 789577,
789587, 789589, 789611, 789623, 789631, 789653, 789671, 789673,
789683, 789689, 789709, 789713, 789721, 789731, 789739, 789749,
789793, 789823, 789829, 789847, 789851, 789857, 789883, 789941,
789959, 789961, 789967, 789977, 789979, 790003, 790021, 790033,
790043, 790051, 790057, 790063, 790087, 790093, 790099, 790121,
790169, 790171, 790189, 790199, 790201, 790219, 790241, 790261,
790271, 790277, 790289, 790291, 790327, 790331, 790333, 790351,
790369, 790379, 790397, 790403, 790417, 790421, 790429, 790451,
790459, 790481, 790501, 790513, 790519, 790523, 790529, 790547,
790567, 790583, 790589, 790607, 790613, 790633, 790637, 790649,
790651, 790693, 790697, 790703, 790709, 790733, 790739, 790747,
790753, 790781, 790793, 790817, 790819, 790831, 790843, 790861,
790871, 790879, 790883, 790897, 790927, 790957, 790961, 790967,
790969, 790991, 790997, 791003, 791009, 791017, 791029, 791047,
791053, 791081, 791093, 791099, 791111, 791117, 791137, 791159,
791191, 791201, 791209, 791227, 791233, 791251, 791257, 791261,
791291, 791309, 791311, 791317, 791321, 791347, 791363, 791377,
791387, 791411, 791419, 791431, 791443, 791447, 791473, 791489,
791519, 791543, 791561, 791563, 791569, 791573, 791599, 791627,
791629, 791657, 791663, 791677, 791699, 791773, 791783, 791789,
791797, 791801, 791803, 791827, 791849, 791851, 791887, 791891,
791897, 791899, 791909, 791927, 791929, 791933, 791951, 791969,
791971, 791993, 792023, 792031, 792037, 792041, 792049, 792061,
792067, 792073, 792101, 792107, 792109, 792119, 792131, 792151,
792163, 792179, 792223, 792227, 792229, 792241, 792247, 792257,
792263, 792277, 792283, 792293, 792299, 792301, 792307, 792317,
792359, 792371, 792377, 792383, 792397, 792413, 792443, 792461,
792479, 792481, 792487, 792521, 792529, 792551, 792553, 792559,
792563, 792581, 792593, 792601, 792613, 792629, 792637, 792641,

प्रथम सौ हजार अभाज्य संख्याएँ

792643, 792647, 792667, 792679, 792689, 792691, 792697, 792703,
792709, 792713, 792731, 792751, 792769, 792793, 792797, 792821,
792871, 792881, 792893, 792907, 792919, 792929, 792941, 792959,
792973, 792983, 792989, 792991, 793043, 793069, 793099, 793103,
793123, 793129, 793139, 793159, 793181, 793187, 793189, 793207,
793229, 793253, 793279, 793297, 793301, 793327, 793333, 793337,
793343, 793379, 793399, 793439, 793447, 793453, 793487, 793489,
793493, 793511, 793517, 793519, 793537, 793547, 793553, 793561,
793591, 793601, 793607, 793621, 793627, 793633, 793669, 793673,
793691, 793699, 793711, 793717, 793721, 793733, 793739, 793757,
793769, 793777, 793787, 793789, 793813, 793841, 793843, 793853,
793867, 793889, 793901, 793927, 793931, 793939, 793957, 793967,
793979, 793981, 793999, 794009, 794011, 794023, 794033, 794039,
794041, 794063, 794071, 794077, 794089, 794111, 794113, 794119,
794137, 794141, 794149, 794153, 794161, 794173, 794179, 794191,
794201, 794203, 794207, 794221, 794231, 794239, 794249, 794327,
794341, 794363, 794383, 794389, 794399, 794407, 794413, 794449,
794471, 794473, 794477, 794483, 794491, 794509, 794531, 794537,
794543, 794551, 794557, 794569, 794579, 794587, 794593, 794641,
794653, 794657, 794659, 794669, 794693, 794711, 794741, 794743,
794749, 794779, 794831, 794879, 794881, 794887, 794921, 794923,
794953, 794957, 794993, 794999, 795001, 795007, 795023, 795071,
795077, 795079, 795083, 795097, 795101, 795103, 795121, 795127,
795139, 795149, 795161, 795187, 795203, 795211, 795217, 795233,
795239, 795251, 795253, 795299, 795307, 795323, 795329, 795337,
795343, 795349, 795427, 795449, 795461, 795467, 795479, 795493,
795503, 795517, 795527, 795533, 795539, 795551, 795581, 795589,
795601, 795643, 795647, 795649, 795653, 795659, 795661, 795667,
795679, 795703, 795709, 795713, 795727, 795737, 795761, 795763,
795791, 795793, 795797, 795799, 795803, 795827, 795829, 795871,
795877, 795913, 795917, 795931, 795937, 795941, 795943, 795947,
795979, 795983, 795997, 796001, 796009, 796063, 796067, 796091,
796121, 796139, 796141, 796151, 796171, 796177, 796181, 796189,
796193, 796217, 796247, 796259, 796267, 796291, 796303, 796307,
796337, 796339, 796361, 796363, 796373, 796379, 796387, 796391,
796409, 796447, 796451, 796459, 796487, 796493, 796517, 796531,
796541, 796553, 796561, 796567, 796571, 796583, 796591, 796619,
796633, 796657, 796673, 796687, 796693, 796699, 796709, 796711,
796751, 796759, 796769, 796777, 796781, 796799, 796801, 796813,
796819, 796847, 796849, 796853, 796867, 796871, 796877, 796889,
796921, 796931, 796933, 796937, 796951, 796967, 796969, 796981,
797003, 797009, 797021, 797029, 797033, 797039, 797051, 797053,
797057, 797063, 797077, 797119, 797131, 797143, 797161, 797171,
797201, 797207, 797273, 797281, 797287, 797309, 797311, 797333,
797353, 797359, 797383, 797389, 797399, 797417, 797429, 797473,
797497, 797507, 797509, 797539, 797549, 797551, 797557, 797561,
797567, 797569, 797579, 797581, 797591, 797593, 797611, 797627,
797633, 797647, 797681, 797689, 797701, 797711, 797729, 797743,

प्रथम सौ हजार अभाज्य संख्याएँ

797747, 797767, 797773, 797813, 797833, 797851, 797869, 797887,
797897, 797911, 797917, 797933, 797947, 797957, 797977, 797987,
798023, 798043, 798059, 798067, 798071, 798079, 798089, 798097,
798101, 798121, 798131, 798139, 798143, 798151, 798173, 798179,
798191, 798197, 798199, 798221, 798223, 798227, 798251, 798257,
798263, 798271, 798293, 798319, 798331, 798373, 798383, 798397,
798403, 798409, 798443, 798451, 798461, 798481, 798487, 798503,
798517, 798521, 798527, 798533, 798569, 798599, 798613, 798641,
798647, 798649, 798667, 798691, 798697, 798701, 798713, 798727,
798737, 798751, 798757, 798773, 798781, 798799, 798823, 798871,
798887, 798911, 798923, 798929, 798937, 798943, 798961, 799003,
799021, 799031, 799061, 799063, 799091, 799093, 799103, 799147,
799151, 799171, 799217, 799219, 799223, 799259, 799291, 799301,
799303, 799307, 799313, 799333, 799343, 799361, 799363, 799369,
799417, 799427, 799441, 799453, 799471, 799481, 799483, 799489,
799507, 799523, 799529, 799543, 799553, 799573, 799609, 799613,
799619, 799621, 799633, 799637, 799651, 799657, 799661, 799679,
799723, 799727, 799739, 799741, 799753, 799759, 799789, 799801,
799807, 799817, 799837, 799853, 799859, 799873, 799891, 799921,
799949, 799961, 799979, 799991, 799993, 799999, 800011, 800029,
800053, 800057, 800077, 800083, 800089, 800113, 800117, 800119,
800123, 800131, 800143, 800159, 800161, 800171, 800209, 800213,
800221, 800231, 800237, 800243, 800281, 800287, 800291, 800311,
800329, 800333, 800351, 800357, 800399, 800407, 800417, 800419,
800441, 800447, 800473, 800477, 800483, 800497, 800509, 800519,
800521, 800533, 800537, 800539, 800549, 800557, 800573, 800587,
800593, 800599, 800621, 800623, 800647, 800651, 800659, 800663,
800669, 800677, 800687, 800693, 800707, 800711, 800729, 800731,
800741, 800743, 800759, 800773, 800783, 800801, 800861, 800873,
800879, 800897, 800903, 800909, 800923, 800953, 800959, 800971,
800977, 800993, 800999, 801001, 801007, 801011, 801019, 801037,
801061, 801077, 801079, 801103, 801107, 801127, 801137, 801179,
801187, 801197, 801217, 801247, 801277, 801289, 801293, 801301,
801331, 801337, 801341, 801349, 801371, 801379, 801403, 801407,
801419, 801421, 801461, 801469, 801487, 801503, 801517, 801539,
801551, 801557, 801569, 801571, 801607, 801611, 801617, 801631,
801641, 801677, 801683, 801701, 801707, 801709, 801733, 801761,
801791, 801809, 801811, 801817, 801833, 801841, 801859, 801883,
801947, 801949, 801959, 801973, 801989, 802007, 802019, 802027,
802031, 802037, 802073, 802103, 802121, 802127, 802129, 802133,
802141, 802147, 802159, 802163, 802177, 802181, 802183, 802189,
802231, 802253, 802279, 802283, 802297, 802331, 802339, 802357,
802387, 802421, 802441, 802453, 802463, 802471, 802499, 802511,
802523, 802531, 802573, 802583, 802589, 802597, 802603, 802609,
802643, 802649, 802651, 802661, 802667, 802709, 802721, 802729,
802733, 802751, 802759, 802777, 802783, 802787, 802793, 802799,
802811, 802829, 802831, 802873, 802909, 802913, 802933, 802951,
802969, 802979, 802987, 803027, 803041, 803053, 803057, 803059,

803087, 803093, 803119, 803141, 803171, 803189, 803207, 803227,
803237, 803251, 803269, 803273, 803287, 803311, 803323, 803333,
803347, 803359, 803389, 803393, 803399, 803417, 803441, 803443,
803447, 803449, 803461, 803479, 803483, 803497, 803501, 803513,
803519, 803549, 803587, 803591, 803609, 803611, 803623, 803629,
803651, 803659, 803669, 803687, 803717, 803729, 803731, 803741,
803749, 803813, 803819, 803849, 803857, 803867, 803893, 803897,
803911, 803921, 803927, 803939, 803963, 803977, 803987, 803989,
804007, 804017, 804031, 804043, 804059, 804073, 804077, 804091,
804107, 804113, 804119, 804127, 804157, 804161, 804179, 804191,
804197, 804203, 804211, 804239, 804259, 804281, 804283, 804313,
804317, 804329, 804337, 804341, 804367, 804371, 804383, 804409,
804443, 804449, 804473, 804493, 804497, 804511, 804521, 804523,
804541, 804553, 804571, 804577, 804581, 804589, 804607, 804611,
804613, 804619, 804653, 804689, 804697, 804703, 804709, 804743,
804751, 804757, 804761, 804767, 804803, 804823, 804829, 804833,
804847, 804857, 804877, 804889, 804893, 804901, 804913, 804919,
804929, 804941, 804943, 804983, 804989, 804997, 805019, 805027,
805031, 805033, 805037, 805061, 805067, 805073, 805081, 805097,
805099, 805109, 805111, 805121, 805153, 805159, 805177, 805187,
805213, 805219, 805223, 805241, 805249, 805267, 805271, 805279,
805289, 805297, 805309, 805313, 805327, 805331, 805333, 805339,
805369, 805381, 805397, 805403, 805421, 805451, 805463, 805471,
805487, 805499, 805501, 805507, 805517, 805523, 805531, 805537,
805559, 805573, 805583, 805589, 805633, 805639, 805687, 805703,
805711, 805723, 805729, 805741, 805757, 805789, 805799, 805807,
805811, 805843, 805853, 805859, 805867, 805873, 805877, 805891,
805901, 805913, 805933, 805967, 805991, 806009, 806011, 806017,
806023, 806027, 806033, 806041, 806051, 806059, 806087, 806107,
806111, 806129, 806137, 806153, 806159, 806177, 806203, 806213,
806233, 806257, 806261, 806263, 806269, 806291, 806297, 806317,
806329, 806363, 806369, 806371, 806381, 806383, 806389, 806447,
806453, 806467, 806483, 806503, 806513, 806521, 806543, 806549,
806579, 806581, 806609, 806639, 806657, 806671, 806719, 806737,
806761, 806783, 806789, 806791, 806801, 806807, 806821, 806857,
806893, 806903, 806917, 806929, 806941, 806947, 806951, 806977,
806999, 807011, 807017, 807071, 807077, 807083, 807089, 807097,
807113, 807119, 807127, 807151, 807181, 807187, 807193, 807197,
807203, 807217, 807221, 807241, 807251, 807259, 807281, 807299,
807337, 807371, 807379, 807383, 807403, 807407, 807409, 807419,
807427, 807463, 807473, 807479, 807487, 807491, 807493, 807509,
807511, 807523, 807539, 807559, 807571, 807607, 807613, 807629,
807637, 807647, 807689, 807707, 807731, 807733, 807749, 807757,
807787, 807797, 807809, 807817, 807869, 807871, 807901, 807907,
807923, 807931, 807941, 807943, 807949, 807973, 807997, 808019,
808021, 808039, 808081, 808097, 808111, 808147, 808153, 808169,
808177, 808187, 808211, 808217, 808229, 808237, 808261, 808267,
808307, 808309, 808343, 808349, 808351, 808361, 808363, 808369,

प्रथम सौ हजार अभाज्य संख्याएँ

808373, 808391, 808399, 808417, 808421, 808439, 808441, 808459,
808481, 808517, 808523, 808553, 808559, 808579, 808589, 808597,
808601, 808603, 808627, 808637, 808651, 808679, 808681, 808693,
808699, 808721, 808733, 808739, 808747, 808751, 808771, 808777,
808789, 808793, 808837, 808853, 808867, 808919, 808937, 808957,
808961, 808981, 808991, 808993, 809023, 809041, 809051, 809063,
809087, 809093, 809101, 809141, 809143, 809147, 809173, 809177,
809189, 809201, 809203, 809213, 809231, 809239, 809243, 809261,
809269, 809273, 809297, 809309, 809323, 809339, 809357, 809359,
809377, 809383, 809399, 809401, 809407, 809423, 809437, 809443,
809447, 809453, 809461, 809491, 809507, 809521, 809527, 809563,
809569, 809579, 809581, 809587, 809603, 809629, 809701, 809707,
809719, 809729, 809737, 809741, 809747, 809749, 809759, 809771,
809779, 809797, 809801, 809803, 809821, 809827, 809833, 809839,
809843, 809869, 809891, 809903, 809909, 809917, 809929, 809981,
809983, 809993, 810013, 810023, 810049, 810053, 810059, 810071,
810079, 810091, 810109, 810137, 810149, 810151, 810191, 810193,
810209, 810223, 810239, 810253, 810259, 810269, 810281, 810307,
810319, 810343, 810349, 810353, 810361, 810367, 810377, 810379,
810389, 810391, 810401, 810409, 810419, 810427, 810437, 810443,
810457, 810473, 810487, 810493, 810503, 810517, 810533, 810539,
810541, 810547, 810553, 810571, 810581, 810583, 810587, 810643,
810653, 810659, 810671, 810697, 810737, 810757, 810763, 810769,
810791, 810809, 810839, 810853, 810871, 810881, 810893, 810907,
810913, 810923, 810941, 810949, 810961, 810967, 810973, 810989,
811037, 811039, 811067, 811081, 811099, 811123, 811127, 811147,
811157, 811163, 811171, 811183, 811193, 811199, 811207, 811231,
811241, 811253, 811259, 811273, 811277, 811289, 811297, 811337,
811351, 811379, 811387, 811411, 811429, 811441, 811457, 811469,
811493, 811501, 811511, 811519, 811523, 811553, 811561, 811583,
811607, 811619, 811627, 811637, 811649, 811651, 811667, 811691,
811697, 811703, 811709, 811729, 811747, 811753, 811757, 811763,
811771, 811777, 811799, 811819, 811861, 811871, 811879, 811897,
811919, 811931, 811933, 811957, 811961, 811981, 811991, 811997,
812011, 812033, 812047, 812051, 812057, 812081, 812101, 812129,
812137, 812167, 812173, 812179, 812183, 812191, 812213, 812221,
812233, 812249, 812257, 812267, 812281, 812297, 812299, 812309,
812341, 812347, 812351, 812353, 812359, 812363, 812381, 812387,
812393, 812401, 812431, 812443, 812467, 812473, 812477, 812491,
812501, 812503, 812519, 812527, 812587, 812597, 812599, 812627,
812633, 812639, 812641, 812671, 812681, 812689, 812699, 812701,
812711, 812717, 812731, 812759, 812761, 812807, 812849, 812857,
812869, 812921, 812939, 812963, 812969, 813013, 813017, 813023,
813041, 813049, 813061, 813083, 813089, 813091, 813097, 813107,
813121, 813133, 813157, 813167, 813199, 813203, 813209, 813217,
813221, 813227, 813251, 813269, 813277, 813283, 813287, 813299,
813301, 813311, 813343, 813361, 813367, 813377, 813383, 813401,
813419, 813427, 813443, 813493, 813499, 813503, 813511, 813529,

813541, 813559, 813577, 813583, 813601, 813613, 813623, 813647,
813677, 813697, 813707, 813721, 813749, 813767, 813797, 813811,
813817, 813829, 813833, 813847, 813863, 813871, 813893, 813907,
813931, 813961, 813971, 813991, 813997, 814003, 814007, 814013,
814019, 814031, 814043, 814049, 814061, 814063, 814067, 814069,
814081, 814097, 814127, 814129, 814139, 814171, 814183, 814193,
814199, 814211, 814213, 814237, 814241, 814243, 814279, 814309,
814327, 814337, 814367, 814379, 814381, 814393, 814399, 814403,
814423, 814447, 814469, 814477, 814493, 814501, 814531, 814537,
814543, 814559, 814577, 814579, 814601, 814603, 814609, 814631,
814633, 814643, 814687, 814699, 814717, 814741, 814747, 814763,
814771, 814783, 814789, 814799, 814823, 814829, 814841, 814859,
814873, 814883, 814889, 814901, 814903, 814927, 814937, 814939,
814943, 814949, 814991, 815029, 815033, 815047, 815053, 815063,
815123, 815141, 815149, 815159, 815173, 815197, 815209, 815231,
815251, 815257, 815261, 815273, 815279, 815291, 815317, 815333,
815341, 815351, 815389, 815401, 815411, 815413, 815417, 815431,
815453, 815459, 815471, 815491, 815501, 815519, 815527, 815533,
815539, 815543, 815569, 815587, 815599, 815621, 815623, 815627,
815653, 815663, 815669, 815671, 815681, 815687, 815693, 815713,
815729, 815809, 815819, 815821, 815831, 815851, 815869, 815891,
815897, 815923, 815933, 815939, 815953, 815963, 815977, 815989,
816019, 816037, 816043, 816047, 816077, 816091, 816103, 816113,
816121, 816131, 816133, 816157, 816161, 816163, 816169, 816191,
816203, 816209, 816217, 816223, 816227, 816239, 816251, 816271,
816317, 816329, 816341, 816353, 816367, 816377, 816401, 816427,
816443, 816451, 816469, 816499, 816521, 816539, 816547, 816559,
816581, 816587, 816589, 816593, 816649, 816653, 816667, 816689,
816691, 816703, 816709, 816743, 816763, 816769, 816779, 816811,
816817, 816821, 816839, 816841, 816847, 816857, 816859, 816869,
816883, 816887, 816899, 816911, 816917, 816919, 816929, 816941,
816947, 816961, 816971, 817013, 817027, 817039, 817049, 817051,
817073, 817081, 817087, 817093, 817111, 817123, 817127, 817147,
817151, 817153, 817163, 817169, 817183, 817211, 817237, 817273,
817277, 817279, 817291, 817303, 817319, 817321, 817331, 817337,
817357, 817379, 817403, 817409, 817433, 817457, 817463, 817483,
817519, 817529, 817549, 817561, 817567, 817603, 817637, 817651,
817669, 817679, 817697, 817709, 817711, 817721, 817723, 817727,
817757, 817769, 817777, 817783, 817787, 817793, 817823, 817837,
817841, 817867, 817871, 817877, 817889, 817891, 817897, 817907,
817913, 817919, 817933, 817951, 817979, 817987, 818011, 818017,
818021, 818093, 818099, 818101, 818113, 818123, 818143, 818171,
818173, 818189, 818219, 818231, 818239, 818249, 818281, 818287,
818291, 818303, 818309, 818327, 818339, 818341, 818347, 818353,
818359, 818371, 818383, 818393, 818399, 818413, 818429, 818453,
818473, 818509, 818561, 818569, 818579, 818581, 818603, 818621,
818659, 818683, 818687, 818689, 818707, 818717, 818723, 818813,
818819, 818821, 818827, 818837, 818887, 818897, 818947, 818959,

प्रथम सौ हजार अभाज्य संख्याएँ

818963, 818969, 818977, 818999, 819001, 819017, 819029, 819031,
819037, 819061, 819073, 819083, 819101, 819131, 819149, 819157,
819167, 819173, 819187, 819229, 819239, 819241, 819251, 819253,
819263, 819271, 819289, 819307, 819311, 819317, 819319, 819367,
819373, 819389, 819391, 819407, 819409, 819419, 819431, 819437,
819443, 819449, 819457, 819463, 819473, 819487, 819491, 819493,
819499, 819503, 819509, 819523, 819563, 819583, 819593, 819607,
819617, 819619, 819629, 819647, 819653, 819659, 819673, 819691,
819701, 819719, 819737, 819739, 819761, 819769, 819773, 819781,
819787, 819799, 819811, 819823, 819827, 819829, 819853, 819899,
819911, 819913, 819937, 819943, 819977, 819989, 819991, 820037,
820051, 820067, 820073, 820093, 820109, 820117, 820129, 820133,
820163, 820177, 820187, 820201, 820213, 820223, 820231, 820241,
820243, 820247, 820271, 820273, 820279, 820319, 820321, 820331,
820333, 820343, 820349, 820361, 820367, 820399, 820409, 820411,
820427, 820429, 820441, 820459, 820481, 820489, 820537, 820541,
820559, 820577, 820597, 820609, 820619, 820627, 820637, 820643,
820649, 820657, 820679, 820681, 820691, 820711, 820723, 820733,
820747, 820753, 820759, 820763, 820789, 820793, 820837, 820873,
820891, 820901, 820907, 820909, 820921, 820927, 820957, 820969,
820991, 820997, 821003, 821027, 821039, 821053, 821057, 821063,
821069, 821081, 821089, 821099, 821101, 821113, 821131, 821143,
821147, 821153, 821167, 821173, 821207, 821209, 821263, 821281,
821291, 821297, 821311, 821329, 821333, 821377, 821383, 821411,
821441, 821449, 821459, 821461, 821467, 821477, 821479, 821489,
821497, 821507, 821519, 821551, 821573, 821603, 821641, 821647,
821651, 821663, 821677, 821741, 821747, 821753, 821759, 821771,
821801, 821803, 821809, 821819, 821827, 821833, 821851, 821857,
821861, 821869, 821879, 821897, 821911, 821939, 821941, 821971,
821993, 821999, 822007, 822011, 822013, 822037, 822049, 822067,
822079, 822113, 822131, 822139, 822161, 822163, 822167, 822169,
822191, 822197, 822221, 822223, 822229, 822233, 822253, 822259,
822277, 822293, 822299, 822313, 822317, 822323, 822329, 822343,
822347, 822361, 822379, 822383, 822389, 822391, 822407, 822431,
822433, 822517, 822539, 822541, 822551, 822553, 822557, 822571,
822581, 822587, 822589, 822599, 822607, 822611, 822631, 822667,
822671, 822673, 822683, 822691, 822697, 822713, 822721, 822727,
822739, 822743, 822761, 822763, 822781, 822791, 822793, 822803,
822821, 822823, 822839, 822853, 822881, 822883, 822889, 822893,
822901, 822907, 822949, 822971, 822973, 822989, 823001, 823003,
823013, 823033, 823051, 823117, 823127, 823129, 823153, 823169,
823177, 823183, 823201, 823219, 823231, 823237, 823241, 823243,
823261, 823271, 823283, 823309, 823337, 823349, 823351, 823357,
823373, 823399, 823421, 823447, 823451, 823457, 823481, 823483,
823489, 823499, 823519, 823541, 823547, 823553, 823573, 823591,
823601, 823619, 823621, 823637, 823643, 823651, 823663, 823679,
823703, 823709, 823717, 823721, 823723, 823727, 823729, 823741,
823747,

प्रथम सौ हजार अभाज्य संख्याएँ

823759, 823777, 823787, 823789, 823799, 823819, 823829, 823831,
823841, 823843, 823877, 823903, 823913, 823961, 823967, 823969,
823981, 823993, 823997, 824017, 824029, 824039, 824063, 824069,
824077, 824081, 824099, 824123, 824137, 824147, 824179, 824183,
824189, 824191, 824227, 824231, 824233, 824269, 824281, 824287,
824339, 824393, 824399, 824401, 824413, 824419, 824437, 824443,
824459, 824477, 824489, 824497, 824501, 824513, 824531, 824539,
824563, 824591, 824609, 824641, 824647, 824651, 824669, 824671,
824683, 824699, 824701, 824723, 824741, 824749, 824753, 824773,
824777, 824779, 824801, 824821, 824833, 824843, 824861, 824893,
824899, 824911, 824921, 824933, 824939, 824947, 824951, 824977,
824981, 824983, 825001, 825007, 825017, 825029, 825047, 825049,
825059, 825067, 825073, 825101, 825107, 825109, 825131, 825161,
825191, 825193, 825199, 825203, 825229, 825241, 825247, 825259,
825277, 825281, 825283, 825287, 825301, 825329, 825337, 825343,
825347, 825353, 825361, 825389, 825397, 825403, 825413, 825421,
825439, 825443, 825467, 825479, 825491, 825509, 825527, 825533,
825547, 825551, 825553, 825577, 825593, 825611, 825613, 825637,
825647, 825661, 825679, 825689, 825697, 825701, 825709, 825733,
825739, 825749, 825763, 825779, 825791, 825821, 825827, 825829,
825857, 825883, 825889, 825919, 825947, 825959, 825961, 825971,
825983, 825991, 825997, 826019, 826037, 826039, 826051, 826061,
826069, 826087, 826093, 826097, 826129, 826151, 826153, 826169,
826171, 826193, 826201, 826211, 826271, 826283, 826289, 826303,
826313, 826333, 826339, 826349, 826351, 826363, 826379, 826381,
826391, 826393, 826403, 826411, 826453, 826477, 826493, 826499,
826541, 826549, 826559, 826561, 826571, 826583, 826603, 826607,
826613, 826621, 826663, 826667, 826669, 826673, 826681, 826697,
826699, 826711, 826717, 826723, 826729, 826753, 826759, 826783,
826799, 826807, 826811, 826831, 826849, 826867, 826879, 826883,
826907, 826921, 826927, 826939, 826957, 826963, 826967, 826979,
826997, 827009, 827023, 827039, 827041, 827063, 827087, 827129,
827131, 827143, 827147, 827161, 827213, 827227, 827231, 827251,
827269, 827293, 827303, 827311, 827327, 827347, 827369, 827389,
827417, 827423, 827429, 827443, 827447, 827461, 827473, 827501,
827521, 827537, 827539, 827549, 827581, 827591, 827599, 827633,
827639, 827677, 827681, 827693, 827699, 827719, 827737, 827741,
827767, 827779, 827791, 827803, 827809, 827821, 827833, 827837,
827843, 827851, 827857, 827867, 827873, 827899, 827903, 827923,
827927, 827929, 827941, 827969, 827987, 827989, 828007, 828011,
828013, 828029, 828043, 828059, 828067, 828071, 828101, 828109,
828119, 828127, 828131, 828133, 828169, 828199, 828209, 828221,
828239, 828277, 828349, 828361, 828371, 828379, 828383, 828397,
828407, 828409, 828431, 828449, 828517, 828523, 828547, 828557,
828577, 828587, 828601, 828637, 828643, 828649, 828673, 828677,
828691, 828697, 828701, 828703, 828721, 828731, 828743, 828757,
828787, 828797, 828809, 828811, 828823, 828829, 828833, 828859,
828871, 828881, 828889, 828899, 828901, 828917, 828923, 828941,

प्रथम सौ हजार अभाज्य संख्याएँ

828953, 828967, 828977, 829001, 829013, 829057, 829063, 829069,
829093, 829097, 829111, 829121, 829123, 829151, 829159, 829177,
829187, 829193, 829211, 829223, 829229, 829237, 829249, 829267,
829273, 829289, 829319, 829349, 829399, 829453, 829457, 829463,
829469, 829501, 829511, 829519, 829537, 829547, 829561, 829601,
829613, 829627, 829637, 829639, 829643, 829657, 829687, 829693,
829709, 829721, 829723, 829727, 829729, 829733, 829757, 829789,
829811, 829813, 829819, 829831, 829841, 829847, 829849, 829867,
829877, 829883, 829949, 829967, 829979, 829987, 829993, 830003,
830017, 830041, 830051, 830099, 830111, 830117, 830131, 830143,
830153, 830173, 830177, 830191, 830233, 830237, 830257, 830267,
830279, 830293, 830309, 830311, 830327, 830329, 830339, 830341,
830353, 830359, 830363, 830383, 830387, 830411, 830413, 830419,
830441, 830447, 830449, 830477, 830483, 830497, 830503, 830513,
830549, 830551, 830561, 830567, 830579, 830587, 830591, 830597,
830617, 830639, 830657, 830677, 830693, 830719, 830729, 830741,
830743, 830777, 830789, 830801, 830827, 830833, 830839, 830849,
830861, 830873, 830887, 830891, 830899, 830911, 830923, 830939,
830957, 830981, 830989, 831023, 831031, 831037, 831043, 831067,
831071, 831073, 831091, 831109, 831139, 831161, 831163, 831167,
831191, 831217, 831221, 831239, 831253, 831287, 831301, 831323,
831329, 831361, 831367, 831371, 831373, 831407, 831409, 831431,
831433, 831437, 831443, 831461, 831503, 831529, 831539, 831541,
831547, 831553, 831559, 831583, 831587, 831599, 831617, 831619,
831631, 831643, 831647, 831653, 831659, 831661, 831679, 831683,
831697, 831707, 831709, 831713, 831731, 831739, 831751, 831757,
831769, 831781, 831799, 831811, 831821, 831829, 831847, 831851,
831863, 831881, 831889, 831893, 831899, 831911, 831913, 831917,
831967, 831983, 832003, 832063, 832079, 832081, 832103, 832109,
832121, 832123, 832129, 832141, 832151, 832157, 832159, 832189,
832211, 832217, 832253, 832291, 832297, 832309, 832327, 832331,
832339, 832361, 832367, 832369, 832373, 832379, 832399, 832411,
832421, 832427, 832451, 832457, 832477, 832483, 832487, 832493,
832499, 832519, 832583, 832591, 832597, 832607, 832613, 832621,
832627, 832631, 832633, 832639, 832673, 832679, 832681, 832687,
832693, 832703, 832709, 832717, 832721, 832729, 832747, 832757,
832763, 832771, 832787, 832801, 832837, 832841, 832861, 832879,
832883, 832889, 832913, 832919, 832927, 832933, 832943, 832957,
832963, 832969, 832973, 832987, 833009, 833023, 833033, 833047,
833057, 833099, 833101, 833117, 833171, 833177, 833179, 833191,
833197, 833201, 833219, 833251, 833269, 833281, 833293, 833299,
833309, 833347, 833353, 833363, 833377, 833389, 833429, 833449,
833453, 833461, 833467, 833477, 833479, 833491, 833509, 833537,
833557, 833563, 833593, 833597, 833617, 833633, 833659, 833669,
833689, 833711, 833713, 833717, 833719, 833737, 833747, 833759,
833783, 833801, 833821, 833839, 833843, 833857, 833873, 833887,
833893, 833897, 833923, 833927, 833933, 833947, 833977, 833999,
834007, 834013, 834023, 834059, 834107, 834131, 834133, 834137,

प्रथम सौ हजार अभाज्य संख्याएँ

834143, 834149, 834151, 834181, 834199, 834221, 834257, 834259,
834269, 834277, 834283, 834287, 834299, 834311, 834341, 834367,
834433, 834439, 834469, 834487, 834497, 834503, 834511, 834523,
834527, 834569, 834571, 834593, 834599, 834607, 834611, 834623,
834629, 834641, 834643, 834653, 834671, 834703, 834709, 834721,
834761, 834773, 834781, 834787, 834797, 834809, 834811, 834829,
834857, 834859, 834893, 834913, 834941, 834947, 834949, 834959,
834961, 834983, 834991, 835001, 835013, 835019, 835033, 835039,
835097, 835099, 835117, 835123, 835139, 835141, 835207, 835213,
835217, 835249, 835253, 835271, 835313, 835319, 835321, 835327,
835369, 835379, 835391, 835399, 835421, 835427, 835441, 835451,
835453, 835459, 835469, 835489, 835511, 835531, 835553, 835559,
835591, 835603, 835607, 835609, 835633, 835643, 835661, 835663,
835673, 835687, 835717, 835721, 835733, 835739, 835759, 835789,
835811, 835817, 835819, 835823, 835831, 835841, 835847, 835859,
835897, 835909, 835927, 835931, 835937, 835951, 835957, 835973,
835979, 835987, 835993, 835997, 836047, 836063, 836071, 836107,
836117, 836131, 836137, 836149, 836153, 836159, 836161, 836183,
836189, 836191, 836203, 836219, 836233, 836239, 836243, 836267,
836291, 836299, 836317, 836327, 836347, 836351, 836369, 836377,
836387, 836413, 836449, 836471, 836477, 836491, 836497, 836501,
836509, 836567, 836569, 836573, 836609, 836611, 836623, 836657,
836663, 836677, 836683, 836699, 836701, 836707, 836713, 836729,
836747, 836749, 836753, 836761, 836789, 836807, 836821, 836833,
836839, 836861, 836863, 836873, 836879, 836881, 836917, 836921,
836939, 836951, 836971, 837017, 837043, 837047, 837059, 837071,
837073, 837077, 837079, 837107, 837113, 837139, 837149, 837157,
837191, 837203, 837257, 837271, 837283, 837293, 837307, 837313,
837359, 837367, 837373, 837377, 837379, 837409, 837413, 837439,
837451, 837461, 837467, 837497, 837503, 837509, 837521, 837533,
837583, 837601, 837611, 837619, 837631, 837659, 837667, 837673,
837677, 837679, 837721, 837731, 837737, 837773, 837779, 837797,
837817, 837833, 837847, 837853, 837887, 837923, 837929, 837931,
837937, 837943, 837979, 838003, 838021, 838037, 838039, 838043,
838063, 838069, 838091, 838093, 838099, 838133, 838139, 838141,
838153, 838157, 838169, 838171, 838193, 838207, 838247, 838249,
838349, 838351, 838363, 838367, 838379, 838391, 838393, 838399,
838403, 838421, 838429, 838441, 838447, 838459, 838463, 838471,
838483, 838517, 838547, 838553, 838561, 838571, 838583, 838589,
838597, 838601, 838609, 838613, 838631, 838633, 838657, 838667,
838687, 838693, 838711, 838751, 838757, 838769, 838771, 838777,
838781, 838807, 838813, 838837, 838853, 838889, 838897, 838909,
838913, 838919, 838927, 838931, 838939, 838949, 838951, 838963,
838969, 838991, 838993, 839009, 839029, 839051, 839071, 839087,
839117, 839131, 839161, 839203, 839207, 839221, 839227, 839261,
839269, 839303, 839323, 839327, 839351, 839353, 839369, 839381,
839413, 839429, 839437, 839441, 839453, 839459, 839471, 839473,
839483, 839491, 839497, 839519, 839539, 839551, 839563, 839599,

प्रथम सौ हजार अभाज्य संख्याएँ

839603, 839609, 839611, 839617, 839621, 839633, 839651, 839653,
839669, 839693, 839723, 839731, 839767, 839771, 839791, 839801,
839809, 839831, 839837, 839873, 839879, 839887, 839897, 839899,
839903, 839911, 839921, 839957, 839959, 839963, 839981, 839999,
840023, 840053, 840061, 840067, 840083, 840109, 840137, 840139,
840149, 840163, 840179, 840181, 840187, 840197, 840223, 840239,
840241, 840253, 840269, 840277, 840289, 840299, 840319, 840331,
840341, 840347, 840353, 840439, 840451, 840457, 840467, 840473,
840479, 840491, 840523, 840547, 840557, 840571, 840589, 840601,
840611, 840643, 840661, 840683, 840703, 840709, 840713, 840727,
840733, 840743, 840757, 840761, 840767, 840817, 840821, 840823,
840839, 840841, 840859, 840863, 840907, 840911, 840923, 840929,
840941, 840943, 840967, 840979, 840989, 840991, 841003, 841013,
841019, 841021, 841063, 841069, 841079, 841081, 841091, 841097,
841103, 841147, 841157, 841189, 841193, 841207, 841213, 841219,
841223, 841231, 841237, 841241, 841259, 841273, 841277, 841283,
841289, 841297, 841307, 841327, 841333, 841349, 841369, 841391,
841397, 841411, 841427, 841447, 841457, 841459, 841541, 841549,
841559, 841573, 841597, 841601, 841637, 841651, 841661, 841663,
841691, 841697, 841727, 841741, 841751, 841793, 841801, 841849,
841859, 841873, 841879, 841889, 841913, 841921, 841927, 841931,
841933, 841979, 841987, 842003, 842021, 842041, 842047, 842063,
842071, 842077, 842081, 842087, 842089, 842111, 842113, 842141,
842147, 842159, 842161, 842167, 842173, 842183, 842203, 842209,
842249, 842267, 842279, 842291, 842293, 842311, 842321, 842323,
842339, 842341, 842351, 842353, 842371, 842383, 842393, 842399,
842407, 842417, 842419, 842423, 842447, 842449, 842473, 842477,
842483, 842489, 842497, 842507, 842519, 842521, 842531, 842551,
842581, 842587, 842599, 842617, 842623, 842627, 842657, 842701,
842729, 842747, 842759, 842767, 842771, 842791, 842801, 842813,
842819, 842857, 842869, 842879, 842887, 842923, 842939, 842951,
842957, 842969, 842977, 842981, 842987, 842993, 843043, 843067,
843079, 843091, 843103, 843113, 843127, 843131, 843137, 843173,
843179, 843181, 843209, 843211, 843229, 843253, 843257, 843289,
843299, 843301, 843307, 843331, 843347, 843361, 843371, 843377,
843379, 843383, 843397, 843443, 843449, 843457, 843461, 843473,
843487, 843497, 843503, 843527, 843539, 843553, 843559, 843587,
843589, 843607, 843613, 843629, 843643, 843649, 843677, 843679,
843701, 843737, 843757, 843763, 843779, 843781, 843793, 843797,
843811, 843823, 843833, 843841, 843881, 843883, 843889, 843901,
843907, 843911, 844001, 844013, 844043, 844061, 844069, 844087,
844093, 844111, 844117, 844121, 844127, 844139, 844141, 844153,
844157, 844163, 844183, 844187, 844199, 844201, 844243, 844247,
844253, 844279, 844289, 844297, 844309, 844321, 844351, 844369,
844421, 844427, 844429, 844433, 844439, 844447, 844453, 844457,
844463, 844469, 844483, 844489, 844499, 844507, 844511, 844513,
844517, 844523, 844549, 844553, 844601, 844603, 844609, 844619,
844621, 844631, 844639, 844643, 844651, 844709, 844717, 844733,

प्रथम सौ हजार अभाज्य संख्याएँ

844757, 844763, 844769, 844771, 844777, 844841, 844847, 844861,
844867, 844891, 844897, 844903, 844913, 844927, 844957, 844999,
845003, 845017, 845021, 845027, 845041, 845069, 845083, 845099,
845111, 845129, 845137, 845167, 845179, 845183, 845197, 845203,
845209, 845219, 845231, 845237, 845261, 845279, 845287, 845303,
845309, 845333, 845347, 845357, 845363, 845371, 845381, 845387,
845431, 845441, 845447, 845459, 845489, 845491, 845531, 845567,
845599, 845623, 845653, 845657, 845659, 845683, 845717, 845723,
845729, 845749, 845753, 845771, 845777, 845809, 845833, 845849,
845863, 845879, 845881, 845893, 845909, 845921, 845927, 845941,
845951, 845969, 845981, 845983, 845987, 845989, 846037, 846059,
846061, 846067, 846113, 846137, 846149, 846161, 846179, 846187,
846217, 846229, 846233, 846247, 846259, 846271, 846323, 846341,
846343, 846353, 846359, 846361, 846383, 846389, 846397, 846401,
846403, 846407, 846421, 846427, 846437, 846457, 846487, 846493,
846499, 846529, 846563, 846577, 846589, 846647, 846661, 846667,
846673, 846689, 846721, 846733, 846739, 846749, 846751, 846757,
846779, 846823, 846841, 846851, 846869, 846871, 846877, 846913,
846917, 846919, 846931, 846943, 846949, 846953, 846961, 846973,
846977, 846983, 846997, 847009, 847031, 847037, 847043, 847051,
847069, 847073, 847079, 847097, 847103, 847109, 847129, 847139,
847151, 847157, 847163, 847169, 847193, 847201, 847213, 847219,
847237, 847247, 847271, 847277, 847279, 847283, 847309, 847321,
847339, 847361, 847367, 847373, 847393, 847423, 847453, 847477,
847493, 847499, 847507, 847519, 847531, 847537, 847543, 847549,
847577, 847589, 847601, 847607, 847621, 847657, 847663, 847673,
847681, 847687, 847697, 847703, 847727, 847729, 847741, 847787,
847789, 847813, 847817, 847853, 847871, 847883, 847901, 847919,
847933, 847937, 847949, 847967, 847969, 847991, 847993, 847997,
848017, 848051, 848087, 848101, 848119, 848123, 848131, 848143,
848149, 848173, 848201, 848203, 848213, 848227, 848251, 848269,
848273, 848297, 848321, 848359, 848363, 848383, 848387, 848399,
848417, 848423, 848429, 848443, 848461, 848467, 848473, 848489,
848531, 848537, 848557, 848567, 848579, 848591, 848593, 848599,
848611, 848629, 848633, 848647, 848651, 848671, 848681, 848699,
848707, 848713, 848737, 848747, 848761, 848779, 848789, 848791,
848797, 848803, 848807, 848839, 848843, 848849, 848851, 848857,
848879, 848893, 848909, 848921, 848923, 848927, 848933, 848941,
848959, 848983, 848993, 849019, 849047, 849049, 849061, 849083,
849097, 849103, 849119, 849127, 849131, 849143, 849161, 849179,
849197, 849203, 849217, 849221, 849223, 849241, 849253, 849271,
849301, 849311, 849347, 849349, 849353, 849383, 849391, 849419,
849427, 849461, 849467, 849481, 849523, 849533, 849539, 849571,
849581, 849587, 849593, 849599, 849601, 849649, 849691, 849701,
849703, 849721, 849727, 849731, 849733, 849743, 849763, 849767,
849773, 849829, 849833, 849839, 849857, 849869, 849883, 849917,
849923, 849931, 849943, 849967, 849973, 849991, 849997, 850009,
850021, 850027, 850033, 850043, 850049, 850061, 850063, 850081,

प्रथम सौ हजार अभाज्य संख्याएँ

850093, 850121, 850133, 850139, 850147, 850177, 850181, 850189,
850207, 850211, 850229, 850243, 850247, 850253, 850261, 850271,
850273, 850301, 850303, 850331, 850337, 850349, 850351, 850373,
850387, 850393, 850397, 850403, 850417, 850427, 850433, 850439,
850453, 850457, 850481, 850529, 850537, 850567, 850571, 850613,
850631, 850637, 850673, 850679, 850691, 850711, 850727, 850753,
850781, 850807, 850823, 850849, 850853, 850879, 850891, 850897,
850933, 850943, 850951, 850973, 850979, 851009, 851017, 851033,
851041, 851051, 851057, 851087, 851093, 851113, 851117, 851131,
851153, 851159, 851171, 851177, 851197, 851203, 851209, 851231,
851239, 851251, 851261, 851267, 851273, 851293, 851297, 851303,
851321, 851327, 851351, 851359, 851363, 851381, 851387, 851393,
851401, 851413, 851419, 851423, 851449, 851471, 851491, 851507,
851519, 851537, 851549, 851569, 851573, 851597, 851603, 851623,
851633, 851639, 851647, 851659, 851671, 851677, 851689, 851723,
851731, 851749, 851761, 851797, 851801, 851803, 851813, 851821,
851831, 851839, 851843, 851863, 851881, 851891, 851899, 851953,
851957, 851971, 852011, 852013, 852031, 852037, 852079, 852101,
852121, 852139, 852143, 852149, 852151, 852167, 852179, 852191,
852197, 852199, 852211, 852233, 852239, 852253, 852259, 852263,
852287, 852289, 852301, 852323, 852347, 852367, 852391, 852409,
852427, 852437, 852457, 852463, 852521, 852557, 852559, 852563,
852569, 852581, 852583, 852589, 852613, 852617, 852623, 852641,
852661, 852671, 852673, 852689, 852749, 852751, 852757, 852763,
852769, 852793, 852799, 852809, 852827, 852829, 852833, 852847,
852851, 852857, 852871, 852881, 852889, 852893, 852913, 852937,
852953, 852959, 852989, 852997, 853007, 853031, 853033, 853049,
853057, 853079, 853091, 853103, 853123, 853133, 853159, 853187,
853189, 853211, 853217, 853241, 853283, 853289, 853291, 853319,
853339, 853357, 853387, 853403, 853427, 853429, 853439, 853477,
853481, 853493, 853529, 853543, 853547, 853571, 853577, 853597,
853637, 853663, 853667, 853669, 853687, 853693, 853703, 853717,
853733, 853739, 853759, 853763, 853793, 853799, 853807, 853813,
853819, 853823, 853837, 853843, 853873, 853889, 853901, 853903,
853913, 853933, 853949, 853969, 853981, 853999, 854017, 854033,
854039, 854041, 854047, 854053, 854083, 854089, 854093, 854099,
854111, 854123, 854129, 854141, 854149, 854159, 854171, 854213,
854257, 854263, 854299, 854303, 854323, 854327, 854333, 854351,
854353, 854363, 854383, 854387, 854407, 854417, 854419, 854423,
854431, 854443, 854459, 854461, 854467, 854479, 854527, 854533,
854569, 854587, 854593, 854599, 854617, 854621, 854629, 854647,
854683, 854713, 854729, 854747, 854771, 854801, 854807, 854849,
854869, 854881, 854897, 854899, 854921, 854923, 854927, 854929,
854951, 854957, 854963, 854993, 854999, 855031, 855059, 855061,
855067, 855079, 855089, 855119, 855131, 855143, 855187, 855191,
855199, 855203, 855221, 855229, 855241, 855269, 855271, 855277,
855293, 855307, 855311, 855317, 855331, 855359, 855373, 855377,
855391, 855397, 855401, 855419, 855427, 855431, 855461, 855467,

प्रथम सौ हजार अभाज्य संख्याएँ

855499, 855511, 855521, 855527, 855581, 855601, 855607, 855619,
855641, 855667, 855671, 855683, 855697, 855709, 855713, 855719,
855721, 855727, 855731, 855733, 855737, 855739, 855781, 855787,
855821, 855851, 855857, 855863, 855887, 855889, 855901, 855919,
855923, 855937, 855947, 855983, 855989, 855997, 856021, 856043,
856057, 856061, 856073, 856081, 856099, 856111, 856117, 856133,
856139, 856147, 856153, 856169, 856181, 856187, 856213, 856237,
856241, 856249, 856277, 856279, 856301, 856309, 856333, 856343,
856351, 856369, 856381, 856391, 856393, 856411, 856417, 856421,
856441, 856459, 856469, 856483, 856487, 856507, 856519, 856529,
856547, 856549, 856553, 856567, 856571, 856627, 856637, 856649,
856693, 856697, 856699, 856703, 856711, 856717, 856721, 856733,
856759, 856787, 856789, 856799, 856811, 856813, 856831, 856841,
856847, 856853, 856897, 856901, 856903, 856909, 856927, 856939,
856943, 856949, 856969, 856993, 857009, 857011, 857027, 857029,
857039, 857047, 857053, 857069, 857081, 857083, 857099, 857107,
857137, 857161, 857167, 857201, 857203, 857221, 857249, 857267,
857273, 857281, 857287, 857309, 857321, 857333, 857341, 857347,
857357, 857369, 857407, 857411, 857419, 857431, 857453, 857459,
857471, 857513, 857539, 857551, 857567, 857569, 857573, 857579,
857581, 857629, 857653, 857663, 857669, 857671, 857687, 857707,
857711, 857713, 857723, 857737, 857741, 857743, 857749, 857809,
857821, 857827, 857839, 857851, 857867, 857873, 857897, 857903,
857929, 857951, 857953, 857957, 857959, 857963, 857977, 857981,
858001, 858029, 858043, 858073, 858083, 858101, 858103, 858113,
858127, 858149, 858161, 858167, 858217, 858223, 858233, 858239,
858241, 858251, 858259, 858269, 858281, 858293, 858301, 858307,
858311, 858317, 858373, 858397, 858427, 858433, 858457, 858463,
858467, 858479, 858497, 858503, 858527, 858563, 858577, 858589,
858623, 858631, 858673, 858691, 858701, 858707, 858709, 858713,
858749, 858757, 858763, 858769, 858787, 858817, 858821, 858833,
858841, 858859, 858877, 858883, 858899, 858911, 858919, 858931,
858943, 858953, 858961, 858989, 858997, 859003, 859031, 859037,
859049, 859051, 859057, 859081, 859091, 859093, 859109, 859121,
859181, 859189, 859213, 859223, 859249, 859259, 859267, 859273,
859277, 859279, 859297, 859321, 859361, 859363, 859373, 859381,
859393, 859423, 859433, 859447, 859459, 859477, 859493, 859513,
859553, 859559, 859561, 859567, 859577, 859601, 859603, 859609,
859619, 859633, 859657, 859667, 859669, 859679, 859681, 859697,
859709, 859751, 859783, 859787, 859799, 859801, 859823, 859841,
859849, 859853, 859861, 859891, 859913, 859919, 859927, 859933,
859939, 859973, 859981, 859987, 860009, 860011, 860029, 860051,
860059, 860063, 860071, 860077, 860087, 860089, 860107, 860113,
860117, 860143, 860239, 860257, 860267, 860291, 860297, 860309,
860311, 860317, 860323, 860333, 860341, 860351, 860357, 860369,
860381, 860383, 860393, 860399, 860413, 860417, 860423, 860441,
860479, 860501, 860507, 860513, 860533, 860543, 860569, 860579,
860581, 860593, 860599, 860609, 860623, 860641, 860647, 860663,

प्रथम सौ हजार अभाज्य संख्याएँ

860689, 860701, 860747, 860753, 860759, 860779, 860789, 860791,
860809, 860813, 860819, 860843, 860861, 860887, 860891, 860911,
860917, 860921, 860927, 860929, 860939, 860941, 860957, 860969,
860971, 861001, 861013, 861019, 861031, 861037, 861043, 861053,
861059, 861079, 861083, 861089, 861109, 861121, 861131, 861139,
861163, 861167, 861191, 861199, 861221, 861239, 861293, 861299,
861317, 861347, 861353, 861361, 861391, 861433, 861437, 861439,
861491, 861493, 861499, 861541, 861547, 861551, 861559, 861563,
861571, 861589, 861599, 861613, 861617, 861647, 861659, 861691,
861701, 861703, 861719, 861733, 861739, 861743, 861761, 861797,
861799, 861803, 861823, 861829, 861853, 861857, 861871, 861877,
861881, 861899, 861901, 861907, 861929, 861937, 861941, 861947,
861977, 861979, 861997, 862009, 862013, 862031, 862033, 862061,
862067, 862097, 862117, 862123, 862129, 862139, 862157, 862159,
862171, 862177, 862181, 862187, 862207, 862219, 862229, 862231,
862241, 862249, 862259, 862261, 862273, 862283, 862289, 862297,
862307, 862319, 862331, 862343, 862369, 862387, 862397, 862399,
862409, 862417, 862423, 862441, 862447, 862471, 862481, 862483,
862487, 862493, 862501, 862541, 862553, 862559, 862567, 862571,
862573, 862583, 862607, 862627, 862633, 862649, 862651, 862669,
862703, 862727, 862739, 862769, 862777, 862783, 862789, 862811,
862819, 862861, 862879, 862907, 862909, 862913, 862919, 862921,
862943, 862957, 862973, 862987, 862991, 862997, 863003, 863017,
863047, 863081, 863087, 863119, 863123, 863131, 863143, 863153,
863179, 863197, 863231, 863251, 863279, 863287, 863299, 863309,
863323, 863363, 863377, 863393, 863479, 863491, 863497, 863509,
863521, 863537, 863539, 863561, 863593, 863609, 863633, 863641,
863671, 863689, 863693, 863711, 863729, 863743, 863749, 863767,
863771, 863783, 863801, 863803, 863833, 863843, 863851, 863867,
863869, 863879, 863887, 863897, 863899, 863909, 863917, 863921,
863959, 863983, 864007, 864011, 864013, 864029, 864037, 864047,
864049, 864053, 864077, 864079, 864091, 864103, 864107, 864119,
864121, 864131, 864137, 864151, 864167, 864169, 864191, 864203,
864211, 864221, 864223, 864251, 864277, 864289, 864299, 864301,
864307, 864319, 864323, 864341, 864359, 864361, 864379, 864407,
864419, 864427, 864439, 864449, 864491, 864503, 864509, 864511,
864533, 864541, 864551, 864581, 864583, 864587, 864613, 864623,
864629, 864631, 864641, 864673, 864679, 864691, 864707, 864733,
864737, 864757, 864781, 864793, 864803, 864811, 864817, 864883,
864887, 864901, 864911, 864917, 864947, 864953, 864959, 864967,
864979, 864989, 865001, 865003, 865043, 865049, 865057, 865061,
865069, 865087, 865091, 865103, 865121, 865153, 865159, 865177,
865201, 865211, 865213, 865217, 865231, 865247, 865253, 865259,
865261, 865301, 865307, 865313, 865321, 865327, 865339, 865343,
865349, 865357, 865363, 865379, 865409, 865457, 865477, 865481,
865483, 865493, 865499, 865511, 865537, 865577, 865591, 865597,
865609, 865619, 865637, 865639, 865643, 865661, 865681, 865687,
865717, 865721, 865729, 865741, 865747, 865751, 865757, 865769,

प्रथम सौ हजार अभाज्य संख्याएँ

865771, 865783, 865801, 865807, 865817, 865819, 865829, 865847,
865859, 865867, 865871, 865877, 865889, 865933, 865937, 865957,
865979, 865993, 866003, 866009, 866011, 866029, 866051, 866053,
866057, 866081, 866083, 866087, 866093, 866101, 866119, 866123,
866161, 866183, 866197, 866213, 866221, 866231, 866279, 866293,
866309, 866311, 866329, 866353, 866389, 866399, 866417, 866431,
866443, 866461, 866471, 866477, 866513, 866519, 866573, 866581,
866623, 866629, 866639, 866641, 866653, 866683, 866689, 866693,
866707, 866713, 866717, 866737, 866743, 866759, 866777, 866783,
866819, 866843, 866849, 866851, 866857, 866869, 866909, 866917,
866927, 866933, 866941, 866953, 866963, 866969, 867001, 867007,
867011, 867023, 867037, 867059, 867067, 867079, 867091, 867121,
867131, 867143, 867151, 867161, 867173, 867203, 867211, 867227,
867233, 867253, 867257, 867259, 867263, 867271, 867281, 867301,
867319, 867337, 867343, 867371, 867389, 867397, 867401, 867409,
867413, 867431, 867443, 867457, 867463, 867467, 867487, 867509,
867511, 867541, 867547, 867553, 867563, 867571, 867577, 867589,
867617, 867619, 867623, 867631, 867641, 867653, 867677, 867679,
867689, 867701, 867719, 867733, 867743, 867773, 867781, 867793,
867803, 867817, 867827, 867829, 867857, 867871, 867887, 867913,
867943, 867947, 867959, 867991, 868019, 868033, 868039, 868051,
868069, 868073, 868081, 868103, 868111, 868121, 868123, 868151,
868157, 868171, 868177, 868199, 868211, 868229, 868249, 868267,
868271, 868277, 868291, 868313, 868327, 868331, 868337, 868349,
868369, 868379, 868381, 868397, 868409, 868423, 868451, 868453,
868459, 868487, 868489, 868493, 868529, 868531, 868537, 868559,
868561, 868577, 868583, 868603, 868613, 868639, 868663, 868669,
868691, 868697, 868727, 868739, 868741, 868771, 868783, 868787,
868793, 868799, 868801, 868817, 868841, 868849, 868867, 868873,
868877, 868883, 868891, 868909, 868937, 868939, 868943, 868951,
868957, 868993, 868997, 868999, 869017, 869021, 869039, 869053,
869059, 869069, 869081, 869119, 869131, 869137, 869153, 869173,
869179, 869203, 869233, 869249, 869251, 869257, 869273, 869291,
869293, 869299, 869303, 869317, 869321, 869339, 869369, 869371,
869381, 869399, 869413, 869419, 869437, 869443, 869461, 869467,
869471, 869489, 869501, 869521, 869543, 869551, 869563, 869579,
869587, 869597, 869599, 869657, 869663, 869683, 869689, 869707,
869717, 869747, 869753, 869773, 869777, 869779, 869807, 869809,
869819, 869849, 869863, 869879, 869887, 869893, 869899, 869909,
869927, 869951, 869959, 869983, 869989, 870007, 870013, 870031,
870047, 870049, 870059, 870083, 870097, 870109, 870127, 870131,
870137, 870151, 870161, 870169, 870173, 870197, 870211, 870223,
870229, 870239, 870241, 870253, 870271, 870283, 870301, 870323,
870329, 870341, 870367, 870391, 870403, 870407, 870413, 870431,
870433, 870437, 870461, 870479, 870491, 870497, 870517, 870533,
870547, 870577, 870589, 870593, 870601, 870613, 870629, 870641,
870643, 870679, 870691, 870703, 870731, 870739, 870743, 870773,
870787, 870809, 870811, 870823, 870833, 870847, 870853, 870871,

प्रथम सौ हजार अभाज्य संख्याएँ

870889, 870901, 870907, 870911, 870917, 870929, 870931, 870953,
870967, 870977, 870983, 870997, 871001, 871021, 871027, 871037,
871061, 871103, 871147, 871159, 871163, 871177, 871181, 871229,
871231, 871249, 871259, 871271, 871289, 871303, 871337, 871349,
871393, 871439, 871459, 871463, 871477, 871513, 871517, 871531,
871553, 871571, 871589, 871597, 871613, 871621, 871639, 871643,
871649, 871657, 871679, 871681, 871687, 871727, 871763, 871771,
871789, 871817, 871823, 871837, 871867, 871883, 871901, 871919,
871931, 871957, 871963, 871973, 871987, 871993, 872017, 872023,
872033, 872041, 872057, 872071, 872077, 872089, 872099, 872107,
872129, 872141, 872143, 872149, 872159, 872161, 872173, 872177,
872189, 872203, 872227, 872231, 872237, 872243, 872251, 872257,
872269, 872281, 872317, 872323, 872351, 872353, 872369, 872381,
872383, 872387, 872393, 872411, 872419, 872429, 872437, 872441,
872453, 872471, 872477, 872479, 872533, 872549, 872561, 872563,
872567, 872587, 872609, 872611, 872621, 872623, 872647, 872657,
872659, 872671, 872687, 872731, 872737, 872747, 872749, 872761,
872789, 872791, 872843, 872863, 872923, 872947, 872951, 872953,
872959, 872999, 873017, 873043, 873049, 873073, 873079, 873083,
873091, 873109, 873113, 873121, 873133, 873139, 873157, 873209,
873247, 873251, 873263, 873293, 873317, 873319, 873331, 873343,
873349, 873359, 873403, 873407, 873419, 873421, 873427, 873437,
873461, 873463, 873469, 873497, 873527, 873529, 873539, 873541,
873553, 873569, 873571, 873617, 873619, 873641, 873643, 873659,
873667, 873671, 873689, 873707, 873709, 873721, 873727, 873739,
873767, 873773, 873781, 873787, 873863, 873877, 873913, 873959,
873979, 873989, 873991, 874001, 874009, 874037, 874063, 874087,
874091, 874099, 874103, 874109, 874117, 874121, 874127, 874151,
874193, 874213, 874217, 874229, 874249, 874267, 874271, 874277,
874301, 874303, 874331, 874337, 874343, 874351, 874373, 874387,
874397, 874403, 874409, 874427, 874457, 874459, 874477, 874487,
874537, 874543, 874547, 874567, 874583, 874597, 874619, 874637,
874639, 874651, 874661, 874673, 874681, 874693, 874697, 874711,
874721, 874723, 874729, 874739, 874763, 874771, 874777, 874799,
874807, 874813, 874823, 874831, 874847, 874859, 874873, 874879,
874889, 874891, 874919, 874957, 874967, 874987, 875011, 875027,
875033, 875089, 875107, 875113, 875117, 875129, 875141, 875183,
875201, 875209, 875213, 875233, 875239, 875243, 875261, 875263,
875267, 875269, 875297, 875299, 875317, 875323, 875327, 875333,
875339, 875341, 875363, 875377, 875389, 875393, 875417, 875419,
875429, 875443, 875447, 875477, 875491, 875503, 875509, 875513,
875519, 875521, 875543, 875579, 875591, 875593, 875617, 875621,
875627, 875629, 875647, 875659, 875663, 875681, 875683, 875689,
875701, 875711, 875717, 875731, 875741, 875759, 875761, 875773,
875779, 875783, 875803, 875821, 875837, 875851, 875893, 875923,
875929, 875933, 875947, 875969, 875981, 875983, 876011, 876013,
876017, 876019, 876023, 876041, 876067, 876077, 876079, 876097,
876103, 876107, 876121, 876131, 876137, 876149, 876181, 876191,

876193, 876199, 876203, 876229, 876233, 876257, 876263, 876287,
876301, 876307, 876311, 876329, 876331, 876341, 876349, 876371,
876373, 876431, 876433, 876443, 876479, 876481, 876497, 876523,
876529, 876569, 876581, 876593, 876607, 876611, 876619, 876643,
876647, 876653, 876661, 876677, 876719, 876721, 876731, 876749,
876751, 876761, 876769, 876787, 876791, 876797, 876817, 876823,
876833, 876851, 876853, 876871, 876893, 876913, 876929, 876947,
876971, 877003, 877027, 877043, 877057, 877073, 877091, 877109,
877111, 877117, 877133, 877169, 877181, 877187, 877199, 877213,
877223, 877237, 877267, 877291, 877297, 877301, 877313, 877321,
877333, 877343, 877351, 877361, 877367, 877379, 877397, 877399,
877403, 877411, 877423, 877463, 877469, 877531, 877543, 877567,
877573, 877577, 877601, 877609, 877619, 877621, 877651, 877661,
877699, 877739, 877771, 877783, 877817, 877823, 877837, 877843,
877853, 877867, 877871, 877873, 877879, 877883, 877907, 877909,
877937, 877939, 877949, 877997, 878011, 878021, 878023, 878039,
878041, 878077, 878083, 878089, 878099, 878107, 878113, 878131,
878147, 878153, 878159, 878167, 878173, 878183, 878191, 878197,
878201, 878221, 878239, 878279, 878287, 878291, 878299, 878309,
878359, 878377, 878387, 878411, 878413, 878419, 878443, 878453,
878467, 878489, 878513, 878539, 878551, 878567, 878573, 878593,
878597, 878609, 878621, 878629, 878641, 878651, 878659, 878663,
878677, 878681, 878699, 878719, 878737, 878743, 878749, 878777,
878783, 878789, 878797, 878821, 878831, 878833, 878837, 878851,
878863, 878869, 878873, 878893, 878929, 878939, 878953, 878957,
878987, 878989, 879001, 879007, 879023, 879031, 879061, 879089,
879097, 879103, 879113, 879119, 879133, 879143, 879167, 879169,
879181, 879199, 879227, 879239, 879247, 879259, 879269, 879271,
879283, 879287, 879299, 879331, 879341, 879343, 879353, 879371,
879391, 879401, 879413, 879449, 879457, 879493, 879523, 879533,
879539, 879553, 879581, 879583, 879607, 879617, 879623, 879629,
879649, 879653, 879661, 879667, 879673, 879679, 879689, 879691,
879701, 879707, 879709, 879713, 879721, 879743, 879797, 879799,
879817, 879821, 879839, 879859, 879863, 879881, 879917, 879919,
879941, 879953, 879961, 879973, 879979, 880001, 880007, 880021,
880027, 880031, 880043, 880057, 880067, 880069, 880091, 880097,
880109, 880127, 880133, 880151, 880153, 880199, 880211, 880219,
880223, 880247, 880249, 880259, 880283, 880301, 880303, 880331,
880337, 880343, 880349, 880361, 880367, 880409, 880421, 880423,
880427, 880483, 880487, 880513, 880519, 880531, 880541, 880543,
880553, 880559, 880571, 880573, 880589, 880603, 880661, 880667,
880673, 880681, 880687, 880699, 880703, 880709, 880723, 880727,
880729, 880751, 880793, 880799, 880801, 880813, 880819, 880823,
880853, 880861, 880871, 880883, 880903, 880907, 880909, 880939,
880949, 880951, 880961, 880981, 880993, 881003, 881009, 881017,
881029, 881057, 881071, 881077, 881099, 881119, 881141, 881143,
881147, 881159, 881171, 881173, 881191, 881197, 881207, 881219,
881233, 881249, 881269, 881273, 881311, 881317, 881327, 881333,

प्रथम सौ हजार अभाज्य संख्याएँ

881351, 881357, 881369, 881393, 881407, 881411, 881417, 881437,
881449, 881471, 881473, 881477, 881479, 881509, 881527, 881533,
881537, 881539, 881591, 881597, 881611, 881641, 881663, 881669,
881681, 881707, 881711, 881729, 881743, 881779, 881813, 881833,
881849, 881897, 881899, 881911, 881917, 881939, 881953, 881963,
881983, 881987, 882017, 882019, 882029, 882031, 882047, 882061,
882067, 882071, 882083, 882103, 882139, 882157, 882169, 882173,
882179, 882187, 882199, 882239, 882241, 882247, 882251, 882253,
882263, 882289, 882313, 882359, 882367, 882377, 882389, 882391,
882433, 882439, 882449, 882451, 882461, 882481, 882491, 882517,
882529, 882551, 882571, 882577, 882587, 882593, 882599, 882617,
882631, 882653, 882659, 882697, 882701, 882703, 882719, 882727,
882733, 882751, 882773, 882779, 882823, 882851, 882863, 882877,
882881, 882883, 882907, 882913, 882923, 882943, 882953, 882961,
882967, 882979, 883013, 883049, 883061, 883073, 883087, 883093,
883109, 883111, 883117, 883121, 883163, 883187, 883193, 883213,
883217, 883229, 883231, 883237, 883241, 883247, 883249, 883273,
883279, 883307, 883327, 883331, 883339, 883343, 883357, 883391,
883397, 883409, 883411, 883423, 883429, 883433, 883451, 883471,
883483, 883489, 883517, 883537, 883549, 883577, 883579, 883613,
883621, 883627, 883639, 883661, 883667, 883691, 883697, 883699,
883703, 883721, 883733, 883739, 883763, 883777, 883781, 883783,
883807, 883871, 883877, 883889, 883921, 883933, 883963, 883969,
883973, 883979, 883991, 884003, 884011, 884029, 884057, 884069,
884077, 884087, 884111, 884129, 884131, 884159, 884167, 884171,
884183, 884201, 884227, 884231, 884243, 884251, 884267, 884269,
884287, 884293, 884309, 884311, 884321, 884341, 884353, 884363,
884369, 884371, 884417, 884423, 884437, 884441, 884453, 884483,
884489, 884491, 884497, 884501, 884537, 884573, 884579, 884591,
884593, 884617, 884651, 884669, 884693, 884699, 884717, 884743,
884789, 884791, 884803, 884813, 884827, 884831, 884857, 884881,
884899, 884921, 884951, 884959, 884977, 884981, 884987, 884999,
885023, 885041, 885061, 885083, 885091, 885097, 885103, 885107,
885127, 885133, 885161, 885163, 885169, 885187, 885217, 885223,
885233, 885239, 885251, 885257, 885263, 885289, 885301, 885307,
885331, 885359, 885371, 885383, 885389, 885397, 885403, 885421,
885427, 885449, 885473, 885487, 885497, 885503, 885509, 885517,
885529, 885551, 885553, 885589, 885607, 885611, 885623, 885679,
885713, 885721, 885727, 885733, 885737, 885769, 885791, 885793,
885803, 885811, 885821, 885823, 885839, 885869, 885881, 885883,
885889, 885893, 885919, 885923, 885931, 885943, 885947, 885959,
885961, 885967, 885971, 885977, 885991, 886007, 886013, 886019,
886021, 886031, 886043, 886069, 886097, 886117, 886129, 886163,
886177, 886181, 886183, 886189, 886199, 886241, 886243, 886247,
886271, 886283, 886307, 886313, 886337, 886339, 886349, 886367,
886381, 886387, 886421, 886427, 886429, 886433, 886453, 886463,
886469, 886471, 886493, 886511, 886517, 886519, 886537, 886541,
886547, 886549, 886583, 886591, 886607, 886609, 886619, 886643,

886651, 886663, 886667, 886741, 886747, 886751, 886759, 886777,
886793, 886799, 886807, 886819, 886859, 886867, 886891, 886909,
886913, 886967, 886969, 886973, 886979, 886981, 886987, 886993,
886999, 887017, 887057, 887059, 887069, 887093, 887101, 887113,
887141, 887143, 887153, 887171, 887177, 887191, 887203, 887233,
887261, 887267, 887269, 887291, 887311, 887323, 887333, 887377,
887387, 887399, 887401, 887423, 887441, 887449, 887459, 887479,
887483, 887503, 887533, 887543, 887567, 887569, 887573, 887581,
887599, 887617, 887629, 887633, 887641, 887651, 887657, 887659,
887669, 887671, 887681, 887693, 887701, 887707, 887717, 887743,
887749, 887759, 887819, 887827, 887837, 887839, 887849, 887867,
887903, 887911, 887921, 887923, 887941, 887947, 887987, 887989,
888001, 888011, 888047, 888059, 888061, 888077, 888091, 888103,
888109, 888133, 888143, 888157, 888161, 888163, 888179, 888203,
888211, 888247, 888257, 888263, 888271, 888287, 888313, 888319,
888323, 888359, 888361, 888373, 888389, 888397, 888409, 888413,
888427, 888431, 888443, 888451, 888457, 888469, 888479, 888493,
888499, 888533, 888541, 888557, 888623, 888631, 888637, 888653,
888659, 888661, 888683, 888689, 888691, 888721, 888737, 888751,
888761, 888773, 888779, 888781, 888793, 888799, 888809, 888827,
888857, 888869, 888871, 888887, 888917, 888919, 888931, 888959,
888961, 888967, 888983, 888989, 888997, 889001, 889027, 889037,
889039, 889043, 889051, 889069, 889081, 889087, 889123, 889139,
889171, 889177, 889211, 889237, 889247, 889261, 889271, 889279,
889289, 889309, 889313, 889327, 889337, 889349, 889351, 889363,
889367, 889373, 889391, 889411, 889429, 889439, 889453, 889481,
889489, 889501, 889519, 889579, 889589, 889597, 889631, 889639,
889657, 889673, 889687, 889697, 889699, 889703, 889727, 889747,
889769, 889783, 889829, 889871, 889873, 889877, 889879, 889891,
889901, 889907, 889909, 889921, 889937, 889951, 889957, 889963,
889997, 890003, 890011, 890027, 890053, 890063, 890083, 890107,
890111, 890117, 890119, 890129, 890147, 890159, 890161, 890177,
890221, 890231, 890237, 890287, 890291, 890303, 890317, 890333,
890371, 890377, 890419, 890429, 890437, 890441, 890459, 890467,
890501, 890531, 890543, 890551, 890563, 890597, 890609, 890653,
890657, 890671, 890683, 890707, 890711, 890717, 890737, 890761,
890789, 890797, 890803, 890809, 890821, 890833, 890843, 890861,
890863, 890867, 890881, 890887, 890893, 890927, 890933, 890941,
890957, 890963, 890969, 890993, 890999, 891001, 891017, 891047,
891049, 891061, 891067, 891091, 891101, 891103, 891133, 891151,
891161, 891173, 891179, 891223, 891239, 891251, 891277, 891287,
891311, 891323, 891329, 891349, 891377, 891379, 891389, 891391,
891409, 891421, 891427, 891439, 891481, 891487, 891491, 891493,
891509, 891521, 891523, 891551, 891557, 891559, 891563, 891571,
891577, 891587, 891593, 891601, 891617, 891629, 891643, 891647,
891659, 891661, 891677, 891679, 891707, 891743, 891749, 891763,
891767, 891797, 891799, 891809, 891817, 891823, 891827, 891829,
891851, 891859, 891887, 891889, 891893, 891899, 891907, 891923,

प्रथम सौ हजार अभाज्य संख्याएँ

891929, 891967, 891983, 891991, 891997, 892019, 892027, 892049,
892057, 892079, 892091, 892093, 892097, 892103, 892123, 892141,
892153, 892159, 892169, 892189, 892219, 892237, 892249, 892253,
892261, 892267, 892271, 892291, 892321, 892351, 892357, 892387,
892391, 892421, 892433, 892439, 892457, 892471, 892481, 892513,
892523, 892531, 892547, 892553, 892559, 892579, 892597, 892603,
892609, 892627, 892643, 892657, 892663, 892667, 892709, 892733,
892747, 892757, 892763, 892777, 892781, 892783, 892817, 892841,
892849, 892861, 892877, 892901, 892919, 892933, 892951, 892973,
892987, 892999, 893003, 893023, 893029, 893033, 893041, 893051,
893059, 893093, 893099, 893107, 893111, 893117, 893119, 893131,
893147, 893149, 893161, 893183, 893213, 893219, 893227, 893237,
893257, 893261, 893281, 893317, 893339, 893341, 893351, 893359,
893363, 893381, 893383, 893407, 893413, 893419, 893429, 893441,
893449, 893479, 893489, 893509, 893521, 893549, 893567, 893591,
893603, 893609, 893653, 893657, 893671, 893681, 893701, 893719,
893723, 893743, 893777, 893797, 893821, 893839, 893857, 893863,
893873, 893881, 893897, 893903, 893917, 893929, 893933, 893939,
893989, 893999, 894011, 894037, 894059, 894067, 894073, 894097,
894109, 894119, 894137, 894139, 894151, 894161, 894167, 894181,
894191, 894193, 894203, 894209, 894211, 894221, 894227, 894233,
894239, 894247, 894259, 894277, 894281, 894287, 894301, 894329,
894343, 894371, 894391, 894403, 894407, 894409, 894419, 894427,
894431, 894449, 894451, 894503, 894511, 894521, 894527, 894541,
894547, 894559, 894581, 894589, 894611, 894613, 894637, 894643,
894667, 894689, 894709, 894713, 894721, 894731, 894749, 894763,
894779, 894791, 894793, 894811, 894869, 894871, 894893, 894917,
894923, 894947, 894973, 894997, 895003, 895007, 895009, 895039,
895049, 895051, 895079, 895087, 895127, 895133, 895151, 895157,
895159, 895171, 895189, 895211, 895231, 895241, 895243, 895247,
895253, 895277, 895283, 895291, 895309, 895313, 895319, 895333,
895343, 895351, 895357, 895361, 895387, 895393, 895421, 895423,
895457, 895463, 895469, 895471, 895507, 895529, 895553, 895571,
895579, 895591, 895613, 895627, 895633, 895649, 895651, 895667,
895669, 895673, 895681, 895691, 895703, 895709, 895721, 895729,
895757, 895771, 895777, 895787, 895789, 895799, 895801, 895813,
895823, 895841, 895861, 895879, 895889, 895901, 895903, 895913,
895927, 895933, 895957, 895987, 896003, 896009, 896047, 896069,
896101, 896107, 896111, 896113, 896123, 896143, 896167, 896191,
896201, 896263, 896281, 896293, 896297, 896299, 896323, 896327,
896341, 896347, 896353, 896369, 896381, 896417, 896443, 896447,
896449, 896453, 896479, 896491, 896509, 896521, 896531, 896537,
896543, 896549, 896557, 896561, 896573, 896587, 896617, 896633,
896647, 896669, 896677, 896681, 896717, 896719, 896723, 896771,
896783, 896803, 896837, 896867, 896879, 896897, 896921, 896927,
896947, 896953, 896963, 896983, 897007, 897011, 897019, 897049,
897053, 897059, 897067, 897077, 897101, 897103, 897119, 897133,
897137, 897157, 897163, 897191, 897223, 897229, 897241, 897251,

प्रथम सौ हजार अभाज्य संख्याएँ

897263, 897269, 897271, 897301, 897307, 897317, 897319, 897329,
897349, 897359, 897373, 897401, 897433, 897443, 897461, 897467,
897469, 897473, 897497, 897499, 897517, 897527, 897553, 897557,
897563, 897571, 897577, 897581, 897593, 897601, 897607, 897629,
897647, 897649, 897671, 897691, 897703, 897707, 897709, 897727,
897751, 897779, 897781, 897817, 897829, 897847, 897877, 897881,
897887, 897899, 897907, 897931, 897947, 897971, 897983, 898013,
898019, 898033, 898063, 898067, 898069, 898091, 898097, 898109,
898129, 898133, 898147, 898153, 898171, 898181, 898189, 898199,
898211, 898213, 898223, 898231, 898241, 898243, 898253, 898259,
898279, 898283, 898291, 898307, 898319, 898327, 898361, 898369,
898409, 898421, 898423, 898427, 898439, 898459, 898477, 898481,
898483, 898493, 898519, 898523, 898543, 898549, 898553, 898561,
898607, 898613, 898621, 898661, 898663, 898669, 898673, 898691,
898717, 898727, 898753, 898763, 898769, 898787, 898813, 898819,
898823, 898853, 898867, 898873, 898889, 898897, 898921, 898927,
898951, 898981, 898987, 899009, 899051, 899057, 899069, 899123,
899149, 899153, 899159, 899161, 899177, 899179, 899183, 899189,
899209, 899221, 899233, 899237, 899263, 899273, 899291, 899309,
899321, 899387, 899401, 899413, 899429, 899447, 899467, 899473,
899477, 899491, 899519, 899531, 899537, 899611, 899617, 899659,
899671, 899681, 899687, 899693, 899711, 899719, 899749, 899753,
899761, 899779, 899791, 899807, 899831, 899849, 899851, 899863,
899881, 899891, 899893, 899903, 899917, 899939, 899971, 899981,
900001, 900007, 900019, 900037, 900061, 900089, 900091, 900103,
900121, 900139, 900143, 900149, 900157, 900161, 900169, 900187,
900217, 900233, 900241, 900253, 900259, 900283, 900287, 900293,
900307, 900329, 900331, 900349, 900397, 900409, 900443, 900461,
900481, 900491, 900511, 900539, 900551, 900553, 900563, 900569,
900577, 900583, 900587, 900589, 900593, 900607, 900623, 900649,
900659, 900671, 900673, 900689, 900701, 900719, 900737, 900743,
900751, 900761, 900763, 900773, 900797, 900803, 900817, 900821,
900863, 900869, 900917, 900929, 900931, 900937, 900959, 900971,
900973, 900997, 901007, 901009, 901013, 901063, 901067, 901079,
901093, 901097, 901111, 901133, 901141, 901169, 901171, 901177,
901183, 901193, 901207, 901211, 901213, 901247, 901249, 901253,
901273, 901279, 901309, 901333, 901339, 901367, 901399, 901403,
901423, 901427, 901429, 901441, 901447, 901451, 901457, 901471,
901489, 901499, 901501, 901513, 901517, 901529, 901547, 901567,
901591, 901613, 901643, 901657, 901679, 901687, 901709, 901717,
901739, 901741, 901751, 901781, 901787, 901811, 901819, 901841,
901861, 901891, 901907, 901909, 901919, 901931, 901937, 901963,
901973, 901993, 901997, 902009, 902017, 902029, 902039, 902047,
902053, 902087, 902089, 902119, 902137, 902141, 902179, 902191,
902201, 902227, 902261, 902263, 902281, 902299, 902303, 902311,
902333, 902347, 902351, 902357, 902389, 902401, 902413, 902437,
902449, 902471, 902477, 902483, 902501, 902507, 902521, 902563,
902569, 902579, 902591, 902597, 902599, 902611, 902639, 902653,

प्रथम सौ हजार अभाज्य संख्याएँ

902659, 902669, 902677, 902687, 902719, 902723, 902753, 902761,
902767, 902771, 902777, 902789, 902807, 902821, 902827, 902849,
902873, 902903, 902933, 902953, 902963, 902971, 902977, 902981,
902987, 903017, 903029, 903037, 903073, 903079, 903103, 903109,
903143, 903151, 903163, 903179, 903197, 903211, 903223, 903251,
903257, 903269, 903311, 903323, 903337, 903347, 903359, 903367,
903389, 903391, 903403, 903407, 903421, 903443, 903449, 903451,
903457, 903479, 903493, 903527, 903541, 903547, 903563, 903569,
903607, 903613, 903641, 903649, 903673, 903677, 903691, 903701,
903709, 903751, 903757, 903761, 903781, 903803, 903827, 903841,
903871, 903883, 903899, 903913, 903919, 903949, 903967, 903979,
904019, 904027, 904049, 904067, 904069, 904073, 904087, 904093,
904097, 904103, 904117, 904121, 904147, 904157, 904181, 904193,
904201, 904207, 904217, 904219, 904261, 904283, 904289, 904297,
904303, 904357, 904361, 904369, 904399, 904441, 904459, 904483,
904489, 904499, 904511, 904513, 904517, 904523, 904531, 904559,
904573, 904577, 904601, 904619, 904627, 904633, 904637, 904643,
904661, 904663, 904667, 904679, 904681, 904693, 904697, 904721,
904727, 904733, 904759, 904769, 904777, 904781, 904789, 904793,
904801, 904811, 904823, 904847, 904861, 904867, 904873, 904879,
904901, 904903, 904907, 904919, 904931, 904933, 904987, 904997,
904999, 905011, 905053, 905059, 905071, 905083, 905087, 905111,
905123, 905137, 905143, 905147, 905161, 905167, 905171, 905189,
905197, 905207, 905209, 905213, 905227, 905249, 905269, 905291,
905297, 905299, 905329, 905339, 905347, 905381, 905413, 905449,
905453, 905461, 905477, 905491, 905497, 905507, 905551, 905581,
905587, 905599, 905617, 905621, 905629, 905647, 905651, 905659,
905677, 905683, 905687, 905693, 905701, 905713, 905719, 905759,
905761, 905767, 905783, 905803, 905819, 905833, 905843, 905897,
905909, 905917, 905923, 905951, 905959, 905963, 905999, 906007,
906011, 906013, 906023, 906029, 906043, 906089, 906107, 906119,
906121, 906133, 906179, 906187, 906197, 906203, 906211, 906229,
906233, 906259, 906263, 906289, 906293, 906313, 906317, 906329,
906331, 906343, 906349, 906371, 906377, 906383, 906391, 906403,
906421, 906427, 906431, 906461, 906473, 906481, 906487, 906497,
906517, 906523, 906539, 906541, 906557, 906589, 906601, 906613,
906617, 906641, 906649, 906673, 906679, 906691, 906701, 906707,
906713, 906727, 906749, 906751, 906757, 906767, 906779, 906793,
906809, 906817, 906823, 906839, 906847, 906869, 906881, 906901,
906911, 906923, 906929, 906931, 906943, 906949, 906973, 907019,
907021, 907031, 907063, 907073, 907099, 907111, 907133, 907139,
907141, 907163, 907169, 907183, 907199, 907211, 907213, 907217,
907223, 907229, 907237, 907259, 907267, 907279, 907297, 907301,
907321, 907331, 907363, 907367, 907369, 907391, 907393, 907397,
907399, 907427, 907433, 907447, 907457, 907469, 907471, 907481,
907493, 907507, 907513, 907549, 907561, 907567, 907583, 907589,
907637, 907651, 907657, 907663, 907667, 907691, 907693, 907703,
907717, 907723, 907727, 907733, 907757, 907759, 907793, 907807,

प्रथम सौ हजार अभाज्य संख्याएँ

907811, 907813, 907831, 907843, 907849, 907871, 907891, 907909,
907913, 907927, 907957, 907967, 907969, 907997, 907999, 908003,
908041, 908053, 908057, 908071, 908081, 908101, 908113, 908129,
908137, 908153, 908179, 908183, 908197, 908213, 908221, 908233,
908249, 908287, 908317, 908321, 908353, 908359, 908363, 908377,
908381, 908417, 908419, 908441, 908449, 908459, 908471, 908489,
908491, 908503, 908513, 908521, 908527, 908533, 908539, 908543,
908549, 908573, 908581, 908591, 908597, 908603, 908617, 908623,
908627, 908653, 908669, 908671, 908711, 908723, 908731, 908741,
908749, 908759, 908771, 908797, 908807, 908813, 908819, 908821,
908849, 908851, 908857, 908861, 908863, 908879, 908881, 908893,
908909, 908911, 908927, 908953, 908959, 908993, 909019, 909023,
909031, 909037, 909043, 909047, 909061, 909071, 909089, 909091,
909107, 909113, 909119, 909133, 909151, 909173, 909203, 909217,
909239, 909241, 909247, 909253, 909281, 909287, 909289, 909299,
909301, 909317, 909319, 909329, 909331, 909341, 909343, 909371,
909379, 909383, 909401, 909409, 909437, 909451, 909457, 909463,
909481, 909521, 909529, 909539, 909541, 909547, 909577, 909599,
909611, 909613, 909631, 909637, 909679, 909683, 909691, 909697,
909731, 909737, 909743, 909761, 909767, 909773, 909787, 909791,
909803, 909809, 909829, 909833, 909859, 909863, 909877, 909889,
909899, 909901, 909907, 909911, 909917, 909971, 909973, 909977,
910003, 910031, 910051, 910069, 910093, 910097, 910099, 910103,
910109, 910121, 910127, 910139, 910141, 910171, 910177, 910199,
910201, 910207, 910213, 910219, 910229, 910277, 910279, 910307,
910361, 910369, 910421, 910447, 910451, 910453, 910457, 910471,
910519, 910523, 910561, 910577, 910583, 910603, 910619, 910621,
910627, 910631, 910643, 910661, 910691, 910709, 910711, 910747,
910751, 910771, 910781, 910787, 910799, 910807, 910817, 910849,
910853, 910883, 910909, 910939, 910957, 910981, 911003, 911011,
911023, 911033, 911039, 911063, 911077, 911087, 911089, 911101,
911111, 911129, 911147, 911159, 911161, 911167, 911171, 911173,
911179, 911201, 911219, 911227, 911231, 911233, 911249, 911269,
911291, 911293, 911303, 911311, 911321, 911327, 911341, 911357,
911359, 911363, 911371, 911413, 911419, 911437, 911453, 911459,
911503, 911507, 911527, 911549, 911593, 911597, 911621, 911633,
911657, 911663, 911671, 911681, 911683, 911689, 911707, 911719,
911723, 911737, 911749, 911773, 911777, 911783, 911819, 911831,
911837, 911839, 911851, 911861, 911873, 911879, 911893, 911899,
911903, 911917, 911947, 911951, 911957, 911959, 911969, 912007,
912031, 912047, 912049, 912053, 912061, 912083, 912089, 912103,
912167, 912173, 912187, 912193, 912211, 912217, 912227, 912239,
912251, 912269, 912287, 912337, 912343, 912349, 912367, 912391,
912397, 912403, 912409, 912413, 912449, 912451, 912463, 912467,
912469, 912481, 912487, 912491, 912497, 912511, 912521, 912523,
912533, 912539, 912559, 912581, 912631, 912647, 912649, 912727,
912763, 912773, 912797, 912799, 912809, 912823, 912829, 912839,
912851, 912853, 912859, 912869, 912871, 912911, 912929, 912941,

प्रथम सौ हजार अभाज्य संख्याएँ

912953, 912959, 912971, 912973, 912979, 912991, 913013, 913027,
913037, 913039, 913063, 913067, 913103, 913139, 913151, 913177,
913183, 913217, 913247, 913259, 913279, 913309, 913321, 913327,
913331, 913337, 913373, 913397, 913417, 913421, 913433, 913441,
913447, 913457, 913483, 913487, 913513, 913571, 913573, 913579,
913589, 913637, 913639, 913687, 913709, 913723, 913739, 913753,
913771, 913799, 913811, 913853, 913873, 913889, 913907, 913921,
913933, 913943, 913981, 913999, 914021, 914027, 914041, 914047,
914117, 914131, 914161, 914189, 914191, 914213, 914219, 914237,
914239, 914257, 914269, 914279, 914293, 914321, 914327, 914339,
914351, 914357, 914359, 914363, 914369, 914371, 914429, 914443,
914449, 914461, 914467, 914477, 914491, 914513, 914519, 914521,
914533, 914561, 914569, 914579, 914581, 914591, 914597, 914609,
914611, 914629, 914647, 914657, 914701, 914713, 914723, 914731,
914737, 914777, 914783, 914789, 914791, 914801, 914813, 914819,
914827, 914843, 914857, 914861, 914867, 914873, 914887, 914891,
914897, 914941, 914951, 914971, 914981, 915007, 915017, 915029,
915041, 915049, 915053, 915067, 915071, 915113, 915139, 915143,
915157, 915181, 915191, 915197, 915199, 915203, 915221, 915223,
915247, 915251, 915253, 915259, 915283, 915301, 915311, 915353,
915367, 915379, 915391, 915437, 915451, 915479, 915487, 915527,
915533, 915539, 915547, 915557, 915587, 915589, 915601, 915611,
915613, 915623, 915631, 915641, 915659, 915683, 915697, 915703,
915727, 915731, 915737, 915757, 915763, 915769, 915799, 915839,
915851, 915869, 915881, 915911, 915917, 915919, 915947, 915949,
915961, 915973, 915991, 916031, 916033, 916049, 916057, 916061,
916073, 916099, 916103, 916109, 916121, 916127, 916129, 916141,
916169, 916177, 916183, 916187, 916189, 916213, 916217, 916219,
916259, 916261, 916273, 916291, 916319, 916337, 916339, 916361,
916367, 916387, 916411, 916417, 916441, 916451, 916457, 916463,
916469, 916471, 916477, 916501, 916507, 916511, 916537, 916561,
916571, 916583, 916613, 916621, 916633, 916649, 916651, 916679,
916703, 916733, 916771, 916781, 916787, 916831, 916837, 916841,
916859, 916871, 916879, 916907, 916913, 916931, 916933, 916939,
916961, 916973, 916999, 917003, 917039, 917041, 917051, 917053,
917083, 917089, 917093, 917101, 917113, 917117, 917123, 917141,
917153, 917159, 917173, 917179, 917209, 917219, 917227, 917237,
917239, 917243, 917251, 917281, 917291, 917317, 917327, 917333,
917353, 917363, 917381, 917407, 917443, 917459, 917461, 917471,
917503, 917513, 917519, 917549, 917557, 917573, 917591, 917593,
917611, 917617, 917629, 917633, 917641, 917659, 917669, 917687,
917689, 917713, 917729, 917737, 917753, 917759, 917767, 917771,
917773, 917783, 917789, 917803, 917809, 917827, 917831, 917837,
917843, 917849, 917869, 917887, 917893, 917923, 917927, 917951,
917971, 917993, 918011, 918019, 918041, 918067, 918079, 918089,
918103, 918109, 918131, 918139, 918143, 918149, 918157, 918161,
918173, 918193, 918199, 918209, 918223, 918257, 918259, 918263,
918283, 918301, 918319, 918329, 918341, 918347, 918353, 918361,

प्रथम सौ हजार अभाज्य संख्याएँ

918371, 918389, 918397, 918431, 918433, 918439, 918443, 918469,
918481, 918497, 918529, 918539, 918563, 918581, 918583, 918587,
918613, 918641, 918647, 918653, 918677, 918679, 918683, 918733,
918737, 918751, 918763, 918767, 918779, 918787, 918793, 918823,
918829, 918839, 918857, 918877, 918889, 918899, 918913, 918943,
918947, 918949, 918959, 918971, 918989, 919013, 919019, 919021,
919031, 919033, 919063, 919067, 919081, 919109, 919111, 919129,
919147, 919153, 919169, 919183, 919189, 919223, 919229, 919231,
919249, 919253, 919267, 919301, 919313, 919319, 919337, 919349,
919351, 919381, 919393, 919409, 919417, 919421, 919423, 919427,
919447, 919511, 919519, 919531, 919559, 919571, 919591, 919613,
919621, 919631, 919679, 919691, 919693, 919703, 919729, 919757,
919759, 919769, 919781, 919799, 919811, 919817, 919823, 919859,
919871, 919883, 919901, 919903, 919913, 919927, 919937, 919939,
919949, 919951, 919969, 919979, 920011, 920021, 920039, 920053,
920107, 920123, 920137, 920147, 920149, 920167, 920197, 920201,
920203, 920209, 920219, 920233, 920263, 920267, 920273, 920279,
920281, 920291, 920323, 920333, 920357, 920371, 920377, 920393,
920399, 920407, 920411, 920419, 920441, 920443, 920467, 920473,
920477, 920497, 920509, 920519, 920539, 920561, 920609, 920641,
920651, 920653, 920677, 920687, 920701, 920707, 920729, 920741,
920743, 920753, 920761, 920783, 920789, 920791, 920807, 920827,
920833, 920849, 920863, 920869, 920891, 920921, 920947, 920951,
920957, 920963, 920971, 920999, 921001, 921007, 921013, 921029,
921031, 921073, 921079, 921091, 921121, 921133, 921143, 921149,
921157, 921169, 921191, 921197, 921199, 921203, 921223, 921233,
921241, 921257, 921259, 921287, 921293, 921331, 921353, 921373,
921379, 921407, 921409, 921457, 921463, 921467, 921491, 921497,
921499, 921517, 921523, 921563, 921581, 921589, 921601, 921611,
921629, 921637, 921643, 921647, 921667, 921677, 921703, 921733,
921737, 921743, 921749, 921751, 921761, 921779, 921787, 921821,
921839, 921841, 921871, 921887, 921889, 921901, 921911, 921913,
921919, 921931, 921959, 921989, 922021, 922027, 922037, 922039,
922043, 922057, 922067, 922069, 922073, 922079, 922081, 922087,
922099, 922123, 922169, 922211, 922217, 922223, 922237, 922247,
922261, 922283, 922289, 922291, 922303, 922309, 922321, 922331,
922333, 922351, 922357, 922367, 922391, 922423, 922451, 922457,
922463, 922487, 922489, 922499, 922511, 922513, 922517, 922531,
922549, 922561, 922601, 922613, 922619, 922627, 922631, 922637,
922639, 922643, 922667, 922679, 922681, 922699, 922717, 922729,
922739, 922741, 922781, 922807, 922813, 922853, 922861, 922897,
922907, 922931, 922973, 922993, 923017, 923023, 923029, 923047,
923051, 923053, 923107, 923123, 923129, 923137, 923141, 923147,
923171, 923177, 923179, 923183, 923201, 923203, 923227, 923233,
923239, 923249, 923309, 923311, 923333, 923341, 923347, 923369,
923371, 923387, 923399, 923407, 923411, 923437, 923441, 923449,
923453, 923467, 923471, 923501, 923509, 923513, 923539, 923543,
923551, 923561, 923567, 923579, 923581, 923591, 923599, 923603,

प्रथम सौ हजार अभाज्य संख्याएँ

923617, 923641, 923653, 923687, 923693, 923701, 923711, 923719,
923743, 923773, 923789, 923809, 923833, 923849, 923851, 923861,
923869, 923903, 923917, 923929, 923939, 923947, 923953, 923959,
923963, 923971, 923977, 923983, 923987, 924019, 924023, 924031,
924037, 924041, 924043, 924059, 924073, 924083, 924097, 924101,
924109, 924139, 924151, 924173, 924191, 924197, 924241, 924269,
924281, 924283, 924299, 924323, 924337, 924359, 924361, 924383,
924397, 924401, 924403, 924419, 924421, 924431, 924437, 924463,
924493, 924499, 924503, 924523, 924527, 924529, 924551, 924557,
924601, 924617, 924641, 924643, 924659, 924661, 924683, 924697,
924709, 924713, 924719, 924727, 924731, 924743, 924751, 924757,
924769, 924773, 924779, 924793, 924809, 924811, 924827, 924829,
924841, 924871, 924877, 924881, 924907, 924929, 924961, 924967,
924997, 925019, 925027, 925033, 925039, 925051, 925063, 925073,
925079, 925081, 925087, 925097, 925103, 925109, 925117, 925121,
925147, 925153, 925159, 925163, 925181, 925189, 925193, 925217,
925237, 925241, 925271, 925273, 925279, 925291, 925307, 925339,
925349, 925369, 925373, 925387, 925391, 925399, 925409, 925423,
925447, 925469, 925487, 925499, 925501, 925513, 925517, 925523,
925559, 925577, 925579, 925597, 925607, 925619, 925621, 925637,
925649, 925663, 925669, 925679, 925697, 925721, 925733, 925741,
925783, 925789, 925823, 925831, 925843, 925849, 925891, 925901,
925913, 925921, 925937, 925943, 925949, 925961, 925979, 925987,
925997, 926017, 926027, 926033, 926077, 926087, 926089, 926099,
926111, 926113, 926129, 926131, 926153, 926161, 926171, 926179,
926183, 926203, 926227, 926239, 926251, 926273, 926293, 926309,
926327, 926351, 926353, 926357, 926377, 926389, 926399, 926411,
926423, 926437, 926461, 926467, 926489, 926503, 926507, 926533,
926537, 926557, 926561, 926567, 926581, 926587, 926617, 926623,
926633, 926657, 926659, 926669, 926671, 926689, 926701, 926707,
926741, 926747, 926767, 926777, 926797, 926803, 926819, 926843,
926851, 926867, 926879, 926899, 926903, 926921, 926957, 926963,
926971, 926977, 926983, 927001, 927007, 927013, 927049, 927077,
927083, 927089, 927097, 927137, 927149, 927161, 927167, 927187,
927191, 927229, 927233, 927259, 927287, 927301, 927313, 927317,
927323, 927361, 927373, 927397, 927403, 927431, 927439, 927491,
927497, 927517, 927529, 927533, 927541, 927557, 927569, 927587,
927629, 927631, 927643, 927649, 927653, 927671, 927677, 927683,
927709, 927727, 927743, 927763, 927769, 927779, 927791, 927803,
927821, 927833, 927841, 927847, 927853, 927863, 927869, 927961,
927967, 927973, 928001, 928043, 928051, 928063, 928079, 928097,
928099, 928111, 928139, 928141, 928153, 928157, 928159, 928163,
928177, 928223, 928231, 928253, 928267, 928271, 928273, 928289,
928307, 928313, 928331, 928337, 928351, 928399, 928409, 928423,
928427, 928429, 928453, 928457, 928463, 928469, 928471, 928513,
928547, 928559, 928561, 928597, 928607, 928619, 928621, 928637,
928643, 928649, 928651, 928661, 928679, 928699, 928703, 928769,
928771, 928787, 928793, 928799, 928813, 928817, 928819, 928849,

प्रथम सौ हजार अभाज्य संख्याएँ

928859, 928871, 928883, 928903, 928913, 928927, 928933, 928979,
929003, 929009, 929011, 929023, 929029, 929051, 929057, 929059,
929063, 929069, 929077, 929083, 929087, 929113, 929129, 929141,
929153, 929161, 929171, 929197, 929207, 929209, 929239, 929251,
929261, 929281, 929293, 929303, 929311, 929323, 929333, 929381,
929389, 929393, 929399, 929417, 929419, 929431, 929459, 929483,
929497, 929501, 929507, 929527, 929549, 929557, 929561, 929573,
929581, 929587, 929609, 929623, 929627, 929629, 929639, 929641,
929647, 929671, 929693, 929717, 929737, 929741, 929743, 929749,
929777, 929791, 929807, 929809, 929813, 929843, 929861, 929869,
929881, 929891, 929897, 929941, 929953, 929963, 929977, 929983,
930011, 930043, 930071, 930073, 930077, 930079, 930089, 930101,
930113, 930119, 930157, 930173, 930179, 930187, 930191, 930197,
930199, 930211, 930229, 930269, 930277, 930283, 930287, 930289,
930301, 930323, 930337, 930379, 930389, 930409, 930437, 930467,
930469, 930481, 930491, 930499, 930509, 930547, 930551, 930569,
930571, 930583, 930593, 930617, 930619, 930637, 930653, 930667,
930689, 930707, 930719, 930737, 930749, 930763, 930773, 930779,
930817, 930827, 930841, 930847, 930859, 930863, 930889, 930911,
930931, 930973, 930977, 930989, 930991, 931003, 931013, 931067,
931087, 931097, 931123, 931127, 931129, 931153, 931163, 931169,
931181, 931193, 931199, 931213, 931237, 931241, 931267, 931289,
931303, 931309, 931313, 931319, 931351, 931363, 931387, 931417,
931421, 931487, 931499, 931517, 931529, 931537, 931543, 931571,
931573, 931577, 931597, 931621, 931639, 931657, 931691, 931709,
931727, 931729, 931739, 931747, 931751, 931757, 931781, 931783,
931789, 931811, 931837, 931849, 931859, 931873, 931877, 931883,
931901, 931907, 931913, 931921, 931933, 931943, 931949, 931967,
931981, 931999, 932003, 932021, 932039, 932051, 932081, 932101,
932117, 932119, 932131, 932149, 932153, 932177, 932189, 932203,
932207, 932209, 932219, 932221, 932227, 932231, 932257, 932303,
932317, 932333, 932341, 932353, 932357, 932413, 932417, 932419,
932431, 932441, 932447, 932471, 932473, 932483, 932497, 932513,
932521, 932537, 932549, 932557, 932563, 932567, 932579, 932587,
932593, 932597, 932609, 932647, 932651, 932663, 932677, 932681,
932683, 932749, 932761, 932779, 932783, 932801, 932803, 932819,
932839, 932863, 932879, 932887, 932917, 932923, 932927, 932941,
932947, 932951, 932963, 932969, 932983, 932999, 933001, 933019,
933047, 933059, 933061, 933067, 933073, 933151, 933157, 933173,
933199, 933209, 933217, 933221, 933241, 933259, 933263, 933269,
933293, 933301, 933313, 933319, 933329, 933349, 933389, 933397,
933403, 933407, 933421, 933433, 933463, 933479, 933497, 933523,
933551, 933553, 933563, 933601, 933607, 933613, 933643, 933649,
933671, 933677, 933703, 933707, 933739, 933761, 933781, 933787,
933797, 933809, 933811, 933817, 933839, 933847, 933851, 933853,
933883, 933893, 933923, 933931, 933943, 933949, 933953, 933967,
933973, 933979, 934001, 934009, 934033, 934039, 934049, 934051,
934057, 934067, 934069, 934079, 934111, 934117, 934121, 934127,

प्रथम सौ हजार अभाज्य संख्याएँ

934151, 934159, 934187, 934223, 934229, 934243, 934253, 934259,
934277, 934291, 934301, 934319, 934343, 934387, 934393, 934399,
934403, 934429, 934441, 934463, 934469, 934481, 934487, 934489,
934499, 934517, 934523, 934537, 934543, 934547, 934561, 934567,
934579, 934597, 934603, 934607, 934613, 934639, 934669, 934673,
934693, 934721, 934723, 934733, 934753, 934763, 934771, 934793,
934799, 934811, 934831, 934837, 934853, 934861, 934883, 934889,
934891, 934897, 934907, 934909, 934919, 934939, 934943, 934951,
934961, 934979, 934981, 935003, 935021, 935023, 935059, 935063,
935071, 935093, 935107, 935113, 935147, 935149, 935167, 935183,
935189, 935197, 935201, 935213, 935243, 935257, 935261, 935303,
935339, 935353, 935359, 935377, 935381, 935393, 935399, 935413,
935423, 935443, 935447, 935461, 935489, 935507, 935513, 935531,
935537, 935581, 935587, 935591, 935593, 935603, 935621, 935639,
935651, 935653, 935677, 935687, 935689, 935699, 935707, 935717,
935719, 935761, 935771, 935777, 935791, 935813, 935819, 935827,
935839, 935843, 935861, 935899, 935903, 935971, 935999, 936007,
936029, 936053, 936097, 936113, 936119, 936127, 936151, 936161,
936179, 936181, 936197, 936203, 936223, 936227, 936233, 936253,
936259, 936281, 936283, 936311, 936319, 936329, 936361, 936379,
936391, 936401, 936407, 936413, 936437, 936451, 936469, 936487,
936493, 936499, 936511, 936521, 936527, 936539, 936557, 936577,
936587, 936599, 936619, 936647, 936659, 936667, 936673, 936679,
936697, 936709, 936713, 936731, 936737, 936739, 936769, 936773,
936779, 936797, 936811, 936827, 936869, 936889, 936907, 936911,
936917, 936919, 936937, 936941, 936953, 936967, 937003, 937007,
937009, 937031, 937033, 937049, 937067, 937121, 937127, 937147,
937151, 937171, 937187, 937207, 937229, 937231, 937241, 937243,
937253, 937331, 937337, 937351, 937373, 937379, 937421, 937429,
937459, 937463, 937477, 937481, 937501, 937511, 937537, 937571,
937577, 937589, 937591, 937613, 937627, 937633, 937637, 937639,
937661, 937663, 937667, 937679, 937681, 937693, 937709, 937721,
937747, 937751, 937777, 937789, 937801, 937813, 937819, 937823,
937841, 937847, 937877, 937883, 937891, 937901, 937903, 937919,
937927, 937943, 937949, 937969, 937991, 938017, 938023, 938027,
938033, 938051, 938053, 938057, 938059, 938071, 938083, 938089,
938099, 938107, 938117, 938129, 938183, 938207, 938219, 938233,
938243, 938251, 938257, 938263, 938279, 938293, 938309, 938323,
938341, 938347, 938351, 938359, 938369, 938387, 938393, 938437,
938447, 938453, 938459, 938491, 938507, 938533, 938537, 938563,
938569, 938573, 938591, 938611, 938617, 938659, 938677, 938681,
938713, 938747, 938761, 938803, 938807, 938827, 938831, 938843,
938857, 938869, 938879, 938881, 938921, 938939, 938947, 938953,
938963, 938969, 938981, 938983, 938989, 939007, 939011, 939019,
939061, 939089, 939091, 939109, 939119, 939121, 939157, 939167,
939179, 939181, 939193, 939203, 939229, 939247, 939287, 939293,
939299, 939317, 939347, 939349, 939359, 939361, 939373, 939377,
939391, 939413, 939431, 939439, 939443, 939451, 939469, 939487,

प्रथम सौ हजार अभाज्य संख्याएँ

939511, 939551, 939581, 939599, 939611, 939613, 939623, 939649,
939661, 939677, 939707, 939713, 939737, 939739, 939749, 939767,
939769, 939773, 939791, 939793, 939823, 939839, 939847, 939853,
939871, 939881, 939901, 939923, 939931, 939971, 939973, 939989,
939997, 940001, 940003, 940019, 940031, 940067, 940073, 940087,
940097, 940127, 940157, 940169, 940183, 940189, 940201, 940223,
940229, 940241, 940249, 940259, 940271, 940279, 940297, 940301,
940319, 940327, 940349, 940351, 940361, 940369, 940399, 940403,
940421, 940469, 940477, 940483, 940501, 940523, 940529, 940531,
940543, 940547, 940549, 940553, 940573, 940607, 940619, 940649,
940669, 940691, 940703, 940721, 940727, 940733, 940739, 940759,
940781, 940783, 940787, 940801, 940813, 940817, 940829, 940853,
940871, 940879, 940889, 940903, 940913, 940921, 940931, 940949,
940957, 940981, 940993, 941009, 941011, 941023, 941027, 941041,
941093, 941099, 941117, 941119, 941123, 941131, 941153, 941159,
941167, 941179, 941201, 941207, 941209, 941221, 941249, 941251,
941263, 941267, 941299, 941309, 941323, 941329, 941351, 941359,
941383, 941407, 941429, 941441, 941449, 941453, 941461, 941467,
941471, 941489, 941491, 941503, 941509, 941513, 941519, 941537,
941557, 941561, 941573, 941593, 941599, 941609, 941617, 941641,
941653, 941663, 941669, 941671, 941683, 941701, 941723, 941737,
941741, 941747, 941753, 941771, 941791, 941813, 941839, 941861,
941879, 941903, 941911, 941929, 941933, 941947, 941971, 941981,
941989, 941999, 942013, 942017, 942031, 942037, 942041, 942043,
942049, 942061, 942079, 942091, 942101, 942113, 942143, 942163,
942167, 942169, 942187, 942199, 942217, 942223, 942247, 942257,
942269, 942301, 942311, 942313, 942317, 942341, 942367, 942371,
942401, 942433, 942437, 942439, 942449, 942479, 942509, 942521,
942527, 942541, 942569, 942577, 942583, 942593, 942607, 942637,
942653, 942659, 942661, 942691, 942709, 942719, 942727, 942749,
942763, 942779, 942787, 942811, 942827, 942847, 942853, 942857,
942859, 942869, 942883, 942889, 942899, 942901, 942917, 942943,
942979, 942983, 943003, 943009, 943013, 943031, 943043, 943057,
943073, 943079, 943081, 943091, 943097, 943127, 943139, 943153,
943157, 943183, 943199, 943213, 943219, 943231, 943249, 943273,
943277, 943289, 943301, 943303, 943307, 943321, 943343, 943357,
943363, 943367, 943373, 943387, 943403, 943409, 943421, 943429,
943471, 943477, 943499, 943511, 943541, 943543, 943567, 943571,
943589, 943601, 943603, 943637, 943651, 943693, 943699, 943729,
943741, 943751, 943757, 943763, 943769, 943777, 943781, 943783,
943799, 943801, 943819, 943837, 943841, 943843, 943849, 943871,
943903, 943909, 943913, 943931, 943951, 943967, 944003, 944017,
944029, 944039, 944071, 944077, 944123, 944137, 944143, 944147,
944149, 944161, 944179, 944191, 944233, 944239, 944257, 944261,
944263, 944297, 944309, 944329, 944369, 944387, 944389, 944393,
944399, 944417, 944429, 944431, 944453, 944467, 944473, 944491,
944497, 944519, 944521, 944527, 944533, 944543, 944551, 944561,
944563, 944579, 944591, 944609, 944621, 944651, 944659, 944677,

प्रथम सौ हजार अभाज्य संख्याएँ

944687, 944689, 944701, 944711, 944717, 944729, 944731, 944773,
944777, 944803, 944821, 944833, 944857, 944873, 944887, 944893,
944897, 944899, 944929, 944953, 944963, 944969, 944987, 945031,
945037, 945059, 945089, 945103, 945143, 945151, 945179, 945209,
945211, 945227, 945233, 945289, 945293, 945331, 945341, 945349,
945359, 945367, 945377, 945389, 945391, 945397, 945409, 945431,
945457, 945463, 945473, 945479, 945481, 945521, 945547, 945577,
945587, 945589, 945601, 945629, 945631, 945647, 945671, 945673,
945677, 945701, 945731, 945733, 945739, 945767, 945787, 945799,
945809, 945811, 945817, 945823, 945851, 945881, 945883, 945887,
945899, 945907, 945929, 945937, 945941, 945943, 945949, 945961,
945983, 946003, 946021, 946031, 946037, 946079, 946081, 946091,
946093, 946109, 946111, 946123, 946133, 946163, 946177, 946193,
946207, 946223, 946249, 946273, 946291, 946307, 946327, 946331,
946367, 946369, 946391, 946397, 946411, 946417, 946453, 946459,
946469, 946487, 946489, 946507, 946511, 946513, 946549, 946573,
946579, 946607, 946661, 946663, 946667, 946669, 946681, 946697,
946717, 946727, 946733, 946741, 946753, 946769, 946783, 946801,
946819, 946823, 946853, 946859, 946861, 946873, 946877, 946901,
946919, 946931, 946943, 946949, 946961, 946969, 946987, 946993,
946997, 947027, 947033, 947083, 947119, 947129, 947137, 947171,
947183, 947197, 947203, 947239, 947263, 947299, 947327, 947341,
947351, 947357, 947369, 947377, 947381, 947383, 947389, 947407,
947411, 947413, 947417, 947423, 947431, 947449, 947483, 947501,
947509, 947539, 947561, 947579, 947603, 947621, 947627, 947641,
947647, 947651, 947659, 947707, 947711, 947719, 947729, 947741,
947743, 947747, 947753, 947773, 947783, 947803, 947819, 947833,
947851, 947857, 947861, 947873, 947893, 947911, 947917, 947927,
947959, 947963, 947987, 948007, 948019, 948029, 948041, 948049,
948053, 948061, 948067, 948089, 948091, 948133, 948139, 948149,
948151, 948169, 948173, 948187, 948247, 948253, 948263, 948281,
948287, 948293, 948317, 948331, 948349, 948377, 948391, 948401,
948403, 948407, 948427, 948439, 948443, 948449, 948457, 948469,
948487, 948517, 948533, 948547, 948551, 948557, 948581, 948593,
948659, 948671, 948707, 948713, 948721, 948749, 948767, 948797,
948799, 948839, 948847, 948853, 948877, 948887, 948901, 948907,
948929, 948943, 948947, 948971, 948973, 948989, 949001, 949019,
949021, 949033, 949037, 949043, 949051, 949111, 949121, 949129,
949147, 949153, 949159, 949171, 949211, 949213, 949241, 949243,
949253, 949261, 949303, 949307, 949381, 949387, 949391, 949409,
949423, 949427, 949439, 949441, 949451, 949453, 949471, 949477,
949513, 949517, 949523, 949567, 949583, 949589, 949607, 949609,
949621, 949631, 949633, 949643, 949649, 949651, 949667, 949673,
949687, 949691, 949699, 949733, 949759, 949771, 949777, 949789,
949811, 949849, 949853, 949889, 949891, 949903, 949931, 949937,
949939, 949951, 949957, 949961, 949967, 949973, 949979, 949987,
949997, 950009, 950023, 950029, 950039, 950041, 950071, 950083,
950099, 950111, 950149, 950161, 950177, 950179, 950207, 950221,

950227, 950231, 950233, 950239, 950251, 950269, 950281, 950329,
950333, 950347, 950357, 950363, 950393, 950401, 950423, 950447,
950459, 950461, 950473, 950479, 950483, 950497, 950501, 950507,
950519, 950527, 950531, 950557, 950569, 950611, 950617, 950633,
950639, 950647, 950671, 950681, 950689, 950693, 950699, 950717,
950723, 950737, 950743, 950753, 950783, 950791, 950809, 950813,
950819, 950837, 950839, 950867, 950869, 950879, 950921, 950927,
950933, 950947, 950953, 950959, 950993, 951001, 951019, 951023,
951029, 951047, 951053, 951059, 951061, 951079, 951089, 951091,
951101, 951107, 951109, 951131, 951151, 951161, 951193, 951221,
951259, 951277, 951281, 951283, 951299, 951331, 951341, 951343,
951361, 951367, 951373, 951389, 951407, 951413, 951427, 951437,
951449, 951469, 951479, 951491, 951497, 951553, 951557, 951571,
951581, 951583, 951589, 951623, 951637, 951641, 951647, 951649,
951659, 951689, 951697, 951749, 951781, 951787, 951791, 951803,
951829, 951851, 951859, 951887, 951893, 951911, 951941, 951943,
951959, 951967, 951997, 952001, 952009, 952037, 952057, 952073,
952087, 952097, 952111, 952117, 952123, 952129, 952141, 952151,
952163, 952169, 952183, 952199, 952207, 952219, 952229, 952247,
952253, 952277, 952279, 952291, 952297, 952313, 952349, 952363,
952379, 952381, 952397, 952423, 952429, 952439, 952481, 952487,
952507, 952513, 952541, 952547, 952559, 952573, 952583, 952597,
952619, 952649, 952657, 952667, 952669, 952681, 952687, 952691,
952709, 952739, 952741, 952753, 952771, 952789, 952811, 952813,
952823, 952829, 952843, 952859, 952873, 952877, 952883, 952921,
952927, 952933, 952937, 952943, 952957, 952967, 952979, 952981,
952997, 953023, 953039, 953041, 953053, 953077, 953081, 953093,
953111, 953131, 953149, 953171, 953179, 953191, 953221, 953237,
953243, 953261, 953273, 953297, 953321, 953333, 953341, 953347,
953399, 953431, 953437, 953443, 953473, 953483, 953497, 953501,
953503, 953507, 953521, 953539, 953543, 953551, 953567, 953593,
953621, 953639, 953647, 953651, 953671, 953681, 953699, 953707,
953731, 953747, 953773, 953789, 953791, 953831, 953851, 953861,
953873, 953881, 953917, 953923, 953929, 953941, 953969, 953977,
953983, 953987, 954001, 954007, 954011, 954043, 954067, 954097,
954103, 954131, 954133, 954139, 954157, 954167, 954181, 954203,
954209, 954221, 954229, 954253, 954257, 954259, 954263, 954269,
954277, 954287, 954307, 954319, 954323, 954367, 954377, 954379,
954391, 954409, 954433, 954451, 954461, 954469, 954491, 954497,
954509, 954517, 954539, 954571, 954599, 954619, 954623, 954641,
954649, 954671, 954677, 954697, 954713, 954719, 954727, 954743,
954757, 954763, 954827, 954829, 954847, 954851, 954853, 954857,
954869, 954871, 954911, 954917, 954923, 954929, 954971, 954973,
954977, 954979, 954991, 955037, 955039, 955051, 955061, 955063,
955091, 955093, 955103, 955127, 955139, 955147, 955153, 955183,
955193, 955211, 955217, 955223, 955243, 955261, 955267, 955271,
955277, 955307, 955309, 955313, 955319, 955333, 955337, 955363,
955379, 955391, 955433, 955439, 955441, 955457, 955469, 955477,

प्रथम सौ हजार अभाज्य संख्याएँ

955481, 955483, 955501, 955511, 955541, 955601, 955607, 955613,
955649, 955657, 955693, 955697, 955709, 955711, 955727, 955729,
955769, 955777, 955781, 955793, 955807, 955813, 955819, 955841,
955853, 955879, 955883, 955891, 955901, 955919, 955937, 955939,
955951, 955957, 955963, 955967, 955987, 955991, 955993, 956003,
956051, 956057, 956083, 956107, 956113, 956119, 956143, 956147,
956177, 956231, 956237, 956261, 956269, 956273, 956281, 956303,
956311, 956341, 956353, 956357, 956377, 956383, 956387, 956393,
956399, 956401, 956429, 956477, 956503, 956513, 956521, 956569,
956587, 956617, 956633, 956689, 956699, 956713, 956723, 956749,
956759, 956789, 956801, 956831, 956843, 956849, 956861, 956881,
956903, 956909, 956929, 956941, 956951, 956953, 956987, 956993,
956999, 957031, 957037, 957041, 957043, 957059, 957071, 957091,
957097, 957107, 957109, 957119, 957133, 957139, 957161, 957169,
957181, 957193, 957211, 957221, 957241, 957247, 957263, 957289,
957317, 957331, 957337, 957349, 957361, 957403, 957409, 957413,
957419, 957431, 957433, 957499, 957529, 957547, 957553, 957557,
957563, 957587, 957599, 957601, 957611, 957641, 957643, 957659,
957701, 957703, 957709, 957721, 957731, 957751, 957769, 957773,
957811, 957821, 957823, 957851, 957871, 957877, 957889, 957917,
957937, 957949, 957953, 957959, 957977, 957991, 958007, 958021,
958039, 958043, 958049, 958051, 958057, 958063, 958121, 958123,
958141, 958159, 958163, 958183, 958193, 958213, 958259, 958261,
958289, 958313, 958319, 958327, 958333, 958339, 958343, 958351,
958357, 958361, 958367, 958369, 958381, 958393, 958423, 958439,
958459, 958481, 958487, 958499, 958501, 958519, 958523, 958541,
958543, 958547, 958549, 958553, 958577, 958609, 958627, 958637,
958667, 958669, 958673, 958679, 958687, 958693, 958729, 958739,
958777, 958787, 958807, 958819, 958829, 958843, 958849, 958871,
958877, 958883, 958897, 958901, 958921, 958931, 958933, 958957,
958963, 958967, 958973, 959009, 959083, 959093, 959099, 959131,
959143, 959149, 959159, 959173, 959183, 959207, 959209, 959219,
959227, 959237, 959263, 959267, 959269, 959279, 959323, 959333,
959339, 959351, 959363, 959369, 959377, 959383, 959389, 959449,
959461, 959467, 959471, 959473, 959477, 959479, 959489, 959533,
959561, 959579, 959597, 959603, 959617, 959627, 959659, 959677,
959681, 959689, 959719, 959723, 959737, 959759, 959773, 959779,
959801, 959809, 959831, 959863, 959867, 959869, 959873, 959879,
959887, 959911, 959921, 959927, 959941, 959947, 959953, 959969,
960017, 960019, 960031, 960049, 960053, 960059, 960077, 960119,
960121, 960131, 960137, 960139, 960151, 960173, 960191, 960199,
960217, 960229, 960251, 960259, 960293, 960299, 960329, 960331,
960341, 960353, 960373, 960383, 960389, 960419, 960467, 960493,
960497, 960499, 960521, 960523, 960527, 960569, 960581, 960587,
960593, 960601, 960637, 960643, 960647, 960649, 960667, 960677,
960691, 960703, 960709, 960737, 960763, 960793, 960803, 960809,
960829, 960833, 960863, 960889, 960931, 960937, 960941, 960961,
960977, 960983, 960989, 960991, 961003, 961021, 961033, 961063,

प्रथम सौ हजार अभाज्य संख्याएँ

961067, 961069, 961073, 961087, 961091, 961097, 961099, 961109,
961117, 961123, 961133, 961139, 961141, 961151, 961157, 961159,
961183, 961187, 961189, 961201, 961241, 961243, 961273, 961277,
961283, 961313, 961319, 961339, 961393, 961397, 961399, 961427,
961447, 961451, 961453, 961459, 961487, 961507, 961511, 961529,
961531, 961547, 961549, 961567, 961601, 961613, 961619, 961627,
961633, 961637, 961643, 961657, 961661, 961663, 961679, 961687,
961691, 961703, 961729, 961733, 961739, 961747, 961757, 961769,
961777, 961783, 961789, 961811, 961813, 961817, 961841, 961847,
961853, 961861, 961871, 961879, 961927, 961937, 961943, 961957,
961973, 961981, 961991, 961993, 962009, 962011, 962033, 962041,
962051, 962063, 962077, 962099, 962119, 962131, 962161, 962177,
962197, 962233, 962237, 962243, 962257, 962267, 962303, 962309,
962341, 962363, 962413, 962417, 962431, 962441, 962447, 962459,
962461, 962471, 962477, 962497, 962503, 962509, 962537, 962543,
962561, 962569, 962587, 962603, 962609, 962617, 962623, 962627,
962653, 962669, 962671, 962677, 962681, 962683, 962737, 962743,
962747, 962779, 962783, 962789, 962791, 962807, 962837, 962839,
962861, 962867, 962869, 962903, 962909, 962911, 962921, 962959,
962963, 962971, 962993, 963019, 963031, 963043, 963047, 963097,
963103, 963121, 963143, 963163, 963173, 963181, 963187, 963191,
963211, 963223, 963227, 963239, 963241, 963253, 963283, 963299,
963301, 963311, 963323, 963331, 963341, 963343, 963349, 963367,
963379, 963397, 963419, 963427, 963461, 963481, 963491, 963497,
963499, 963559, 963581, 963601, 963607, 963629, 963643, 963653,
963659, 963667, 963689, 963691, 963701, 963707, 963709, 963719,
963731, 963751, 963761, 963763, 963779, 963793, 963799, 963811,
963817, 963839, 963841, 963847, 963863, 963871, 963877, 963899,
963901, 963913, 963943, 963973, 963979, 964009, 964021, 964027,
964039, 964049, 964081, 964097, 964133, 964151, 964153, 964199,
964207, 964213, 964217, 964219, 964253, 964259, 964261, 964267,
964283, 964289, 964297, 964303, 964309, 964333, 964339, 964351,
964357, 964363, 964373, 964417, 964423, 964433, 964463, 964499,
964501, 964507, 964517, 964519, 964531, 964559, 964571, 964577,
964583, 964589, 964609, 964637, 964661, 964679, 964693, 964697,
964703, 964721, 964753, 964757, 964783, 964787, 964793, 964823,
964829, 964861, 964871, 964879, 964883, 964889, 964897, 964913,
964927, 964933, 964939, 964967, 964969, 964973, 964981, 965023,
965047, 965059, 965087, 965089, 965101, 965113, 965117, 965131,
965147, 965161, 965171, 965177, 965179, 965189, 965191, 965197,
965201, 965227, 965233, 965249, 965267, 965291, 965303, 965317,
965329, 965357, 965369, 965399, 965401, 965407, 965411, 965423,
965429, 965443, 965453, 965467, 965483, 965491, 965507, 965519,
965533, 965551, 965567, 965603, 965611, 965621, 965623, 965639,
965647, 965659, 965677, 965711, 965749, 965759, 965773, 965777,
965779, 965791, 965801, 965843, 965851, 965857, 965893, 965927,
965953, 965963, 965969, 965983, 965989, 966011, 966013, 966029,
966041, 966109, 966113, 966139, 966149, 966157, 966191, 966197,

प्रथम सौ हजार अभाज्य संख्याएँ

966209, 966211, 966221, 966227, 966233, 966241, 966257, 966271,
966293, 966307, 966313, 966319, 966323, 966337, 966347, 966353,
966373, 966377, 966379, 966389, 966401, 966409, 966419, 966431,
966439, 966463, 966481, 966491, 966499, 966509, 966521, 966527,
966547, 966557, 966583, 966613, 966617, 966619, 966631, 966653,
966659, 966661, 966677, 966727, 966751, 966781, 966803, 966817,
966863, 966869, 966871, 966883, 966893, 966907, 966913, 966919,
966923, 966937, 966961, 966971, 966991, 966997, 967003, 967019,
967049, 967061, 967111, 967129, 967139, 967171, 967201, 967229,
967259, 967261, 967289, 967297, 967319, 967321, 967327, 967333,
967349, 967361, 967363, 967391, 967397, 967427, 967429, 967441,
967451, 967459, 967481, 967493, 967501, 967507, 967511, 967529,
967567, 967583, 967607, 967627, 967663, 967667, 967693, 967699,
967709, 967721, 967739, 967751, 967753, 967763, 967781, 967787,
967819, 967823, 967831, 967843, 967847, 967859, 967873, 967877,
967903, 967919, 967931, 967937, 967951, 967961, 967979, 967999,
968003, 968017, 968021, 968027, 968041, 968063, 968089, 968101,
968111, 968113, 968117, 968137, 968141, 968147, 968159, 968173,
968197, 968213, 968237, 968239, 968251, 968263, 968267, 968273,
968291, 968299, 968311, 968321, 968329, 968333, 968353, 968377,
968381, 968389, 968419, 968423, 968431, 968437, 968459, 968467,
968479, 968501, 968503, 968519, 968521, 968537, 968557, 968567,
968573, 968593, 968641, 968647, 968659, 968663, 968689, 968699,
968713, 968729, 968731, 968761, 968801, 968809, 968819, 968827,
968831, 968857, 968879, 968897, 968909, 968911, 968917, 968939,
968959, 968963, 968971, 969011, 969037, 969041, 969049, 969071,
969083, 969097, 969109, 969113, 969131, 969139, 969167, 969179,
969181, 969233, 969239, 969253, 969257, 969259, 969271, 969301,
969341, 969343, 969347, 969359, 969377, 969403, 969407, 969421,
969431, 969433, 969443, 969457, 969461, 969467, 969481, 969497,
969503, 969509, 969533, 969559, 969569, 969593, 969599, 969637,
969641, 969667, 969671, 969677, 969679, 969713, 969719, 969721,
969743, 969757, 969763, 969767, 969791, 969797, 969809, 969821,
969851, 969863, 969869, 969877, 969889, 969907, 969911, 969919,
969923, 969929, 969977, 969989, 970027, 970031, 970043, 970051,
970061, 970063, 970069, 970087, 970091, 970111, 970133, 970147,
970201, 970213, 970217, 970219, 970231, 970237, 970247, 970259,
970261, 970267, 970279, 970297, 970303, 970313, 970351, 970391,
970421, 970423, 970433, 970441, 970447, 970457, 970469, 970481,
970493, 970537, 970549, 970561, 970573, 970583, 970603, 970633,
970643, 970657, 970667, 970687, 970699, 970721, 970747, 970777,
970787, 970789, 970793, 970799, 970813, 970817, 970829, 970847,
970859, 970861, 970867, 970877, 970883, 970903, 970909, 970927,
970939, 970943, 970961, 970967, 970969, 970987, 970997, 970999,
971021, 971027, 971029, 971039, 971051, 971053, 971063, 971077,
971093, 971099, 971111, 971141, 971143, 971149, 971153, 971171,
971177, 971197, 971207, 971237, 971251, 971263, 971273, 971279,
971281, 971291, 971309, 971339, 971353, 971357, 971371, 971381,

971387, 971389, 971401, 971419, 971429, 971441, 971473, 971479,
971483, 971491, 971501, 971513, 971521, 971549, 971561, 971563,
971569, 971591, 971639, 971651, 971653, 971683, 971693, 971699,
971713, 971723, 971753, 971759, 971767, 971783, 971821, 971833,
971851, 971857, 971863, 971899, 971903, 971917, 971921, 971933,
971939, 971951, 971959, 971977, 971981, 971989, 972001, 972017,
972029, 972031, 972047, 972071, 972079, 972091, 972113, 972119,
972121, 972131, 972133, 972137, 972161, 972163, 972197, 972199,
972221, 972227, 972229, 972259, 972263, 972271, 972277, 972313,
972319, 972329, 972337, 972343, 972347, 972353, 972373, 972403,
972407, 972409, 972427, 972431, 972443, 972469, 972473, 972481,
972493, 972533, 972557, 972577, 972581, 972599, 972611, 972613,
972623, 972637, 972649, 972661, 972679, 972683, 972701, 972721,
972787, 972793, 972799, 972823, 972827, 972833, 972847, 972869,
972887, 972899, 972901, 972941, 972943, 972967, 972977, 972991,
973001, 973003, 973031, 973033, 973051, 973057, 973067, 973069,
973073, 973081, 973099, 973129, 973151, 973169, 973177, 973187,
973213, 973253, 973277, 973279, 973283, 973289, 973321, 973331,
973333, 973367, 973373, 973387, 973397, 973409, 973411, 973421,
973439, 973459, 973487, 973523, 973529, 973537, 973547, 973561,
973591, 973597, 973631, 973657, 973669, 973681, 973691, 973727,
973757, 973759, 973781, 973787, 973789, 973801, 973813, 973823,
973837, 973853, 973891, 973897, 973901, 973919, 973957, 974003,
974009, 974033, 974041, 974053, 974063, 974089, 974107, 974123,
974137, 974143, 974147, 974159, 974161, 974167, 974177, 974179,
974189, 974213, 974249, 974261, 974269, 974273, 974279, 974293,
974317, 974329, 974359, 974383, 974387, 974401, 974411, 974417,
974419, 974431, 974437, 974443, 974459, 974473, 974489, 974497,
974507, 974513, 974531, 974537, 974539, 974551, 974557, 974563,
974581, 974591, 974599, 974651, 974653, 974657, 974707, 974711,
974713, 974737, 974747, 974749, 974761, 974773, 974803, 974819,
974821, 974837, 974849, 974861, 974863, 974867, 974873, 974879,
974887, 974891, 974923, 974927, 974957, 974959, 974969, 974971,
974977, 974983, 974989, 974999, 975011, 975017, 975049, 975053,
975071, 975083, 975089, 975133, 975151, 975157, 975181, 975187,
975193, 975199, 975217, 975257, 975259, 975263, 975277, 975281,
975287, 975313, 975323, 975343, 975367, 975379, 975383, 975389,
975421, 975427, 975433, 975439, 975463, 975493, 975497, 975509,
975521, 975523, 975551, 975553, 975581, 975599, 975619, 975629,
975643, 975649, 975661, 975671, 975691, 975701, 975731, 975739,
975743, 975797, 975803, 975811, 975823, 975827, 975847, 975857,
975869, 975883, 975899, 975901, 975907, 975941, 975943, 975967,
975977, 975991, 976009, 976013, 976033, 976039, 976091, 976093,
976103, 976109, 976117, 976127, 976147, 976177, 976187, 976193,
976211, 976231, 976253, 976271, 976279, 976301, 976303, 976307,
976309, 976351, 976369, 976403, 976411, 976439, 976447, 976453,
976457, 976471, 976477, 976483, 976489, 976501, 976513, 976537,
976553, 976559, 976561, 976571, 976601, 976607, 976621, 976637,

प्रथम सौ हजार अभाज्य संख्याएँ

976639, 976643, 976669, 976699, 976709, 976721, 976727, 976777,
976799, 976817, 976823, 976849, 976853, 976883, 976909, 976919,
976933, 976951, 976957, 976991, 977021, 977023, 977047, 977057,
977069, 977087, 977107, 977147, 977149, 977167, 977183, 977191,
977203, 977209, 977233, 977239, 977243, 977257, 977269, 977299,
977323, 977351, 977357, 977359, 977363, 977369, 977407, 977411,
977413, 977437, 977447, 977507, 977513, 977521, 977539, 977567,
977591, 977593, 977609, 977611, 977629, 977671, 977681, 977693,
977719, 977723, 977747, 977761, 977791, 977803, 977813, 977819,
977831, 977849, 977861, 977881, 977897, 977923, 977927, 977971,
978001, 978007, 978011, 978017, 978031, 978037, 978041, 978049,
978053, 978067, 978071, 978073, 978077, 978079, 978091, 978113,
978149, 978151, 978157, 978179, 978181, 978203, 978209, 978217,
978223, 978233, 978239, 978269, 978277, 978283, 978287, 978323,
978337, 978343, 978347, 978349, 978359, 978389, 978403, 978413,
978427, 978449, 978457, 978463, 978473, 978479, 978491, 978511,
978521, 978541, 978569, 978599, 978611, 978617, 978619, 978643,
978647, 978683, 978689, 978697, 978713, 978727, 978743, 978749,
978773, 978797, 978799, 978821, 978839, 978851, 978853, 978863,
978871, 978883, 978907, 978917, 978931, 978947, 978973, 978997,
979001, 979009, 979031, 979037, 979061, 979063, 979093, 979103,
979109, 979117, 979159, 979163, 979171, 979177, 979189, 979201,
979207, 979211, 979219, 979229, 979261, 979273, 979283, 979291,
979313, 979327, 979333, 979337, 979343, 979361, 979369, 979373,
979379, 979403, 979423, 979439, 979457, 979471, 979481, 979519,
979529, 979541, 979543, 979549, 979553, 979567, 979651, 979691,
979709, 979717, 979747, 979757, 979787, 979807, 979819, 979831,
979873, 979883, 979889, 979907, 979919, 979921, 979949, 979969,
979987, 980027, 980047, 980069, 980071, 980081, 980107, 980117,
980131, 980137, 980149, 980159, 980173, 980179, 980197, 980219,
980249, 980261, 980293, 980299, 980321, 980327, 980363, 980377,
980393, 980401, 980417, 980423, 980431, 980449, 980459, 980471,
980489, 980491, 980503, 980549, 980557, 980579, 980587, 980591,
980593, 980599, 980621, 980641, 980677, 980687, 980689, 980711,
980717, 980719, 980729, 980731, 980773, 980801, 980803, 980827,
980831, 980851, 980887, 980893, 980897, 980899, 980909, 980911,
980921, 980957, 980963, 980999, 981011, 981017, 981023, 981037,
981049, 981061, 981067, 981073, 981077, 981091, 981133, 981137,
981139, 981151, 981173, 981187, 981199, 981209, 981221, 981241,
981263, 981271, 981283, 981287, 981289, 981301, 981311, 981319,
981373, 981377, 981391, 981397, 981419, 981437, 981439, 981443,
981451, 981467, 981473, 981481, 981493, 981517, 981523, 981527,
981569, 981577, 981587, 981599, 981601, 981623, 981637, 981653,
981683, 981691, 981697, 981703, 981707, 981713, 981731, 981769,
981797, 981809, 981811, 981817, 981823, 981887, 981889, 981913,
981919, 981941, 981947, 981949, 981961, 981979, 981983, 982021,
982057, 982061, 982063, 982067, 982087, 982097, 982099, 982103,
982117, 982133, 982147, 982151, 982171, 982183, 982187, 982211,

प्रथम सौ हजार अभाज्य संख्याएँ

982213, 982217, 982231, 982271, 982273, 982301, 982321, 982337,
982339, 982343, 982351, 982363, 982381, 982393, 982403, 982453,
982489, 982493, 982559, 982571, 982573, 982577, 982589, 982603,
982613, 982621, 982633, 982643, 982687, 982693, 982697, 982703,
982741, 982759, 982769, 982777, 982783, 982789, 982801, 982819,
982829, 982841, 982843, 982847, 982867, 982871, 982903, 982909,
982931, 982939, 982967, 982973, 982981, 983063, 983069, 983083,
983113, 983119, 983123, 983131, 983141, 983149, 983153, 983173,
983179, 983189, 983197, 983209, 983233, 983239, 983243, 983261,
983267, 983299, 983317, 983327, 983329, 983347, 983363, 983371,
983377, 983407, 983429, 983431, 983441, 983443, 983447, 983449,
983461, 983491, 983513, 983519, 983527, 983531, 983533, 983557,
983579, 983581, 983597, 983617, 983659, 983699, 983701, 983737,
983771, 983777, 983783, 983789, 983791, 983803, 983809, 983813,
983819, 983849, 983861, 983863, 983881, 983911, 983923, 983929,
983951, 983987, 983993, 984007, 984017, 984037, 984047, 984059,
984083, 984091, 984119, 984121, 984127, 984149, 984167, 984199,
984211, 984241, 984253, 984299, 984301, 984307, 984323, 984329,
984337, 984341, 984349, 984353, 984359, 984367, 984383, 984391,
984397, 984407, 984413, 984421, 984427, 984437, 984457, 984461,
984481, 984491, 984497, 984539, 984541, 984563, 984583, 984587,
984593, 984611, 984617, 984667, 984689, 984701, 984703, 984707,
984733, 984749, 984757, 984761, 984817, 984847, 984853, 984859,
984877, 984881, 984911, 984913, 984917, 984923, 984931, 984947,
984959, 985003, 985007, 985013, 985027, 985057, 985063, 985079,
985097, 985109, 985121, 985129, 985151, 985177, 985181, 985213,
985219, 985253, 985277, 985279, 985291, 985301, 985307, 985331,
985339, 985351, 985379, 985399, 985403, 985417, 985433, 985447,
985451, 985463, 985471, 985483, 985487, 985493, 985499, 985519,
985529, 985531, 985547, 985571, 985597, 985601, 985613, 985631,
985639, 985657, 985667, 985679, 985703, 985709, 985723, 985729,
985741, 985759, 985781, 985783, 985799, 985807, 985819, 985867,
985871, 985877, 985903, 985921, 985937, 985951, 985969, 985973,
985979, 985981, 985991, 985993, 985997, 986023, 986047, 986053,
986071, 986101, 986113, 986131, 986137, 986143, 986147, 986149,
986177, 986189, 986191, 986197, 986207, 986213, 986239, 986257,
986267, 986281, 986287, 986333, 986339, 986351, 986369, 986411,
986417, 986429, 986437, 986471, 986477, 986497, 986507, 986509,
986519, 986533, 986543, 986563, 986567, 986569, 986581, 986593,
986597, 986599, 986617, 986633, 986641, 986659, 986693, 986707,
986717, 986719, 986729, 986737, 986749, 986759, 986767, 986779,
986801, 986813, 986819, 986837, 986849, 986851, 986857, 986903,
986927, 986929, 986933, 986941, 986959, 986963, 986981, 986983,
986989, 987013, 987023, 987029, 987043, 987053, 987061, 987067,
987079, 987083, 987089, 987097, 987101, 987127, 987143, 987191,
987193, 987199, 987209, 987211, 987227, 987251, 987293, 987299,
987313, 987353, 987361, 987383, 987391, 987433, 987457, 987463,
987473, 987491, 987509, 987523, 987533, 987541, 987559, 987587,

प्रथम सौ हजार अभाज्य संख्याएँ

987593, 987599, 987607, 987631, 987659, 987697, 987713, 987739,
987793, 987797, 987803, 987809, 987821, 987851, 987869, 987911,
987913, 987929, 987941, 987971, 987979, 987983, 987991, 987997,
988007, 988021, 988033, 988051, 988061, 988067, 988069, 988093,
988109, 988111, 988129, 988147, 988157, 988199, 988213, 988217,
988219, 988231, 988237, 988243, 988271, 988279, 988297, 988313,
988319, 988321, 988343, 988357, 988367, 988409, 988417, 988439,
988453, 988459, 988483, 988489, 988501, 988511, 988541, 988549,
988571, 988577, 988579, 988583, 988591, 988607, 988643, 988649,
988651, 988661, 988681, 988693, 988711, 988727, 988733, 988759,
988763, 988783, 988789, 988829, 988837, 988849, 988859, 988861,
988877, 988901, 988909, 988937, 988951, 988963, 988979, 989011,
989029, 989059, 989071, 989081, 989099, 989119, 989123, 989171,
989173, 989231, 989239, 989249, 989251, 989279, 989293, 989309,
989321, 989323, 989327, 989341, 989347, 989353, 989377, 989381,
989411, 989419, 989423, 989441, 989467, 989477, 989479, 989507,
989533, 989557, 989561, 989579, 989581, 989623, 989629, 989641,
989647, 989663, 989671, 989687, 989719, 989743, 989749, 989753,
989761, 989777, 989783, 989797, 989803, 989827, 989831, 989837,
989839, 989869, 989873, 989887, 989909, 989917, 989921, 989929,
989939, 989951, 989959, 989971, 989977, 989981, 989999, 990001,
990013, 990023, 990037, 990043, 990053, 990137, 990151, 990163,
990169, 990179, 990181, 990211, 990239, 990259, 990277, 990281,
990287, 990289, 990293, 990307, 990313, 990323, 990329, 990331,
990349, 990359, 990361, 990371, 990377, 990383, 990389, 990397,
990463, 990469, 990487, 990497, 990503, 990511, 990523, 990529,
990547, 990559, 990589, 990593, 990599, 990631, 990637, 990643,
990673, 990707, 990719, 990733, 990761, 990767, 990797, 990799,
990809, 990841, 990851, 990881, 990887, 990889, 990893, 990917,
990923, 990953, 990961, 990967, 990973, 990989, 991009, 991027,
991031, 991037, 991043, 991057, 991063, 991069, 991073, 991079,
991091, 991127, 991129, 991147, 991171, 991181, 991187, 991201,
991217, 991223, 991229, 991261, 991273, 991313, 991327, 991343,
991357, 991381, 991387, 991409, 991427, 991429, 991447, 991453,
991483, 991493, 991499, 991511, 991531, 991541, 991547, 991567,
991579, 991603, 991607, 991619, 991621, 991633, 991643, 991651,
991663, 991693, 991703, 991717, 991723, 991733, 991741, 991751,
991777, 991811, 991817, 991867, 991871, 991873, 991883, 991889,
991901, 991909, 991927, 991931, 991943, 991951, 991957, 991961,
991973, 991979, 991981, 991987, 991999, 992011, 992021, 992023,
992051, 992087, 992111, 992113, 992129, 992141, 992153, 992179,
992183, 992219, 992231, 992249, 992263, 992267, 992269, 992281,
992309, 992317, 992357, 992359, 992363, 992371, 992393, 992417,
992429, 992437, 992441, 992449, 992461, 992513, 992521, 992539,
992549, 992561, 992591, 992603, 992609, 992623, 992633, 992659,
992689, 992701, 992707, 992723, 992737, 992777, 992801, 992809,
992819, 992843, 992857, 992861, 992863, 992867, 992891, 992903,
992917, 992923, 992941, 992947, 992963, 992983, 993001, 993011,

प्रथम सौ हजार अभाज्य संख्याएँ

993037, 993049, 993053, 993079, 993103, 993107, 993121, 993137,
993169, 993197, 993199, 993203, 993211, 993217, 993233, 993241,
993247, 993253, 993269, 993283, 993287, 993319, 993323, 993341,
993367, 993397, 993401, 993407, 993431, 993437, 993451, 993467,
993479, 993481, 993493, 993527, 993541, 993557, 993589, 993611,
993617, 993647, 993679, 993683, 993689, 993703, 993763, 993779,
993781, 993793, 993821, 993823, 993827, 993841, 993851, 993869,
993887, 993893, 993907, 993913, 993919, 993943, 993961, 993977,
993983, 993997, 994013, 994027, 994039, 994051, 994067, 994069,
994073, 994087, 994093, 994141, 994163, 994181, 994183, 994193,
994199, 994229, 994237, 994241, 994247, 994249, 994271, 994297,
994303, 994307, 994309, 994319, 994321, 994337, 994339, 994363,
994369, 994391, 994393, 994417, 994447, 994453, 994457, 994471,
994489, 994501, 994549, 994559, 994561, 994571, 994579, 994583,
994603, 994621, 994657, 994663, 994667, 994691, 994699, 994709,
994711, 994717, 994723, 994751, 994769, 994793, 994811, 994813,
994817, 994831, 994837, 994853, 994867, 994871, 994879, 994901,
994907, 994913, 994927, 994933, 994949, 994963, 994991, 994997,
995009, 995023, 995051, 995053, 995081, 995117, 995119, 995147,
995167, 995173, 995219, 995227, 995237, 995243, 995273, 995303,
995327, 995329, 995339, 995341, 995347, 995363, 995369, 995377,
995381, 995387, 995399, 995431, 995443, 995447, 995461, 995471,
995513, 995531, 995539, 995549, 995551, 995567, 995573, 995587,
995591, 995593, 995611, 995623, 995641, 995651, 995663, 995669,
995677, 995699, 995713, 995719, 995737, 995747, 995783, 995791,
995801, 995833, 995881, 995887, 995903, 995909, 995927, 995941,
995957, 995959, 995983, 995987, 995989, 996001, 996011, 996019,
996049, 996067, 996103, 996109, 996119, 996143, 996157, 996161,
996167, 996169, 996173, 996187, 996197, 996209, 996211, 996253,
996257, 996263, 996271, 996293, 996301, 996311, 996323, 996329,
996361, 996367, 996403, 996407, 996409, 996431, 996461, 996487,
996511, 996529, 996539, 996551, 996563, 996571, 996599, 996601,
996617, 996629, 996631, 996637, 996647, 996649, 996689, 996703,
996739, 996763, 996781, 996803, 996811, 996841, 996847, 996857,
996859, 996871, 996881, 996883, 996887, 996899, 996953, 996967,
996973, 996979, 997001, 997013, 997019, 997021, 997037, 997043,
997057, 997069, 997081, 997091, 997097, 997099, 997103, 997109,
997111, 997121, 997123, 997141, 997147, 997151, 997153, 997163,
997201, 997207, 997219, 997247, 997259, 997267, 997273, 997279,
997307, 997309, 997319, 997327, 997333, 997343, 997357, 997369,
997379, 997391, 997427, 997433, 997439, 997453, 997463, 997511,
997541, 997547, 997553, 997573, 997583, 997589, 997597, 997609,
997627, 997637, 997649, 997651, 997663, 997681, 997693, 997699,
997727, 997739, 997741, 997751, 997769, 997783, 997793, 997807,
997811, 997813, 997877, 997879, 997889, 997891, 997897, 997933,
997949, 997961, 997963, 997973, 997991, 998009, 998017, 998027,
998029, 998069, 998071, 998077, 998083, 998111, 998117, 998147,
998161, 998167, 998197, 998201, 998213, 998219, 998237, 998243,

प्रथम सौ हजार अभाज्य संख्याएँ

998273, 998281, 998287, 998311, 998329, 998353, 998377, 998381,
998399, 998411, 998419, 998423, 998429, 998443, 998471, 998497,
998513, 998527, 998537, 998539, 998551, 998561, 998617, 998623,
998629, 998633, 998651, 998653, 998681, 998687, 998689, 998717,
998737, 998743, 998749, 998759, 998779, 998813, 998819, 998831,
998839, 998843, 998857, 998861, 998897, 998909, 998917, 998927,
998941, 998947, 998951, 998957, 998969, 998983, 998989, 999007,
999023, 999029, 999043, 999049, 999067, 999083, 999091, 999101,
999133, 999149, 999169, 999181, 999199, 999217, 999221, 999233,
999239, 999269, 999287, 999307, 999329, 999331, 999359, 999371,
999377, 999389, 999431, 999433, 999437, 999451, 999491, 999499,
999521, 999529, 999541, 999553, 999563, 999599, 999611, 999613,
999623, 999631, 999653, 999667, 999671, 999683, 999721, 999727,
999749, 999763, 999769, 999773, 999809, 999853, 999863, 999883,
999907, 999917, 999931, 999953, 999959, 999961, 999979, 999983,
1000003, 1000033, 1000037, 1000039, 1000081, 1000099, 1000117,
1000121, 1000133, 1000151, 1000159, 1000171, 1000183, 1000187,
1000193, 1000199, 1000211, 1000213, 1000231, 1000249, 1000253,
1000273, 1000289, 1000291, 1000303, 1000313, 1000333, 1000357,
1000367, 1000381, 1000393, 1000397, 1000403, 1000409, 1000423,
1000427, 1000429, 1000453, 1000457, 1000507, 1000537, 1000541,
1000547, 1000577, 1000579, 1000589, 1000609, 1000619, 1000621,
1000639, 1000651, 1000667, 1000669, 1000679, 1000691, 1000697,
1000721, 1000723, 1000763, 1000777, 1000793, 1000829, 1000847,
1000849, 1000859, 1000861, 1000889, 1000907, 1000919, 1000921,
1000931, 1000969, 1000973, 1000981, 1000999, 1001003, 1001017,
1001023, 1001027, 1001041, 1001069, 1001081, 1001087, 1001089,
1001093, 1001107, 1001123, 1001153, 1001159, 1001173, 1001177,
1001191, 1001197, 1001219, 1001237, 1001267, 1001279, 1001291,
1001303, 1001311, 1001321, 1001323, 1001327, 1001347, 1001353,
1001369, 1001381, 1001387, 1001389, 1001401, 1001411, 1001431,
1001447, 1001459, 1001467, 1001491, 1001501, 1001527, 1001531,
1001549, 1001551, 1001563, 1001569, 1001587, 1001593, 1001621,
1001629, 1001639, 1001659, 1001669, 1001683, 1001687, 1001713,
1001723, 1001743, 1001783, 1001797, 1001801, 1001807, 1001809,
1001821, 1001831, 1001839, 1001911, 1001933, 1001941, 1001947,
1001953, 1001977, 1001981, 1001983, 1001989, 1002017, 1002049,
1002061, 1002073, 1002077, 1002083, 1002091, 1002101, 1002109,
1002121, 1002143, 1002149, 1002151, 1002173, 1002191, 1002227,
1002241, 1002247, 1002257, 1002259, 1002263, 1002289, 1002299,
1002341, 1002343, 1002347, 1002349, 1002359, 1002361, 1002377,
1002403, 1002427, 1002433, 1002451, 1002457, 1002467, 1002481,
1002487, 1002493, 1002503, 1002511, 1002517, 1002523, 1002527,
1002553, 1002569, 1002577, 1002583, 1002619, 1002623, 1002647,
1002653, 1002679, 1002709, 1002713, 1002719, 1002721, 1002739,
1002751, 1002767, 1002769, 1002773, 1002787, 1002797, 1002809,
1002817, 1002821, 1002851, 1002853, 1002857, 1002863, 1002871,
1002887, 1002893, 1002899, 1002913, 1002917, 1002929, 1002931,

प्रथम सौ हजार अभाज्य संख्याएँ

1002973, 1002979, 1003001, 1003003, 1003019, 1003039, 1003049,
1003087, 1003091, 1003097, 1003103, 1003109, 1003111, 1003133,
1003141, 1003193, 1003199, 1003201, 1003241, 1003259, 1003273,
1003279, 1003291, 1003307, 1003337, 1003349, 1003351, 1003361,
1003363, 1003367, 1003369, 1003381, 1003397, 1003411, 1003417,
1003433, 1003463, 1003469, 1003507, 1003517, 1003543, 1003549,
1003589, 1003601, 1003609, 1003619, 1003621, 1003627, 1003631,
1003679, 1003693, 1003711, 1003729, 1003733, 1003741, 1003747,
1003753, 1003757, 1003763, 1003771, 1003787, 1003817, 1003819,
1003841, 1003879, 1003889, 1003897, 1003907, 1003909, 1003913,
1003931, 1003943, 1003957, 1003963, 1004027, 1004033, 1004053,
1004057, 1004063, 1004077, 1004089, 1004117, 1004119, 1004137,
1004141, 1004161, 1004167, 1004209, 1004221, 1004233, 1004273,
1004279, 1004287, 1004293, 1004303, 1004317, 1004323, 1004363,
1004371, 1004401, 1004429, 1004441, 1004449, 1004453, 1004461,
1004477, 1004483, 1004501, 1004527, 1004537, 1004551, 1004561,
1004567, 1004599, 1004651, 1004657, 1004659, 1004669, 1004671,
1004677, 1004687, 1004723, 1004737, 1004743, 1004747, 1004749,
1004761, 1004779, 1004797, 1004873, 1004903, 1004911, 1004917,
1004963, 1004977, 1004981, 1004987, 1005007, 1005013, 1005019,
1005029, 1005041, 1005049, 1005071, 1005073, 1005079, 1005101,
1005107, 1005131, 1005133, 1005143, 1005161, 1005187, 1005203,
1005209, 1005217, 1005223, 1005229, 1005239, 1005241, 1005269,
1005287, 1005293, 1005313, 1005317, 1005331, 1005349, 1005359,
1005371, 1005373, 1005391, 1005409, 1005413, 1005427, 1005437,
1005439, 1005457, 1005467, 1005481, 1005493, 1005503, 1005527,
1005541, 1005551, 1005553, 1005581, 1005593, 1005617, 1005619,
1005637, 1005643, 1005647, 1005661, 1005677, 1005679, 1005701,
1005709, 1005751, 1005761, 1005821, 1005827, 1005833, 1005883,
1005911, 1005913, 1005931, 1005937, 1005959, 1005971, 1005989,
1006003, 1006007, 1006021, 1006037, 1006063, 1006087, 1006091,
1006123, 1006133, 1006147, 1006151, 1006153, 1006163, 1006169,
1006171, 1006177, 1006189, 1006193, 1006217, 1006219, 1006231,
1006237, 1006241, 1006249, 1006253, 1006267, 1006279, 1006301,
1006303, 1006307, 1006309, 1006331, 1006333, 1006337, 1006339,
1006351, 1006361, 1006367, 1006391, 1006393, 1006433, 1006441,
1006463, 1006469, 1006471, 1006493, 1006507, 1006513, 1006531,
1006543, 1006547, 1006559, 1006583, 1006589, 1006609, 1006613,
1006633, 1006637, 1006651, 1006711, 1006721, 1006739, 1006751,
1006769, 1006781, 1006783, 1006799, 1006847, 1006853, 1006861,
1006877, 1006879, 1006883, 1006891, 1006897, 1006933, 1006937,
1006949, 1006969, 1006979, 1006987, 1006991, 1007021, 1007023,
1007047, 1007059, 1007081, 1007089, 1007099, 1007117, 1007119,
1007129, 1007137, 1007161, 1007173, 1007179, 1007203, 1007231,
1007243, 1007249, 1007297, 1007299, 1007309, 1007317, 1007339,
1007353, 1007359, 1007381, 1007387, 1007401, 1007417, 1007429,
1007441, 1007459, 1007467, 1007483, 1007497, 1007519, 1007527,
1007549, 1007557, 1007597, 1007599, 1007609, 1007647, 1007651,

प्रथम सौ हजार अभाज्य संख्याएँ

1007681, 1007683, 1007693, 1007701, 1007711, 1007719, 1007723,
1007729, 1007731, 1007749, 1007753, 1007759, 1007767, 1007771,
1007789, 1007801, 1007807, 1007813, 1007819, 1007827, 1007857,
1007861, 1007873, 1007887, 1007891, 1007921, 1007933, 1007939,
1007957, 1007959, 1007971, 1007977, 1008001, 1008013, 1008017,
1008031, 1008037, 1008041, 1008043, 1008101, 1008131, 1008157,
1008181, 1008187, 1008193, 1008199, 1008209, 1008223, 1008229,
1008233, 1008239, 1008247, 1008257, 1008263, 1008317, 1008323,
1008331, 1008347, 1008353, 1008373, 1008379, 1008401, 1008407,
1008409, 1008419, 1008421, 1008433, 1008437, 1008451, 1008467,
1008493, 1008499, 1008503, 1008517, 1008541, 1008547, 1008563,
1008571, 1008587, 1008589, 1008607, 1008611, 1008613, 1008617,
1008659, 1008701, 1008719, 1008743, 1008773, 1008779, 1008781,
1008793, 1008809, 1008817, 1008829, 1008851, 1008853, 1008857,
1008859, 1008863, 1008871, 1008901, 1008911, 1008913, 1008923,
1008937, 1008947, 1008979, 1008983, 1008989, 1008991, 1009007,
1009037, 1009049, 1009061, 1009097, 1009121, 1009139, 1009153,
1009157, 1009159, 1009163, 1009189, 1009193, 1009199, 1009201,
1009207, 1009237, 1009243, 1009247, 1009259, 1009289, 1009291,
1009301, 1009303, 1009319, 1009321, 1009343, 1009357, 1009361,
1009369, 1009373, 1009387, 1009399, 1009417, 1009433, 1009439,
1009457, 1009483, 1009487, 1009499, 1009501, 1009507, 1009531,
1009537, 1009559, 1009573, 1009601, 1009609, 1009621, 1009627,
1009637, 1009643, 1009649, 1009651, 1009669, 1009727, 1009741,
1009747, 1009781, 1009787, 1009807, 1009819, 1009837, 1009843,
1009859, 1009873, 1009901, 1009909, 1009927, 1009937, 1009951,
1009963, 1009991, 1009993, 1009997, 1010003, 1010033, 1010069,
1010081, 1010083, 1010129, 1010131, 1010143, 1010167, 1010179,
1010201, 1010203, 1010237, 1010263, 1010291, 1010297, 1010329,
1010353, 1010357, 1010381, 1010407, 1010411, 1010419, 1010423,
1010431, 1010461, 1010467, 1010473, 1010491, 1010501, 1010509,
1010519, 1010549, 1010567, 1010579, 1010617, 1010623, 1010627,
1010671, 1010683, 1010687, 1010717, 1010719, 1010747, 1010749,
1010753, 1010759, 1010767, 1010771, 1010783, 1010791, 1010797,
1010809, 1010833, 1010843, 1010861, 1010881, 1010897, 1010899,
1010903, 1010917, 1010929, 1010957, 1010981, 1010983, 1010993,
1011001, 1011013, 1011029, 1011037, 1011067, 1011071, 1011077,
1011079, 1011091, 1011107, 1011137, 1011139, 1011163, 1011167,
1011191, 1011217, 1011221, 1011229, 1011233, 1011239, 1011271,
1011277, 1011281, 1011289, 1011331, 1011343, 1011349, 1011359,
1011371, 1011377, 1011391, 1011397, 1011407, 1011431, 1011443,
1011509, 1011539, 1011553, 1011559, 1011583, 1011587, 1011589,
1011599, 1011601, 1011631, 1011641, 1011649, 1011667, 1011671,
1011677, 1011697, 1011719, 1011733, 1011737, 1011749, 1011763,
1011779, 1011797, 1011799, 1011817, 1011827, 1011889, 1011893,
1011917, 1011937, 1011943, 1011947, 1011961, 1011973, 1011979,
1012007, 1012009, 1012031, 1012043, 1012049, 1012079, 1012087,
1012093, 1012097, 1012103, 1012133, 1012147, 1012159, 1012171,

1012183, 1012189, 1012201, 1012213, 1012217, 1012229, 1012241,
1012259, 1012261, 1012267, 1012279, 1012289, 1012307, 1012321,
1012369, 1012373, 1012379, 1012397, 1012399, 1012411, 1012421,
1012423, 1012433, 1012439, 1012447, 1012457, 1012463, 1012481,
1012489, 1012507, 1012513, 1012519, 1012523, 1012547, 1012549,
1012559, 1012573, 1012591, 1012597, 1012601, 1012619, 1012631,
1012633, 1012637, 1012657, 1012663, 1012679, 1012691, 1012699,
1012703, 1012717, 1012721, 1012733, 1012751, 1012763, 1012769,
1012771, 1012789, 1012811, 1012829, 1012831, 1012861, 1012903,
1012919, 1012931, 1012967, 1012981, 1012993, 1012997, 1013003,
1013009, 1013029, 1013041, 1013053, 1013063, 1013143, 1013153,
1013197, 1013203, 1013227, 1013237, 1013239, 1013249, 1013263,
1013267, 1013279, 1013291, 1013321, 1013329, 1013377, 1013399,
1013401, 1013429, 1013431, 1013471, 1013477, 1013501, 1013503,
1013527, 1013531, 1013533, 1013563, 1013569, 1013581, 1013603,
1013609, 1013627, 1013629, 1013641, 1013671, 1013681, 1013687,
1013699, 1013711, 1013713, 1013717, 1013729, 1013741, 1013767,
1013773, 1013791, 1013813, 1013819, 1013827, 1013833, 1013839,
1013843, 1013851, 1013879, 1013891, 1013893, 1013899, 1013921,
1013923, 1013933, 1013993, 1014007, 1014029, 1014037, 1014061,
1014089, 1014113, 1014121, 1014127, 1014131, 1014137, 1014149,
1014157, 1014161, 1014173, 1014193, 1014197, 1014199, 1014229,
1014257, 1014259, 1014263, 1014287, 1014301, 1014317, 1014319,
1014331, 1014337, 1014341, 1014359, 1014361, 1014371, 1014389,
1014397, 1014451, 1014457, 1014469, 1014487, 1014493, 1014521,
1014539, 1014547, 1014557, 1014571, 1014593, 1014617, 1014631,
1014641, 1014649, 1014677, 1014697, 1014719, 1014721, 1014731,
1014743, 1014749, 1014763, 1014779, 1014787, 1014817, 1014821,
1014833, 1014863, 1014869, 1014877, 1014887, 1014889, 1014907,
1014941, 1014953, 1014973, 1014989, 1015009, 1015039, 1015043,
1015051, 1015057, 1015061, 1015067, 1015073, 1015081, 1015093,
1015097, 1015123, 1015127, 1015139, 1015159, 1015163, 1015171,
1015199, 1015207, 1015277, 1015309, 1015349, 1015361, 1015363,
1015367, 1015369, 1015403, 1015409, 1015423, 1015433, 1015451,
1015453, 1015459, 1015463, 1015471, 1015481, 1015499, 1015501,
1015507, 1015517, 1015523, 1015541, 1015549, 1015559, 1015561,
1015571, 1015601, 1015603, 1015627, 1015661, 1015691, 1015697,
1015709, 1015723, 1015727, 1015739, 1015747, 1015753, 1015769,
1015813, 1015823, 1015829, 1015843, 1015853, 1015871, 1015877,
1015891, 1015897, 1015907, 1015913, 1015919, 1015967, 1015981,
1015991, 1016009, 1016011, 1016023, 1016027, 1016033, 1016051,
1016053, 1016069, 1016083, 1016089, 1016111, 1016123, 1016137,
1016143, 1016153, 1016159, 1016173, 1016201, 1016203, 1016221,
1016227, 1016231, 1016237, 1016263, 1016303, 1016339, 1016341,
1016357, 1016359, 1016371, 1016399, 1016401, 1016419, 1016423,
1016441, 1016453, 1016489, 1016497, 1016527, 1016567, 1016569,
1016573, 1016581, 1016597, 1016599, 1016611, 1016621, 1016641,
1016663, 1016681, 1016689, 1016731, 1016737, 1016749, 1016773,

प्रथम सौ हजार अभाज्य संख्याएँ

1016777, 1016783, 1016789, 1016839, 1016843, 1016849, 1016879,
1016881, 1016891, 1016909, 1016921, 1016927, 1016929, 1016941,
1016947, 1016959, 1016971, 1017007, 1017011, 1017031, 1017041,
1017043, 1017061, 1017077, 1017097, 1017119, 1017131, 1017139,
1017157, 1017173, 1017179, 1017193, 1017199, 1017209, 1017227,
1017277, 1017293, 1017299, 1017301, 1017307, 1017311, 1017319,
1017323, 1017329, 1017347, 1017353, 1017361, 1017371, 1017377,
1017383, 1017391, 1017437, 1017439, 1017449, 1017473, 1017479,
1017481, 1017539, 1017551, 1017553, 1017559, 1017607, 1017613,
1017617, 1017623, 1017647, 1017649, 1017673, 1017683, 1017703,
1017713, 1017719, 1017721, 1017749, 1017781, 1017787, 1017799,
1017817, 1017827, 1017847, 1017851, 1017857, 1017859, 1017881,
1017889, 1017923, 1017953, 1017959, 1017997, 1018007, 1018019,
1018021, 1018057, 1018091, 1018097, 1018109, 1018123, 1018177,
1018201, 1018207, 1018217, 1018223, 1018247, 1018253, 1018271,
1018291, 1018301, 1018309, 1018313, 1018337, 1018357, 1018411,
1018421, 1018429, 1018439, 1018447, 1018471, 1018477, 1018489,
1018513, 1018543, 1018559, 1018583, 1018613, 1018621, 1018643,
1018649, 1018651, 1018669, 1018673, 1018679, 1018697, 1018709,
1018711, 1018729, 1018733, 1018763, 1018769, 1018777, 1018789,
1018807, 1018811, 1018813, 1018817, 1018859, 1018873, 1018879,
1018889, 1018903, 1018907, 1018931, 1018937, 1018949, 1018957,
1018967, 1018981, 1018987, 1018993, 1018999, 1019023, 1019033,
1019059, 1019069, 1019071, 1019077, 1019093, 1019119, 1019129,
1019173, 1019177, 1019197, 1019209, 1019237, 1019251, 1019257,
1019261, 1019267, 1019273, 1019281, 1019297, 1019329, 1019339,
1019351, 1019353, 1019357, 1019377, 1019399, 1019411, 1019413,
1019423, 1019443, 1019449, 1019453, 1019467, 1019471, 1019479,
1019503, 1019509, 1019531, 1019533, 1019537, 1019549, 1019563,
1019617, 1019639, 1019647, 1019657, 1019663, 1019687, 1019693,
1019699, 1019701, 1019713, 1019717, 1019723, 1019729, 1019731,
1019741, 1019747, 1019771, 1019783, 1019801, 1019819, 1019827,
1019839, 1019849, 1019857, 1019861, 1019873, 1019899, 1019903,
1019927, 1019971, 1020001, 1020007, 1020011, 1020013, 1020023,
1020037, 1020043, 1020049, 1020059, 1020077, 1020079, 1020101,
1020109, 1020113, 1020137, 1020143, 1020157, 1020163, 1020223,
1020233, 1020247, 1020259, 1020269, 1020293, 1020301, 1020329,
1020337, 1020353, 1020361, 1020379, 1020389, 1020401, 1020407,
1020413, 1020419, 1020431, 1020451, 1020457, 1020491, 1020517,
1020529, 1020541, 1020557, 1020583, 1020589, 1020599, 1020619,
1020631, 1020667, 1020683, 1020689, 1020707, 1020709, 1020743,
1020751, 1020757, 1020779, 1020797, 1020821, 1020823, 1020827,
1020839, 1020841, 1020847, 1020853, 1020881, 1020893, 1020907,
1020913, 1020931, 1020959, 1020961, 1020967, 1020973, 1020977,
1020979, 1020989, 1020991, 1020997, 1021001, 1021019, 1021043,
1021067, 1021073, 1021081, 1021087, 1021091, 1021093, 1021123,
1021127, 1021129, 1021157, 1021159, 1021183, 1021199, 1021217,
1021243, 1021253, 1021259, 1021261, 1021271, 1021283, 1021289,

प्रथम सौ हजार अभाज्य संख्याएँ

1021291, 1021297, 1021301, 1021303, 1021327, 1021331, 1021333,
1021367, 1021369, 1021373, 1021381, 1021387, 1021403, 1021417,
1021429, 1021441, 1021457, 1021463, 1021483, 1021487, 1021541,
1021561, 1021571, 1021577, 1021621, 1021627, 1021651, 1021661,
1021663, 1021673, 1021697, 1021711, 1021747, 1021753, 1021759,
1021777, 1021793, 1021799, 1021807, 1021831, 1021837, 1021849,
1021861, 1021879, 1021897, 1021907, 1021919, 1021961, 1021963,
1021973, 1022011, 1022017, 1022033, 1022053, 1022059, 1022071,
1022083, 1022113, 1022123, 1022129, 1022137, 1022141, 1022167,
1022179, 1022183, 1022191, 1022201, 1022209, 1022237, 1022243,
1022249, 1022251, 1022291, 1022303, 1022341, 1022377, 1022381,
1022383, 1022387, 1022389, 1022429, 1022443, 1022449, 1022467,
1022491, 1022501, 1022503, 1022507, 1022509, 1022513, 1022519,
1022531, 1022573, 1022591, 1022611, 1022629, 1022633, 1022639,
1022653, 1022677, 1022683, 1022689, 1022701, 1022719, 1022729,
1022761, 1022773, 1022797, 1022821, 1022837, 1022843, 1022849,
1022869, 1022881, 1022891, 1022899, 1022911, 1022929, 1022933,
1022963, 1022977, 1022981, 1023019, 1023037, 1023041, 1023047,
1023067, 1023079, 1023083, 1023101, 1023107, 1023133, 1023163,
1023167, 1023173, 1023199, 1023203, 1023221, 1023227, 1023229,
1023257, 1023259, 1023263, 1023277, 1023289, 1023299, 1023301,
1023311, 1023313, 1023317, 1023329, 1023353, 1023361, 1023367,
1023389, 1023391, 1023409, 1023413, 1023419, 1023461, 1023467,
1023487, 1023499, 1023521, 1023541, 1023551, 1023557, 1023571,
1023577, 1023601, 1023643, 1023653, 1023697, 1023719, 1023721,
1023731, 1023733, 1023751, 1023769, 1023821, 1023833, 1023839,
1023851, 1023857, 1023871, 1023941, 1023943, 1023947, 1023949,
1023973, 1023977, 1023991, 1024021, 1024031, 1024061, 1024073,
1024087, 1024091, 1024099, 1024103, 1024151, 1024159, 1024171,
1024183, 1024189, 1024207, 1024249, 1024277, 1024307, 1024313,
1024319, 1024321, 1024327, 1024337, 1024339, 1024357, 1024379,
1024391, 1024399, 1024411, 1024421, 1024427, 1024433, 1024477,
1024481, 1024511, 1024523, 1024547, 1024559, 1024577, 1024579,
1024589, 1024591, 1024609, 1024633, 1024663, 1024669, 1024693,
1024697, 1024703, 1024711, 1024721, 1024729, 1024757, 1024783,
1024799, 1024823, 1024843, 1024853, 1024871, 1024883, 1024901,
1024909, 1024921, 1024931, 1024939, 1024943, 1024951, 1024957,
1024963, 1024987, 1024997, 1025009, 1025021, 1025029, 1025039,
1025047, 1025081, 1025093, 1025099, 1025111, 1025113, 1025119,
1025137, 1025147, 1025149, 1025153, 1025161, 1025197, 1025203,
1025209, 1025231, 1025239, 1025257, 1025261, 1025267, 1025273,
1025279, 1025281, 1025303, 1025327, 1025333, 1025347, 1025351,
1025383, 1025393, 1025407, 1025413, 1025417, 1025419, 1025443,
1025459, 1025477, 1025483, 1025503, 1025509, 1025513, 1025537,
1025543, 1025551, 1025561, 1025579, 1025611, 1025621, 1025623,
1025641, 1025653, 1025659, 1025669, 1025693, 1025707, 1025741,
1025747, 1025749, 1025767, 1025789, 1025803, 1025807, 1025819,
1025839, 1025873, 1025887, 1025891, 1025897, 1025909, 1025911,

प्रथम सौ हजार अभाज्य संख्याएँ

1025917, 1025929, 1025939, 1025957, 1026029, 1026031, 1026037,
1026041, 1026043, 1026061, 1026073, 1026101, 1026119, 1026127,
1026139, 1026143, 1026167, 1026197, 1026199, 1026217, 1026227,
1026229, 1026251, 1026253, 1026257, 1026293, 1026299, 1026313,
1026331, 1026359, 1026371, 1026383, 1026391, 1026401, 1026407,
1026413, 1026427, 1026439, 1026449, 1026457, 1026479, 1026481,
1026521, 1026547, 1026563, 1026577, 1026581, 1026583, 1026587,
1026593, 1026661, 1026667, 1026673, 1026677, 1026679, 1026709,
1026733, 1026757, 1026761, 1026791, 1026799, 1026811, 1026829,
1026833, 1026847, 1026853, 1026859, 1026887, 1026899, 1026911,
1026913, 1026917, 1026941, 1026943, 1026947, 1026979, 1026989,
1027001, 1027003, 1027027, 1027031, 1027051, 1027067, 1027097,
1027127, 1027129, 1027139, 1027153, 1027163, 1027181, 1027189,
1027199, 1027207, 1027211, 1027223, 1027241, 1027261, 1027277,
1027289, 1027319, 1027321, 1027331, 1027357, 1027391, 1027409,
1027417, 1027421, 1027427, 1027459, 1027471, 1027483, 1027487,
1027489, 1027493, 1027519, 1027547, 1027549, 1027567, 1027591,
1027597, 1027613, 1027643, 1027679, 1027687, 1027693, 1027703,
1027717, 1027727, 1027739, 1027751, 1027753, 1027757, 1027759,
1027777, 1027783, 1027787, 1027799, 1027841, 1027853, 1027883,
1027891, 1027931, 1027969, 1027987, 1028003, 1028011, 1028017,
1028023, 1028029, 1028047, 1028051, 1028063, 1028081, 1028089,
1028099, 1028101, 1028107, 1028113, 1028117, 1028129, 1028141,
1028149, 1028189, 1028191, 1028201, 1028207, 1028213, 1028221,
1028231, 1028243, 1028263, 1028273, 1028303, 1028309, 1028317,
1028327, 1028329, 1028333, 1028389, 1028393, 1028411, 1028437,
1028471, 1028473, 1028479, 1028509, 1028557, 1028561, 1028569,
1028579, 1028581, 1028597, 1028617, 1028647, 1028663, 1028669,
1028681, 1028683, 1028737, 1028747, 1028749, 1028761, 1028773,
1028777, 1028803, 1028809, 1028837, 1028843, 1028873, 1028893,
1028903, 1028939, 1028941, 1028953, 1028957, 1028969, 1028981,
1028999, 1029001, 1029013, 1029023, 1029037, 1029103, 1029109,
1029113, 1029139, 1029151, 1029157, 1029167, 1029179, 1029191,
1029199, 1029209, 1029247, 1029251, 1029263, 1029277, 1029289,
1029307, 1029323, 1029331, 1029337, 1029341, 1029349, 1029359,
1029361, 1029383, 1029403, 1029407, 1029409, 1029433, 1029467,
1029473, 1029481, 1029487, 1029499, 1029517, 1029521, 1029527,
1029533, 1029547, 1029563, 1029569, 1029577, 1029583, 1029593,
1029601, 1029617, 1029643, 1029647, 1029653, 1029689, 1029697,
1029731, 1029751, 1029757, 1029767, 1029803, 1029823, 1029827,
1029839, 1029841, 1029859, 1029881, 1029883, 1029907, 1029929,
1029937, 1029943, 1029953, 1029967, 1029983, 1029989, 1030019,
1030021, 1030027, 1030031, 1030033, 1030039, 1030049, 1030061,
1030067, 1030069, 1030091, 1030111, 1030121, 1030153, 1030157,
1030181, 1030201, 1030213, 1030219, 1030241, 1030247, 1030291,
1030297, 1030307, 1030349, 1030357, 1030361, 1030369, 1030411,
1030417, 1030429, 1030439, 1030441, 1030451, 1030493, 1030511,
1030529, 1030537, 1030543, 1030571, 1030583, 1030619, 1030637,

प्रथम सौ हजार अभाज्य संख्याएँ

1030639, 1030643, 1030681, 1030703, 1030723, 1030739, 1030741,
1030751, 1030759, 1030763, 1030787, 1030793, 1030801, 1030811,
1030817, 1030823, 1030831, 1030847, 1030867, 1030873, 1030889,
1030919, 1030933, 1030949, 1030951, 1030957, 1030987, 1030993,
1031003, 1031047, 1031053, 1031057, 1031081, 1031117, 1031119,
1031137, 1031141, 1031161, 1031189, 1031231, 1031267, 1031279,
1031281, 1031291, 1031299, 1031309, 1031323, 1031347, 1031357,
1031399, 1031411, 1031413, 1031423, 1031431, 1031447, 1031461,
1031477, 1031479, 1031483, 1031489, 1031507, 1031521, 1031531,
1031533, 1031549, 1031561, 1031593, 1031609, 1031623, 1031629,
1031633, 1031669, 1031677, 1031707, 1031717, 1031729, 1031731,
1031741, 1031753, 1031759, 1031761, 1031809, 1031813, 1031831,
1031837, 1031869, 1031911, 1031923, 1031981, 1031999, 1032007,
1032047, 1032049, 1032067, 1032071, 1032107, 1032131, 1032151,
1032191, 1032193, 1032211, 1032221, 1032233, 1032259, 1032287,
1032299, 1032307, 1032319, 1032329, 1032341, 1032347, 1032349,
1032373, 1032377, 1032391, 1032397, 1032407, 1032419, 1032433,
1032457, 1032463, 1032467, 1032491, 1032497, 1032509, 1032511,
1032527, 1032541, 1032571, 1032583, 1032601, 1032607, 1032613,
1032617, 1032643, 1032649, 1032679, 1032683, 1032697, 1032701,
1032709, 1032721, 1032727, 1032739, 1032751, 1032763, 1032793,
1032799, 1032803, 1032833, 1032839, 1032841, 1032847, 1032851,
1032853, 1032881, 1032887, 1032901, 1032943, 1032949, 1032959,
1032961, 1033001, 1033007, 1033027, 1033033, 1033037, 1033057,
1033061, 1033063, 1033069, 1033079, 1033099, 1033127, 1033139,
1033171, 1033181, 1033189, 1033223, 1033271, 1033273, 1033289,
1033297, 1033303, 1033309, 1033313, 1033337, 1033339, 1033343,
1033349, 1033363, 1033369, 1033381, 1033387, 1033393, 1033421,
1033423, 1033427, 1033441, 1033451, 1033457, 1033463, 1033469,
1033489, 1033493, 1033499, 1033507, 1033517, 1033537, 1033541,
1033559, 1033567, 1033601, 1033603, 1033631, 1033661, 1033663,
1033667, 1033679, 1033687, 1033693, 1033741, 1033751, 1033759,
1033777, 1033783, 1033789, 1033793, 1033801, 1033807, 1033829,
1033841, 1033843, 1033867, 1033927, 1033951, 1033987, 1034003,
1034009, 1034027, 1034029, 1034069, 1034071, 1034101, 1034119,
1034123, 1034147, 1034167, 1034171, 1034177, 1034183, 1034197,
1034207, 1034219, 1034221, 1034233, 1034237, 1034239, 1034249,
1034251, 1034281, 1034309, 1034317, 1034323, 1034339, 1034353,
1034357, 1034359, 1034381, 1034387, 1034419, 1034443, 1034461,
1034477, 1034479, 1034489, 1034491, 1034503, 1034513, 1034549,
1034567, 1034581, 1034591, 1034597, 1034599, 1034617, 1034639,
1034651, 1034653, 1034659, 1034707, 1034729, 1034731, 1034767,
1034771, 1034783, 1034791, 1034809, 1034827, 1034833, 1034837,
1034849, 1034857, 1034861, 1034863, 1034867, 1034879, 1034903,
1034941, 1034951, 1034953, 1034959, 1034983, 1034989, 1034993,
1035007, 1035019, 1035043, 1035061, 1035077, 1035107, 1035131,
1035163, 1035187, 1035191, 1035197, 1035211, 1035241, 1035247,
1035257, 1035263, 1035277, 1035301, 1035313, 1035323, 1035341,

प्रथम सौ हजार अभाज्य संख्याएँ

1035343, 1035361, 1035379, 1035383, 1035403, 1035409, 1035413,
1035427, 1035449, 1035451, 1035467, 1035469, 1035473, 1035479,
1035499, 1035527, 1035533, 1035547, 1035563, 1035571, 1035581,
1035599, 1035607, 1035613, 1035631, 1035637, 1035641, 1035649,
1035659, 1035707, 1035733, 1035743, 1035761, 1035763, 1035781,
1035791, 1035829, 1035869, 1035893, 1035917, 1035949, 1035953,
1035959, 1035973, 1035977, 1036001, 1036003, 1036027, 1036039,
1036067, 1036069, 1036073, 1036093, 1036109, 1036117, 1036121,
1036129, 1036153, 1036163, 1036183, 1036213, 1036223, 1036229,
1036247, 1036249, 1036253, 1036261, 1036267, 1036271, 1036291,
1036297, 1036307, 1036319, 1036327, 1036331, 1036339, 1036349,
1036351, 1036363, 1036367, 1036369, 1036391, 1036411, 1036459,
1036471, 1036493, 1036499, 1036513, 1036531, 1036537, 1036561,
1036579, 1036613, 1036619, 1036631, 1036649, 1036661, 1036667,
1036669, 1036681, 1036729, 1036747, 1036751, 1036757, 1036759,
1036769, 1036787, 1036793, 1036799, 1036829, 1036831, 1036853,
1036873, 1036877, 1036883, 1036913, 1036921, 1036943, 1036951,
1036957, 1036979, 1036991, 1036993, 1037041, 1037053, 1037059,
1037081, 1037087, 1037089, 1037123, 1037129, 1037137, 1037143,
1037213, 1037233, 1037249, 1037261, 1037273, 1037293, 1037297,
1037303, 1037317, 1037327, 1037329, 1037339, 1037347, 1037401,
1037411, 1037437, 1037441, 1037447, 1037471, 1037479, 1037489,
1037497, 1037503, 1037537, 1037557, 1037563, 1037567, 1037593,
1037611, 1037627, 1037653, 1037657, 1037677, 1037681, 1037683,
1037741, 1037747, 1037753, 1037759, 1037767, 1037791, 1037801,
1037819, 1037831, 1037857, 1037873, 1037879, 1037893, 1037903,
1037917, 1037929, 1037941, 1037957, 1037963, 1037983, 1038001,
1038017, 1038019, 1038029, 1038041, 1038043, 1038047, 1038073,
1038077, 1038119, 1038127, 1038143, 1038157, 1038187, 1038199,
1038203, 1038209, 1038211, 1038227, 1038251, 1038253, 1038259,
1038263, 1038269, 1038307, 1038311, 1038319, 1038329, 1038337,
1038383, 1038391, 1038409, 1038421, 1038449, 1038463, 1038487,
1038497, 1038503, 1038523, 1038529, 1038539, 1038563, 1038589,
1038599, 1038601, 1038617, 1038619, 1038623, 1038629, 1038637,
1038643, 1038671, 1038689, 1038691, 1038707, 1038721, 1038727,
1038731, 1038757, 1038797, 1038803, 1038811, 1038823, 1038827,
1038833, 1038881, 1038913, 1038937, 1038941, 1038953, 1039001,
1039007, 1039021, 1039033, 1039037, 1039039, 1039043, 1039067,
1039069, 1039081, 1039109, 1039111, 1039127, 1039139, 1039153,
1039169, 1039187, 1039229, 1039249, 1039279, 1039289, 1039307,
1039321, 1039327, 1039343, 1039349, 1039351, 1039387, 1039421,
1039427, 1039429, 1039463, 1039469, 1039477, 1039481, 1039513,
1039517, 1039537, 1039543, 1039553, 1039603, 1039607, 1039631,
1039651, 1039657, 1039667, 1039681, 1039733, 1039763, 1039769,
1039789, 1039799, 1039817, 1039823, 1039837, 1039891, 1039897,
1039901, 1039921, 1039931, 1039943, 1039949, 1039979, 1039999,
1040021, 1040029, 1040051, 1040057, 1040059, 1040069, 1040071,
1040089, 1040093, 1040101, 1040113, 1040119, 1040141, 1040153,

1040159, 1040161, 1040167, 1040183, 1040189, 1040191, 1040203,
1040219, 1040227, 1040311, 1040327, 1040339, 1040353, 1040371,
1040381, 1040387, 1040407, 1040411, 1040419, 1040447, 1040449,
1040483, 1040489, 1040503, 1040521, 1040531, 1040563, 1040579,
1040581, 1040597, 1040629, 1040651, 1040657, 1040659, 1040671,
1040717, 1040731, 1040747, 1040749, 1040771, 1040777, 1040779,
1040783, 1040797, 1040803, 1040807, 1040813, 1040821, 1040827,
1040833, 1040857, 1040861, 1040873, 1040881, 1040891, 1040899,
1040929, 1040939, 1040947, 1040951, 1040959, 1040981, 1040989,
1041041, 1041077, 1041083, 1041091, 1041109, 1041119, 1041121,
1041127, 1041137, 1041149, 1041151, 1041163, 1041167, 1041169,
1041203, 1041221, 1041223, 1041239, 1041241, 1041253, 1041269,
1041281, 1041283, 1041289, 1041307, 1041311, 1041317, 1041329,
1041343, 1041349, 1041373, 1041421, 1041427, 1041449, 1041451,
1041461, 1041497, 1041511, 1041517, 1041529, 1041553, 1041559,
1041563, 1041571, 1041577, 1041583, 1041617, 1041619, 1041643,
1041653, 1041671, 1041673, 1041701, 1041731, 1041737, 1041757,
1041779, 1041787, 1041793, 1041823, 1041829, 1041841, 1041853,
1041857, 1041863, 1041869, 1041889, 1041893, 1041907, 1041919,
1041949, 1041961, 1041983, 1041991, 1042001, 1042021, 1042039,
1042043, 1042081, 1042087, 1042091, 1042099, 1042103, 1042109,
1042121, 1042123, 1042133, 1042141, 1042183, 1042187, 1042193,
1042211, 1042241, 1042243, 1042259, 1042267, 1042271, 1042273,
1042309, 1042331, 1042333, 1042357, 1042369, 1042373, 1042381,
1042399, 1042427, 1042439, 1042451, 1042469, 1042487, 1042519,
1042523, 1042529, 1042571, 1042577, 1042583, 1042597, 1042607,
1042609, 1042619, 1042631, 1042633, 1042681, 1042687, 1042693,
1042703, 1042709, 1042733, 1042759, 1042781, 1042799, 1042819,
1042829, 1042837, 1042849, 1042861, 1042897, 1042901, 1042903,
1042931, 1042949, 1042961, 1042997, 1043011, 1043023, 1043047,
1043083, 1043089, 1043111, 1043113, 1043117, 1043131, 1043167,
1043173, 1043177, 1043183, 1043191, 1043201, 1043209, 1043213,
1043221, 1043279, 1043291, 1043293, 1043299, 1043311, 1043323,
1043351, 1043369, 1043377, 1043401, 1043453, 1043467, 1043479,
1043489, 1043501, 1043513, 1043521, 1043531, 1043543, 1043557,
1043587, 1043591, 1043593, 1043597, 1043599, 1043617, 1043639,
1043657, 1043663, 1043683, 1043701, 1043723, 1043743, 1043747,
1043753, 1043759, 1043761, 1043767, 1043773, 1043831, 1043837,
1043839, 1043843, 1043849, 1043857, 1043869, 1043873, 1043897,
1043899, 1043921, 1043923, 1043929, 1043951, 1043969, 1043981,
1044019, 1044023, 1044041, 1044053, 1044079, 1044091, 1044097,
1044133, 1044139, 1044149, 1044161, 1044167, 1044179, 1044181,
1044187, 1044193, 1044209, 1044217, 1044227, 1044247, 1044257,
1044271, 1044283, 1044287, 1044289, 1044299, 1044343, 1044347,
1044353, 1044367, 1044371, 1044383, 1044391, 1044397, 1044409,
1044437, 1044443, 1044451, 1044457, 1044479, 1044509, 1044517,
1044529, 1044559, 1044569, 1044583, 1044587, 1044613, 1044619,
1044629, 1044653, 1044689, 1044697, 1044727, 1044733, 1044737,

प्रथम सौ हजार अभाज्य संख्याएँ

1044739, 1044749, 1044751, 1044761, 1044767, 1044779, 1044781,
1044809, 1044811, 1044833, 1044839, 1044847, 1044851, 1044859,
1044877, 1044889, 1044893, 1044931, 1044941, 1044971, 1044997,
1045003, 1045013, 1045021, 1045027, 1045043, 1045061, 1045063,
1045081, 1045111, 1045117, 1045123, 1045129, 1045151, 1045153,
1045157, 1045183, 1045193, 1045199, 1045223, 1045229, 1045237,
1045241, 1045273, 1045277, 1045307, 1045309, 1045321, 1045349,
1045367, 1045391, 1045393, 1045397, 1045409, 1045411, 1045423,
1045427, 1045469, 1045487, 1045493, 1045507, 1045523, 1045529,
1045543, 1045547, 1045549, 1045559, 1045571, 1045573, 1045607,
1045621, 1045633, 1045643, 1045651, 1045663, 1045679, 1045691,
1045727, 1045729, 1045739, 1045763, 1045799, 1045801, 1045819,
1045829, 1045841, 1045859, 1045903, 1045907, 1045963, 1045981,
1045987, 1045997, 1046029, 1046047, 1046051, 1046053, 1046069,
1046077, 1046081, 1046113, 1046119, 1046179, 1046183, 1046189,
1046191, 1046203, 1046207, 1046237, 1046239, 1046257, 1046263,
1046329, 1046347, 1046351, 1046369, 1046371, 1046389, 1046393,
1046399, 1046413, 1046447, 1046449, 1046459, 1046497, 1046519,
1046527, 1046557, 1046579, 1046587, 1046597, 1046599, 1046627,
1046641, 1046657, 1046659, 1046677, 1046681, 1046687, 1046701,
1046711, 1046779, 1046791, 1046797, 1046807, 1046827, 1046833,
1046849, 1046863, 1046867, 1046897, 1046917, 1046933, 1046951,
1046959, 1046977, 1046993, 1046999, 1047031, 1047041, 1047043,
1047061, 1047077, 1047089, 1047097, 1047107, 1047119, 1047127,
1047131, 1047133, 1047139, 1047157, 1047173, 1047197, 1047199,
1047229, 1047239, 1047247, 1047271, 1047281, 1047283, 1047289,
1047307, 1047311, 1047313, 1047317, 1047323, 1047341, 1047367,
1047373, 1047379, 1047391, 1047419, 1047467, 1047469, 1047479,
1047491, 1047499, 1047511, 1047533, 1047539, 1047551, 1047559,
1047587, 1047589, 1047647, 1047649, 1047653, 1047667, 1047671,
1047689, 1047691, 1047701, 1047703, 1047713, 1047721, 1047737,
1047751, 1047763, 1047773, 1047779, 1047821, 1047833, 1047841,
1047859, 1047881, 1047883, 1047887, 1047923, 1047929, 1047941,
1047961, 1047971, 1047979, 1047989, 1047997, 1048007, 1048009,
1048013, 1048027, 1048043, 1048049, 1048051, 1048063, 1048123,
1048127, 1048129, 1048139, 1048189, 1048193, 1048213, 1048217,
1048219, 1048261, 1048273, 1048291, 1048309, 1048343, 1048357,
1048361, 1048367, 1048387, 1048391, 1048423, 1048433, 1048447,
1048507, 1048517, 1048549, 1048559, 1048571, 1048573, 1048583,
1048589, 1048601, 1048609, 1048613, 1048627, 1048633, 1048661,
1048681, 1048703, 1048709, 1048717, 1048721, 1048759, 1048783,
1048793, 1048799, 1048807, 1048829, 1048837, 1048847, 1048867,
1048877, 1048889, 1048891, 1048897, 1048909, 1048919, 1048963,
1048991, 1049011, 1049023, 1049039, 1049051, 1049057, 1049063,
1049077, 1049089, 1049093, 1049101, 1049117, 1049129, 1049131,
1049137, 1049141, 1049143, 1049171, 1049173, 1049177, 1049183,
1049201, 1049219, 1049227, 1049239, 1049263, 1049281, 1049297,
1049333, 1049339, 1049387, 1049413, 1049429, 1049437, 1049459,

प्रथम सौ हजार अभाज्य संख्याएँ

```
1049471,  1049473,  1049479,  1049483,  1049497,  1049509,  1049519,
1049527,  1049533,  1049537,  1049549,  1049569,  1049599,  1049603,
1049611,  1049623,  1049639,  1049663,  1049677,  1049681,  1049683,
1049687,  1049707,  1049717,  1049747,  1049773,  1049791,  1049809,
1049821,  1049827,  1049833,  1049837,  1049843,  1049849,  1049857,
1049861,  1049863,  1049891,  1049897,  1049899,  1049941,  1049953,
1049963,  1049977,  1049999,  1050011,  1050013,  1050031,  1050041,
1050053,  1050079,  1050083,  1050139,  1050151,  1050167,  1050169,
1050191,  1050197,  1050229,  1050233,  1050239,  1050241,  1050253,
1050281,  1050307,  1050317,  1050323,  1050331,  1050337,  1050349,
1050367,  1050391,  1050421,  1050431,  1050437,  1050449,  1050451,
1050457,  1050473,  1050503,  1050509,  1050523,  1050563,  1050593,
1050611,  1050631,  1050713,  1050727,  1050733,  1050737,  1050739,
1050743,  1050769,  1050773,  1050781,  1050811,  1050817,  1050851,
1050853,  1050887,  1050899,  1050901,  1050913,  1050949,  1050961,
1050977,  1050997,  1051003,  1051007,  1051009,  1051019,  1051027,
1051051,  1051069,  1051079,  1051081,  1051139,  1051147,  1051151,
1051153,  1051157,  1051177,  1051181,  1051247,  1051277,  1051283,
1051291,  1051301,  1051313,  1051319,  1051333,  1051373,  1051397,
1051409,  1051417,  1051423,  1051459,  1051469,  1051471,  1051481,
1051499,  1051507,  1051543,  1051549,  1051553,  1051559,  1051571,
1051591,  1051601,  1051607,  1051619,  1051621,  1051639,  1051643,
1051649,  1051663,  1051697,  1051709,  1051717,  1051747,  1051759,
1051763,  1051781,  1051789,  1051811,  1051819,  1051829,  1051847,
1051849,  1051879,  1051889,  1051903,  1051913,  1051927,  1051949,
1051957,  1051961,  1051979,  1051987,  1051991,  1052027,  1052039,
1052041,  1052063,  1052083,  1052099,  1052111,  1052119,  1052137,
1052141,  1052179,  1052197,  1052203,  1052221,  1052231,  1052237,
1052269,  1052279,  1052281,  1052287,  1052299,  1052309,  1052321,
1052327,  1052329,  1052333,  1052413,  1052417,  1052431,  1052437,
1052459,  1052473,  1052479,  1052489,  1052531,  1052533,  1052537,
1052551,  1052561,  1052563,  1052567,  1052573,  1052609,  1052629,
1052663,  1052693,  1052707,  1052719,  1052731,  1052743,  1052747,
1052767,  1052797,  1052801,  1052803,  1052813,  1052819,  1052851,
1052873,  1052881,  1052893,  1052897,  1052899,  1052939,  1052971,
1052981,  1052993,  1053007,  1053029,  1053061,  1053067,  1053071,
1053079,  1053083,  1053089,  1053097,  1053103,  1053179,  1053181,
1053191,  1053197,  1053233,  1053257,  1053259,  1053263,  1053271,
1053293,  1053301,  1053319,  1053347,  1053361,  1053383,  1053401,
1053407,  1053421,  1053449,  1053461,  1053467,  1053487,  1053491,
1053497,  1053509,  1053511,  1053529,  1053539,  1053551,  1053557,
1053571,  1053581,  1053583,  1053589,  1053593,  1053617,  1053691,
1053697,  1053707,  1053713,  1053727,  1053737,  1053739,  1053749,
1053757,  1053769,  1053809,  1053817,  1053821,  1053827,  1053863,
1053953,  1053959,  1053967,  1053971,  1053989,  1053991,  1054003,
1054007,  1054013,  1054033,  1054043,  1054049,  1054061,  1054073,
1054091,  1054133,  1054169,  1054171,  1054181,  1054189,  1054199,
1054201,  1054213,  1054219,  1054243,  1054247,  1054259,  1054267,
```

प्रथम सौ हजार अभाज्य संख्याएँ

1054301, 1054303, 1054309, 1054321, 1054327, 1054331, 1054337,
1054363, 1054369, 1054373, 1054381, 1054393, 1054423, 1054429,
1054439, 1054441, 1054457, 1054477, 1054483, 1054517, 1054523,
1054531, 1054549, 1054577, 1054583, 1054597, 1054607, 1054609,
1054621, 1054639, 1054649, 1054667, 1054673, 1054679, 1054717,
1054721, 1054723, 1054733, 1054769, 1054813, 1054819, 1054831,
1054843, 1054853, 1054903, 1054909, 1054927, 1054931, 1054951,
1054957, 1054993, 1055017, 1055039, 1055057, 1055063, 1055077,
1055083, 1055113, 1055137, 1055141, 1055143, 1055167, 1055189,
1055191, 1055231, 1055233, 1055251, 1055261, 1055267, 1055269,
1055303, 1055321, 1055347, 1055359, 1055363, 1055371, 1055387,
1055399, 1055407, 1055413, 1055423, 1055429, 1055437, 1055471,
1055489, 1055501, 1055503, 1055531, 1055543, 1055567, 1055591,
1055597, 1055603, 1055609, 1055611, 1055671, 1055689, 1055713,
1055731, 1055737, 1055741, 1055771, 1055783, 1055801, 1055809,
1055827, 1055839, 1055851, 1055863, 1055867, 1055881, 1055893,
1055897, 1055911, 1055917, 1055933, 1055939, 1055947, 1055959,
1055969, 1055981, 1056007, 1056019, 1056047, 1056049, 1056053,
1056061, 1056071, 1056073, 1056089, 1056109, 1056113, 1056149,
1056161, 1056169, 1056173, 1056179, 1056203, 1056217, 1056241,
1056247, 1056269, 1056271, 1056281, 1056287, 1056311, 1056317,
1056323, 1056347, 1056353, 1056361, 1056371, 1056373, 1056379,
1056401, 1056443, 1056463, 1056469, 1056479, 1056481, 1056493,
1056509, 1056521, 1056541, 1056563, 1056569, 1056577, 1056589,
1056599, 1056613, 1056617, 1056623, 1056641, 1056659, 1056667,
1056707, 1056719, 1056721, 1056739, 1056773, 1056779, 1056793,
1056823, 1056829, 1056833, 1056863, 1056871, 1056893, 1056911,
1056917, 1056929, 1056949, 1056959, 1056971, 1057003, 1057013,
1057019, 1057033, 1057037, 1057051, 1057087, 1057093, 1057117,
1057129, 1057157, 1057163, 1057181, 1057183, 1057219, 1057223,
1057237, 1057249, 1057271, 1057279, 1057291, 1057307, 1057361,
1057367, 1057387, 1057391, 1057393, 1057411, 1057421, 1057477,
1057487, 1057489, 1057493, 1057531, 1057541, 1057561, 1057577,
1057579, 1057603, 1057607, 1057613, 1057631, 1057633, 1057643,
1057657, 1057663, 1057681, 1057699, 1057703, 1057739, 1057741,
1057753, 1057781, 1057807, 1057831, 1057853, 1057879, 1057883,
1057897, 1057907, 1057919, 1057951, 1057957, 1057963, 1057981,
1057993, 1058009, 1058011, 1058021, 1058027, 1058041, 1058059,
1058077, 1058093, 1058107, 1058117, 1058143, 1058147, 1058149,
1058153, 1058171, 1058179, 1058203, 1058221, 1058227, 1058249,
1058257, 1058263, 1058287, 1058303, 1058329, 1058339, 1058341,
1058353, 1058377, 1058381, 1058383, 1058389, 1058419, 1058423,
1058443, 1058461, 1058479, 1058489, 1058503, 1058507, 1058543,
1058549, 1058567, 1058591, 1058593, 1058597, 1058627, 1058639,
1058653, 1058657, 1058663, 1058671, 1058677, 1058683, 1058693,
1058711, 1058723, 1058731, 1058747, 1058749, 1058753, 1058767,
1058773, 1058779, 1058791, 1058803, 1058807, 1058809, 1058821,
1058839, 1058861, 1058891, 1058921, 1058951, 1058983, 1058999,

प्रथम सौ हजार अभाज्य संख्याएँ

1059001, 1059007, 1059017, 1059029, 1059059, 1059061, 1059067,
1059073, 1059077, 1059103, 1059119, 1059131, 1059137, 1059161,
1059169, 1059181, 1059197, 1059209, 1059217, 1059221, 1059251,
1059257, 1059259, 1059263, 1059271, 1059293, 1059299, 1059313,
1059323, 1059343, 1059349, 1059413, 1059419, 1059433, 1059437,
1059439, 1059467, 1059479, 1059503, 1059511, 1059517, 1059547,
1059557, 1059571, 1059599, 1059613, 1059637, 1059647, 1059671,
1059683, 1059697, 1059701, 1059703, 1059713, 1059733, 1059743,
1059749, 1059757, 1059769, 1059787, 1059823, 1059833, 1059847,
1059857, 1059871, 1059889, 1059893, 1059923, 1059931, 1059937,
1059941, 1060009, 1060019, 1060021, 1060039, 1060043, 1060051,
1060061, 1060091, 1060097, 1060123, 1060133, 1060151, 1060177,
1060187, 1060201, 1060207, 1060223, 1060229, 1060237, 1060249,
1060253, 1060271, 1060303, 1060313, 1060321, 1060343, 1060349,
1060351, 1060357, 1060361, 1060373, 1060379, 1060391, 1060393,
1060403, 1060421, 1060427, 1060441, 1060453, 1060463, 1060469,
1060481, 1060487, 1060513, 1060519, 1060529, 1060567, 1060571,
1060573, 1060589, 1060597, 1060621, 1060673, 1060687, 1060721,
1060723, 1060739, 1060747, 1060769, 1060777, 1060781, 1060861,
1060867, 1060883, 1060937, 1060949, 1060963, 1060981, 1060991,
1060993, 1061033, 1061057, 1061069, 1061087, 1061101, 1061107,
1061117, 1061129, 1061141, 1061143, 1061149, 1061171, 1061189,
1061227, 1061251, 1061261, 1061273, 1061279, 1061287, 1061297,
1061311, 1061317, 1061323, 1061353, 1061363, 1061377, 1061393,
1061407, 1061413, 1061441, 1061453, 1061483, 1061509, 1061513,
1061527, 1061561, 1061569, 1061573, 1061591, 1061597, 1061609,
1061617, 1061623, 1061629, 1061647, 1061651, 1061677, 1061689,
1061699, 1061707, 1061717, 1061729, 1061737, 1061759, 1061771,
1061773, 1061779, 1061783, 1061807, 1061831, 1061849, 1061867,
1061869, 1061881, 1061897, 1061903, 1061909, 1061911, 1061917,
1061959, 1061969, 1061993, 1062001, 1062013, 1062031, 1062073,
1062107, 1062121, 1062169, 1062197, 1062203, 1062251, 1062253,
1062263, 1062293, 1062311, 1062343, 1062349, 1062361, 1062367,
1062379, 1062407, 1062409, 1062427, 1062443, 1062469, 1062497,
1062511, 1062521, 1062547, 1062557, 1062563, 1062599, 1062601,
1062643, 1062671, 1062673, 1062683, 1062697, 1062701, 1062707,
1062731, 1062779, 1062781, 1062793, 1062797, 1062827, 1062847,
1062869, 1062871, 1062877, 1062881, 1062907, 1062911, 1062913,
1062931, 1062947, 1062949, 1062977, 1062979, 1062989, 1063001,
1063009, 1063019, 1063033, 1063039, 1063043, 1063067, 1063079,
1063087, 1063109, 1063123, 1063151, 1063157, 1063159, 1063177,
1063189, 1063193, 1063201, 1063213, 1063219, 1063241, 1063243,
1063273, 1063303, 1063319, 1063351, 1063379, 1063397, 1063399,
1063409, 1063427, 1063441, 1063453, 1063457, 1063463, 1063471,
1063477, 1063483, 1063501, 1063523, 1063529, 1063541, 1063547,
1063553, 1063561, 1063597, 1063609, 1063613, 1063619, 1063627,
1063637, 1063649, 1063661, 1063693, 1063709, 1063721, 1063729,
1063739, 1063747, 1063757, 1063771, 1063781, 1063813, 1063823,

प्रथम सौ हजार अभाज्य संख्याएँ

```
1063831,  1063837,  1063847,  1063849,  1063871,  1063873,  1063891,
1063897,  1063903,  1063913,  1063919,  1063921,  1063927,  1063961,
1063963,  1063967,  1063969,  1063973,  1063987,  1063999,  1064017,
1064029,  1064059,  1064069,  1064087,  1064117,  1064131,  1064153,
1064159,  1064177,  1064179,  1064191,  1064197,  1064201,  1064243,
1064257,  1064263,  1064269,  1064281,  1064311,  1064317,  1064321,
1064333,  1064339,  1064341,  1064359,  1064377,  1064383,  1064407,
1064411,  1064431,  1064467,  1064471,  1064473,  1064477,  1064507,
1064519,  1064521,  1064533,  1064549,  1064587,  1064593,  1064629,
1064653,  1064669,  1064671,  1064681,  1064689,  1064699,  1064731,
1064737,  1064743,  1064753,  1064771,  1064783,  1064801,  1064813,
1064867,  1064873,  1064911,  1064927,  1064933,  1064939,  1064941,
1064951,  1064953,  1064957,  1064977,  1064989,  1065011,  1065013,
1065017,  1065019,  1065037,  1065041,  1065047,  1065059,  1065073,
1065089,  1065091,  1065109,  1065131,  1065133,  1065137,  1065173,
1065209,  1065217,  1065263,  1065269,  1065277,  1065283,  1065307,
1065313,  1065319,  1065331,  1065343,  1065347,  1065391,  1065409,
1065433,  1065469,  1065479,  1065503,  1065511,  1065523,  1065527,
1065529,  1065557,  1065569,  1065593,  1065601,  1065629,  1065643,
1065667,  1065677,  1065683,  1065689,  1065697,  1065709,  1065733,
1065763,  1065773,  1065787,  1065791,  1065809,  1065817,  1065821,
1065829,  1065839,  1065847,  1065851,  1065887,  1065893,  1065899,
1065901,  1065937,  1065941,  1065949,  1065973,  1065979,  1066001,
1066031,  1066049,  1066063,  1066067,  1066111,  1066133,  1066139,
1066141,  1066157,  1066159,  1066217,  1066231,  1066237,  1066253,
1066267,  1066279,  1066283,  1066297,  1066313,  1066319,  1066327,
1066333,  1066339,  1066343,  1066367,  1066379,  1066399,  1066409,
1066411,  1066423,  1066433,  1066447,  1066511,  1066517,  1066523,
1066531,  1066553,  1066561,  1066567,  1066577,  1066619,  1066621,
1066643,  1066651,  1066669,  1066687,  1066693,  1066721,  1066729,
1066753,  1066757,  1066777,  1066789,  1066811,  1066817,  1066847,
1066859,  1066867,  1066883,  1066889,  1066909,  1066913,  1066931,
1066973,  1066979,  1066981,  1066987,  1066999,  1067009,  1067023,
1067029,  1067047,  1067057,  1067063,  1067069,  1067083,  1067137,
1067147,  1067159,  1067167,  1067179,  1067203,  1067207,  1067221,
1067239,  1067263,  1067293,  1067327,  1067329,  1067347,  1067351,
1067359,  1067371,  1067383,  1067387,  1067411,  1067441,  1067459,
1067467,  1067471,  1067489,  1067491,  1067497,  1067509,  1067537,
1067551,  1067557,  1067567,  1067569,  1067593,  1067597,  1067611,
1067621,  1067639,  1067653,  1067669,  1067687,  1067701,  1067707,
1067711,  1067741,  1067747,  1067749,  1067761,  1067767,  1067777,
1067789,  1067797,  1067831,  1067837,  1067849,  1067851,  1067879,
1067893,  1067903,  1067909,  1067921,  1067939,  1067951,  1067987,
1067999,  1068019,  1068037,  1068061,  1068083,  1068101,  1068103,
1068107,  1068113,  1068131,  1068149,  1068191,  1068203,  1068217,
1068233,  1068241,  1068247,  1068251,  1068253,  1068257,  1068259,
1068271,  1068307,  1068311,  1068323,  1068329,  1068343,  1068367,
1068371,  1068377,  1068383,  1068407,  1068409,  1068437,  1068439,
```

प्रथम सौ हजार अभाज्य संख्याएँ

1068461, 1068469, 1068481, 1068491, 1068497, 1068499, 1068517,
1068559, 1068577, 1068589, 1068611, 1068619, 1068629, 1068631,
1068677, 1068701, 1068703, 1068707, 1068709, 1068713, 1068719,
1068721, 1068751, 1068757, 1068761, 1068779, 1068803, 1068811,
1068817, 1068857, 1068871, 1068877, 1068887, 1068889, 1068901,
1068913, 1068917, 1068941, 1068989, 1069001, 1069007, 1069031,
1069039, 1069043, 1069051, 1069087, 1069099, 1069127, 1069129,
1069141, 1069171, 1069183, 1069193, 1069199, 1069207, 1069217,
1069219, 1069223, 1069267, 1069273, 1069291, 1069303, 1069307,
1069349, 1069363, 1069379, 1069421, 1069427, 1069429, 1069441,
1069451, 1069459, 1069463, 1069499, 1069501, 1069507, 1069517,
1069543, 1069547, 1069553, 1069561, 1069571, 1069573, 1069577,
1069583, 1069591, 1069597, 1069603, 1069609, 1069631, 1069639,
1069667, 1069687, 1069693, 1069697, 1069727, 1069741, 1069751,
1069777, 1069807, 1069811, 1069819, 1069823, 1069853, 1069867,
1069919, 1069921, 1069927, 1069931, 1069933, 1069949, 1069951,
1069973, 1069979, 1069987, 1070009, 1070011, 1070021, 1070033,
1070039, 1070063, 1070081, 1070087, 1070093, 1070131, 1070149,
1070171, 1070189, 1070197, 1070203, 1070207, 1070221, 1070231,
1070233, 1070243, 1070249, 1070257, 1070287, 1070291, 1070309,
1070317, 1070323, 1070339, 1070341, 1070347, 1070357, 1070369,
1070389, 1070411, 1070417, 1070423, 1070429, 1070431, 1070453,
1070471, 1070491, 1070497, 1070501, 1070513, 1070527, 1070533,
1070543, 1070557, 1070561, 1070567, 1070569, 1070579, 1070621,
1070659, 1070681, 1070683, 1070689, 1070753, 1070761, 1070777,
1070789, 1070803, 1070827, 1070843, 1070851, 1070869, 1070873,
1070899, 1070921, 1070933, 1070939, 1070947, 1070981, 1070987,
1071023, 1071047, 1071053, 1071061, 1071067, 1071121, 1071131,
1071139, 1071149, 1071151, 1071157, 1071181, 1071193, 1071197,
1071223, 1071227, 1071229, 1071233, 1071241, 1071253, 1071269,
1071283, 1071311, 1071313, 1071337, 1071341, 1071349, 1071359,
1071373, 1071377, 1071379, 1071401, 1071407, 1071419, 1071439,
1071443, 1071451, 1071457, 1071479, 1071487, 1071529, 1071533,
1071541, 1071563, 1071569, 1071571, 1071589, 1071601, 1071641,
1071643, 1071659, 1071661, 1071671, 1071683, 1071703, 1071739,
1071743, 1071761, 1071773, 1071787, 1071803, 1071817, 1071821,
1071841, 1071857, 1071871, 1071899, 1071907, 1071911, 1071919,
1071937, 1071943, 1071977, 1071979, 1071991, 1072009, 1072039,
1072103, 1072129, 1072133, 1072147, 1072157, 1072163, 1072187,
1072199, 1072213, 1072219, 1072229, 1072231, 1072301, 1072327,
1072339, 1072363, 1072367, 1072373, 1072381, 1072387, 1072397,
1072429, 1072433, 1072439, 1072447, 1072457, 1072459, 1072471,
1072517, 1072537, 1072543, 1072613, 1072627, 1072633, 1072637,
1072657, 1072711, 1072733, 1072763, 1072793, 1072801, 1072811,
1072823, 1072829, 1072831, 1072837, 1072843, 1072849, 1072859,
1072867, 1072901, 1072919, 1072931, 1072933, 1072937, 1072943,
1072957, 1072961, 1072969, 1072991, 1072997, 1072999, 1073053,
1073069, 1073077, 1073089, 1073099, 1073113, 1073117, 1073131,

प्रथम सौ हजार अभाज्य संख्याएँ

1073141, 1073143, 1073147, 1073153, 1073183, 1073201, 1073209,
1073213, 1073221, 1073239, 1073243, 1073263, 1073279, 1073297,
1073311, 1073321, 1073351, 1073353, 1073381, 1073383, 1073393,
1073399, 1073411, 1073441, 1073447, 1073461, 1073491, 1073507,
1073509, 1073521, 1073537, 1073563, 1073573, 1073587, 1073593,
1073599, 1073603, 1073627, 1073647, 1073651, 1073687, 1073711,
1073713, 1073717, 1073729, 1073773, 1073789, 1073791, 1073803,
1073819, 1073837, 1073857, 1073869, 1073879, 1073881, 1073909,
1073911, 1073921, 1073951, 1073953, 1073983, 1074001, 1074023,
1074041, 1074061, 1074067, 1074071, 1074079, 1074083, 1074107,
1074109, 1074113, 1074121, 1074133, 1074167, 1074223, 1074251,
1074253, 1074259, 1074277, 1074287, 1074289, 1074299, 1074329,
1074343, 1074361, 1074371, 1074377, 1074379, 1074389, 1074427,
1074433, 1074461, 1074473, 1074481, 1074509, 1074511, 1074523,
1074533, 1074559, 1074581, 1074607, 1074617, 1074641, 1074643,
1074649, 1074673, 1074683, 1074691, 1074701, 1074707, 1074709,
1074713, 1074719, 1074751, 1074761, 1074763, 1074833, 1074839,
1074847, 1074851, 1074877, 1074883, 1074889, 1074901, 1074907,
1074917, 1074919, 1074923, 1074929, 1074949, 1074971, 1074973,
1074977, 1074989, 1074991, 1075007, 1075013, 1075021, 1075027,
1075069, 1075073, 1075079, 1075091, 1075093, 1075103, 1075133,
1075141, 1075147, 1075159, 1075163, 1075169, 1075171, 1075177,
1075187, 1075201, 1075231, 1075237, 1075241, 1075259, 1075279,
1075289, 1075303, 1075337, 1075339, 1075351, 1075357, 1075391,
1075397, 1075409, 1075429, 1075433, 1075441, 1075453, 1075463,
1075469, 1075489, 1075493, 1075499, 1075507, 1075519, 1075531,
1075537, 1075561, 1075577, 1075601, 1075619, 1075621, 1075643,
1075649, 1075651, 1075663, 1075667, 1075673, 1075681, 1075691,
1075693, 1075699, 1075703, 1075727, 1075729, 1075757, 1075759,
1075769, 1075771, 1075787, 1075807, 1075843, 1075853, 1075859,
1075897, 1075909, 1075957, 1075973, 1076003, 1076011, 1076017,
1076029, 1076039, 1076051, 1076057, 1076063, 1076069, 1076077,
1076107, 1076111, 1076113, 1076123, 1076129, 1076137, 1076143,
1076167, 1076171, 1076191, 1076203, 1076213, 1076237, 1076263,
1076279, 1076281, 1076303, 1076323, 1076329, 1076353, 1076359,
1076381, 1076399, 1076401, 1076417, 1076429, 1076443, 1076447,
1076461, 1076473, 1076477, 1076501, 1076503, 1076507, 1076513,
1076519, 1076557, 1076563, 1076587, 1076611, 1076617, 1076639,
1076651, 1076657, 1076671, 1076707, 1076717, 1076731, 1076753,
1076767, 1076771, 1076773, 1076813, 1076821, 1076827, 1076843,
1076861, 1076869, 1076879, 1076893, 1076903, 1076917, 1076921,
1076953, 1076981, 1077017, 1077023, 1077047, 1077059, 1077079,
1077101, 1077127, 1077143, 1077161, 1077179, 1077191, 1077203,
1077221, 1077227, 1077233, 1077289, 1077299, 1077301, 1077311,
1077337, 1077347, 1077353, 1077371, 1077397, 1077413, 1077421,
1077449, 1077457, 1077469, 1077499, 1077533, 1077539, 1077541,
1077563, 1077599, 1077607, 1077641, 1077673, 1077677, 1077691,
1077697, 1077707, 1077719, 1077721, 1077733, 1077743, 1077751,

प्रथम सौ हजार अभाज्य संख्याएँ

1077761, 1077763, 1077793, 1077799, 1077821, 1077823, 1077827,
1077841, 1077859, 1077863, 1077893, 1077911, 1077913, 1077917,
1077943, 1077971, 1077977, 1077997, 1078001, 1078009, 1078019,
1078027, 1078031, 1078043, 1078081, 1078109, 1078111, 1078127,
1078151, 1078153, 1078159, 1078163, 1078169, 1078183, 1078199,
1078219, 1078241, 1078247, 1078331, 1078333, 1078367, 1078369,
1078373, 1078387, 1078393, 1078403, 1078409, 1078411, 1078417,
1078471, 1078489, 1078507, 1078537, 1078559, 1078589, 1078643,
1078657, 1078673, 1078681, 1078691, 1078699, 1078711, 1078717,
1078733, 1078739, 1078757, 1078787, 1078789, 1078807, 1078813,
1078817, 1078841, 1078849, 1078853, 1078873, 1078879, 1078919,
1078927, 1078937, 1078943, 1078951, 1078967, 1078981, 1078993,
1079009, 1079011, 1079021, 1079033, 1079053, 1079059, 1079069,
1079077, 1079081, 1079087, 1079093, 1079101, 1079107, 1079123,
1079147, 1079153, 1079173, 1079189, 1079213, 1079227, 1079233,
1079251, 1079269, 1079291, 1079297, 1079311, 1079317, 1079329,
1079339, 1079357, 1079359, 1079369, 1079383, 1079399, 1079417,
1079431, 1079453, 1079461, 1079471, 1079473, 1079503, 1079509,
1079527, 1079531, 1079539, 1079569, 1079593, 1079609, 1079621,
1079629, 1079633, 1079647, 1079651, 1079669, 1079671, 1079681,
1079711, 1079717, 1079753, 1079777, 1079779, 1079783, 1079797,
1079809, 1079821, 1079831, 1079849, 1079861, 1079867, 1079879,
1079887, 1079917, 1079927, 1079929, 1079933, 1079957, 1079963,
1079977, 1079983, 1079987, 1079999, 1080007, 1080029, 1080043,
1080049, 1080059, 1080073, 1080077, 1080083, 1080089, 1080091,
1080097, 1080119, 1080137, 1080143, 1080173, 1080199, 1080217,
1080223, 1080229, 1080251, 1080259, 1080263, 1080269, 1080271,
1080281, 1080301, 1080307, 1080311, 1080329, 1080341, 1080347,
1080353, 1080383, 1080413, 1080419, 1080433, 1080439, 1080449,
1080451, 1080463, 1080479, 1080481, 1080491, 1080523, 1080539,
1080553, 1080557, 1080559, 1080589, 1080613, 1080647, 1080649,
1080661, 1080679, 1080683, 1080713, 1080749, 1080757, 1080763,
1080767, 1080773, 1080787, 1080791, 1080797, 1080803, 1080811,
1080817, 1080823, 1080841, 1080847, 1080851, 1080857, 1080899,
1080901, 1080907, 1080913, 1080923, 1080941, 1080943, 1080971,
1080973, 1080983, 1081027, 1081037, 1081051, 1081061, 1081079,
1081097, 1081099, 1081121, 1081123, 1081127, 1081133, 1081139,
1081153, 1081163, 1081219, 1081229, 1081231, 1081237, 1081243,
1081247, 1081277, 1081279, 1081291, 1081303, 1081307, 1081331,
1081337, 1081351, 1081361, 1081369, 1081403, 1081417, 1081429,
1081441, 1081477, 1081501, 1081513, 1081541, 1081583, 1081631,
1081637, 1081657, 1081679, 1081681, 1081687, 1081699, 1081709,
1081711, 1081721, 1081723, 1081733, 1081741, 1081757, 1081763,
1081771, 1081777, 1081781, 1081789, 1081793, 1081813, 1081823,
1081853, 1081859, 1081891, 1081901, 1081907, 1081919, 1081937,
1081939, 1081979, 1081981, 1082017, 1082023, 1082027, 1082047,
1082083, 1082089, 1082093, 1082099, 1082129, 1082141, 1082143,
1082149, 1082153, 1082161, 1082171, 1082177, 1082189, 1082197,

प्रथम सौ हजार अभाज्य संख्याएँ

1082209, 1082231, 1082233, 1082243, 1082273, 1082317, 1082321,
1082351, 1082369, 1082377, 1082381, 1082383, 1082387, 1082399,
1082429, 1082443, 1082447, 1082467, 1082491, 1082527, 1082531,
1082533, 1082573, 1082579, 1082581, 1082593, 1082597, 1082603,
1082621, 1082629, 1082647, 1082659, 1082681, 1082699, 1082707,
1082717, 1082723, 1082729, 1082743, 1082761, 1082777, 1082801,
1082881, 1082891, 1082911, 1082969, 1082971, 1082989, 1082993,
1082999, 1083007, 1083031, 1083037, 1083059, 1083073, 1083077,
1083079, 1083083, 1083107, 1083113, 1083119, 1083151, 1083167,
1083191, 1083193, 1083211, 1083241, 1083253, 1083283, 1083287,
1083289, 1083301, 1083307, 1083311, 1083317, 1083319, 1083337,
1083349, 1083367, 1083371, 1083377, 1083391, 1083409, 1083431,
1083443, 1083449, 1083451, 1083463, 1083473, 1083497, 1083517,
1083541, 1083559, 1083571, 1083583, 1083601, 1083611, 1083613,
1083659, 1083689, 1083707, 1083713, 1083721, 1083743, 1083749,
1083757, 1083793, 1083809, 1083827, 1083833, 1083839, 1083847,
1083851, 1083871, 1083881, 1083899, 1083911, 1083913, 1083923,
1083941, 1083947, 1083949, 1083983, 1084001, 1084019, 1084043,
1084051, 1084067, 1084079, 1084087, 1084093, 1084103, 1084133,
1084147, 1084157, 1084177, 1084217, 1084219, 1084247, 1084253,
1084267, 1084297, 1084301, 1084309, 1084313, 1084333, 1084357,
1084367, 1084373, 1084403, 1084423, 1084429, 1084451, 1084459,
1084469, 1084471, 1084477, 1084483, 1084493, 1084543, 1084547,
1084553, 1084579, 1084609, 1084613, 1084621, 1084627, 1084637,
1084649, 1084661, 1084669, 1084673, 1084697, 1084711, 1084723,
1084747, 1084757, 1084771, 1084777, 1084793, 1084799, 1084817,
1084823, 1084829, 1084859, 1084871, 1084891, 1084927, 1084939,
1084943, 1084949, 1084981, 1084987, 1084997, 1085003, 1085011,
1085017, 1085023, 1085047, 1085053, 1085101, 1085111, 1085113,
1085131, 1085137, 1085141, 1085143, 1085153, 1085159, 1085179,
1085197, 1085221, 1085269, 1085309, 1085317, 1085327, 1085351,
1085353, 1085369, 1085389, 1085407, 1085419, 1085429, 1085431,
1085443, 1085459, 1085473, 1085509, 1085521, 1085551, 1085587,
1085611, 1085627, 1085633, 1085657, 1085663, 1085677, 1085681,
1085687, 1085719, 1085737, 1085753, 1085767, 1085771, 1085779,
1085801, 1085809, 1085813, 1085827, 1085857, 1085863, 1085867,
1085873, 1085881, 1085891, 1085911, 1085933, 1085957, 1085971,
1085989, 1086031, 1086047, 1086073, 1086089, 1086091, 1086101,
1086103, 1086119, 1086133, 1086139, 1086149, 1086161, 1086179,
1086191, 1086193, 1086199, 1086203, 1086247, 1086251, 1086257,
1086259, 1086263, 1086277, 1086299, 1086301, 1086307, 1086331,
1086343, 1086347, 1086353, 1086361, 1086373, 1086389, 1086391,
1086413, 1086433, 1086443, 1086461, 1086469, 1086493, 1086509,
1086511, 1086523, 1086529, 1086557, 1086559, 1086587, 1086607,
1086611, 1086619, 1086637, 1086641, 1086647, 1086677, 1086689,
1086703, 1086731, 1086749, 1086763, 1086769, 1086791, 1086809,
1086817, 1086859, 1086863, 1086881, 1086893, 1086901, 1086913,
1086919, 1086923, 1086931, 1086937, 1086989, 1086991, 1087001,

प्रथम सौ हजार अभाज्य संख्याएँ

1087019, 1087027, 1087061, 1087091, 1087109, 1087117, 1087129,
1087147, 1087159, 1087231, 1087241, 1087249, 1087259, 1087271,
1087291, 1087301, 1087309, 1087349, 1087357, 1087379, 1087381,
1087391, 1087409, 1087423, 1087433, 1087451, 1087453, 1087459,
1087483, 1087487, 1087517, 1087519, 1087543, 1087553, 1087561,
1087589, 1087591, 1087621, 1087631, 1087657, 1087663, 1087673,
1087679, 1087687, 1087717, 1087729, 1087741, 1087747, 1087753,
1087781, 1087787, 1087789, 1087799, 1087811, 1087817, 1087829,
1087841, 1087843, 1087861, 1087873, 1087897, 1087903, 1087907,
1087937, 1087963, 1087967, 1087973, 1087981, 1087987, 1088023,
1088027, 1088039, 1088053, 1088063, 1088071, 1088081, 1088089,
1088093, 1088123, 1088159, 1088161, 1088209, 1088233, 1088237,
1088239, 1088251, 1088267, 1088273, 1088293, 1088309, 1088371,
1088387, 1088389, 1088393, 1088407, 1088413, 1088419, 1088431,
1088443, 1088447, 1088449, 1088467, 1088471, 1088489, 1088519,
1088533, 1088537, 1088543, 1088569, 1088579, 1088603, 1088611,
1088617, 1088621, 1088623, 1088639, 1088641, 1088657, 1088669,
1088671, 1088687, 1088693, 1088707, 1088723, 1088749, 1088753,
1088761, 1088777, 1088783, 1088807, 1088827, 1088831, 1088839,
1088851, 1088903, 1088917, 1088933, 1088953, 1088957, 1088959,
1088977, 1088987, 1088993, 1089017, 1089029, 1089047, 1089091,
1089103, 1089107, 1089113, 1089133, 1089161, 1089191, 1089197,
1089217, 1089223, 1089227, 1089239, 1089259, 1089299, 1089313,
1089359, 1089383, 1089397, 1089401, 1089421, 1089427, 1089457,
1089461, 1089463, 1089469, 1089481, 1089497, 1089503, 1089509,
1089523, 1089551, 1089563, 1089611, 1089629, 1089653, 1089661,
1089677, 1089679, 1089703, 1089709, 1089713, 1089757, 1089793,
1089799, 1089841, 1089863, 1089877, 1089917, 1089919, 1089941,
1089943, 1089961, 1089967, 1090003, 1090013, 1090021, 1090027,
1090031, 1090097, 1090099, 1090127, 1090129, 1090151, 1090153,
1090169, 1090181, 1090189, 1090211, 1090213, 1090217, 1090241,
1090249, 1090267, 1090273, 1090303, 1090333, 1090373, 1090381,
1090387, 1090403, 1090409, 1090421, 1090423, 1090457, 1090459,
1090469, 1090471, 1090483, 1090493, 1090519, 1090553, 1090577,
1090589, 1090597, 1090613, 1090627, 1090681, 1090697, 1090709,
1090711, 1090717, 1090721, 1090757, 1090759, 1090769, 1090783,
1090799, 1090807, 1090819, 1090841, 1090849, 1090877, 1090879,
1090883, 1090889, 1090891, 1090897, 1090909, 1090919, 1090927,
1090937, 1090939, 1090949, 1090963, 1090967, 1090979, 1090997,
1091003, 1091017, 1091021, 1091023, 1091033, 1091047, 1091053,
1091059, 1091063, 1091071, 1091119, 1091137, 1091147, 1091149,
1091159, 1091161, 1091173, 1091177, 1091191, 1091219, 1091221,
1091239, 1091243, 1091257, 1091261, 1091263, 1091267, 1091269,
1091273, 1091287, 1091329, 1091339, 1091359, 1091369, 1091371,
1091381, 1091393, 1091399, 1091401, 1091411, 1091413, 1091443,
1091459, 1091471, 1091477, 1091509, 1091521, 1091527, 1091549,
1091551, 1091561, 1091581, 1091591, 1091609, 1091617, 1091627,
1091633, 1091639, 1091659, 1091663, 1091681, 1091687, 1091711,

प्रथम सौ हजार अभाज्य संख्याएँ

1091729, 1091731, 1091737, 1091749, 1091777, 1091807, 1091809,
1091837, 1091843, 1091863, 1091869, 1091887, 1091917, 1091939,
1091957, 1091983, 1092019, 1092023, 1092041, 1092043, 1092059,
1092061, 1092067, 1092089, 1092103, 1092107, 1092127, 1092137,
1092151, 1092163, 1092173, 1092181, 1092191, 1092209, 1092229,
1092241, 1092251, 1092257, 1092269, 1092283, 1092307, 1092331,
1092337, 1092349, 1092353, 1092361, 1092373, 1092379, 1092389,
1092391, 1092397, 1092419, 1092433, 1092451, 1092461, 1092463,
1092473, 1092479, 1092493, 1092541, 1092583, 1092593, 1092601,
1092629, 1092643, 1092659, 1092667, 1092677, 1092713, 1092731,
1092733, 1092757, 1092779, 1092803, 1092821, 1092827, 1092829,
1092851, 1092853, 1092863, 1092887, 1092893, 1092901, 1092907,
1092911, 1092919, 1092929, 1092961, 1092977, 1092989, 1092991,
1092997, 1093007, 1093033, 1093061, 1093063, 1093067, 1093069,
1093087, 1093109, 1093111, 1093129, 1093133, 1093159, 1093163,
1093177, 1093199, 1093201, 1093223, 1093237, 1093243, 1093249,
1093273, 1093283, 1093289, 1093297, 1093307, 1093327, 1093331,
1093357, 1093363, 1093381, 1093399, 1093403, 1093409, 1093427,
1093441, 1093487, 1093493, 1093517, 1093529, 1093531, 1093537,
1093541, 1093553, 1093571, 1093577, 1093591, 1093633, 1093637,
1093639, 1093657, 1093663, 1093667, 1093679, 1093681, 1093699,
1093717, 1093723, 1093733, 1093739, 1093747, 1093751, 1093753,
1093777, 1093789, 1093823, 1093837, 1093843, 1093847, 1093871,
1093889, 1093901, 1093907, 1093927, 1093943, 1093951, 1093957,
1093969, 1093991, 1093993, 1093997, 1093999, 1094011, 1094029,
1094047, 1094057, 1094059, 1094081, 1094089, 1094099, 1094101,
1094123, 1094129, 1094131, 1094143, 1094147, 1094161, 1094183,
1094209, 1094237, 1094263, 1094293, 1094299, 1094321, 1094333,
1094339, 1094371, 1094377, 1094407, 1094411, 1094417, 1094437,
1094441, 1094449, 1094453, 1094461, 1094473, 1094491, 1094519,
1094531, 1094539, 1094543, 1094549, 1094551, 1094557, 1094567,
1094573, 1094603, 1094623, 1094629, 1094633, 1094657, 1094669,
1094671, 1094683, 1094689, 1094693, 1094701, 1094711, 1094747,
1094759, 1094773, 1094791, 1094801, 1094803, 1094809, 1094831,
1094833, 1094843, 1094881, 1094887, 1094897, 1094911, 1094921,
1094923, 1094939, 1094957, 1094963, 1094969, 1094983, 1094999,
1095023, 1095043, 1095047, 1095049, 1095067, 1095071, 1095091,
1095119, 1095161, 1095169, 1095173, 1095209, 1095221, 1095223,
1095229, 1095239, 1095247, 1095251, 1095257, 1095287, 1095313,
1095319, 1095343, 1095349, 1095401, 1095403, 1095427, 1095433,
1095439, 1095443, 1095449, 1095461, 1095481, 1095487, 1095491,
1095503, 1095529, 1095541, 1095551, 1095557, 1095569, 1095581,
1095583, 1095613, 1095631, 1095671, 1095691, 1095713, 1095719,
1095727, 1095733, 1095739, 1095751, 1095779, 1095781, 1095791,
1095793, 1095811, 1095821, 1095833, 1095839, 1095841, 1095847,
1095851, 1095859, 1095907, 1095931, 1095947, 1095959, 1095961,
1095979, 1095989, 1096031, 1096057, 1096061, 1096079, 1096097,
1096099, 1096127, 1096133, 1096141, 1096159, 1096163, 1096189,

1096201, 1096219, 1096267, 1096289, 1096307, 1096327, 1096349,
1096351, 1096363, 1096373, 1096379, 1096393, 1096399, 1096423,
1096427, 1096451, 1096477, 1096481, 1096489, 1096493, 1096499,
1096507, 1096541, 1096549, 1096553, 1096559, 1096561, 1096583,
1096609, 1096621, 1096631, 1096639, 1096673, 1096691, 1096703,
1096727, 1096741, 1096763, 1096787, 1096793, 1096807, 1096817,
1096829, 1096831, 1096853, 1096859, 1096861, 1096871, 1096883,
1096919, 1096951, 1096957, 1096967, 1096969, 1096981, 1096999,
1097009, 1097017, 1097029, 1097039, 1097051, 1097069, 1097081,
1097101, 1097111, 1097113, 1097141, 1097143, 1097147, 1097179,
1097189, 1097203, 1097209, 1097221, 1097237, 1097267, 1097293,
1097297, 1097321, 1097323, 1097351, 1097359, 1097377, 1097381,
1097413, 1097419, 1097423, 1097441, 1097443, 1097461, 1097483,
1097501, 1097513, 1097533, 1097539, 1097543, 1097549, 1097557,
1097599, 1097627, 1097633, 1097651, 1097653, 1097659, 1097669,
1097699, 1097711, 1097717, 1097729, 1097743, 1097783, 1097791,
1097797, 1097819, 1097849, 1097851, 1097861, 1097869, 1097879,
1097891, 1097893, 1097897, 1097903, 1097909, 1097923, 1097933,
1097947, 1097983, 1098017, 1098023, 1098037, 1098073, 1098077,
1098101, 1098109, 1098121, 1098133, 1098151, 1098187, 1098191,
1098193, 1098203, 1098211, 1098221, 1098233, 1098269, 1098287,
1098301, 1098311, 1098313, 1098341, 1098373, 1098379, 1098397,
1098401, 1098439, 1098443, 1098451, 1098463, 1098469, 1098479,
1098481, 1098509, 1098511, 1098533, 1098541, 1098593, 1098613,
1098623, 1098631, 1098649, 1098667, 1098673, 1098689, 1098707,
1098709, 1098731, 1098737, 1098787, 1098791, 1098803, 1098821,
1098833, 1098847, 1098953, 1098967, 1098973, 1098989, 1099031,
1099051, 1099057, 1099079, 1099081, 1099097, 1099103, 1099117,
1099121, 1099139, 1099171, 1099177, 1099181, 1099199, 1099223,
1099247, 1099249, 1099261, 1099279, 1099289, 1099309, 1099313,
1099327, 1099337, 1099363, 1099369, 1099391, 1099393, 1099409,
1099411, 1099421, 1099433, 1099459, 1099463, 1099487, 1099489,
1099493, 1099499, 1099507, 1099513, 1099519, 1099523, 1099541,
1099547, 1099559, 1099573, 1099589, 1099619, 1099621, 1099627,
1099633, 1099649, 1099669, 1099687, 1099711, 1099717, 1099723,
1099727, 1099729, 1099741, 1099757, 1099771, 1099783, 1099793,
1099799, 1099807, 1099817, 1099823, 1099841, 1099843, 1099859,
1099867, 1099927, 1099933, 1099957, 1099961, 1099997, 1100009,
1100023, 1100027, 1100039, 1100041, 1100051, 1100063, 1100089,
1100093, 1100101, 1100123, 1100131, 1100147, 1100149, 1100161,
1100167, 1100171, 1100179, 1100213, 1100219, 1100243, 1100249,
1100261, 1100273, 1100279, 1100303, 1100311, 1100321, 1100353,
1100357, 1100377, 1100381, 1100387, 1100419, 1100441, 1100443,
1100447, 1100467, 1100471, 1100483, 1100503, 1100509, 1100513,
1100543, 1100557, 1100569, 1100581, 1100591, 1100611, 1100641,
1100653, 1100681, 1100683, 1100747, 1100773, 1100777, 1100783,
1100797, 1100807, 1100831, 1100833, 1100837, 1100839, 1100851,
1100857, 1100887, 1100893, 1100899, 1100909, 1100921, 1100933,

प्रथम सौ हजार अभाज्य संख्याएँ

```
1100947,  1100977,  1101071,  1101091,  1101097,  1101103,  1101109,
1101127,  1101143,  1101169,  1101179,  1101193,  1101211,  1101229,
1101253,  1101283,  1101299,  1101307,  1101319,  1101323,  1101341,
1101349,  1101371,  1101377,  1101389,  1101403,  1101407,  1101409,
1101421,  1101431,  1101433,  1101439,  1101467,  1101473,  1101509,
1101511,  1101517,  1101521,  1101533,  1101559,  1101571,  1101577,
1101587,  1101593,  1101613,  1101619,  1101641,  1101649,  1101671,
1101673,  1101689,  1101691,  1101697,  1101733,  1101743,  1101761,
1101767,  1101773,  1101781,  1101803,  1101811,  1101839,  1101851,
1101871,  1101883,  1101901,  1101917,  1101929,  1101931,  1101937,
1101941,  1101959,  1101967,  1102001,  1102007,  1102021,  1102027,
1102063,  1102069,  1102111,  1102117,  1102147,  1102151,  1102159,
1102163,  1102169,  1102181,  1102187,  1102201,  1102237,  1102243,
1102249,  1102253,  1102259,  1102271,  1102279,  1102301,  1102307,
1102313,  1102333,  1102337,  1102393,  1102397,  1102411,  1102427,
1102429,  1102441,  1102447,  1102457,  1102463,  1102481,  1102483,
1102523,  1102537,  1102547,  1102553,  1102567,  1102571,  1102583,
1102663,  1102669,  1102679,  1102681,  1102691,  1102693,  1102709,
1102721,  1102727,  1102729,  1102733,  1102747,  1102757,  1102813,
1102823,  1102831,  1102847,  1102853,  1102861,  1102879,  1102883,
1102891,  1102901,  1102903,  1102921,  1102939,  1102951,  1102963,
1102967,  1102979,  1102991,  1102999,  1103009,  1103017,  1103029,
1103041,  1103059,  1103087,  1103101,  1103107,  1103111,  1103119,
1103129,  1103143,  1103171,  1103183,  1103191,  1103203,  1103213,
1103237,  1103257,  1103279,  1103281,  1103293,  1103309,  1103339,
1103341,  1103353,  1103371,  1103437,  1103449,  1103461,  1103467,
1103483,  1103489,  1103497,  1103519,  1103533,  1103549,  1103561,
1103579,  1103581,  1103587,  1103591,  1103603,  1103611,  1103617,
1103621,  1103629,  1103633,  1103639,  1103699,  1103723,  1103737,
1103749,  1103779,  1103797,  1103803,  1103849,  1103857,  1103863,
1103873,  1103899,  1103903,  1103911,  1103923,  1103933,  1103981,
1103987,  1103989,  1104017,  1104041,  1104079,  1104097,  1104101,
1104107,  1104113,  1104119,  1104137,  1104139,  1104157,  1104179,
1104193,  1104203,  1104209,  1104217,  1104221,  1104241,  1104247,
1104289,  1104293,  1104307,  1104319,  1104331,  1104343,  1104353,
1104373,  1104377,  1104379,  1104403,  1104409,  1104427,  1104431,
1104449,  1104479,  1104491,  1104511,  1104517,  1104533,  1104557,
1104559,  1104589,  1104599,  1104613,  1104619,  1104659,  1104661,
1104671,  1104683,  1104703,  1104707,  1104731,  1104737,  1104739,
1104743,  1104749,  1104751,  1104767,  1104769,  1104781,  1104787,
1104791,  1104797,  1104811,  1104821,  1104823,  1104833,  1104853,
1104877,  1104889,  1104899,  1104913,  1104919,  1104937,  1104941,
1104947,  1104959,  1105009,  1105019,  1105033,  1105061,  1105063,
1105067,  1105109,  1105141,  1105157,  1105163,  1105171,  1105177,
1105193,  1105201,  1105207,  1105213,  1105217,  1105231,  1105261,
1105267,  1105271,  1105309,  1105327,  1105333,  1105337,  1105339,
1105343,  1105387,  1105397,  1105427,  1105441,  1105457,  1105463,
1105501,  1105513,  1105519,  1105537,  1105547,  1105549,  1105571,
```

प्रथम सौ हजार अभाज्य संख्याएँ

1105579, 1105583, 1105589, 1105603, 1105607, 1105609, 1105613,
1105619, 1105627, 1105639, 1105649, 1105651, 1105661, 1105669,
1105691, 1105693, 1105711, 1105757, 1105759, 1105787, 1105807,
1105813, 1105823, 1105847, 1105861, 1105873, 1105879, 1105883,
1105891, 1105913, 1105919, 1105943, 1105961, 1105963, 1105997,
1105999, 1106029, 1106069, 1106087, 1106099, 1106101, 1106129,
1106137, 1106159, 1106167, 1106177, 1106179, 1106197, 1106201,
1106213, 1106219, 1106233, 1106243, 1106249, 1106257, 1106267,
1106279, 1106293, 1106311, 1106317, 1106363, 1106381, 1106401,
1106407, 1106419, 1106423, 1106429, 1106447, 1106449, 1106471,
1106477, 1106489, 1106491, 1106509, 1106527, 1106531, 1106543,
1106563, 1106569, 1106593, 1106621, 1106627, 1106629, 1106653,
1106671, 1106687, 1106689, 1106741, 1106747, 1106761, 1106767,
1106771, 1106779, 1106789, 1106801, 1106821, 1106827, 1106837,
1106839, 1106851, 1106881, 1106891, 1106909, 1106923, 1106927,
1106939, 1106953, 1106957, 1106977, 1106993, 1106999, 1107019,
1107031, 1107047, 1107049, 1107053, 1107083, 1107101, 1107107,
1107109, 1107157, 1107167, 1107173, 1107199, 1107203, 1107217,
1107269, 1107317, 1107319, 1107341, 1107347, 1107383, 1107389,
1107401, 1107409, 1107419, 1107433, 1107439, 1107467, 1107479,
1107487, 1107497, 1107503, 1107511, 1107523, 1107527, 1107553,
1107569, 1107571, 1107581, 1107583, 1107593, 1107619, 1107677,
1107679, 1107721, 1107727, 1107751, 1107763, 1107773, 1107781,
1107787, 1107791, 1107793, 1107797, 1107803, 1107811, 1107823,
1107851, 1107853, 1107881, 1107893, 1107913, 1107917, 1107923,
1107929, 1107937, 1107989, 1108001, 1108007, 1108021, 1108049,
1108057, 1108069, 1108073, 1108091, 1108103, 1108123, 1108127,
1108147, 1108169, 1108171, 1108181, 1108201, 1108207, 1108223,
1108229, 1108241, 1108253, 1108259, 1108267, 1108313, 1108321,
1108337, 1108357, 1108361, 1108363, 1108369, 1108397, 1108423,
1108427, 1108447, 1108453, 1108463, 1108469, 1108477, 1108487,
1108489, 1108501, 1108507, 1108537, 1108543, 1108559, 1108561,
1108567, 1108571, 1108573, 1108579, 1108603, 1108609, 1108619,
1108633, 1108663, 1108691, 1108693, 1108697, 1108703, 1108711,
1108717, 1108727, 1108729, 1108733, 1108739, 1108747, 1108753,
1108759, 1108771, 1108781, 1108801, 1108817, 1108819, 1108823,
1108867, 1108903, 1108907, 1108909, 1108957, 1108967, 1108993,
1108997, 1108999, 1109021, 1109033, 1109057, 1109113, 1109117,
1109123, 1109159, 1109161, 1109167, 1109189, 1109197, 1109219,
1109231, 1109243, 1109249, 1109257, 1109281, 1109287, 1109291,
1109309, 1109327, 1109347, 1109351, 1109363, 1109387, 1109393,
1109399, 1109401, 1109411, 1109431, 1109473, 1109477, 1109489,
1109491, 1109509, 1109513, 1109531, 1109533, 1109561, 1109579,
1109609, 1109611, 1109629, 1109639, 1109653, 1109663, 1109723,
1109737, 1109749, 1109761, 1109783, 1109789, 1109791, 1109813,
1109821, 1109839, 1109851, 1109861, 1109869, 1109881, 1109887,
1109891, 1109897, 1109903, 1109909, 1109921, 1109951, 1109987,
1110007, 1110013, 1110019, 1110023, 1110041, 1110061, 1110077,

प्रथम सौ हजार अभाज्य संख्याएँ

1110089, 1110103, 1110127, 1110133, 1110167, 1110181, 1110223,
1110229, 1110247, 1110269, 1110271, 1110289, 1110301, 1110311,
1110313, 1110331, 1110349, 1110353, 1110367, 1110397, 1110401,
1110413, 1110427, 1110433, 1110449, 1110467, 1110479, 1110517,
1110521, 1110523, 1110533, 1110539, 1110541, 1110547, 1110583,
1110587, 1110589, 1110611, 1110617, 1110643, 1110667, 1110679,
1110709, 1110713, 1110719, 1110727, 1110743, 1110773, 1110779,
1110803, 1110817, 1110821, 1110839, 1110859, 1110881, 1110887,
1110913, 1110917, 1110919, 1110929, 1110931, 1110943, 1110953,
1110959, 1110971, 1110973, 1110979, 1110983, 1110997, 1111007,
1111013, 1111021, 1111031, 1111043, 1111049, 1111057, 1111067,
1111081, 1111087, 1111091, 1111151, 1111157, 1111169, 1111181,
1111183, 1111189, 1111211, 1111213, 1111219, 1111247, 1111259,
1111283, 1111289, 1111301, 1111333, 1111339, 1111351, 1111361,
1111379, 1111393, 1111399, 1111423, 1111427, 1111433, 1111447,
1111457, 1111489, 1111493, 1111499, 1111531, 1111543, 1111547,
1111553, 1111559, 1111573, 1111577, 1111637, 1111639, 1111651,
1111661, 1111667, 1111673, 1111687, 1111703, 1111711, 1111723,
1111727, 1111741, 1111757, 1111771, 1111787, 1111793, 1111801,
1111841, 1111853, 1111867, 1111897, 1111921, 1111933, 1111949,
1111963, 1111967, 1111991, 1112003, 1112011, 1112017, 1112047,
1112057, 1112077, 1112081, 1112087, 1112093, 1112107, 1112113,
1112129, 1112131, 1112141, 1112143, 1112147, 1112159, 1112171,
1112197, 1112201, 1112239, 1112269, 1112273, 1112291, 1112323,
1112333, 1112339, 1112341, 1112351, 1112359, 1112369, 1112381,
1112383, 1112389, 1112413, 1112467, 1112471, 1112477, 1112483,
1112509, 1112513, 1112519, 1112543, 1112549, 1112561, 1112567,
1112569, 1112581, 1112591, 1112597, 1112611, 1112623, 1112651,
1112653, 1112663, 1112677, 1112689, 1112707, 1112723, 1112729,
1112731, 1112737, 1112747, 1112777, 1112779, 1112789, 1112821,
1112827, 1112831, 1112833, 1112857, 1112897, 1112899, 1112911,
1112921, 1112941, 1112953, 1112959, 1112971, 1112977, 1112983,
1113011, 1113019, 1113029, 1113043, 1113059, 1113083, 1113089,
1113103, 1113137, 1113149, 1113157, 1113173, 1113181, 1113187,
1113193, 1113197, 1113199, 1113221, 1113239, 1113253, 1113257,
1113317, 1113319, 1113337, 1113349, 1113373, 1113379, 1113401,
1113403, 1113421, 1113451, 1113461, 1113481, 1113491, 1113509,
1113521, 1113527, 1113557, 1113569, 1113587, 1113599, 1113617,
1113643, 1113667, 1113701, 1113703, 1113713, 1113719, 1113751,
1113773, 1113781, 1113787, 1113793, 1113797, 1113809, 1113859,
1113863, 1113877, 1113883, 1113887, 1113899, 1113941, 1113949,
1113953, 1113961, 1113971, 1113991, 1113997, 1114019, 1114031,
1114037, 1114039, 1114049, 1114063, 1114111, 1114117, 1114159,
1114193, 1114207, 1114213, 1114241, 1114249, 1114261, 1114271,
1114273, 1114283, 1114297, 1114301, 1114303, 1114349, 1114361,
1114381, 1114397, 1114423, 1114427, 1114447, 1114471, 1114489,
1114493, 1114501, 1114507, 1114523, 1114541, 1114549, 1114567,
1114573, 1114577, 1114591, 1114601, 1114613, 1114651, 1114657,

प्रथम सौ हजार अभाज्य संख्याएँ

1114661, 1114681, 1114693, 1114697, 1114709, 1114721, 1114723,
1114733, 1114753, 1114759, 1114801, 1114807, 1114811, 1114829,
1114837, 1114849, 1114859, 1114873, 1114891, 1114907, 1114909,
1114931, 1114937, 1114943, 1114969, 1114973, 1114987, 1114999,
1115011, 1115027, 1115029, 1115057, 1115071, 1115089, 1115099,
1115113, 1115117, 1115131, 1115189, 1115207, 1115227, 1115237,
1115239, 1115267, 1115269, 1115273, 1115297, 1115299, 1115321,
1115327, 1115329, 1115351, 1115363, 1115381, 1115399, 1115407,
1115417, 1115419, 1115447, 1115449, 1115453, 1115467, 1115497,
1115501, 1115519, 1115531, 1115533, 1115539, 1115551, 1115561,
1115567, 1115573, 1115579, 1115581, 1115599, 1115627, 1115633,
1115641, 1115657, 1115683, 1115701, 1115711, 1115713, 1115731,
1115743, 1115759, 1115767, 1115771, 1115773, 1115789, 1115831,
1115839, 1115843, 1115857, 1115879, 1115899, 1115911, 1115923,
1115929, 1115941, 1115987, 1115993, 1116001, 1116053, 1116077,
1116091, 1116107, 1116133, 1116163, 1116173, 1116187, 1116209,
1116223, 1116229, 1116257, 1116277, 1116281, 1116289, 1116301,
1116317, 1116319, 1116329, 1116337, 1116347, 1116371, 1116419,
1116431, 1116439, 1116449, 1116461, 1116469, 1116473, 1116491,
1116499, 1116523, 1116541, 1116547, 1116569, 1116571, 1116593,
1116601, 1116631, 1116637, 1116641, 1116653, 1116659, 1116677,
1116701, 1116743, 1116749, 1116751, 1116809, 1116821, 1116851,
1116853, 1116859, 1116887, 1116889, 1116893, 1116911, 1116937,
1116943, 1116977, 1116989, 1117009, 1117013, 1117021, 1117027,
1117031, 1117033, 1117057, 1117069, 1117073, 1117079, 1117099,
1117111, 1117117, 1117153, 1117169, 1117177, 1117199, 1117243,
1117247, 1117253, 1117267, 1117273, 1117279, 1117301, 1117307,
1117309, 1117321, 1117349, 1117367, 1117379, 1117433, 1117439,
1117451, 1117463, 1117471, 1117477, 1117481, 1117483, 1117489,
1117513, 1117549, 1117553, 1117579, 1117591, 1117601, 1117603,
1117607, 1117609, 1117657, 1117661, 1117673, 1117679, 1117681,
1117709, 1117729, 1117741, 1117757, 1117759, 1117763, 1117769,
1117793, 1117799, 1117811, 1117813, 1117817, 1117819, 1117861,
1117867, 1117877, 1117889, 1117901, 1117913, 1117931, 1117933,
1117939, 1117943, 1117967, 1117973, 1117993, 1118003, 1118009,
1118011, 1118021, 1118023, 1118027, 1118041, 1118063, 1118081,
1118101, 1118113, 1118123, 1118137, 1118147, 1118149, 1118189,
1118197, 1118203, 1118219, 1118261, 1118267, 1118291, 1118303,
1118309, 1118317, 1118339, 1118363, 1118371, 1118393, 1118419,
1118437, 1118441, 1118479, 1118483, 1118497, 1118519, 1118527,
1118563, 1118567, 1118569, 1118599, 1118629, 1118653, 1118659,
1118713, 1118717, 1118723, 1118737, 1118749, 1118773, 1118779,
1118783, 1118797, 1118807, 1118809, 1118827, 1118837, 1118851,
1118857, 1118861, 1118863, 1118867, 1118869, 1118893, 1118911,
1118921, 1118941, 1118947, 1118951, 1118969, 1118987, 1118993,
1119029, 1119037, 1119047, 1119049, 1119077, 1119091, 1119109,
1119121, 1119169, 1119179, 1119221, 1119227, 1119241, 1119269,
1119281, 1119299, 1119319, 1119323, 1119343, 1119359, 1119389,

प्रथम सौ हजार अभाज्य संख्याएँ

1119397, 1119403, 1119449, 1119473, 1119523, 1119527, 1119529,
1119557, 1119577, 1119589, 1119607, 1119611, 1119623, 1119649,
1119653, 1119659, 1119673, 1119691, 1119697, 1119707, 1119733,
1119737, 1119779, 1119793, 1119799, 1119809, 1119817, 1119821,
1119823, 1119857, 1119863, 1119871, 1119907, 1119913, 1119947,
1119949, 1119959, 1120001, 1120019, 1120051, 1120073, 1120081,
1120087, 1120109, 1120121, 1120153, 1120157, 1120159, 1120187,
1120211, 1120219, 1120237, 1120271, 1120277, 1120289, 1120291,
1120303, 1120313, 1120319, 1120321, 1120337, 1120349, 1120363,
1120369, 1120391, 1120423, 1120429, 1120459, 1120481, 1120499,
1120501, 1120507, 1120513, 1120517, 1120519, 1120529, 1120541,
1120543, 1120547, 1120549, 1120573, 1120577, 1120591, 1120607,
1120627, 1120633, 1120649, 1120661, 1120663, 1120667, 1120673,
1120687, 1120711, 1120723, 1120727, 1120739, 1120741, 1120747,
1120771, 1120781, 1120783, 1120787, 1120799, 1120807, 1120811,
1120831, 1120837, 1120849, 1120871, 1120883, 1120901, 1120907,
1120913, 1120919, 1120939, 1120957, 1120961, 1120969, 1120993,
1121011, 1121017, 1121023, 1121027, 1121033, 1121047, 1121051,
1121083, 1121093, 1121101, 1121143, 1121147, 1121173, 1121179,
1121189, 1121191, 1121203, 1121221, 1121231, 1121249, 1121257,
1121261, 1121293, 1121297, 1121317, 1121333, 1121347, 1121357,
1121369, 1121377, 1121383, 1121387, 1121389, 1121423, 1121431,
1121443, 1121447, 1121453, 1121509, 1121539, 1121543, 1121557,
1121599, 1121621, 1121629, 1121651, 1121671, 1121689, 1121693,
1121699, 1121707, 1121723, 1121737, 1121819, 1121831, 1121833,
1121837, 1121839, 1121867, 1121899, 1121933, 1121941, 1121947,
1121987, 1121993, 1122001, 1122029, 1122041, 1122053, 1122071,
1122089, 1122091, 1122103, 1122113, 1122131, 1122133, 1122137,
1122139, 1122157, 1122179, 1122181, 1122227, 1122241, 1122259,
1122263, 1122269, 1122281, 1122283, 1122287, 1122367, 1122371,
1122389, 1122397, 1122419, 1122427, 1122431, 1122437, 1122449,
1122467, 1122481, 1122491, 1122529, 1122533, 1122551, 1122571,
1122587, 1122599, 1122623, 1122643, 1122647, 1122659, 1122679,
1122683, 1122701, 1122721, 1122739, 1122749, 1122757, 1122761,
1122811, 1122841, 1122857, 1122887, 1122899, 1122923, 1122937,
1122941, 1122983, 1122997, 1123051, 1123079, 1123081, 1123093,
1123127, 1123151, 1123181, 1123189, 1123211, 1123217, 1123219,
1123231, 1123247, 1123267, 1123279, 1123303, 1123307, 1123319,
1123327, 1123349, 1123351, 1123361, 1123379, 1123391, 1123399,
1123403, 1123427, 1123429, 1123439, 1123477, 1123483, 1123487,
1123501, 1123511, 1123517, 1123531, 1123541, 1123553, 1123561,
1123567, 1123589, 1123597, 1123601, 1123621, 1123631, 1123637,
1123651, 1123667, 1123669, 1123691, 1123693, 1123699, 1123709,
1123729, 1123739, 1123741, 1123747, 1123777, 1123807, 1123841,
1123867, 1123873, 1123879, 1123883, 1123897, 1123901, 1123909,
1123919, 1123931, 1123943, 1123951, 1123961, 1123973, 1123979,
1123999, 1124027, 1124041, 1124051, 1124083, 1124087, 1124107,
1124113, 1124119, 1124131, 1124141, 1124147, 1124197, 1124203,

प्रथम सौ हजार अभाज्य संख्याएँ

1124209, 1124219, 1124239, 1124251, 1124267, 1124269, 1124293,
1124297, 1124303, 1124317, 1124351, 1124353, 1124369, 1124377,
1124423, 1124429, 1124437, 1124441, 1124443, 1124449, 1124509,
1124531, 1124551, 1124561, 1124581, 1124593, 1124597, 1124603,
1124639, 1124647, 1124653, 1124659, 1124681, 1124687, 1124699,
1124719, 1124741, 1124749, 1124759, 1124789, 1124797, 1124803,
1124807, 1124813, 1124831, 1124833, 1124867, 1124869, 1124951,
1124957, 1124969, 1124983, 1124987, 1124993, 1125001, 1125013,
1125017, 1125029, 1125053, 1125097, 1125109, 1125121, 1125127,
1125139, 1125143, 1125151, 1125167, 1125169, 1125193, 1125203,
1125209, 1125217, 1125221, 1125253, 1125259, 1125283, 1125317,
1125323, 1125329, 1125343, 1125359, 1125361, 1125379, 1125391,
1125401, 1125407, 1125419, 1125431, 1125433, 1125469, 1125473,
1125479, 1125499, 1125529, 1125539, 1125557, 1125559, 1125569,
1125571, 1125581, 1125599, 1125629, 1125647, 1125653, 1125679,
1125701, 1125713, 1125739, 1125763, 1125767, 1125793, 1125797,
1125811, 1125823, 1125833, 1125857, 1125871, 1125899, 1125907,
1125911, 1125913, 1125923, 1125931, 1125941, 1125953, 1125973,
1125991, 1126031, 1126033, 1126043, 1126067, 1126093, 1126159,
1126189, 1126201, 1126211, 1126219, 1126247, 1126253, 1126259,
1126283, 1126313, 1126319, 1126343, 1126351, 1126357, 1126361,
1126381, 1126387, 1126397, 1126399, 1126421, 1126439, 1126441,
1126457, 1126459, 1126483, 1126501, 1126513, 1126519, 1126523,
1126537, 1126553, 1126561, 1126577, 1126579, 1126597, 1126627,
1126649, 1126661, 1126663, 1126667, 1126669, 1126693, 1126703,
1126711, 1126751, 1126759, 1126771, 1126781, 1126787, 1126823,
1126831, 1126837, 1126843, 1126847, 1126859, 1126861, 1126889,
1126897, 1126963, 1126973, 1126991, 1126999, 1127011, 1127029,
1127033, 1127039, 1127051, 1127081, 1127101, 1127111, 1127123,
1127149, 1127153, 1127167, 1127177, 1127183, 1127197, 1127209,
1127221, 1127227, 1127239, 1127249, 1127263, 1127281, 1127297,
1127303, 1127309, 1127311, 1127323, 1127333, 1127351, 1127359,
1127369, 1127381, 1127383, 1127393, 1127407, 1127411, 1127443,
1127447, 1127453, 1127461, 1127507, 1127513, 1127527, 1127531,
1127537, 1127557, 1127561, 1127573, 1127587, 1127603, 1127617,
1127629, 1127641, 1127657, 1127663, 1127683, 1127701, 1127741,
1127767, 1127773, 1127801, 1127803, 1127809, 1127813, 1127837,
1127849, 1127857, 1127881, 1127891, 1127911, 1127947, 1127957,
1127969, 1127981, 1127983, 1127993, 1128031, 1128037, 1128089,
1128091, 1128107, 1128109, 1128143, 1128151, 1128161, 1128181,
1128209, 1128223, 1128227, 1128233, 1128247, 1128251, 1128287,
1128289, 1128293, 1128299, 1128301, 1128313, 1128349, 1128371,
1128373, 1128383, 1128397, 1128427, 1128433, 1128451, 1128497,
1128499, 1128503, 1128509, 1128521, 1128527, 1128539, 1128553,
1128557, 1128577, 1128583, 1128599, 1128601, 1128623, 1128629,
1128637, 1128641, 1128643, 1128661, 1128667, 1128691, 1128697,
1128703, 1128713, 1128719, 1128727, 1128731, 1128737, 1128761,
1128763, 1128769, 1128773, 1128779, 1128781, 1128811, 1128821,

प्रथम सौ हजार अभाज्य संख्याएँ

1128823, 1128889, 1128899, 1128901, 1128917, 1128931, 1128937,
1128943, 1128947, 1128949, 1128977, 1128979, 1128997, 1129013,
1129019, 1129033, 1129043, 1129103, 1129109, 1129111, 1129127,
1129133, 1129153, 1129159, 1129169, 1129187, 1129211, 1129213,
1129217, 1129229, 1129253, 1129283, 1129307, 1129313, 1129333,
1129343, 1129367, 1129391, 1129399, 1129409, 1129433, 1129439,
1129441, 1129459, 1129477, 1129487, 1129489, 1129501, 1129511,
1129519, 1129523, 1129559, 1129561, 1129571, 1129577, 1129603,
1129619, 1129643, 1129663, 1129679, 1129693, 1129699, 1129717,
1129729, 1129741, 1129747, 1129757, 1129763, 1129787, 1129789,
1129819, 1129831, 1129841, 1129847, 1129853, 1129859, 1129861,
1129889, 1129897, 1129951, 1129957, 1129963, 1129991, 1130011,
1130023, 1130039, 1130047, 1130053, 1130057, 1130081, 1130099,
1130117, 1130123, 1130131, 1130191, 1130237, 1130251, 1130257,
1130267, 1130273, 1130281, 1130287, 1130293, 1130299, 1130317,
1130321, 1130351, 1130359, 1130369, 1130407, 1130413, 1130417,
1130429, 1130431, 1130447, 1130471, 1130497, 1130501, 1130527,
1130561, 1130579, 1130581, 1130587, 1130621, 1130627, 1130629,
1130639, 1130641, 1130651, 1130677, 1130693, 1130699, 1130711,
1130719, 1130737, 1130741, 1130777, 1130783, 1130803, 1130807,
1130809, 1130813, 1130819, 1130827, 1130863, 1130929, 1130939,
1130947, 1130951, 1130953, 1130957, 1130963, 1130981, 1131023,
1131047, 1131049, 1131077, 1131079, 1131083, 1131103, 1131113,
1131121, 1131131, 1131133, 1131139, 1131157, 1131181, 1131191,
1131217, 1131223, 1131239, 1131253, 1131259, 1131269, 1131271,
1131307, 1131323, 1131329, 1131331, 1131341, 1131343, 1131353,
1131379, 1131397, 1131413, 1131419, 1131421, 1131437, 1131451,
1131463, 1131467, 1131479, 1131491, 1131509, 1131523, 1131547,
1131553, 1131569, 1131617, 1131629, 1131643, 1131653, 1131671,
1131677, 1131701, 1131721, 1131727, 1131737, 1131749, 1131751,
1131763, 1131769, 1131787, 1131799, 1131821, 1131827, 1131829,
1131839, 1131857, 1131863, 1131869, 1131881, 1131883, 1131913,
1131917, 1131919, 1131937, 1131943, 1131959, 1131961, 1131973,
1131997, 1132003, 1132009, 1132063, 1132067, 1132091, 1132123,
1132139, 1132141, 1132177, 1132199, 1132223, 1132249, 1132259,
1132291, 1132301, 1132309, 1132321, 1132333, 1132393, 1132403,
1132409, 1132423, 1132429, 1132447, 1132463, 1132471, 1132477,
1132487, 1132499, 1132507, 1132511, 1132519, 1132529, 1132541,
1132561, 1132567, 1132583, 1132597, 1132601, 1132603, 1132627,
1132633, 1132639, 1132643, 1132661, 1132667, 1132673, 1132679,
1132697, 1132721, 1132739, 1132753, 1132783, 1132787, 1132793,
1132811, 1132823, 1132861, 1132877, 1132883, 1132909, 1132919,
1132927, 1132933, 1132949, 1132969, 1132979, 1132987, 1132991,
1132993, 1132997, 1133009, 1133017, 1133039, 1133047, 1133053,
1133071, 1133131, 1133147, 1133149, 1133159, 1133173, 1133177,
1133183, 1133189, 1133191, 1133219, 1133227, 1133239, 1133257,
1133261, 1133263, 1133287, 1133303, 1133317, 1133333, 1133357,
1133359, 1133381, 1133387, 1133459, 1133467, 1133477, 1133479,

1133501, 1133507, 1133513, 1133519, 1133533, 1133537, 1133551,
1133579, 1133591, 1133621, 1133623, 1133633, 1133641, 1133651,
1133653, 1133659, 1133677, 1133681, 1133683, 1133689, 1133731,
1133777, 1133789, 1133809, 1133819, 1133827, 1133837, 1133843,
1133851, 1133857, 1133861, 1133893, 1133897, 1133903, 1133911,
1133933, 1133947, 1133959, 1133963, 1133971, 1133989, 1134031,
1134037, 1134043, 1134047, 1134059, 1134071, 1134079, 1134113,
1134137, 1134143, 1134149, 1134151, 1134163, 1134169, 1134179,
1134187, 1134193, 1134239, 1134241, 1134247, 1134271, 1134283,
1134299, 1134311, 1134313, 1134389, 1134391, 1134403, 1134421,
1134437, 1134443, 1134449, 1134467, 1134479, 1134481, 1134487,
1134503, 1134517, 1134541, 1134557, 1134559, 1134583, 1134587,
1134607, 1134611, 1134619, 1134649, 1134667, 1134673, 1134691,
1134697, 1134703, 1134709, 1134719, 1134769, 1134781, 1134787,
1134811, 1134821, 1134841, 1134863, 1134871, 1134877, 1134883,
1134907, 1134923, 1134929, 1134961, 1134967, 1134977, 1134989,
1135007, 1135009, 1135019, 1135021, 1135061, 1135063, 1135081,
1135087, 1135091, 1135093, 1135103, 1135111, 1135129, 1135133,
1135159, 1135171, 1135187, 1135201, 1135217, 1135229, 1135237,
1135241, 1135247, 1135261, 1135279, 1135283, 1135291, 1135327,
1135333, 1135339, 1135363, 1135367, 1135403, 1135411, 1135427,
1135429, 1135439, 1135451, 1135469, 1135483, 1135513, 1135531,
1135597, 1135613, 1135619, 1135633, 1135643, 1135657, 1135663,
1135699, 1135703, 1135711, 1135721, 1135733, 1135751, 1135777,
1135819, 1135831, 1135837, 1135847, 1135853, 1135859, 1135861,
1135873, 1135879, 1135891, 1135903, 1135913, 1135919, 1135921,
1135951, 1135963, 1135969, 1135997, 1135999, 1136041, 1136053,
1136063, 1136077, 1136081, 1136087, 1136089, 1136111, 1136117,
1136123, 1136129, 1136147, 1136153, 1136183, 1136203, 1136221,
1136227, 1136231, 1136237, 1136287, 1136299, 1136309, 1136327,
1136329, 1136339, 1136357, 1136363, 1136383, 1136389, 1136393,
1136411, 1136417, 1136449, 1136459, 1136461, 1136477, 1136483,
1136557, 1136567, 1136579, 1136587, 1136593, 1136609, 1136617,
1136623, 1136627, 1136633, 1136647, 1136651, 1136659, 1136669,
1136699, 1136717, 1136719, 1136741, 1136749, 1136767, 1136809,
1136813, 1136819, 1136831, 1136833, 1136843, 1136869, 1136897,
1136917, 1136921, 1136939, 1136951, 1136969, 1136981, 1136983,
1136999, 1137001, 1137007, 1137029, 1137067, 1137091, 1137109,
1137137, 1137139, 1137161, 1137163, 1137167, 1137179, 1137203,
1137209, 1137229, 1137233, 1137247, 1137263, 1137271, 1137289,
1137313, 1137329, 1137337, 1137341, 1137403, 1137407, 1137427,
1137439, 1137457, 1137481, 1137503, 1137527, 1137529, 1137547,
1137551, 1137553, 1137569, 1137611, 1137613, 1137629, 1137659,
1137667, 1137673, 1137677, 1137707, 1137733, 1137743, 1137749,
1137767, 1137781, 1137803, 1137809, 1137811, 1137817, 1137859,
1137863, 1137869, 1137881, 1137883, 1137887, 1137889, 1137911,
1137919, 1137937, 1137953, 1137959, 1137973, 1137977, 1137991,
1138019, 1138057, 1138061, 1138091, 1138097, 1138117, 1138127,

प्रथम सौ हजार अभाज्य संख्याएँ

1138141, 1138147, 1138171, 1138183, 1138213, 1138237, 1138273,
1138363, 1138367, 1138369, 1138391, 1138393, 1138409, 1138411,
1138427, 1138429, 1138433, 1138441, 1138451, 1138457, 1138483,
1138519, 1138547, 1138559, 1138567, 1138589, 1138591, 1138637,
1138639, 1138649, 1138667, 1138673, 1138679, 1138681, 1138703,
1138717, 1138729, 1138733, 1138741, 1138751, 1138757, 1138771,
1138777, 1138793, 1138829, 1138831, 1138849, 1138853, 1138867,
1138883, 1138901, 1138919, 1138957, 1138961, 1138967, 1138979,
1138987, 1138997, 1138999, 1139003, 1139011, 1139041, 1139059,
1139081, 1139087, 1139123, 1139141, 1139143, 1139147, 1139191,
1139197, 1139227, 1139239, 1139249, 1139263, 1139269, 1139273,
1139287, 1139291, 1139293, 1139309, 1139321, 1139329, 1139353,
1139387, 1139393, 1139407, 1139423, 1139461, 1139471, 1139473,
1139483, 1139491, 1139503, 1139519, 1139521, 1139531, 1139539,
1139549, 1139557, 1139573, 1139587, 1139623, 1139669, 1139681,
1139683, 1139687, 1139713, 1139717, 1139741, 1139771, 1139773,
1139779, 1139807, 1139819, 1139843, 1139849, 1139851, 1139861,
1139863, 1139869, 1139909, 1139911, 1139917, 1139921, 1139951,
1139959, 1139989, 1139993, 1140091, 1140101, 1140103, 1140121,
1140127, 1140131, 1140137, 1140143, 1140157, 1140163, 1140197,
1140203, 1140233, 1140239, 1140253, 1140257, 1140281, 1140289,
1140311, 1140319, 1140341, 1140353, 1140371, 1140379, 1140383,
1140389, 1140413, 1140421, 1140431, 1140439, 1140449, 1140463,
1140487, 1140493, 1140533, 1140539, 1140563, 1140569, 1140571,
1140577, 1140611, 1140619, 1140637, 1140677, 1140679, 1140691,
1140697, 1140709, 1140721, 1140749, 1140787, 1140803, 1140847,
1140851, 1140859, 1140863, 1140871, 1140901, 1140911, 1140913,
1140929, 1140949, 1140959, 1140967, 1140973, 1140983, 1140991,
1141009, 1141013, 1141027, 1141031, 1141033, 1141039, 1141061,
1141067, 1141081, 1141087, 1141093, 1141097, 1141103, 1141109,
1141123, 1141139, 1141171, 1141219, 1141223, 1141229, 1141241,
1141243, 1141253, 1141267, 1141271, 1141277, 1141279, 1141289,
1141291, 1141303, 1141319, 1141321, 1141351, 1141373, 1141379,
1141381, 1141391, 1141417, 1141423, 1141447, 1141453, 1141477,
1141507, 1141523, 1141529, 1141531, 1141541, 1141571, 1141573,
1141597, 1141631, 1141633, 1141649, 1141661, 1141667, 1141717,
1141739, 1141757, 1141769, 1141801, 1141813, 1141837, 1141849,
1141853, 1141867, 1141871, 1141901, 1141909, 1141949, 1141963,
1141967, 1141969, 1141999, 1142003, 1142017, 1142021, 1142039,
1142041, 1142059, 1142069, 1142083, 1142129, 1142131, 1142159,
1142161, 1142171, 1142191, 1142201, 1142233, 1142237, 1142243,
1142263, 1142269, 1142279, 1142287, 1142311, 1142321, 1142333,
1142353, 1142357, 1142359, 1142363, 1142389, 1142423, 1142431,
1142473, 1142483, 1142503, 1142507, 1142509, 1142539, 1142549,
1142569, 1142573, 1142593, 1142599, 1142633, 1142651, 1142677,
1142693, 1142707, 1142737, 1142759, 1142773, 1142777, 1142783,
1142789, 1142809, 1142821, 1142833, 1142837, 1142851, 1142863,
1142881, 1142891, 1142909, 1142917, 1142923, 1142929, 1142941,

1142959, 1142969, 1142971, 1143013, 1143019, 1143047, 1143049,
1143053, 1143061, 1143067, 1143071, 1143073, 1143089, 1143091,
1143101, 1143113, 1143143, 1143161, 1143167, 1143193, 1143217,
1143223, 1143227, 1143239, 1143257, 1143269, 1143281, 1143283,
1143299, 1143341, 1143347, 1143371, 1143391, 1143407, 1143433,
1143469, 1143473, 1143481, 1143487, 1143529, 1143551, 1143563,
1143577, 1143587, 1143589, 1143601, 1143619, 1143643, 1143647,
1143661, 1143679, 1143697, 1143719, 1143749, 1143763, 1143799,
1143803, 1143809, 1143817, 1143829, 1143851, 1143887, 1143893,
1143943, 1143949, 1143953, 1143959, 1143977, 1144001, 1144007,
1144019, 1144037, 1144061, 1144081, 1144103, 1144139, 1144141,
1144147, 1144153, 1144163, 1144183, 1144193, 1144211, 1144223,
1144243, 1144249, 1144261, 1144271, 1144277, 1144279, 1144291,
1144301, 1144327, 1144333, 1144343, 1144349, 1144357, 1144379,
1144393, 1144399, 1144417, 1144439, 1144441, 1144453, 1144477,
1144483, 1144499, 1144511, 1144519, 1144523, 1144529, 1144537,
1144573, 1144589, 1144603, 1144607, 1144621, 1144643, 1144657,
1144667, 1144681, 1144691, 1144721, 1144723, 1144727, 1144739,
1144757, 1144783, 1144823, 1144837, 1144867, 1144877, 1144879,
1144889, 1144901, 1144903, 1144907, 1144919, 1144931, 1144939,
1144951, 1144973, 1144981, 1144993, 1145003, 1145021, 1145057,
1145059, 1145077, 1145093, 1145099, 1145107, 1145129, 1145141,
1145143, 1145173, 1145189, 1145191, 1145203, 1145213, 1145227,
1145269, 1145281, 1145293, 1145299, 1145303, 1145311, 1145323,
1145327, 1145329, 1145359, 1145369, 1145371, 1145381, 1145387,
1145393, 1145411, 1145429, 1145461, 1145479, 1145497, 1145509,
1145533, 1145537, 1145539, 1145593, 1145611, 1145621, 1145623,
1145659, 1145689, 1145693, 1145713, 1145723, 1145741, 1145743,
1145747, 1145773, 1145789, 1145797, 1145801, 1145803, 1145831,
1145843, 1145849, 1145873, 1145897, 1145899, 1145971, 1145983,
1145999, 1146037, 1146043, 1146049, 1146071, 1146083, 1146091,
1146097, 1146133, 1146143, 1146179, 1146217, 1146221, 1146263,
1146281, 1146307, 1146323, 1146329, 1146331, 1146347, 1146367,
1146391, 1146407, 1146413, 1146419, 1146421, 1146461, 1146487,
1146491, 1146511, 1146521, 1146529, 1146533, 1146539, 1146559,
1146569, 1146581, 1146661, 1146671, 1146679, 1146697, 1146703,
1146709, 1146713, 1146727, 1146731, 1146763, 1146773, 1146779,
1146781, 1146787, 1146791, 1146793, 1146797, 1146799, 1146809,
1146823, 1146829, 1146833, 1146841, 1146857, 1146869, 1146877,
1146881, 1146911, 1146917, 1146931, 1146947, 1146953, 1146967,
1146989, 1147009, 1147021, 1147039, 1147043, 1147051, 1147067,
1147073, 1147099, 1147103, 1147117, 1147127, 1147141, 1147169,
1147183, 1147187, 1147189, 1147193, 1147213, 1147229, 1147231,
1147243, 1147247, 1147249, 1147253, 1147271, 1147273, 1147297,
1147301, 1147331, 1147339, 1147351, 1147379, 1147387, 1147409,
1147417, 1147423, 1147427, 1147441, 1147451, 1147453, 1147459,
1147463, 1147499, 1147507, 1147511, 1147561, 1147567, 1147571,
1147579, 1147583, 1147591, 1147613, 1147621, 1147637, 1147639,

प्रथम सौ हजार अभाज्य संख्याएँ

1147669, 1147697, 1147709, 1147711, 1147717, 1147739, 1147759,
1147793, 1147819, 1147841, 1147843, 1147889, 1147897, 1147903,
1147921, 1147931, 1147969, 1147981, 1147987, 1147997, 1148029,
1148039, 1148047, 1148087, 1148089, 1148099, 1148111, 1148167,
1148171, 1148177, 1148219, 1148249, 1148261, 1148263, 1148291,
1148293, 1148297, 1148311, 1148327, 1148339, 1148359, 1148377,
1148387, 1148437, 1148453, 1148489, 1148501, 1148507, 1148513,
1148527, 1148549, 1148561, 1148593, 1148599, 1148621, 1148629,
1148647, 1148663, 1148677, 1148681, 1148687, 1148701, 1148713,
1148729, 1148731, 1148737, 1148747, 1148753, 1148761, 1148773,
1148837, 1148839, 1148857, 1148867, 1148879, 1148921, 1148933,
1148941, 1148957, 1148963, 1148971, 1148977, 1148981, 1148989,
1148999, 1149007, 1149017, 1149037, 1149053, 1149059, 1149061,
1149131, 1149151, 1149157, 1149163, 1149167, 1149191, 1149193,
1149209, 1149221, 1149227, 1149229, 1149233, 1149259, 1149283,
1149307, 1149341, 1149349, 1149361, 1149373, 1149403, 1149409,
1149413, 1149427, 1149457, 1149469, 1149487, 1149493, 1149503,
1149509, 1149521, 1149527, 1149539, 1149559, 1149569, 1149581,
1149587, 1149593, 1149601, 1149607, 1149619, 1149637, 1149641,
1149661, 1149679, 1149689, 1149737, 1149749, 1149769, 1149773,
1149779, 1149803, 1149817, 1149857, 1149859, 1149881, 1149887,
1149901, 1149913, 1149917, 1149919, 1149943, 1149971, 1149979,
1149983, 1149989, 1149991, 1150027, 1150031, 1150057, 1150063,
1150073, 1150081, 1150103, 1150117, 1150139, 1150141, 1150151,
1150159, 1150183, 1150187, 1150199, 1150211, 1150213, 1150217,
1150229, 1150243, 1150249, 1150301, 1150309, 1150349, 1150351,
1150363, 1150397, 1150403, 1150411, 1150417, 1150421, 1150423,
1150447, 1150489, 1150511, 1150519, 1150531, 1150537, 1150547,
1150561, 1150579, 1150603, 1150609, 1150631, 1150649, 1150651,
1150657, 1150661, 1150673, 1150687, 1150703, 1150717, 1150729,
1150733, 1150739, 1150741, 1150757, 1150763, 1150769, 1150777,
1150783, 1150823, 1150837, 1150847, 1150861, 1150867, 1150871,
1150873, 1150879, 1150909, 1150921, 1150927, 1150939, 1150949,
1150957, 1150973, 1150987, 1151021, 1151041, 1151047, 1151057,
1151063, 1151069, 1151083, 1151089, 1151113, 1151141, 1151147,
1151159, 1151167, 1151177, 1151179, 1151203, 1151209, 1151221,
1151233, 1151237, 1151243, 1151251, 1151287, 1151303, 1151317,
1151327, 1151333, 1151363, 1151369, 1151383, 1151389, 1151399,
1151401, 1151413, 1151417, 1151431, 1151441, 1151443, 1151471,
1151473, 1151483, 1151519, 1151537, 1151569, 1151581, 1151593,
1151599, 1151603, 1151611, 1151629, 1151639, 1151651, 1151653,
1151659, 1151671, 1151687, 1151701, 1151713, 1151729, 1151737,
1151747, 1151753, 1151779, 1151807, 1151861, 1151873, 1151879,
1151881, 1151911, 1151933, 1151963, 1151981, 1151987, 1151993,
1151999, 1152023, 1152029, 1152037, 1152071, 1152077, 1152079,
1152091, 1152113, 1152119, 1152121, 1152149, 1152157, 1152161,
1152163, 1152181, 1152187, 1152227, 1152233, 1152287, 1152313,
1152317, 1152337, 1152343, 1152367, 1152383, 1152391, 1152397,

प्रथम सौ हजार अभाज्य संख्याएँ

1152419, 1152421, 1152493, 1152509, 1152517, 1152523, 1152527,
1152589, 1152623, 1152629, 1152631, 1152637, 1152643, 1152649,
1152653, 1152667, 1152677, 1152707, 1152733, 1152751, 1152757,
1152761, 1152763, 1152773, 1152791, 1152793, 1152799, 1152841,
1152857, 1152881, 1152887, 1152913, 1152917, 1152937, 1152941,
1152979, 1152989, 1152997, 1153001, 1153007, 1153021, 1153027,
1153049, 1153057, 1153063, 1153073, 1153099, 1153109, 1153123,
1153147, 1153153, 1153157, 1153171, 1153177, 1153183, 1153199,
1153211, 1153219, 1153223, 1153237, 1153241, 1153247, 1153249,
1153261, 1153267, 1153277, 1153309, 1153337, 1153343, 1153349,
1153367, 1153393, 1153421, 1153429, 1153441, 1153457, 1153459,
1153463, 1153483, 1153487, 1153511, 1153517, 1153531, 1153553,
1153573, 1153577, 1153589, 1153597, 1153609, 1153613, 1153639,
1153643, 1153681, 1153687, 1153721, 1153729, 1153751, 1153753,
1153759, 1153769, 1153777, 1153799, 1153811, 1153849, 1153853,
1153871, 1153891, 1153921, 1153967, 1153973, 1154017, 1154029,
1154033, 1154039, 1154047, 1154051, 1154119, 1154123, 1154129,
1154159, 1154173, 1154177, 1154183, 1154207, 1154221, 1154227,
1154233, 1154239, 1154243, 1154267, 1154291, 1154297, 1154299,
1154311, 1154323, 1154327, 1154339, 1154353, 1154359, 1154369,
1154401, 1154411, 1154431, 1154449, 1154467, 1154473, 1154509,
1154513, 1154537, 1154539, 1154551, 1154561, 1154563, 1154567,
1154579, 1154581, 1154603, 1154633, 1154639, 1154651, 1154653,
1154707, 1154723, 1154737, 1154753, 1154771, 1154789, 1154819,
1154821, 1154849, 1154863, 1154887, 1154893, 1154897, 1154911,
1154927, 1154947, 1154969, 1154971, 1154987, 1155001, 1155017,
1155019, 1155053, 1155061, 1155071, 1155097, 1155101, 1155107,
1155127, 1155149, 1155151, 1155169, 1155179, 1155211, 1155223,
1155233, 1155239, 1155247, 1155263, 1155293, 1155311, 1155317,
1155373, 1155377, 1155379, 1155403, 1155419, 1155431, 1155437,
1155449, 1155457, 1155461, 1155499, 1155527, 1155529, 1155569,
1155577, 1155601, 1155607, 1155611, 1155613, 1155617, 1155619,
1155629, 1155631, 1155653, 1155659, 1155689, 1155697, 1155701,
1155703, 1155709, 1155733, 1155821, 1155823, 1155829, 1155841,
1155851, 1155859, 1155863, 1155899, 1155901, 1155907, 1155919,
1155923, 1155929, 1155937, 1155943, 1155953, 1155961, 1155967,
1155971, 1155977, 1155997, 1156009, 1156013, 1156019, 1156031,
1156033, 1156037, 1156039, 1156073, 1156079, 1156087, 1156097,
1156109, 1156121, 1156151, 1156157, 1156171, 1156217, 1156229,
1156231, 1156249, 1156261, 1156271, 1156291, 1156297, 1156303,
1156307, 1156327, 1156333, 1156343, 1156367, 1156369, 1156387,
1156403, 1156423, 1156427, 1156429, 1156451, 1156453, 1156457,
1156483, 1156501, 1156523, 1156537, 1156541, 1156553, 1156567,
1156591, 1156613, 1156627, 1156633, 1156637, 1156643, 1156681,
1156699, 1156709, 1156711, 1156721, 1156741, 1156747, 1156751,
1156769, 1156783, 1156801, 1156807, 1156819, 1156823, 1156847,
1156849, 1156873, 1156907, 1156927, 1156949, 1156963, 1156997,
1157011, 1157017, 1157033, 1157053, 1157059, 1157063, 1157069,

प्रथम सौ हजार अभाज्य संख्याएँ

1157077, 1157099, 1157111, 1157131, 1157159, 1157171, 1157179,
1157183, 1157201, 1157203, 1157209, 1157213, 1157227, 1157237,
1157243, 1157251, 1157257, 1157263, 1157279, 1157293, 1157327,
1157333, 1157339, 1157341, 1157357, 1157363, 1157369, 1157381,
1157393, 1157413, 1157437, 1157449, 1157489, 1157491, 1157503,
1157531, 1157539, 1157557, 1157579, 1157591, 1157609, 1157621,
1157627, 1157641, 1157669, 1157671, 1157699, 1157701, 1157711,
1157713, 1157729, 1157747, 1157749, 1157759, 1157771, 1157773,
1157791, 1157831, 1157833, 1157837, 1157839, 1157851, 1157869,
1157873, 1157899, 1157929, 1157953, 1157969, 1157977, 1157987,
1158007, 1158011, 1158037, 1158071, 1158077, 1158089, 1158121,
1158133, 1158139, 1158161, 1158187, 1158197, 1158203, 1158217,
1158247, 1158251, 1158263, 1158271, 1158293, 1158301, 1158307,
1158317, 1158323, 1158341, 1158361, 1158383, 1158389, 1158401,
1158407, 1158419, 1158427, 1158457, 1158461, 1158467, 1158473,
1158481, 1158491, 1158523, 1158529, 1158539, 1158541, 1158551,
1158569, 1158587, 1158593, 1158607, 1158611, 1158613, 1158617,
1158629, 1158643, 1158653, 1158673, 1158679, 1158683, 1158713,
1158719, 1158743, 1158757, 1158761, 1158769, 1158799, 1158821,
1158823, 1158827, 1158841, 1158847, 1158863, 1158881, 1158887,
1158923, 1158953, 1158961, 1158977, 1158991, 1159001, 1159007,
1159027, 1159031, 1159049, 1159063, 1159073, 1159079, 1159087,
1159091, 1159127, 1159139, 1159153, 1159187, 1159189, 1159199,
1159201, 1159229, 1159231, 1159241, 1159243, 1159259, 1159271,
1159283, 1159303, 1159337, 1159339, 1159381, 1159393, 1159397,
1159421, 1159423, 1159429, 1159447, 1159463, 1159489, 1159517,
1159523, 1159531, 1159541, 1159577, 1159583, 1159597, 1159601,
1159633, 1159649, 1159661, 1159663, 1159709, 1159721, 1159777,
1159787, 1159789, 1159811, 1159813, 1159843, 1159853, 1159861,
1159877, 1159889, 1159901, 1159909, 1159919, 1159967, 1159973,
1159981, 1159993, 1159997, 1160009, 1160039, 1160041, 1160057,
1160077, 1160111, 1160129, 1160141, 1160147, 1160161, 1160167,
1160179, 1160207, 1160213, 1160219, 1160221, 1160227, 1160251,
1160279, 1160287, 1160297, 1160303, 1160309, 1160317, 1160351,
1160359, 1160363, 1160371, 1160407, 1160413, 1160429, 1160443,
1160447, 1160449, 1160459, 1160473, 1160479, 1160491, 1160503,
1160513, 1160519, 1160543, 1160567, 1160569, 1160581, 1160597,
1160611, 1160639, 1160659, 1160681, 1160689, 1160713, 1160717,
1160749, 1160771, 1160807, 1160813, 1160837, 1160839, 1160867,
1160893, 1160903, 1160911, 1160927, 1160941, 1160953, 1160977,
1160983, 1160987, 1160989, 1161001, 1161007, 1161011, 1161031,
1161037, 1161047, 1161059, 1161077, 1161091, 1161101, 1161107,
1161113, 1161137, 1161143, 1161163, 1161169, 1161203, 1161217,
1161227, 1161233, 1161239, 1161241, 1161263, 1161269, 1161289,
1161313, 1161317, 1161331, 1161343, 1161371, 1161397, 1161401,
1161403, 1161437, 1161439, 1161443, 1161449, 1161463, 1161481,
1161487, 1161493, 1161497, 1161499, 1161509, 1161521, 1161529,
1161547, 1161551, 1161553, 1161581, 1161599, 1161617, 1161619,

1161637, 1161647, 1161659, 1161683, 1161691, 1161703, 1161749,
1161757, 1161761, 1161767, 1161781, 1161791, 1161829, 1161833,
1161841, 1161851, 1161857, 1161871, 1161877, 1161883, 1161893,
1161929, 1161931, 1161947, 1161949, 1161991, 1161997, 1162009,
1162037, 1162043, 1162061, 1162067, 1162079, 1162081, 1162093,
1162099, 1162129, 1162193, 1162219, 1162223, 1162229, 1162243,
1162253, 1162261, 1162277, 1162279, 1162297, 1162303, 1162321,
1162339, 1162361, 1162367, 1162373, 1162417, 1162423, 1162453,
1162463, 1162471, 1162481, 1162493, 1162501, 1162507, 1162529,
1162537, 1162541, 1162543, 1162547, 1162559, 1162571, 1162573,
1162583, 1162589, 1162597, 1162619, 1162621, 1162631, 1162649,
1162663, 1162669, 1162687, 1162691, 1162709, 1162727, 1162729,
1162741, 1162751, 1162753, 1162771, 1162789, 1162793, 1162807,
1162853, 1162859, 1162867, 1162877, 1162879, 1162897, 1162901,
1162907, 1162927, 1162937, 1162943, 1162951, 1162957, 1162961,
1162969, 1162981, 1162991, 1163003, 1163011, 1163017, 1163033,
1163039, 1163069, 1163077, 1163081, 1163083, 1163093, 1163111,
1163119, 1163131, 1163137, 1163143, 1163147, 1163159, 1163167,
1163177, 1163189, 1163207, 1163221, 1163231, 1163233, 1163251,
1163257, 1163263, 1163273, 1163311, 1163329, 1163333, 1163339,
1163353, 1163417, 1163423, 1163431, 1163441, 1163467, 1163473,
1163479, 1163483, 1163507, 1163521, 1163543, 1163551, 1163557,
1163581, 1163587, 1163609, 1163611, 1163627, 1163629, 1163641,
1163651, 1163653, 1163663, 1163671, 1163689, 1163699, 1163711,
1163713, 1163717, 1163719, 1163737, 1163753, 1163759, 1163783,
1163791, 1163821, 1163831, 1163843, 1163849, 1163873, 1163879,
1163891, 1163923, 1163947, 1163969, 1163971, 1163977, 1163989,
1163993, 1164001, 1164029, 1164043, 1164067, 1164071, 1164077,
1164091, 1164101, 1164173, 1164179, 1164181, 1164193, 1164199,
1164203, 1164217, 1164221, 1164253, 1164287, 1164323, 1164343,
1164367, 1164409, 1164413, 1164419, 1164431, 1164433, 1164439,
1164461, 1164479, 1164497, 1164503, 1164511, 1164521, 1164533,
1164557, 1164571, 1164587, 1164589, 1164593, 1164599, 1164607,
1164617, 1164623, 1164629, 1164641, 1164659, 1164671, 1164689,
1164731, 1164749, 1164791, 1164799, 1164803, 1164811, 1164817,
1164829, 1164841, 1164853, 1164859, 1164869, 1164899, 1164937,
1164941, 1164953, 1164967, 1164979, 1164991, 1164997, 1165001,
1165037, 1165049, 1165051, 1165057, 1165069, 1165079, 1165081,
1165103, 1165121, 1165127, 1165139, 1165147, 1165183, 1165187,
1165189, 1165193, 1165201, 1165207, 1165211, 1165217, 1165223,
1165273, 1165279, 1165301, 1165303, 1165349, 1165357, 1165361,
1165363, 1165379, 1165397, 1165399, 1165421, 1165447, 1165453,
1165471, 1165511, 1165529, 1165531, 1165579, 1165583, 1165643,
1165667, 1165691, 1165711, 1165721, 1165727, 1165729, 1165739,
1165751, 1165777, 1165789, 1165799, 1165819, 1165823, 1165831,
1165837, 1165849, 1165861, 1165873, 1165889, 1165903, 1165909,
1165919, 1165921, 1165933, 1165937, 1165943, 1165949, 1165951,
1165991, 1165993, 1166021, 1166027, 1166041, 1166057, 1166083,

प्रथम सौ हजार अभाज्य संख्याएँ

1166089, 1166093, 1166101, 1166107, 1166131, 1166141, 1166147,
1166153, 1166213, 1166219, 1166227, 1166237, 1166287, 1166311,
1166323, 1166329, 1166359, 1166383, 1166393, 1166401, 1166411,
1166413, 1166441, 1166453, 1166479, 1166483, 1166497, 1166507,
1166527, 1166531, 1166533, 1166549, 1166563, 1166567, 1166569,
1166579, 1166597, 1166603, 1166609, 1166617, 1166639, 1166663,
1166677, 1166687, 1166713, 1166723, 1166729, 1166741, 1166773,
1166779, 1166801, 1166807, 1166827, 1166833, 1166839, 1166849,
1166857, 1166861, 1166903, 1166927, 1166929, 1166947, 1166953,
1166969, 1166987, 1167011, 1167013, 1167053, 1167059, 1167077,
1167083, 1167139, 1167143, 1167157, 1167167, 1167193, 1167209,
1167211, 1167217, 1167233, 1167241, 1167251, 1167277, 1167289,
1167293, 1167307, 1167317, 1167329, 1167347, 1167349, 1167359,
1167391, 1167409, 1167421, 1167443, 1167449, 1167469, 1167473,
1167539, 1167547, 1167559, 1167571, 1167581, 1167587, 1167599,
1167613, 1167623, 1167637, 1167653, 1167659, 1167667, 1167689,
1167697, 1167701, 1167703, 1167707, 1167709, 1167731, 1167763,
1167773, 1167791, 1167799, 1167811, 1167821, 1167823, 1167833,
1167839, 1167841, 1167847, 1167853, 1167869, 1167889, 1167899,
1167913, 1167919, 1167937, 1167953, 1167973, 1168001, 1168007,
1168031, 1168039, 1168043, 1168093, 1168133, 1168151, 1168169,
1168183, 1168187, 1168231, 1168241, 1168243, 1168247, 1168249,
1168261, 1168301, 1168319, 1168327, 1168337, 1168339, 1168351,
1168357, 1168361, 1168397, 1168399, 1168403, 1168411, 1168451,
1168463, 1168477, 1168487, 1168493, 1168501, 1168523, 1168537,
1168553, 1168619, 1168621, 1168627, 1168637, 1168639, 1168693,
1168711, 1168721, 1168751, 1168757, 1168763, 1168771, 1168789,
1168799, 1168819, 1168829, 1168831, 1168841, 1168847, 1168859,
1168877, 1168879, 1168897, 1168919, 1168927, 1168931, 1168933,
1168957, 1168969, 1168987, 1168997, 1169009, 1169011, 1169017,
1169023, 1169027, 1169029, 1169059, 1169081, 1169131, 1169137,
1169149, 1169171, 1169177, 1169183, 1169191, 1169249, 1169257,
1169261, 1169269, 1169281, 1169293, 1169323, 1169327, 1169341,
1169347, 1169353, 1169369, 1169381, 1169383, 1169401, 1169411,
1169417, 1169419, 1169449, 1169453, 1169473, 1169477, 1169491,
1169513, 1169521, 1169563, 1169587, 1169591, 1169593, 1169603,
1169627, 1169633, 1169647, 1169669, 1169677, 1169683, 1169687,
1169713, 1169741, 1169747, 1169759, 1169761, 1169767, 1169789,
1169801, 1169809, 1169827, 1169873, 1169879, 1169899, 1169929,
1169933, 1169939, 1170007, 1170011, 1170019, 1170023, 1170031,
1170049, 1170061, 1170067, 1170089, 1170107, 1170109, 1170119,
1170131, 1170133, 1170137, 1170139, 1170167, 1170173, 1170193,
1170203, 1170209, 1170233, 1170251, 1170271, 1170277, 1170311,
1170317, 1170329, 1170349, 1170361, 1170373, 1170397, 1170437,
1170443, 1170451, 1170461, 1170487, 1170497, 1170511, 1170517,
1170523, 1170541, 1170553, 1170563, 1170581, 1170583, 1170593,
1170599, 1170607, 1170641, 1170649, 1170661, 1170667, 1170679,
1170683, 1170707, 1170709, 1170713, 1170721, 1170727, 1170751,

1170779, 1170781, 1170787, 1170803, 1170811, 1170821, 1170833,
1170853, 1170857, 1170863, 1170899, 1170941, 1170947, 1170971,
1170979, 1171031, 1171033, 1171039, 1171057, 1171061, 1171069,
1171073, 1171109, 1171111, 1171117, 1171123, 1171133, 1171189,
1171199, 1171201, 1171207, 1171231, 1171241, 1171243, 1171253,
1171259, 1171267, 1171301, 1171319, 1171343, 1171393, 1171399,
1171421, 1171427, 1171447, 1171451, 1171463, 1171477, 1171517,
1171523, 1171529, 1171549, 1171553, 1171561, 1171579, 1171591,
1171601, 1171619, 1171633, 1171637, 1171661, 1171669, 1171699,
1171721, 1171747, 1171771, 1171783, 1171789, 1171801, 1171811,
1171813, 1171823, 1171837, 1171847, 1171867, 1171921, 1171927,
1171931, 1171957, 1171967, 1171969, 1171979, 1171981, 1171991,
1171999, 1172009, 1172021, 1172023, 1172027, 1172029, 1172047,
1172063, 1172069, 1172081, 1172107, 1172111, 1172147, 1172179,
1172207, 1172233, 1172257, 1172261, 1172273, 1172279, 1172317,
1172329, 1172351, 1172377, 1172393, 1172401, 1172407, 1172411,
1172417, 1172429, 1172443, 1172447, 1172461, 1172467, 1172491,
1172497, 1172503, 1172531, 1172533, 1172537, 1172539, 1172543,
1172573, 1172579, 1172657, 1172659, 1172663, 1172671, 1172681,
1172683, 1172687, 1172713, 1172749, 1172777, 1172783, 1172797,
1172803, 1172807, 1172819, 1172833, 1172867, 1172893, 1172903,
1172921, 1172929, 1172933, 1172939, 1172953, 1172957, 1172959,
1172981, 1172993, 1173001, 1173013, 1173043, 1173059, 1173101,
1173121, 1173127, 1173157, 1173163, 1173173, 1173181, 1173191,
1173199, 1173223, 1173239, 1173259, 1173281, 1173283, 1173301,
1173343, 1173349, 1173373, 1173397, 1173401, 1173407, 1173433,
1173439, 1173463, 1173481, 1173511, 1173521, 1173539, 1173541,
1173551, 1173553, 1173581, 1173583, 1173587, 1173589, 1173593,
1173617, 1173631, 1173709, 1173743, 1173749, 1173779, 1173787,
1173803, 1173811, 1173827, 1173829, 1173841, 1173853, 1173881,
1173883, 1173917, 1173937, 1173941, 1173947, 1173959, 1173961,
1173979, 1173983, 1174021, 1174027, 1174031, 1174049, 1174073,
1174079, 1174091, 1174093, 1174099, 1174141, 1174163, 1174171,
1174193, 1174211, 1174213, 1174231, 1174237, 1174247, 1174259,
1174267, 1174273, 1174301, 1174307, 1174319, 1174331, 1174337,
1174339, 1174361, 1174387, 1174399, 1174423, 1174441, 1174451,
1174463, 1174469, 1174477, 1174487, 1174489, 1174499, 1174507,
1174519, 1174531, 1174549, 1174571, 1174583, 1174601, 1174603,
1174619, 1174627, 1174669, 1174673, 1174681, 1174687, 1174709,
1174721, 1174727, 1174739, 1174759, 1174763, 1174769, 1174781,
1174783, 1174793, 1174801, 1174829, 1174847, 1174879, 1174883,
1174891, 1174897, 1174913, 1174919, 1174949, 1174951, 1174969,
1174973, 1175003, 1175021, 1175029, 1175039, 1175071, 1175077,
1175099, 1175107, 1175123, 1175143, 1175149, 1175173, 1175191,
1175219, 1175243, 1175249, 1175257, 1175267, 1175297, 1175351,
1175353, 1175371, 1175387, 1175389, 1175407, 1175411, 1175413,
1175417, 1175437, 1175467, 1175479, 1175483, 1175497, 1175509,
1175521, 1175561, 1175569, 1175579, 1175591, 1175617, 1175623,

प्रथम सौ हजार अभाज्य संख्याएँ

1175627, 1175651, 1175659, 1175677, 1175683, 1175687, 1175711,
1175717, 1175723, 1175729, 1175743, 1175767, 1175789, 1175791,
1175803, 1175807, 1175813, 1175819, 1175821, 1175833, 1175849,
1175857, 1175887, 1175899, 1175927, 1175939, 1175953, 1175959,
1175963, 1175969, 1175981, 1175989, 1176023, 1176029, 1176031,
1176041, 1176061, 1176083, 1176089, 1176113, 1176121, 1176127,
1176137, 1176163, 1176173, 1176187, 1176191, 1176221, 1176223,
1176239, 1176277, 1176293, 1176323, 1176353, 1176361, 1176367,
1176377, 1176391, 1176397, 1176403, 1176407, 1176421, 1176433,
1176449, 1176463, 1176509, 1176521, 1176529, 1176533, 1176557,
1176583, 1176589, 1176599, 1176601, 1176607, 1176631, 1176641,
1176647, 1176671, 1176673, 1176701, 1176709, 1176713, 1176737,
1176767, 1176779, 1176787, 1176793, 1176797, 1176811, 1176827,
1176869, 1176871, 1176881, 1176899, 1176911, 1176937, 1176943,
1176947, 1176949, 1176983, 1177009, 1177019, 1177027, 1177037,
1177067, 1177073, 1177087, 1177093, 1177103, 1177129, 1177147,
1177153, 1177157, 1177159, 1177171, 1177181, 1177201, 1177207,
1177219, 1177223, 1177237, 1177243, 1177247, 1177277, 1177291,
1177331, 1177387, 1177399, 1177427, 1177433, 1177447, 1177453,
1177459, 1177481, 1177489, 1177499, 1177507, 1177513, 1177529,
1177541, 1177543, 1177549, 1177571, 1177609, 1177613, 1177619,
1177621, 1177637, 1177651, 1177667, 1177681, 1177697, 1177711,
1177717, 1177723, 1177733, 1177739, 1177741, 1177751, 1177763,
1177769, 1177801, 1177843, 1177859, 1177873, 1177877, 1177901,
1177919, 1177921, 1177933, 1177949, 1177987, 1177997, 1178003,
1178017, 1178033, 1178039, 1178041, 1178059, 1178069, 1178087,
1178101, 1178113, 1178123, 1178131, 1178141, 1178159, 1178161,
1178167, 1178173, 1178189, 1178197, 1178201, 1178207, 1178213,
1178227, 1178231, 1178237, 1178239, 1178263, 1178269, 1178273,
1178297, 1178347, 1178363, 1178369, 1178371, 1178377, 1178393,
1178417, 1178447, 1178461, 1178479, 1178483, 1178521, 1178533,
1178537, 1178549, 1178557, 1178591, 1178609, 1178621, 1178623,
1178633, 1178641, 1178659, 1178669, 1178689, 1178699, 1178701,
1178707, 1178711, 1178717, 1178719, 1178743, 1178753, 1178767,
1178803, 1178809, 1178833, 1178843, 1178851, 1178887, 1178897,
1178909, 1178921, 1178927, 1178939, 1178953, 1178959, 1178963,
1178971, 1178977, 1178981, 1178993, 1179011, 1179019, 1179047,
1179109, 1179127, 1179149, 1179151, 1179173, 1179179, 1179193,
1179203, 1179223, 1179251, 1179253, 1179259, 1179263, 1179281,
1179287, 1179289, 1179293, 1179317, 1179319, 1179323, 1179329,
1179331, 1179337, 1179379, 1179383, 1179389, 1179403, 1179413,
1179419, 1179421, 1179427, 1179467, 1179491, 1179499, 1179527,
1179547, 1179551, 1179553, 1179569, 1179571, 1179583, 1179589,
1179599, 1179637, 1179641, 1179649, 1179677, 1179733, 1179751,
1179757, 1179779, 1179793, 1179797, 1179839, 1179847, 1179853,
1179859, 1179863, 1179869, 1179883, 1179901, 1179907, 1179929,
1179947, 1179961, 1179973, 1179977, 1179979, 1179989, 1179991,
1180009, 1180013, 1180019, 1180027, 1180031, 1180043, 1180057,

1180073, 1180087, 1180093, 1180099, 1180111, 1180117, 1180121,
1180133, 1180141, 1180159, 1180171, 1180219, 1180237, 1180241,
1180243, 1180247, 1180253, 1180279, 1180303, 1180313, 1180351,
1180369, 1180373, 1180381, 1180391, 1180397, 1180409, 1180423,
1180427, 1180447, 1180477, 1180493, 1180507, 1180519, 1180537,
1180547, 1180549, 1180577, 1180591, 1180631, 1180637, 1180643,
1180657, 1180661, 1180691, 1180693, 1180709, 1180721, 1180723,
1180727, 1180733, 1180757, 1180771, 1180799, 1180807, 1180811,
1180819, 1180847, 1180849, 1180853, 1180859, 1180873, 1180877,
1180891, 1180897, 1180901, 1180903, 1180913, 1180931, 1180937,
1180951, 1180957, 1180961, 1180979, 1180987, 1180997, 1181017,
1181023, 1181039, 1181051, 1181053, 1181057, 1181093, 1181099,
1181137, 1181149, 1181153, 1181171, 1181183, 1181197, 1181203,
1181209, 1181237, 1181263, 1181267, 1181269, 1181281, 1181293,
1181309, 1181311, 1181321, 1181329, 1181407, 1181413, 1181437,
1181443, 1181461, 1181471, 1181473, 1181501, 1181507, 1181519,
1181527, 1181549, 1181561, 1181563, 1181573, 1181581, 1181611,
1181617, 1181633, 1181647, 1181681, 1181699, 1181701, 1181723,
1181729, 1181731, 1181759, 1181767, 1181771, 1181773, 1181777,
1181839, 1181879, 1181881, 1181893, 1181897, 1181911, 1181923,
1181927, 1181963, 1181969, 1181981, 1181987, 1182007, 1182019,
1182023, 1182031, 1182043, 1182073, 1182121, 1182133, 1182143,
1182157, 1182211, 1182253, 1182277, 1182281, 1182283, 1182287,
1182289, 1182331, 1182341, 1182343, 1182347, 1182353, 1182383,
1182397, 1182403, 1182413, 1182421, 1182431, 1182437, 1182439,
1182449, 1182451, 1182463, 1182479, 1182487, 1182491, 1182509,
1182521, 1182539, 1182547, 1182581, 1182593, 1182611, 1182659,
1182677, 1182679, 1182689, 1182691, 1182697, 1182703, 1182737,
1182739, 1182757, 1182763, 1182767, 1182781, 1182787, 1182791,
1182817, 1182847, 1182869, 1182889, 1182893, 1182901, 1182917,
1182919, 1182947, 1182953, 1182967, 1182989, 1183003, 1183027,
1183031, 1183033, 1183057, 1183079, 1183093, 1183103, 1183121,
1183123, 1183141, 1183151, 1183157, 1183159, 1183163, 1183181,
1183199, 1183201, 1183211, 1183213, 1183241, 1183261, 1183267,
1183271, 1183277, 1183279, 1183333, 1183337, 1183349, 1183381,
1183393, 1183397, 1183409, 1183411, 1183423, 1183447, 1183451,
1183471, 1183477, 1183531, 1183537, 1183541, 1183561, 1183571,
1183579, 1183597, 1183607, 1183613, 1183687, 1183697, 1183709,
1183723, 1183729, 1183733, 1183739, 1183753, 1183759, 1183769,
1183771, 1183781, 1183799, 1183811, 1183813, 1183837, 1183843,
1183877, 1183913, 1183933, 1183939, 1183943, 1183951, 1183961,
1183969, 1183981, 1183993, 1183997, 1184003, 1184011, 1184047,
1184059, 1184069, 1184077, 1184081, 1184083, 1184093, 1184119,
1184123, 1184129, 1184143, 1184149, 1184171, 1184173, 1184207,
1184219, 1184243, 1184269, 1184291, 1184299, 1184303, 1184317,
1184329, 1184347, 1184357, 1184363, 1184369, 1184377, 1184399,
1184411, 1184413, 1184423, 1184429, 1184453, 1184459, 1184461,
1184471, 1184473, 1184483, 1184489, 1184507, 1184527, 1184537,

प्रथम सौ हजार अभाज्य संख्याएँ

1184539, 1184549, 1184551, 1184587, 1184609, 1184653, 1184663,
1184671, 1184683, 1184731, 1184741, 1184749, 1184759, 1184767,
1184791, 1184797, 1184837, 1184839, 1184867, 1184881, 1184893,
1184903, 1184923, 1184927, 1184933, 1184947, 1184957, 1184959,
1184987, 1184993, 1185013, 1185017, 1185071, 1185077, 1185089,
1185103, 1185109, 1185113, 1185127, 1185131, 1185179, 1185181,
1185241, 1185281, 1185287, 1185299, 1185307, 1185313, 1185319,
1185329, 1185337, 1185343, 1185361, 1185367, 1185377, 1185383,
1185389, 1185403, 1185439, 1185463, 1185469, 1185493, 1185497,
1185511, 1185523, 1185551, 1185559, 1185577, 1185589, 1185601,
1185617, 1185623, 1185637, 1185643, 1185647, 1185659, 1185661,
1185671, 1185677, 1185683, 1185689, 1185697, 1185703, 1185707,
1185721, 1185749, 1185787, 1185791, 1185797, 1185817, 1185823,
1185827, 1185851, 1185859, 1185871, 1185883, 1185889, 1185893,
1185907, 1185929, 1185931, 1185953, 1185979, 1185997, 1186001,
1186033, 1186049, 1186051, 1186057, 1186063, 1186067, 1186079,
1186099, 1186111, 1186117, 1186121, 1186127, 1186147, 1186169,
1186181, 1186217, 1186231, 1186249, 1186259, 1186291, 1186321,
1186337, 1186349, 1186351, 1186373, 1186397, 1186403, 1186411,
1186439, 1186441, 1186489, 1186517, 1186519, 1186541, 1186573,
1186589, 1186597, 1186621, 1186631, 1186657, 1186673, 1186693,
1186697, 1186699, 1186739, 1186741, 1186751, 1186769, 1186789,
1186807, 1186811, 1186813, 1186837, 1186841, 1186847, 1186879,
1186931, 1186937, 1186963, 1186973, 1186981, 1187003, 1187009,
1187023, 1187047, 1187051, 1187089, 1187107, 1187111, 1187117,
1187141, 1187159, 1187167, 1187189, 1187201, 1187227, 1187233,
1187239, 1187261, 1187279, 1187287, 1187309, 1187311, 1187317,
1187321, 1187339, 1187341, 1187353, 1187357, 1187363, 1187369,
1187383, 1187387, 1187411, 1187413, 1187419, 1187429, 1187453,
1187471, 1187479, 1187489, 1187507, 1187509, 1187539, 1187551,
1187561, 1187567, 1187587, 1187623, 1187629, 1187639, 1187657,
1187687, 1187689, 1187699, 1187701, 1187707, 1187717, 1187723,
1187741, 1187749, 1187761, 1187801, 1187803, 1187819, 1187821,
1187833, 1187839, 1187863, 1187867, 1187873, 1187887, 1187897,
1187911, 1187933, 1187939, 1187941, 1187947, 1187981, 1187993,
1187999, 1188001, 1188007, 1188017, 1188029, 1188037, 1188041,
1188049, 1188059, 1188071, 1188073, 1188149, 1188151, 1188167,
1188169, 1188179, 1188197, 1188223, 1188227, 1188233, 1188247,
1188259, 1188263, 1188269, 1188277, 1188287, 1188289, 1188293,
1188307, 1188353, 1188359, 1188361, 1188377, 1188389, 1188409,
1188413, 1188457, 1188491, 1188511, 1188527, 1188529, 1188553,
1188557, 1188559, 1188581, 1188587, 1188601, 1188613, 1188619,
1188637, 1188653, 1188661, 1188667, 1188679, 1188689, 1188721,
1188727, 1188731, 1188763, 1188769, 1188787, 1188839, 1188841,
1188851, 1188857, 1188899, 1188917, 1188931, 1188937, 1188947,
1188973, 1188977, 1188991, 1189003, 1189007, 1189021, 1189033,
1189057, 1189061, 1189063, 1189093, 1189109, 1189121, 1189127,
1189151, 1189159, 1189163, 1189171, 1189189, 1189193, 1189213,

1189219, 1189231, 1189271, 1189277, 1189301, 1189313, 1189327,
1189333, 1189339, 1189361, 1189387, 1189403, 1189417, 1189453,
1189469, 1189471, 1189481, 1189483, 1189553, 1189567, 1189577,
1189579, 1189603, 1189607, 1189613, 1189621, 1189627, 1189631,
1189633, 1189637, 1189649, 1189651, 1189673, 1189703, 1189709,
1189717, 1189751, 1189757, 1189759, 1189763, 1189789, 1189801,
1189807, 1189823, 1189831, 1189843, 1189871, 1189879, 1189891,
1189897, 1189901, 1189907, 1189919, 1189933, 1189967, 1189999,
1190011, 1190023, 1190029, 1190041, 1190047, 1190069, 1190071,
1190081, 1190143, 1190149, 1190159, 1190177, 1190201, 1190237,
1190249, 1190261, 1190263, 1190279, 1190291, 1190311, 1190347,
1190359, 1190381, 1190417, 1190429, 1190447, 1190467, 1190473,
1190477, 1190489, 1190491, 1190507, 1190509, 1190513, 1190533,
1190573, 1190587, 1190591, 1190611, 1190633, 1190639, 1190647,
1190671, 1190699, 1190701, 1190719, 1190723, 1190737, 1190743,
1190753, 1190773, 1190789, 1190807, 1190809, 1190821, 1190831,
1190837, 1190851, 1190873, 1190897, 1190899, 1190911, 1190923,
1190929, 1190947, 1190951, 1190953, 1190983, 1191011, 1191013,
1191019, 1191031, 1191061, 1191077, 1191079, 1191089, 1191097,
1191103, 1191107, 1191109, 1191119, 1191131, 1191149, 1191163,
1191187, 1191191, 1191199, 1191209, 1191221, 1191247, 1191277,
1191283, 1191293, 1191301, 1191313, 1191341, 1191347, 1191353,
1191373, 1191409, 1191431, 1191439, 1191457, 1191481, 1191499,
1191529, 1191539, 1191551, 1191559, 1191563, 1191571, 1191577,
1191601, 1191611, 1191613, 1191637, 1191643, 1191667, 1191679,
1191691, 1191703, 1191719, 1191727, 1191731, 1191739, 1191761,
1191767, 1191769, 1191781, 1191793, 1191809, 1191821, 1191833,
1191847, 1191899, 1191923, 1191937, 1191941, 1191947, 1191973,
1191979, 1191991, 1192013, 1192027, 1192039, 1192069, 1192073,
1192097, 1192099, 1192109, 1192127, 1192141, 1192151, 1192153,
1192171, 1192181, 1192183, 1192187, 1192199, 1192201, 1192207,
1192211, 1192241, 1192253, 1192259, 1192267, 1192271, 1192327,
1192337, 1192339, 1192349, 1192357, 1192369, 1192391, 1192409,
1192417, 1192423, 1192427, 1192453, 1192469, 1192483, 1192517,
1192549, 1192559, 1192561, 1192571, 1192579, 1192589, 1192603,
1192651, 1192673, 1192679, 1192699, 1192717, 1192721, 1192753,
1192781, 1192811, 1192817, 1192823, 1192831, 1192837, 1192847,
1192853, 1192879, 1192883, 1192889, 1192897, 1192903, 1192909,
1192927, 1192937, 1192951, 1192967, 1192969, 1193011, 1193021,
1193041, 1193047, 1193057, 1193081, 1193107, 1193119, 1193123,
1193131, 1193149, 1193161, 1193173, 1193183, 1193209, 1193233,
1193237, 1193239, 1193243, 1193261, 1193267, 1193299, 1193303,
1193329, 1193351, 1193363, 1193369, 1193399, 1193429, 1193431,
1193443, 1193459, 1193473, 1193483, 1193497, 1193501, 1193503,
1193513, 1193537, 1193557, 1193567, 1193573, 1193603, 1193609,
1193617, 1193653, 1193663, 1193683, 1193693, 1193701, 1193707,
1193711, 1193729, 1193737, 1193741, 1193743, 1193761, 1193767,
1193771, 1193783, 1193821, 1193833, 1193837, 1193839, 1193849,

1193867, 1193869, 1193887, 1193909, 1193911, 1193939, 1193947,
1193963, 1193971, 1193989, 1193993, 1194019, 1194023, 1194031,
1194041, 1194047, 1194059, 1194103, 1194157, 1194161, 1194163,
1194203, 1194209, 1194211, 1194241, 1194251, 1194253, 1194269,
1194293, 1194311, 1194329, 1194341, 1194343, 1194373, 1194379,
1194383, 1194407, 1194421, 1194439, 1194443, 1194449, 1194463,
1194493, 1194517, 1194521, 1194541, 1194547, 1194553, 1194581,
1194593, 1194601, 1194631, 1194659, 1194667, 1194671, 1194679,
1194707, 1194727, 1194731, 1194733, 1194751, 1194757, 1194763,
1194769, 1194797, 1194799, 1194803, 1194821, 1194847, 1194857,
1194877, 1194883, 1194889, 1194899, 1194901, 1194917, 1194923,
1194959, 1194961, 1194971, 1194979, 1194997, 1195021, 1195031,
1195037, 1195039, 1195067, 1195091, 1195121, 1195123, 1195127,
1195141, 1195153, 1195169, 1195171, 1195189, 1195193, 1195217,
1195223, 1195231, 1195237, 1195247, 1195277, 1195291, 1195361,
1195387, 1195421, 1195429, 1195459, 1195463, 1195477, 1195483,
1195489, 1195501, 1195543, 1195547, 1195549, 1195561, 1195567,
1195573, 1195589, 1195669, 1195673, 1195679, 1195681, 1195693,
1195703, 1195709, 1195721, 1195723, 1195741, 1195751, 1195759,
1195771, 1195801, 1195807, 1195811, 1195837, 1195849, 1195891,
1195897, 1195907, 1195919, 1195927, 1195937, 1195979, 1195991,
1196003, 1196029, 1196033, 1196059, 1196077, 1196087, 1196089,
1196119, 1196123, 1196141, 1196177, 1196191, 1196201, 1196219,
1196227, 1196231, 1196267, 1196269, 1196281, 1196287, 1196309,
1196323, 1196329, 1196347, 1196357, 1196359, 1196399, 1196401,
1196413, 1196431, 1196471, 1196473, 1196491, 1196501, 1196509,
1196513, 1196519, 1196521, 1196537, 1196539, 1196593, 1196597,
1196603, 1196609, 1196633, 1196653, 1196683, 1196707, 1196717,
1196719, 1196729, 1196731, 1196773, 1196809, 1196813, 1196837,
1196843, 1196857, 1196861, 1196863, 1196869, 1196873, 1196891,
1196911, 1196927, 1196939, 1196959, 1196999, 1197011, 1197013,
1197017, 1197029, 1197037, 1197041, 1197059, 1197067, 1197073,
1197103, 1197107, 1197113, 1197121, 1197167, 1197181, 1197187,
1197193, 1197197, 1197199, 1197211, 1197221, 1197239, 1197257,
1197263, 1197269, 1197277, 1197281, 1197289, 1197307, 1197337,
1197347, 1197349, 1197353, 1197359, 1197367, 1197389, 1197407,
1197409, 1197433, 1197451, 1197467, 1197473, 1197479, 1197509,
1197527, 1197571, 1197577, 1197601, 1197617, 1197619, 1197631,
1197649, 1197697, 1197709, 1197739, 1197743, 1197751, 1197767,
1197799, 1197821, 1197827, 1197829, 1197881, 1197901, 1197907,
1197923, 1197929, 1197941, 1197947, 1197953, 1197971, 1197997,
1198013, 1198033, 1198037, 1198049, 1198051, 1198063, 1198069,
1198073, 1198081, 1198103, 1198123, 1198133, 1198151, 1198157,
1198187, 1198189, 1198201, 1198217, 1198229, 1198247, 1198259,
1198261, 1198289, 1198291, 1198297, 1198303, 1198321, 1198343,
1198361, 1198363, 1198397, 1198399, 1198403, 1198411, 1198427,
1198433, 1198447, 1198451, 1198469, 1198481, 1198511, 1198513,
1198523, 1198537, 1198583, 1198607, 1198609, 1198621, 1198643,

1198651, 1198661, 1198669, 1198679, 1198699, 1198727, 1198751,
1198793, 1198811, 1198819, 1198849, 1198853, 1198861, 1198867,
1198877, 1198903, 1198927, 1198949, 1198973, 1198979, 1198991,
1198997, 1198999, 1199039, 1199047, 1199069, 1199083, 1199087,
1199089, 1199117, 1199123, 1199131, 1199137, 1199167, 1199183,
1199189, 1199203, 1199257, 1199309, 1199329, 1199351, 1199357,
1199369, 1199371, 1199377, 1199389, 1199417, 1199423, 1199437,
1199441, 1199447, 1199459, 1199461, 1199467, 1199477, 1199491,
1199507, 1199509, 1199521, 1199551, 1199557, 1199573, 1199587,
1199591, 1199593, 1199617, 1199621, 1199623, 1199629, 1199659,
1199663, 1199677, 1199683, 1199689, 1199699, 1199711, 1199719,
1199767, 1199777, 1199789, 1199801, 1199813, 1199819, 1199833,
1199839, 1199851, 1199857, 1199879, 1199893, 1199899, 1199909,
1199923, 1199929, 1199953, 1199969, 1199993, 1199999, 1200007,
1200061, 1200077, 1200083, 1200109, 1200139, 1200161, 1200167,
1200179, 1200187, 1200191, 1200233, 1200253, 1200307, 1200313,
1200323, 1200341, 1200349, 1200359, 1200361, 1200371, 1200373,
1200377, 1200383, 1200389, 1200403, 1200443, 1200449, 1200461,
1200467, 1200491, 1200499, 1200509, 1200527, 1200581, 1200583,
1200607, 1200611, 1200637, 1200643, 1200673, 1200679, 1200691,
1200697, 1200701, 1200739, 1200751, 1200779, 1200799, 1200809,
1200811, 1200833, 1200839, 1200869, 1200883, 1200887, 1200889,
1200917, 1200929, 1200937, 1200943, 1200949, 1200959, 1200989,
1201001, 1201003, 1201019, 1201021, 1201027, 1201043, 1201049,
1201061, 1201073, 1201087, 1201097, 1201103, 1201111, 1201117,
1201141, 1201153, 1201163, 1201171, 1201183, 1201201, 1201217,
1201229, 1201241, 1201247, 1201261, 1201283, 1201307, 1201309,
1201327, 1201337, 1201381, 1201439, 1201469, 1201481, 1201483,
1201489, 1201493, 1201513, 1201523, 1201531, 1201553, 1201559,
1201567, 1201583, 1201601, 1201633, 1201637, 1201643, 1201687,
1201691, 1201699, 1201703, 1201709, 1201729, 1201787, 1201793,
1201813, 1201829, 1201841, 1201843, 1201853, 1201873, 1201909,
1201919, 1201939, 1201961, 1201969, 1201999, 1202009, 1202017,
1202023, 1202027, 1202029, 1202041, 1202057, 1202063, 1202077,
1202081, 1202099, 1202107, 1202129, 1202147, 1202153, 1202183,
1202191, 1202219, 1202221, 1202231, 1202239, 1202251, 1202261,
1202269, 1202293, 1202303, 1202317, 1202321, 1202329, 1202347,
1202363, 1202387, 1202423, 1202429, 1202437, 1202447, 1202471,
1202473, 1202477, 1202483, 1202497, 1202501, 1202507, 1202549,
1202561, 1202569, 1202603, 1202609, 1202627, 1202629, 1202633,
1202689, 1202741, 1202743, 1202771, 1202779, 1202783, 1202791,
1202807, 1202813, 1202819, 1202827, 1202837, 1202843, 1202849,
1202857, 1202863, 1202867, 1202881, 1202939, 1202959, 1202963,
1202977, 1202987, 1203019, 1203067, 1203077, 1203101, 1203121,
1203127, 1203149, 1203151, 1203161, 1203179, 1203193, 1203211,
1203217, 1203221, 1203229, 1203233, 1203263, 1203283, 1203287,
1203329, 1203331, 1203343, 1203359, 1203361, 1203421, 1203437,
1203443, 1203457, 1203463, 1203467, 1203487, 1203493, 1203509,

प्रथम सौ हजार अभाज्य संख्याएँ

1203533, 1203557, 1203571, 1203581, 1203607, 1203611, 1203619,
1203641, 1203661, 1203667, 1203689, 1203691, 1203731, 1203733,
1203739, 1203757, 1203773, 1203779, 1203791, 1203793, 1203799,
1203809, 1203817, 1203827, 1203841, 1203863, 1203887, 1203893,
1203899, 1203901, 1203913, 1203919, 1203929, 1203931, 1203941,
1203949, 1203953, 1203959, 1203971, 1204003, 1204019, 1204037,
1204097, 1204103, 1204117, 1204139, 1204141, 1204153, 1204169,
1204171, 1204183, 1204207, 1204219, 1204243, 1204271, 1204279,
1204289, 1204309, 1204337, 1204363, 1204369, 1204397, 1204409,
1204421, 1204447, 1204451, 1204453, 1204471, 1204477, 1204493,
1204507, 1204519, 1204529, 1204561, 1204583, 1204597, 1204607,
1204613, 1204633, 1204649, 1204669, 1204681, 1204699, 1204711,
1204729, 1204741, 1204781, 1204783, 1204787, 1204813, 1204823,
1204859, 1204871, 1204873, 1204883, 1204891, 1204937, 1204967,
1204969, 1204981, 1205027, 1205047, 1205081, 1205089, 1205093,
1205101, 1205117, 1205119, 1205123, 1205159, 1205173, 1205179,
1205219, 1205231, 1205251, 1205257, 1205287, 1205293, 1205339,
1205377, 1205387, 1205411, 1205437, 1205447, 1205459, 1205467,
1205471, 1205473, 1205489, 1205513, 1205527, 1205537, 1205539,
1205549, 1205557, 1205563, 1205609, 1205627, 1205629, 1205639,
1205647, 1205653, 1205663, 1205669, 1205681, 1205693, 1205707,
1205713, 1205717, 1205731, 1205749, 1205753, 1205767, 1205773,
1205779, 1205819, 1205843, 1205891, 1205899, 1205903, 1205921,
1205947, 1205951, 1205969, 1205977, 1205999, 1206013, 1206017,
1206043, 1206053, 1206059, 1206061, 1206071, 1206113, 1206131,
1206151, 1206157, 1206169, 1206173, 1206181, 1206187, 1206199,
1206209, 1206223, 1206229, 1206259, 1206263, 1206277, 1206307,
1206319, 1206323, 1206341, 1206347, 1206353, 1206377, 1206383,
1206391, 1206407, 1206433, 1206449, 1206461, 1206467, 1206479,
1206497, 1206529, 1206539, 1206553, 1206563, 1206577, 1206581,
1206587, 1206619, 1206637, 1206679, 1206683, 1206691, 1206701,
1206703, 1206713, 1206721, 1206731, 1206743, 1206749, 1206761,
1206767, 1206769, 1206773, 1206781, 1206791, 1206809, 1206827,
1206841, 1206869, 1206941, 1206973, 1206979, 1207001, 1207027,
1207033, 1207039, 1207043, 1207079, 1207093, 1207097, 1207111,
1207117, 1207121, 1207123, 1207133, 1207147, 1207159, 1207211,
1207223, 1207237, 1207249, 1207259, 1207267, 1207291, 1207307,
1207309, 1207313, 1207319, 1207331, 1207343, 1207351, 1207363,
1207379, 1207387, 1207403, 1207417, 1207429, 1207439, 1207441,
1207447, 1207489, 1207501, 1207511, 1207519, 1207529, 1207537,
1207597, 1207603, 1207627, 1207649, 1207681, 1207699, 1207721,
1207727, 1207751, 1207757, 1207769, 1207841, 1207883, 1207903,
1207909, 1207919, 1207933, 1207957, 1207961, 1207979, 1207981,
1208017, 1208021, 1208023, 1208027, 1208033, 1208057, 1208069,
1208089, 1208113, 1208117, 1208131, 1208149, 1208159, 1208177,
1208189, 1208209, 1208219, 1208237, 1208239, 1208243, 1208269,
1208279, 1208297, 1208299, 1208303, 1208341, 1208371, 1208387,
1208399, 1208407, 1208413, 1208423, 1208447, 1208461, 1208507,

1208521, 1208561, 1208569, 1208573, 1208591, 1208651, 1208657,
1208663, 1208677, 1208681, 1208689, 1208707, 1208731, 1208741,
1208777, 1208789, 1208791, 1208797, 1208813, 1208821, 1208833,
1208843, 1208849, 1208863, 1208873, 1208927, 1208939, 1208941,
1208957, 1209007, 1209017, 1209029, 1209053, 1209073, 1209079,
1209083, 1209107, 1209113, 1209121, 1209139, 1209151, 1209163,
1209181, 1209191, 1209199, 1209209, 1209223, 1209233, 1209239,
1209251, 1209269, 1209277, 1209281, 1209287, 1209311, 1209337,
1209347, 1209353, 1209367, 1209379, 1209427, 1209437, 1209457,
1209463, 1209469, 1209487, 1209491, 1209517, 1209539, 1209557,
1209563, 1209577, 1209583, 1209587, 1209617, 1209629, 1209631,
1209647, 1209671, 1209697, 1209707, 1209709, 1209739, 1209757,
1209763, 1209773, 1209779, 1209781, 1209809, 1209811, 1209821,
1209841, 1209853, 1209877, 1209883, 1209889, 1209931, 1209947,
1209959, 1209973, 1209979, 1210003, 1210019, 1210021, 1210037,
1210039, 1210049, 1210051, 1210067, 1210093, 1210103, 1210123,
1210127, 1210151, 1210163, 1210169, 1210177, 1210193, 1210207,
1210211, 1210229, 1210241, 1210259, 1210289, 1210351, 1210369,
1210379, 1210387, 1210393, 1210397, 1210399, 1210403, 1210409,
1210411, 1210427, 1210439, 1210441, 1210459, 1210477, 1210483,
1210499, 1210523, 1210541, 1210549, 1210597, 1210609, 1210613,
1210631, 1210637, 1210639, 1210711, 1210717, 1210747, 1210753,
1210777, 1210787, 1210793, 1210799, 1210801, 1210817, 1210819,
1210831, 1210843, 1210871, 1210873, 1210877, 1210879, 1210883,
1210897, 1210903, 1210921, 1210933, 1210939, 1210949, 1210967,
1210987, 1210999, 1211027, 1211039, 1211051, 1211057, 1211059,
1211081, 1211083, 1211087, 1211141, 1211167, 1211179, 1211183,
1211191, 1211207, 1211227, 1211261, 1211279, 1211281, 1211303,
1211311, 1211333, 1211339, 1211381, 1211389, 1211393, 1211407,
1211411, 1211423, 1211443, 1211477, 1211489, 1211501, 1211503,
1211531, 1211537, 1211543, 1211549, 1211563, 1211593, 1211597,
1211599, 1211603, 1211621, 1211629, 1211647, 1211653, 1211657,
1211659, 1211669, 1211677, 1211689, 1211701, 1211719, 1211723,
1211731, 1211737, 1211741, 1211761, 1211767, 1211779, 1211789,
1211797, 1211807, 1211813, 1211827, 1211843, 1211857, 1211863,
1211897, 1211911, 1211921, 1211923, 1211933, 1211983, 1211999,
1212011, 1212017, 1212023, 1212047, 1212053, 1212061, 1212103,
1212119, 1212121, 1212149, 1212173, 1212187, 1212191, 1212199,
1212221, 1212227, 1212241, 1212251, 1212259, 1212283, 1212293,
1212301, 1212319, 1212331, 1212347, 1212361, 1212373, 1212397,
1212401, 1212427, 1212433, 1212437, 1212439, 1212443, 1212473,
1212479, 1212487, 1212517, 1212521, 1212551, 1212569, 1212611,
1212613, 1212641, 1212649, 1212671, 1212677, 1212683, 1212697,
1212703, 1212709, 1212719, 1212737, 1212769, 1212773, 1212781,
1212787, 1212793, 1212811, 1212817, 1212839, 1212847, 1212851,
1212853, 1212857, 1212877, 1212889, 1212907, 1212917, 1212919,
1212923, 1212931, 1212943, 1212973, 1212989, 1213007, 1213019,
1213021, 1213027, 1213033, 1213049, 1213057, 1213063, 1213081,

प्रथम सौ हजार अभाज्य संख्याएँ

1213087, 1213097, 1213109, 1213129, 1213133, 1213141, 1213151,
1213153, 1213183, 1213189, 1213213, 1213241, 1213253, 1213259,
1213271, 1213301, 1213327, 1213339, 1213357, 1213367, 1213379,
1213427, 1213439, 1213451, 1213469, 1213481, 1213483, 1213517,
1213529, 1213547, 1213561, 1213573, 1213577, 1213591, 1213601,
1213607, 1213627, 1213631, 1213633, 1213643, 1213651, 1213657,
1213661, 1213673, 1213721, 1213741, 1213747, 1213757, 1213759,
1213763, 1213781, 1213801, 1213829, 1213837, 1213841, 1213873,
1213879, 1213897, 1213907, 1213909, 1213913, 1213921, 1213931,
1213939, 1213943, 1213951, 1213981, 1214011, 1214023, 1214039,
1214047, 1214077, 1214093, 1214113, 1214117, 1214131, 1214137,
1214141, 1214159, 1214167, 1214183, 1214189, 1214197, 1214219,
1214221, 1214237, 1214261, 1214273, 1214281, 1214299, 1214333,
1214357, 1214371, 1214393, 1214401, 1214407, 1214413, 1214417,
1214431, 1214441, 1214453, 1214459, 1214471, 1214483, 1214489,
1214519, 1214533, 1214567, 1214573, 1214579, 1214593, 1214617,
1214623, 1214639, 1214641, 1214657, 1214659, 1214663, 1214669,
1214671, 1214683, 1214687, 1214711, 1214729, 1214737, 1214743,
1214749, 1214767, 1214819, 1214827, 1214849, 1214867, 1214891,
1214909, 1214923, 1214933, 1214947, 1214957, 1214959, 1214963,
1214971, 1214977, 1214981, 1215017, 1215029, 1215047, 1215079,
1215083, 1215103, 1215121, 1215133, 1215157, 1215161, 1215167,
1215173, 1215197, 1215209, 1215229, 1215239, 1215271, 1215283,
1215299, 1215301, 1215311, 1215329, 1215349, 1215359, 1215367,
1215391, 1215397, 1215407, 1215421, 1215433, 1215437, 1215439,
1215451, 1215457, 1215463, 1215497, 1215499, 1215509, 1215521,
1215553, 1215569, 1215583, 1215587, 1215623, 1215629, 1215631,
1215637, 1215647, 1215649, 1215673, 1215679, 1215703, 1215719,
1215743, 1215769, 1215779, 1215787, 1215827, 1215839, 1215847,
1215853, 1215859, 1215881, 1215899, 1215917, 1215919, 1215923,
1216009, 1216013, 1216021, 1216043, 1216067, 1216069, 1216087,
1216091, 1216109, 1216123, 1216147, 1216151, 1216177, 1216213,
1216249, 1216273, 1216277, 1216337, 1216339, 1216349, 1216351,
1216373, 1216379, 1216387, 1216393, 1216417, 1216421, 1216433,
1216441, 1216451, 1216459, 1216489, 1216507, 1216529, 1216543,
1216547, 1216559, 1216561, 1216577, 1216583, 1216591, 1216601,
1216603, 1216619, 1216681, 1216693, 1216711, 1216717, 1216729,
1216751, 1216759, 1216763, 1216777, 1216793, 1216799, 1216807,
1216823, 1216841, 1216847, 1216849, 1216867, 1216871, 1216879,
1216903, 1216913, 1216937, 1216939, 1216951, 1216961, 1216973,
1216987, 1216997, 1217009, 1217017, 1217023, 1217033, 1217053,
1217057, 1217063, 1217071, 1217077, 1217089, 1217093, 1217107,
1217113, 1217119, 1217131, 1217141, 1217143, 1217147, 1217171,
1217179, 1217191, 1217207, 1217213, 1217219, 1217233, 1217261,
1217269, 1217297, 1217299, 1217303, 1217309, 1217317, 1217329,
1217351, 1217393, 1217399, 1217407, 1217417, 1217423, 1217443,
1217467, 1217471, 1217473, 1217477, 1217483, 1217509, 1217521,
1217533, 1217537, 1217561, 1217617, 1217647, 1217651, 1217663,

1217669, 1217677, 1217683, 1217687, 1217719, 1217731, 1217753,
1217759, 1217771, 1217809, 1217813, 1217831, 1217833, 1217861,
1217893, 1217899, 1217903, 1217917, 1217921, 1217927, 1217933,
1217941, 1217947, 1217963, 1217977, 1217989, 1218017, 1218043,
1218089, 1218121, 1218131, 1218157, 1218167, 1218179, 1218197,
1218199, 1218209, 1218211, 1218221, 1218247, 1218251, 1218257,
1218263, 1218277, 1218281, 1218307, 1218313, 1218367, 1218383,
1218391, 1218401, 1218421, 1218433, 1218449, 1218457, 1218463,
1218467, 1218473, 1218487, 1218533, 1218557, 1218559, 1218571,
1218583, 1218601, 1218617, 1218631, 1218649, 1218653, 1218683,
1218691, 1218709, 1218727, 1218731, 1218739, 1218761, 1218773,
1218779, 1218787, 1218821, 1218829, 1218853, 1218859, 1218901,
1218911, 1218913, 1218923, 1218941, 1218949, 1218953, 1218989,
1218991, 1219003, 1219061, 1219081, 1219091, 1219109, 1219111,
1219123, 1219129, 1219147, 1219177, 1219213, 1219237, 1219241,
1219271, 1219279, 1219297, 1219301, 1219303, 1219307, 1219313,
1219343, 1219349, 1219357, 1219399, 1219411, 1219433, 1219453,
1219457, 1219469, 1219481, 1219487, 1219489, 1219501, 1219507,
1219549, 1219577, 1219607, 1219613, 1219619, 1219639, 1219643,
1219649, 1219651, 1219657, 1219663, 1219679, 1219703, 1219717,
1219721, 1219727, 1219739, 1219747, 1219753, 1219763, 1219783,
1219787, 1219789, 1219793, 1219807, 1219811, 1219831, 1219837,
1219843, 1219847, 1219849, 1219859, 1219861, 1219871, 1219877,
1219879, 1219891, 1219909, 1219913, 1219919, 1219931, 1219949,
1219951, 1219957, 1219961, 1219963, 1219991, 1220027, 1220029,
1220041, 1220071, 1220077, 1220099, 1220147, 1220171, 1220203,
1220239, 1220249, 1220251, 1220257, 1220309, 1220327, 1220333,
1220347, 1220353, 1220363, 1220369, 1220393, 1220411, 1220423,
1220437, 1220489, 1220491, 1220497, 1220507, 1220591, 1220599,
1220623, 1220657, 1220663, 1220669, 1220689, 1220699, 1220711,
1220717, 1220729, 1220743, 1220761, 1220773, 1220777, 1220783,
1220797, 1220801, 1220803, 1220819, 1220833, 1220839, 1220893,
1220897, 1220903, 1220917, 1220927, 1220953, 1220969, 1220981,
1220983, 1220993, 1221019, 1221029, 1221049, 1221061, 1221079,
1221083, 1221089, 1221097, 1221113, 1221119, 1221131, 1221163,
1221167, 1221193, 1221197, 1221221, 1221223, 1221239, 1221247,
1221251, 1221289, 1221299, 1221373, 1221379, 1221383, 1221391,
1221421, 1221427, 1221443, 1221449, 1221457, 1221463, 1221469,
1221499, 1221503, 1221523, 1221527, 1221533, 1221541, 1221551,
1221557, 1221559, 1221589, 1221593, 1221601, 1221631, 1221641,
1221653, 1221659, 1221667, 1221707, 1221749, 1221751, 1221761,
1221767, 1221791, 1221793, 1221811, 1221821, 1221823, 1221853,
1221863, 1221907, 1221917, 1221937, 1221959, 1221971, 1222003,
1222019, 1222027, 1222037, 1222049, 1222057, 1222063, 1222097,
1222129, 1222157, 1222159, 1222171, 1222187, 1222219, 1222229,
1222231, 1222241, 1222253, 1222259, 1222267, 1222271, 1222279,
1222307, 1222373, 1222393, 1222409, 1222411, 1222433, 1222471,
1222483, 1222493, 1222499, 1222513, 1222523, 1222537, 1222561,

प्रथम सौ हजार अभाज्य संख्याएँ

1222567, 1222583, 1222597, 1222601, 1222603, 1222633, 1222643,
1222651, 1222667, 1222679, 1222681, 1222693, 1222717, 1222723,
1222729, 1222751, 1222757, 1222769, 1222777, 1222789, 1222801,
1222811, 1222829, 1222831, 1222847, 1222853, 1222889, 1222909,
1222913, 1222931, 1222943, 1222957, 1222967, 1222993, 1223003,
1223021, 1223029, 1223039, 1223051, 1223059, 1223077, 1223083,
1223093, 1223119, 1223149, 1223161, 1223177, 1223179, 1223197,
1223203, 1223207, 1223231, 1223237, 1223263, 1223279, 1223281,
1223309, 1223311, 1223323, 1223329, 1223351, 1223357, 1223381,
1223419, 1223437, 1223447, 1223449, 1223459, 1223471, 1223489,
1223491, 1223527, 1223533, 1223549, 1223561, 1223569, 1223587,
1223591, 1223603, 1223633, 1223683, 1223687, 1223689, 1223693,
1223723, 1223731, 1223749, 1223753, 1223767, 1223773, 1223777,
1223857, 1223863, 1223867, 1223879, 1223897, 1223921, 1223939,
1223941, 1223953, 1223977, 1223987, 1223993, 1224029, 1224031,
1224053, 1224059, 1224077, 1224079, 1224089, 1224109, 1224121,
1224131, 1224133, 1224149, 1224163, 1224169, 1224193, 1224203,
1224217, 1224229, 1224233, 1224239, 1224257, 1224259, 1224269,
1224271, 1224281, 1224287, 1224299, 1224329, 1224337, 1224347,
1224389, 1224403, 1224413, 1224437, 1224439, 1224473, 1224479,
1224481, 1224529, 1224533, 1224577, 1224599, 1224637, 1224673,
1224677, 1224701, 1224703, 1224709, 1224739, 1224763, 1224767,
1224809, 1224823, 1224851, 1224857, 1224859, 1224863, 1224869,
1224887, 1224889, 1224893, 1224913, 1224919, 1224943, 1224953,
1224967, 1224973, 1224983, 1224991, 1225009, 1225019, 1225061,
1225067, 1225073, 1225079, 1225087, 1225093, 1225097, 1225099,
1225109, 1225111, 1225117, 1225123, 1225127, 1225129, 1225153,
1225157, 1225183, 1225219, 1225223, 1225261, 1225283, 1225297,
1225303, 1225319, 1225327, 1225331, 1225361, 1225373, 1225381,
1225397, 1225409, 1225459, 1225493, 1225501, 1225507, 1225517,
1225529, 1225541, 1225559, 1225571, 1225577, 1225579, 1225589,
1225591, 1225603, 1225621, 1225643, 1225657, 1225663, 1225687,
1225691, 1225703, 1225723, 1225727, 1225729, 1225759, 1225769,
1225787, 1225817, 1225849, 1225871, 1225879, 1225883, 1225891,
1225897, 1225907, 1225909, 1225919, 1225927, 1225933, 1225949,
1225963, 1225981, 1225997, 1225999, 1226011, 1226041, 1226053,
1226063, 1226077, 1226083, 1226087, 1226101, 1226111, 1226117,
1226179, 1226189, 1226191, 1226209, 1226213, 1226237, 1226257,
1226263, 1226293, 1226297, 1226299, 1226311, 1226321, 1226339,
1226341, 1226347, 1226353, 1226377, 1226387, 1226417, 1226461,
1226471, 1226479, 1226483, 1226501, 1226503, 1226531, 1226539,
1226549, 1226557, 1226581, 1226593, 1226609, 1226611, 1226623,
1226629, 1226651, 1226663, 1226677, 1226681, 1226683, 1226699,
1226707, 1226711, 1226713, 1226741, 1226767, 1226779, 1226783,
1226789, 1226801, 1226803, 1226807, 1226821, 1226831, 1226851,
1226857, 1226861, 1226867, 1226891, 1226899, 1226959, 1226977,
1226983, 1226993, 1227047, 1227053, 1227101, 1227103, 1227131,
1227133, 1227143, 1227151, 1227157, 1227167, 1227173, 1227181,

1227241, 1227271, 1227277, 1227299, 1227301, 1227319, 1227323,
1227329, 1227337, 1227353, 1227379, 1227407, 1227431, 1227437,
1227463, 1227469, 1227491, 1227497, 1227539, 1227547, 1227559,
1227563, 1227619, 1227637, 1227649, 1227659, 1227683, 1227701,
1227703, 1227713, 1227719, 1227769, 1227797, 1227829, 1227833,
1227841, 1227847, 1227871, 1227881, 1227887, 1227911, 1227917,
1227929, 1227943, 1227949, 1227973, 1227977, 1227979, 1227983,
1228001, 1228009, 1228013, 1228021, 1228091, 1228099, 1228109,
1228133, 1228147, 1228153, 1228159, 1228163, 1228181, 1228187,
1228193, 1228219, 1228243, 1228247, 1228273, 1228277, 1228291,
1228303, 1228309, 1228327, 1228333, 1228351, 1228373, 1228391,
1228393, 1228397, 1228399, 1228429, 1228441, 1228457, 1228459,
1228489, 1228501, 1228519, 1228537, 1228541, 1228543, 1228547,
1228567, 1228571, 1228583, 1228589, 1228603, 1228613, 1228631,
1228651, 1228657, 1228679, 1228691, 1228693, 1228741, 1228763,
1228783, 1228789, 1228837, 1228841, 1228849, 1228861, 1228883,
1228889, 1228891, 1228907, 1228919, 1228937, 1228943, 1228949,
1228951, 1228961, 1228963, 1228987, 1228993, 1229021, 1229023,
1229071, 1229077, 1229093, 1229113, 1229131, 1229141, 1229149,
1229159, 1229197, 1229201, 1229203, 1229209, 1229213, 1229227,
1229237, 1229257, 1229269, 1229273, 1229279, 1229297, 1229309,
1229311, 1229317, 1229329, 1229351, 1229353, 1229359, 1229369,
1229377, 1229381, 1229401, 1229443, 1229447, 1229453, 1229461,
1229483, 1229489, 1229519, 1229521, 1229531, 1229561, 1229563,
1229581, 1229597, 1229617, 1229633, 1229647, 1229663, 1229689,
1229707, 1229719, 1229731, 1229743, 1229773, 1229783, 1229807,
1229827, 1229869, 1229873, 1229897, 1229903, 1229911, 1229939,
1229941, 1229957, 1229981, 1229993, 1229999, 1230013, 1230023,
1230029, 1230067, 1230071, 1230107, 1230127, 1230167, 1230169,
1230181, 1230199, 1230223, 1230227, 1230233, 1230241, 1230263,
1230301, 1230311, 1230329, 1230331, 1230337, 1230343, 1230347,
1230349, 1230367, 1230371, 1230373, 1230377, 1230379, 1230391,
1230401, 1230433, 1230461, 1230469, 1230479, 1230491, 1230521,
1230529, 1230539, 1230547, 1230571, 1230587, 1230599, 1230629,
1230631, 1230637, 1230667, 1230689, 1230727, 1230739, 1230743,
1230751, 1230769, 1230791, 1230829, 1230863, 1230869, 1230871,
1230881, 1230907, 1230913, 1230941, 1230949, 1230967, 1230997,
1231001, 1231003, 1231039, 1231049, 1231051, 1231063, 1231073,
1231091, 1231093, 1231099, 1231127, 1231129, 1231141, 1231171,
1231177, 1231193, 1231199, 1231201, 1231207, 1231229, 1231231,
1231247, 1231261, 1231267, 1231277, 1231283, 1231301, 1231303,
1231309, 1231313, 1231319, 1231337, 1231339, 1231357, 1231379,
1231381, 1231387, 1231411, 1231421, 1231423, 1231453, 1231457,
1231459, 1231469, 1231481, 1231487, 1231511, 1231513, 1231547,
1231553, 1231577, 1231579, 1231589, 1231597, 1231613, 1231631,
1231663, 1231669, 1231687, 1231691, 1231697, 1231709, 1231721,
1231733, 1231753, 1231757, 1231771, 1231781, 1231787, 1231799,
1231807, 1231817, 1231829, 1231831, 1231843, 1231859, 1231873,

प्रथम सौ हजार अभाज्य संख्याएँ

1231877, 1231883, 1231889, 1231943, 1231961, 1231981, 1231987,
1231999, 1232003, 1232069, 1232071, 1232083, 1232089, 1232171,
1232183, 1232201, 1232213, 1232221, 1232227, 1232243, 1232269,
1232291, 1232299, 1232327, 1232339, 1232351, 1232353, 1232377,
1232389, 1232393, 1232401, 1232411, 1232417, 1232431, 1232437,
1232453, 1232461, 1232477, 1232527, 1232531, 1232537, 1232563,
1232573, 1232603, 1232611, 1232617, 1232657, 1232659, 1232683,
1232689, 1232713, 1232719, 1232771, 1232797, 1232801, 1232809,
1232831, 1232843, 1232849, 1232851, 1232879, 1232893, 1232909,
1232941, 1232947, 1232977, 1232981, 1232983, 1232999, 1233019,
1233047, 1233073, 1233079, 1233097, 1233101, 1233107, 1233121,
1233143, 1233179, 1233181, 1233187, 1233209, 1233241, 1233251,
1233259, 1233263, 1233301, 1233313, 1233319, 1233361, 1233371,
1233373, 1233377, 1233409, 1233431, 1233433, 1233437, 1233439,
1233473, 1233493, 1233497, 1233509, 1233523, 1233527, 1233539,
1233563, 1233569, 1233577, 1233587, 1233593, 1233599, 1233607,
1233611, 1233619, 1233641, 1233647, 1233653, 1233709, 1233721,
1233751, 1233761, 1233763, 1233779, 1233781, 1233851, 1233887,
1233899, 1233907, 1233923, 1233929, 1233949, 1233983, 1234001,
1234003, 1234039, 1234049, 1234063, 1234067, 1234099, 1234109,
1234117, 1234133, 1234147, 1234187, 1234231, 1234237, 1234241,
1234243, 1234253, 1234271, 1234309, 1234333, 1234349, 1234351,
1234367, 1234379, 1234391, 1234393, 1234417, 1234439, 1234463,
1234511, 1234517, 1234531, 1234537, 1234543, 1234547, 1234577,
1234603, 1234613, 1234627, 1234657, 1234687, 1234703, 1234721,
1234747, 1234757, 1234759, 1234769, 1234777, 1234787, 1234789,
1234799, 1234813, 1234819, 1234837, 1234841, 1234843, 1234853,
1234873, 1234889, 1234901, 1234951, 1234967, 1234969, 1234991,
1235021, 1235027, 1235041, 1235063, 1235083, 1235093, 1235099,
1235131, 1235137, 1235141, 1235149, 1235159, 1235167, 1235177,
1235183, 1235191, 1235239, 1235243, 1235249, 1235251, 1235263,
1235281, 1235287, 1235303, 1235309, 1235321, 1235327, 1235363,
1235369, 1235383, 1235389, 1235417, 1235419, 1235431, 1235447,
1235449, 1235459, 1235473, 1235477, 1235497, 1235501, 1235503,
1235539, 1235569, 1235573, 1235593, 1235651, 1235653, 1235659,
1235669, 1235701, 1235711, 1235761, 1235789, 1235791, 1235803,
1235807, 1235821, 1235831, 1235833, 1235867, 1235879, 1235887,
1235891, 1235909, 1235929, 1235933, 1235947, 1235977, 1235981,
1235987, 1235999, 1236017, 1236073, 1236077, 1236161, 1236163,
1236173, 1236203, 1236211, 1236229, 1236233, 1236239, 1236259,
1236307, 1236317, 1236329, 1236337, 1236383, 1236397, 1236419,
1236439, 1236449, 1236467, 1236479, 1236481, 1236491, 1236517,
1236527, 1236533, 1236541, 1236553, 1236583, 1236611, 1236623,
1236629, 1236643, 1236659, 1236661, 1236667, 1236701, 1236709,
1236713, 1236727, 1236737, 1236743, 1236751, 1236757, 1236761,
1236769, 1236787, 1236791, 1236797, 1236803, 1236811, 1236827,
1236857, 1236883, 1236901, 1236953, 1236959, 1236979, 1237001,
1237013, 1237031, 1237037, 1237043, 1237051, 1237057, 1237063,

1237079, 1237091, 1237121, 1237129, 1237139, 1237151, 1237163,
1237177, 1237199, 1237207, 1237211, 1237213, 1237217, 1237231,
1237253, 1237273, 1237279, 1237283, 1237297, 1237309, 1237349,
1237363, 1237373, 1237387, 1237393, 1237403, 1237417, 1237433,
1237441, 1237471, 1237487, 1237493, 1237499, 1237501, 1237513,
1237519, 1237529, 1237531, 1237543, 1237547, 1237567, 1237571,
1237589, 1237619, 1237627, 1237661, 1237721, 1237727, 1237739,
1237757, 1237763, 1237783, 1237813, 1237823, 1237829, 1237843,
1237849, 1237853, 1237867, 1237877, 1237897, 1237919, 1237931,
1237939, 1237949, 1237961, 1237963, 1237967, 1237993, 1238023,
1238033, 1238051, 1238063, 1238071, 1238087, 1238089, 1238101,
1238119, 1238129, 1238137, 1238177, 1238179, 1238189, 1238197,
1238201, 1238219, 1238267, 1238269, 1238273, 1238291, 1238317,
1238327, 1238333, 1238371, 1238381, 1238383, 1238407, 1238411,
1238423, 1238429, 1238431, 1238437, 1238449, 1238459, 1238491,
1238509, 1238521, 1238533, 1238537, 1238551, 1238597, 1238599,
1238621, 1238647, 1238659, 1238681, 1238683, 1238687, 1238693,
1238717, 1238719, 1238747, 1238749, 1238759, 1238761, 1238767,
1238771, 1238789, 1238801, 1238821, 1238827, 1238833, 1238843,
1238863, 1238893, 1238903, 1238911, 1238917, 1238921, 1238947,
1238989, 1238999, 1239001, 1239013, 1239023, 1239041, 1239067,
1239089, 1239103, 1239109, 1239127, 1239151, 1239179, 1239191,
1239197, 1239223, 1239229, 1239239, 1239247, 1239269, 1239281,
1239311, 1239319, 1239323, 1239341, 1239347, 1239353, 1239361,
1239367, 1239377, 1239379, 1239397, 1239421, 1239443, 1239449,
1239457, 1239461, 1239481, 1239499, 1239509, 1239517, 1239523,
1239529, 1239533, 1239551, 1239569, 1239583, 1239593, 1239599,
1239607, 1239619, 1239643, 1239661, 1239671, 1239697, 1239727,
1239737, 1239739, 1239751, 1239761, 1239773, 1239803, 1239817,
1239839, 1239877, 1239893, 1239899, 1239911, 1239913, 1239919,
1239923, 1239943, 1239961, 1239971, 1239983, 1239989, 1240007,
1240009, 1240013, 1240021, 1240027, 1240039, 1240081, 1240087,
1240097, 1240117, 1240139, 1240153, 1240159, 1240181, 1240193,
1240199, 1240207, 1240219, 1240231, 1240241, 1240247, 1240271,
1240273, 1240307, 1240319, 1240333, 1240361, 1240363, 1240387,
1240391, 1240399, 1240423, 1240483, 1240487, 1240511, 1240517,
1240523, 1240543, 1240553, 1240559, 1240607, 1240621, 1240637,
1240667, 1240669, 1240691, 1240699, 1240703, 1240709, 1240717,
1240739, 1240741, 1240751, 1240763, 1240769, 1240777, 1240793,
1240807, 1240817, 1240831, 1240859, 1240861, 1240931, 1240957,
1240973, 1240979, 1240991, 1240999, 1241003, 1241027, 1241033,
1241039, 1241059, 1241077, 1241081, 1241087, 1241159, 1241161,
1241173, 1241197, 1241203, 1241243, 1241249, 1241257, 1241263,
1241267, 1241269, 1241291, 1241321, 1241341, 1241347, 1241351,
1241369, 1241377, 1241381, 1241389, 1241407, 1241413, 1241417,
1241423, 1241437, 1241447, 1241467, 1241477, 1241483, 1241489,
1241491, 1241507, 1241509, 1241549, 1241551, 1241557, 1241573,
1241579, 1241587, 1241627, 1241651, 1241659, 1241677, 1241699,

प्रथम सौ हजार अभाज्य संख्याएँ

1241741, 1241743, 1241761, 1241771, 1241789, 1241813, 1241819,
1241827, 1241869, 1241879, 1241893, 1241921, 1241923, 1241927,
1241939, 1241941, 1241951, 1241957, 1241963, 1241971, 1241987,
1242001, 1242029, 1242061, 1242067, 1242089, 1242097, 1242103,
1242107, 1242119, 1242121, 1242151, 1242167, 1242169, 1242181,
1242191, 1242193, 1242217, 1242221, 1242233, 1242251, 1242271,
1242289, 1242317, 1242347, 1242359, 1242361, 1242379, 1242403,
1242407, 1242413, 1242419, 1242421, 1242457, 1242487, 1242503,
1242517, 1242569, 1242601, 1242611, 1242617, 1242623, 1242629,
1242641, 1242643, 1242739, 1242757, 1242763, 1242767, 1242781,
1242803, 1242811, 1242817, 1242823, 1242827, 1242841, 1242859,
1242869, 1242889, 1242893, 1242929, 1242931, 1242937, 1242947,
1242959, 1242977, 1242979, 1242991, 1243003, 1243013, 1243093,
1243097, 1243111, 1243129, 1243133, 1243141, 1243147, 1243157,
1243169, 1243181, 1243211, 1243271, 1243273, 1243309, 1243337,
1243343, 1243349, 1243367, 1243369, 1243373, 1243387, 1243391,
1243393, 1243421, 1243427, 1243439, 1243471, 1243477, 1243481,
1243483, 1243511, 1243523, 1243537, 1243547, 1243559, 1243577,
1243579, 1243609, 1243631, 1243639, 1243643, 1243663, 1243673,
1243691, 1243709, 1243717, 1243741, 1243747, 1243783, 1243789,
1243793, 1243807, 1243811, 1243819, 1243841, 1243843, 1243859,
1243877, 1243883, 1243889, 1243927, 1243933, 1243939, 1243943,
1243951, 1243961, 1243967, 1243969, 1243997, 1244003, 1244021,
1244027, 1244029, 1244039, 1244041, 1244053, 1244057, 1244059,
1244083, 1244099, 1244141, 1244143, 1244149, 1244153, 1244167,
1244183, 1244197, 1244203, 1244233, 1244249, 1244261, 1244263,
1244279, 1244293, 1244333, 1244357, 1244359, 1244363, 1244381,
1244393, 1244401, 1244423, 1244429, 1244437, 1244447, 1244459,
1244471, 1244479, 1244483, 1244501, 1244521, 1244531, 1244533,
1244543, 1244567, 1244591, 1244603, 1244609, 1244611, 1244627,
1244629, 1244647, 1244687, 1244699, 1244713, 1244729, 1244741,
1244753, 1244759, 1244777, 1244797, 1244813, 1244819, 1244821,
1244833, 1244839, 1244857, 1244863, 1244879, 1244909, 1244911,
1244923, 1244953, 1244987, 1244989, 1244993, 1245001, 1245017,
1245019, 1245037, 1245067, 1245091, 1245103, 1245113, 1245121,
1245137, 1245149, 1245169, 1245187, 1245191, 1245217, 1245227,
1245281, 1245331, 1245353, 1245379, 1245397, 1245401, 1245421,
1245449, 1245451, 1245479, 1245509, 1245527, 1245529, 1245551,
1245557, 1245589, 1245613, 1245617, 1245619, 1245623, 1245649,
1245683, 1245689, 1245691, 1245701, 1245707, 1245719, 1245721,
1245763, 1245767, 1245779, 1245781, 1245791, 1245799, 1245817,
1245833, 1245847, 1245863, 1245877, 1245883, 1245917, 1245929,
1245943, 1245953, 1245961, 1245971, 1245973, 1246013, 1246033,
1246057, 1246061, 1246073, 1246081, 1246093, 1246099, 1246103,
1246181, 1246187, 1246199, 1246207, 1246213, 1246241, 1246243,
1246247, 1246249, 1246261, 1246283, 1246303, 1246307, 1246313,
1246319, 1246327, 1246331, 1246339, 1246351, 1246361, 1246363,
1246367, 1246369, 1246373, 1246379, 1246387, 1246397, 1246429,

1246433, 1246451, 1246459, 1246471, 1246477, 1246481, 1246489,
1246499, 1246501, 1246513, 1246517, 1246529, 1246537, 1246543,
1246561, 1246573, 1246579, 1246589, 1246591, 1246601, 1246631,
1246639, 1246667, 1246673, 1246697, 1246703, 1246711, 1246733,
1246747, 1246757, 1246781, 1246823, 1246829, 1246841, 1246867,
1246879, 1246891, 1246907, 1246919, 1246943, 1246961, 1246963,
1246997, 1247009, 1247017, 1247033, 1247053, 1247063, 1247089,
1247101, 1247107, 1247117, 1247119, 1247167, 1247177, 1247189,
1247209, 1247231, 1247243, 1247263, 1247269, 1247291, 1247297,
1247303, 1247317, 1247321, 1247327, 1247329, 1247371, 1247383,
1247401, 1247417, 1247419, 1247429, 1247447, 1247453, 1247459,
1247479, 1247501, 1247509, 1247527, 1247549, 1247557, 1247563,
1247569, 1247581, 1247591, 1247599, 1247611, 1247621, 1247627,
1247641, 1247651, 1247663, 1247693, 1247699, 1247737, 1247759,
1247761, 1247767, 1247777, 1247797, 1247801, 1247833, 1247837,
1247861, 1247867, 1247879, 1247881, 1247893, 1247923, 1247947,
1247951, 1247959, 1247969, 1248001, 1248007, 1248011, 1248017,
1248019, 1248031, 1248041, 1248059, 1248061, 1248083, 1248101,
1248103, 1248113, 1248119, 1248151, 1248193, 1248199, 1248209,
1248211, 1248217, 1248229, 1248239, 1248241, 1248253, 1248271,
1248323, 1248329, 1248337, 1248341, 1248347, 1248349, 1248353,
1248383, 1248391, 1248407, 1248413, 1248427, 1248449, 1248451,
1248469, 1248493, 1248503, 1248529, 1248539, 1248551, 1248553,
1248563, 1248571, 1248589, 1248593, 1248631, 1248641, 1248671,
1248673, 1248691, 1248697, 1248703, 1248721, 1248757, 1248781,
1248799, 1248809, 1248829, 1248833, 1248847, 1248857, 1248859,
1248869, 1248881, 1248893, 1248917, 1248941, 1248953, 1248977,
1248979, 1248991, 1249013, 1249019, 1249033, 1249037, 1249043,
1249049, 1249057, 1249063, 1249091, 1249099, 1249111, 1249121,
1249133, 1249139, 1249141, 1249151, 1249159, 1249163, 1249187,
1249201, 1249217, 1249243, 1249247, 1249273, 1249301, 1249319,
1249321, 1249333, 1249343, 1249361, 1249363, 1249373, 1249397,
1249403, 1249411, 1249427, 1249433, 1249477, 1249481, 1249487,
1249489, 1249499, 1249511, 1249519, 1249531, 1249559, 1249603,
1249621, 1249627, 1249631, 1249643, 1249657, 1249669, 1249681,
1249691, 1249693, 1249727, 1249733, 1249739, 1249741, 1249747,
1249757, 1249799, 1249811, 1249817, 1249819, 1249837, 1249841,
1249847, 1249849, 1249861, 1249873, 1249901, 1249921, 1249939,
1249943, 1249999, 1250003, 1250009, 1250021, 1250023, 1250057,
1250069, 1250083, 1250087, 1250099, 1250107, 1250141, 1250147,
1250149, 1250173, 1250177, 1250189, 1250201, 1250203, 1250237,
1250243, 1250273, 1250281, 1250297, 1250309, 1250351, 1250357,
1250407, 1250413, 1250437, 1250443, 1250449, 1250453, 1250461,
1250471, 1250479, 1250497, 1250507, 1250519, 1250521, 1250527,
1250551, 1250593, 1250609, 1250611, 1250629, 1250647, 1250653,
1250677, 1250701, 1250737, 1250749, 1250761, 1250771, 1250773,
1250779, 1250783, 1250801, 1250813, 1250831, 1250839, 1250863,
1250867, 1250917, 1250923, 1250929, 1250939, 1250969, 1250971,

प्रथम सौ हजार अभाज्य संख्याएँ

1250981, 1250983, 1251011, 1251037, 1251043, 1251053, 1251071,
1251083, 1251097, 1251101, 1251109, 1251121, 1251157, 1251161,
1251179, 1251227, 1251247, 1251259, 1251287, 1251301, 1251307,
1251317, 1251323, 1251329, 1251409, 1251427, 1251431, 1251433,
1251461, 1251463, 1251527, 1251529, 1251533, 1251571, 1251577,
1251581, 1251583, 1251641, 1251661, 1251667, 1251671, 1251697,
1251703, 1251707, 1251713, 1251721, 1251743, 1251787, 1251791,
1251797, 1251827, 1251841, 1251851, 1251857, 1251869, 1251871,
1251881, 1251907, 1251911, 1251919, 1251923, 1251937, 1251947,
1251953, 1251961, 1251983, 1252021, 1252037, 1252049, 1252057,
1252063, 1252073, 1252079, 1252103, 1252109, 1252123, 1252129,
1252151, 1252159, 1252177, 1252187, 1252193, 1252201, 1252211,
1252217, 1252219, 1252247, 1252259, 1252267, 1252283, 1252331,
1252343, 1252357, 1252399, 1252403, 1252411, 1252421, 1252429,
1252439, 1252451, 1252457, 1252469, 1252483, 1252507, 1252523,
1252579, 1252609, 1252631, 1252639, 1252661, 1252663, 1252681,
1252711, 1252717, 1252721, 1252729, 1252739, 1252751, 1252777,
1252799, 1252817, 1252819, 1252843, 1252873, 1252877, 1252897,
1252903, 1252913, 1252921, 1252943, 1252957, 1252963, 1252987,
1252991, 1252997, 1253011, 1253023, 1253027, 1253047, 1253059,
1253071, 1253089, 1253093, 1253099, 1253111, 1253137, 1253167,
1253171, 1253249, 1253251, 1253261, 1253279, 1253323, 1253327,
1253333, 1253347, 1253377, 1253381, 1253401, 1253437, 1253453,
1253471, 1253479, 1253513, 1253519, 1253521, 1253557, 1253587,
1253591, 1253599, 1253621, 1253627, 1253683, 1253689, 1253701,
1253717, 1253723, 1253729, 1253737, 1253741, 1253761, 1253783,
1253803, 1253831, 1253839, 1253849, 1253851, 1253887, 1253897,
1253909, 1253911, 1253947, 1253951, 1253953, 1253963, 1253969,
1253999, 1254013, 1254017, 1254023, 1254031, 1254037, 1254049,
1254053, 1254059, 1254061, 1254079, 1254091, 1254109, 1254119,
1254131, 1254137, 1254151, 1254157, 1254161, 1254179, 1254193,
1254203, 1254217, 1254241, 1254251, 1254257, 1254269, 1254293,
1254301, 1254317, 1254329, 1254367, 1254371, 1254373, 1254377,
1254427, 1254433, 1254467, 1254469, 1254479, 1254497, 1254503,
1254523, 1254527, 1254529, 1254541, 1254553, 1254557, 1254577,
1254593, 1254607, 1254613, 1254619, 1254623, 1254637, 1254647,
1254653, 1254661, 1254667, 1254683, 1254689, 1254731, 1254733,
1254739, 1254751, 1254761, 1254767, 1254791, 1254793, 1254823,
1254833, 1254839, 1254863, 1254899, 1254907, 1254941, 1254959,
1254971, 1254983, 1254997, 1255013, 1255021, 1255039, 1255049,
1255063, 1255069, 1255081, 1255103, 1255109, 1255117, 1255123,
1255129, 1255139, 1255147, 1255153, 1255157, 1255169, 1255181,
1255183, 1255187, 1255201, 1255211, 1255237, 1255249, 1255253,
1255259, 1255279, 1255301, 1255307, 1255313, 1255321, 1255333,
1255337, 1255357, 1255361, 1255367, 1255391, 1255393, 1255421,
1255427, 1255451, 1255453, 1255477, 1255519, 1255549, 1255559,
1255567, 1255591, 1255601, 1255609, 1255619, 1255633, 1255651,
1255663, 1255679, 1255687, 1255693, 1255721, 1255747, 1255757,

1255759, 1255799, 1255801, 1255811, 1255829, 1255831, 1255847,
1255861, 1255907, 1255913, 1255927, 1255931, 1255939, 1255949,
1255963, 1255967, 1255993, 1255997, 1256009, 1256023, 1256029,
1256041, 1256063, 1256107, 1256149, 1256161, 1256197, 1256201,
1256209, 1256231, 1256243, 1256267, 1256279, 1256303, 1256323,
1256347, 1256369, 1256383, 1256389, 1256393, 1256407, 1256429,
1256449, 1256477, 1256531, 1256533, 1256543, 1256573, 1256579,
1256587, 1256597, 1256611, 1256617, 1256621, 1256659, 1256681,
1256687, 1256693, 1256707, 1256711, 1256729, 1256737, 1256747,
1256753, 1256777, 1256797, 1256809, 1256813, 1256819, 1256821,
1256837, 1256863, 1256867, 1256873, 1256887, 1256891, 1256897,
1256903, 1256911, 1256917, 1256923, 1256939, 1256953, 1256989,
1256993, 1257013, 1257017, 1257029, 1257041, 1257043, 1257049,
1257071, 1257073, 1257077, 1257079, 1257089, 1257103, 1257119,
1257131, 1257163, 1257199, 1257209, 1257229, 1257233, 1257239,
1257241, 1257247, 1257251, 1257253, 1257281, 1257293, 1257307,
1257313, 1257317, 1257323, 1257331, 1257359, 1257397, 1257409,
1257437, 1257457, 1257461, 1257463, 1257491, 1257493, 1257499,
1257517, 1257521, 1257547, 1257559, 1257563, 1257569, 1257587,
1257589, 1257611, 1257647, 1257653, 1257689, 1257691, 1257713,
1257719, 1257721, 1257749, 1257787, 1257827, 1257829, 1257853,
1257859, 1257869, 1257877, 1257911, 1257931, 1257953, 1257959,
1257961, 1257973, 1257989, 1258001, 1258013, 1258027, 1258039,
1258079, 1258087, 1258097, 1258099, 1258109, 1258133, 1258139,
1258141, 1258151, 1258163, 1258171, 1258177, 1258181, 1258183,
1258207, 1258211, 1258217, 1258219, 1258241, 1258267, 1258291,
1258297, 1258303, 1258319, 1258337, 1258343, 1258349, 1258373,
1258403, 1258409, 1258417, 1258421, 1258423, 1258429, 1258441,
1258451, 1258457, 1258469, 1258471, 1258483, 1258487, 1258511,
1258531, 1258559, 1258589, 1258597, 1258601, 1258627, 1258637,
1258639, 1258643, 1258657, 1258661, 1258667, 1258681, 1258709,
1258711, 1258717, 1258723, 1258753, 1258771, 1258781, 1258783,
1258787, 1258811, 1258819, 1258837, 1258847, 1258871, 1258877,
1258889, 1258903, 1258927, 1258931, 1258937, 1258967, 1258973,
1258993, 1259017, 1259029, 1259033, 1259039, 1259047, 1259051,
1259053, 1259057, 1259077, 1259081, 1259087, 1259099, 1259107,
1259113, 1259123, 1259129, 1259143, 1259171, 1259179, 1259191,
1259213, 1259231, 1259243, 1259249, 1259287, 1259299, 1259317,
1259329, 1259371, 1259389, 1259393, 1259413, 1259429, 1259477,
1259509, 1259527, 1259537, 1259539, 1259543, 1259551, 1259563,
1259569, 1259593, 1259603, 1259627, 1259639, 1259653, 1259659,
1259663, 1259669, 1259677, 1259689, 1259701, 1259737, 1259743,
1259749, 1259759, 1259767, 1259777, 1259803, 1259821, 1259851,
1259873, 1259899, 1259903, 1259927, 1259939, 1259953, 1259977,
1259983, 1260011, 1260019, 1260031, 1260047, 1260059, 1260067,
1260113, 1260121, 1260131, 1260143, 1260157, 1260163, 1260167,
1260169, 1260191, 1260223, 1260269, 1260277, 1260283, 1260293,
1260317, 1260319, 1260323, 1260341, 1260359, 1260361, 1260383,

प्रथम सौ हजार अभाज्य संख्याएँ

1260401, 1260419, 1260437, 1260439, 1260461, 1260473, 1260481,
1260487, 1260509, 1260541, 1260547, 1260551, 1260569, 1260577,
1260583, 1260599, 1260629, 1260641, 1260643, 1260661, 1260673,
1260691, 1260713, 1260719, 1260731, 1260733, 1260751, 1260757,
1260767, 1260769, 1260797, 1260799, 1260827, 1260829, 1260841,
1260851, 1260877, 1260881, 1260887, 1260893, 1260899, 1260901,
1260911, 1260971, 1260979, 1260989, 1260991, 1261033, 1261069,
1261079, 1261081, 1261109, 1261121, 1261133, 1261157, 1261171,
1261177, 1261199, 1261217, 1261223, 1261259, 1261261, 1261279,
1261289, 1261301, 1261313, 1261321, 1261327, 1261333, 1261357,
1261363, 1261373, 1261387, 1261411, 1261427, 1261459, 1261487,
1261489, 1261523, 1261531, 1261549, 1261567, 1261571, 1261627,
1261639, 1261643, 1261649, 1261697, 1261699, 1261717, 1261721,
1261739, 1261747, 1261759, 1261763, 1261769, 1261789, 1261801,
1261823, 1261829, 1261831, 1261837, 1261861, 1261889, 1261891,
1261901, 1261913, 1261933, 1261943, 1261963, 1261969, 1261973,
1262011, 1262017, 1262057, 1262071, 1262081, 1262083, 1262087,
1262099, 1262101, 1262119, 1262143, 1262147, 1262203, 1262207,
1262221, 1262231, 1262237, 1262269, 1262281, 1262291, 1262293,
1262299, 1262311, 1262321, 1262363, 1262377, 1262411, 1262419,
1262441, 1262453, 1262461, 1262479, 1262483, 1262491, 1262509,
1262519, 1262543, 1262557, 1262563, 1262581, 1262587, 1262617,
1262621, 1262623, 1262629, 1262633, 1262669, 1262671, 1262693,
1262711, 1262713, 1262717, 1262731, 1262741, 1262753, 1262771,
1262783, 1262819, 1262839, 1262851, 1262869, 1262881, 1262887,
1262893, 1262897, 1262903, 1262917, 1262927, 1262929, 1262939,
1262941, 1262957, 1263007, 1263047, 1263071, 1263077, 1263079,
1263103, 1263107, 1263109, 1263113, 1263121, 1263133, 1263173,
1263179, 1263181, 1263187, 1263191, 1263193, 1263209, 1263239,
1263247, 1263259, 1263263, 1263299, 1263307, 1263319, 1263323,
1263331, 1263337, 1263341, 1263347, 1263373, 1263377, 1263391,
1263403, 1263461, 1263463, 1263473, 1263487, 1263499, 1263503,
1263511, 1263539, 1263541, 1263547, 1263569, 1263583, 1263599,
1263607, 1263629, 1263631, 1263659, 1263667, 1263677, 1263697,
1263701, 1263751, 1263761, 1263767, 1263793, 1263799, 1263803,
1263817, 1263853, 1263863, 1263887, 1263917, 1263929, 1263931,
1263943, 1263947, 1263949, 1263953, 1263961, 1263973, 1263979,
1264009, 1264027, 1264033, 1264037, 1264049, 1264061, 1264063,
1264129, 1264177, 1264189, 1264199, 1264213, 1264231, 1264259,
1264261, 1264267, 1264271, 1264301, 1264303, 1264331, 1264337,
1264363, 1264387, 1264411, 1264447, 1264451, 1264499, 1264537,
1264541, 1264559, 1264561, 1264573, 1264577, 1264597, 1264607,
1264643, 1264649, 1264651, 1264657, 1264663, 1264667, 1264687,
1264699, 1264733, 1264741, 1264763, 1264787, 1264801, 1264807,
1264819, 1264829, 1264853, 1264859, 1264867, 1264873, 1264877,
1264883, 1264889, 1264897, 1264903, 1264909, 1264933, 1264969,
1264979, 1264981, 1264997, 1265029, 1265041, 1265051, 1265053,
1265063, 1265081, 1265083, 1265087, 1265093, 1265101, 1265111,

1265113, 1265119, 1265129, 1265167, 1265177, 1265179, 1265197,
1265233, 1265249, 1265273, 1265279, 1265281, 1265311, 1265321,
1265333, 1265347, 1265353, 1265377, 1265387, 1265393, 1265431,
1265443, 1265449, 1265461, 1265471, 1265477, 1265479, 1265503,
1265519, 1265521, 1265527, 1265549, 1265557, 1265573, 1265581,
1265597, 1265603, 1265611, 1265617, 1265623, 1265639, 1265653,
1265657, 1265681, 1265729, 1265741, 1265777, 1265779, 1265801,
1265813, 1265827, 1265843, 1265857, 1265861, 1265863, 1265867,
1265899, 1265903, 1265909, 1265911, 1265921, 1265923, 1265941,
1265959, 1265969, 1265977, 1265981, 1265987, 1265993, 1266019,
1266043, 1266047, 1266059, 1266073, 1266077, 1266079, 1266091,
1266101, 1266107, 1266113, 1266149, 1266157, 1266163, 1266191,
1266197, 1266229, 1266241, 1266247, 1266259, 1266263, 1266269,
1266271, 1266277, 1266281, 1266301, 1266323, 1266337, 1266341,
1266359, 1266371, 1266373, 1266379, 1266389, 1266409, 1266413,
1266431, 1266451, 1266469, 1266487, 1266491, 1266493, 1266511,
1266523, 1266527, 1266539, 1266557, 1266563, 1266583, 1266589,
1266593, 1266611, 1266631, 1266677, 1266719, 1266731, 1266743,
1266751, 1266757, 1266761, 1266763, 1266767, 1266779, 1266781,
1266799, 1266841, 1266847, 1266851, 1266869, 1266883, 1266893,
1266899, 1266913, 1266919, 1266929, 1266931, 1266943, 1266949,
1266953, 1267009, 1267043, 1267051, 1267067, 1267103, 1267109,
1267117, 1267121, 1267127, 1267151, 1267157, 1267159, 1267183,
1267193, 1267199, 1267223, 1267237, 1267291, 1267297, 1267303,
1267307, 1267349, 1267381, 1267403, 1267411, 1267429, 1267447,
1267451, 1267459, 1267463, 1267481, 1267501, 1267517, 1267529,
1267531, 1267549, 1267577, 1267579, 1267589, 1267613, 1267633,
1267649, 1267663, 1267681, 1267709, 1267711, 1267723, 1267727,
1267757, 1267771, 1267787, 1267789, 1267823, 1267831, 1267837,
1267859, 1267873, 1267883, 1267891, 1267897, 1267907, 1267933,
1267939, 1267943, 1267951, 1267957, 1267961, 1267999, 1268011,
1268017, 1268039, 1268051, 1268053, 1268077, 1268093, 1268119,
1268143, 1268147, 1268167, 1268173, 1268177, 1268207, 1268213,
1268221, 1268233, 1268261, 1268279, 1268287, 1268291, 1268299,
1268327, 1268341, 1268357, 1268359, 1268369, 1268413, 1268419,
1268429, 1268447, 1268453, 1268461, 1268467, 1268479, 1268537,
1268549, 1268563, 1268567, 1268593, 1268599, 1268621, 1268623,
1268627, 1268633, 1268669, 1268681, 1268713, 1268731, 1268741,
1268747, 1268753, 1268759, 1268777, 1268783, 1268789, 1268791,
1268797, 1268803, 1268807, 1268843, 1268849, 1268867, 1268881,
1268899, 1268921, 1268929, 1268947, 1268963, 1269001, 1269007,
1269013, 1269017, 1269041, 1269043, 1269049, 1269061, 1269077,
1269091, 1269113, 1269119, 1269131, 1269167, 1269173, 1269179,
1269187, 1269193, 1269197, 1269221, 1269223, 1269239, 1269241,
1269253, 1269263, 1269283, 1269287, 1269299, 1269311, 1269337,
1269343, 1269377, 1269379, 1269383, 1269391, 1269413, 1269427,
1269461, 1269467, 1269493, 1269497, 1269529, 1269547, 1269559,
1269563, 1269571, 1269589, 1269601, 1269641, 1269643, 1269683,

प्रथम सौ हजार अभाज्य संख्याएँ

1269691, 1269703, 1269731, 1269733, 1269743, 1269757, 1269797,
1269847, 1269859, 1269869, 1269871, 1269901, 1269907, 1269911,
1269923, 1269929, 1269937, 1269953, 1269971, 1270001, 1270013,
1270033, 1270051, 1270063, 1270067, 1270079, 1270097, 1270103,
1270111, 1270123, 1270141, 1270147, 1270151, 1270183, 1270193,
1270201, 1270231, 1270237, 1270249, 1270271, 1270279, 1270301,
1270309, 1270319, 1270327, 1270333, 1270337, 1270343, 1270361,
1270391, 1270417, 1270421, 1270429, 1270433, 1270441, 1270471,
1270483, 1270499, 1270513, 1270531, 1270537, 1270541, 1270547,
1270559, 1270561, 1270567, 1270571, 1270573, 1270579, 1270609,
1270627, 1270639, 1270649, 1270651, 1270657, 1270667, 1270669,
1270679, 1270747, 1270757, 1270771, 1270817, 1270823, 1270849,
1270859, 1270861, 1270879, 1270897, 1270901, 1270909, 1270933,
1270943, 1270961, 1270981, 1271027, 1271029, 1271033, 1271047,
1271051, 1271059, 1271069, 1271087, 1271089, 1271111, 1271117,
1271129, 1271147, 1271161, 1271167, 1271173, 1271183, 1271197,
1271201, 1271203, 1271213, 1271227, 1271239, 1271251, 1271293,
1271299, 1271317, 1271321, 1271339, 1271351, 1271353, 1271359,
1271383, 1271393, 1271399, 1271401, 1271419, 1271429, 1271449,
1271471, 1271483, 1271503, 1271507, 1271513, 1271521, 1271531,
1271551, 1271561, 1271597, 1271603, 1271609, 1271657, 1271659,
1271671, 1271687, 1271701, 1271717, 1271731, 1271747, 1271749,
1271791, 1271797, 1271807, 1271813, 1271827, 1271833, 1271839,
1271843, 1271849, 1271903, 1271927, 1271929, 1271939, 1271953,
1271971, 1271987, 1271999, 1272001, 1272043, 1272049, 1272067,
1272071, 1272079, 1272091, 1272109, 1272113, 1272133, 1272151,
1272157, 1272163, 1272169, 1272191, 1272203, 1272211, 1272223,
1272233, 1272247, 1272253, 1272269, 1272281, 1272283, 1272287,
1272289, 1272329, 1272343, 1272347, 1272361, 1272367, 1272377,
1272379, 1272409, 1272421, 1272443, 1272451, 1272461, 1272539,
1272547, 1272559, 1272577, 1272589, 1272617, 1272629, 1272631,
1272641, 1272647, 1272653, 1272673, 1272679, 1272749, 1272811,
1272827, 1272833, 1272847, 1272851, 1272857, 1272863, 1272881,
1272883, 1272893, 1272899, 1272913, 1272917, 1272919, 1272937,
1272941, 1272961, 1272983, 1272989, 1272991, 1273001, 1273021,
1273033, 1273037, 1273039, 1273087, 1273099, 1273109, 1273117,
1273121, 1273127, 1273157, 1273159, 1273199, 1273213, 1273231,
1273241, 1273267, 1273289, 1273291, 1273301, 1273309, 1273313,
1273331, 1273333, 1273343, 1273367, 1273381, 1273403, 1273409,
1273411, 1273417, 1273421, 1273423, 1273457, 1273463, 1273471,
1273483, 1273499, 1273507, 1273541, 1273543, 1273549, 1273561,
1273567, 1273609, 1273637, 1273639, 1273663, 1273673, 1273681,
1273687, 1273693, 1273721, 1273729, 1273733, 1273739, 1273757,
1273771, 1273781, 1273787, 1273823, 1273843, 1273879, 1273889,
1273891, 1273903, 1273907, 1273919, 1273933, 1273939, 1273957,
1273981, 1274011, 1274017, 1274041, 1274051, 1274071, 1274087,
1274089, 1274111, 1274113, 1274129, 1274137, 1274149, 1274183,
1274209, 1274227, 1274249, 1274267, 1274291, 1274293, 1274297,

1274309, 1274323, 1274333, 1274353, 1274363, 1274381, 1274389,
1274401, 1274411, 1274423, 1274437, 1274461, 1274509, 1274549,
1274557, 1274561, 1274599, 1274617, 1274621, 1274629, 1274633,
1274671, 1274701, 1274719, 1274723, 1274737, 1274759, 1274771,
1274773, 1274803, 1274851, 1274857, 1274873, 1274879, 1274899,
1274921, 1274929, 1274939, 1274941, 1274989, 1275011, 1275019,
1275041, 1275067, 1275107, 1275121, 1275133, 1275173, 1275179,
1275193, 1275199, 1275203, 1275227, 1275269, 1275277, 1275283,
1275293, 1275319, 1275341, 1275349, 1275359, 1275361, 1275401,
1275437, 1275457, 1275467, 1275499, 1275503, 1275523, 1275539,
1275541, 1275553, 1275559, 1275563, 1275569, 1275583, 1275601,
1275611, 1275643, 1275661, 1275667, 1275683, 1275691, 1275707,
1275709, 1275719, 1275737, 1275749, 1275751, 1275779, 1275803,
1275817, 1275823, 1275829, 1275839, 1275847, 1275851, 1275863,
1275877, 1275889, 1275893, 1275899, 1275931, 1275947, 1275973,
1275977, 1275979, 1276001, 1276007, 1276013, 1276027, 1276031,
1276039, 1276049, 1276057, 1276069, 1276103, 1276117, 1276123,
1276129, 1276133, 1276147, 1276157, 1276169, 1276183, 1276193,
1276213, 1276237, 1276243, 1276271, 1276279, 1276307, 1276313,
1276351, 1276357, 1276361, 1276397, 1276409, 1276433, 1276441,
1276447, 1276481, 1276501, 1276511, 1276529, 1276543, 1276571,
1276579, 1276589, 1276603, 1276619, 1276621, 1276631, 1276637,
1276657, 1276679, 1276687, 1276711, 1276721, 1276733, 1276739,
1276747, 1276763, 1276771, 1276777, 1276817, 1276829, 1276861,
1276867, 1276871, 1276889, 1276897, 1276903, 1276927, 1276949,
1276967, 1276969, 1276973, 1276987, 1276999, 1277011, 1277021,
1277039, 1277041, 1277063, 1277069, 1277071, 1277083, 1277093,
1277099, 1277113, 1277137, 1277147, 1277197, 1277207, 1277209,
1277233, 1277249, 1277257, 1277267, 1277299, 1277321, 1277323,
1277357, 1277359, 1277369, 1277387, 1277429, 1277449, 1277461,
1277477, 1277483, 1277491, 1277501, 1277543, 1277557, 1277569,
1277593, 1277597, 1277621, 1277629, 1277651, 1277657, 1277677,
1277699, 1277723, 1277729, 1277741, 1277743, 1277753, 1277761,
1277791, 1277803, 1277813, 1277819, 1277833, 1277849, 1277863,
1277867, 1277879, 1277897, 1277909, 1277911, 1277957, 1277971,
1277993, 1278007, 1278029, 1278031, 1278047, 1278097, 1278107,
1278113, 1278131, 1278139, 1278163, 1278181, 1278191, 1278197,
1278203, 1278209, 1278217, 1278227, 1278253, 1278287, 1278289,
1278323, 1278337, 1278341, 1278371, 1278373, 1278379, 1278391,
1278397, 1278401, 1278419, 1278437, 1278439, 1278463, 1278467,
1278479, 1278481, 1278493, 1278527, 1278551, 1278583, 1278601,
1278611, 1278617, 1278619, 1278623, 1278631, 1278637, 1278659,
1278671, 1278701, 1278709, 1278713, 1278721, 1278733, 1278769,
1278779, 1278787, 1278799, 1278803, 1278811, 1278817, 1278839,
1278857, 1278881, 1278899, 1278911, 1278983, 1278997, 1279001,
1279013, 1279021, 1279027, 1279039, 1279043, 1279081, 1279087,
1279093, 1279111, 1279123, 1279133, 1279141, 1279163, 1279171,
1279177, 1279181, 1279183, 1279189, 1279193, 1279211, 1279249,

प्रथम सौ हजार अभाज्य संख्याएँ

1279253, 1279303, 1279307, 1279309, 1279319, 1279321, 1279337,
1279357, 1279361, 1279417, 1279427, 1279457, 1279459, 1279483,
1279493, 1279507, 1279511, 1279519, 1279541, 1279547, 1279549,
1279561, 1279583, 1279601, 1279609, 1279627, 1279643, 1279657,
1279661, 1279667, 1279673, 1279679, 1279687, 1279693, 1279703,
1279727, 1279753, 1279757, 1279787, 1279801, 1279807, 1279813,
1279819, 1279823, 1279843, 1279847, 1279853, 1279871, 1279877,
1279907, 1279919, 1279921, 1279931, 1279937, 1279961, 1279969,
1279997, 1280023, 1280101, 1280107, 1280113, 1280119, 1280129,
1280131, 1280141, 1280159, 1280161, 1280173, 1280179, 1280183,
1280221, 1280231, 1280267, 1280281, 1280291, 1280297, 1280309,
1280317, 1280333, 1280371, 1280399, 1280401, 1280407, 1280417,
1280431, 1280453, 1280473, 1280519, 1280537, 1280549, 1280561,
1280567, 1280597, 1280603, 1280623, 1280633, 1280651, 1280659,
1280677, 1280693, 1280707, 1280737, 1280743, 1280759, 1280761,
1280767, 1280789, 1280791, 1280803, 1280821, 1280833, 1280837,
1280857, 1280863, 1280869, 1280887, 1280921, 1280947, 1280969,
1280987, 1280989, 1281029, 1281041, 1281043, 1281047, 1281083,
1281089, 1281097, 1281101, 1281131, 1281149, 1281157, 1281167,
1281187, 1281193, 1281211, 1281221, 1281229, 1281253, 1281257,
1281263, 1281281, 1281283, 1281317, 1281331, 1281349, 1281367,
1281383, 1281389, 1281407, 1281431, 1281433, 1281439, 1281451,
1281457, 1281463, 1281503, 1281521, 1281523, 1281541, 1281547,
1281551, 1281563, 1281587, 1281649, 1281653, 1281667, 1281673,
1281677, 1281691, 1281697, 1281703, 1281727, 1281739, 1281751,
1281773, 1281779, 1281781, 1281799, 1281803, 1281809, 1281821,
1281823, 1281827, 1281853, 1281871, 1281883, 1281899, 1281937,
1281941, 1281961, 1281971, 1281979, 1281983, 1282007, 1282009,
1282031, 1282033, 1282051, 1282069, 1282079, 1282081, 1282093,
1282109, 1282117, 1282121, 1282133, 1282153, 1282163, 1282187,
1282201, 1282213, 1282231, 1282241, 1282261, 1282277, 1282279,
1282289, 1282297, 1282343, 1282349, 1282363, 1282381, 1282387,
1282399, 1282417, 1282423, 1282427, 1282451, 1282469, 1282471,
1282493, 1282499, 1282507, 1282511, 1282513, 1282517, 1282529,
1282543, 1282571, 1282577, 1282597, 1282607, 1282613, 1282627,
1282637, 1282639, 1282649, 1282657, 1282661, 1282681, 1282693,
1282703, 1282717, 1282739, 1282751, 1282763, 1282781, 1282783,
1282807, 1282817, 1282867, 1282877, 1282903, 1282907, 1282909,
1282913, 1282933, 1282943, 1282951, 1282961, 1282969, 1282993,
1283011, 1283017, 1283021, 1283027, 1283063, 1283069, 1283083,
1283099, 1283111, 1283119, 1283129, 1283137, 1283159, 1283167,
1283171, 1283173, 1283179, 1283207, 1283237, 1283297, 1283323,
1283333, 1283339, 1283353, 1283383, 1283389, 1283417, 1283437,
1283441, 1283473, 1283479, 1283509, 1283521, 1283537, 1283539,
1283543, 1283549, 1283563, 1283573, 1283591, 1283603, 1283677,
1283683, 1283701, 1283707, 1283717, 1283719, 1283731, 1283753,
1283759, 1283767, 1283771, 1283797, 1283831, 1283839, 1283873,
1283879, 1283881, 1283897, 1283903, 1283939, 1283941, 1283957,

प्रथम सौ हजार अभाज्य संख्याएँ

1283969, 1283981, 1283983, 1284007, 1284037, 1284043, 1284047,
1284053, 1284083, 1284131, 1284169, 1284187, 1284209, 1284211,
1284223, 1284263, 1284271, 1284287, 1284293, 1284301, 1284313,
1284317, 1284329, 1284341, 1284373, 1284379, 1284383, 1284421,
1284427, 1284433, 1284443, 1284467, 1284473, 1284487, 1284511,
1284523, 1284541, 1284551, 1284553, 1284559, 1284583, 1284601,
1284617, 1284623, 1284631, 1284641, 1284659, 1284691, 1284709,
1284713, 1284737, 1284739, 1284763, 1284769, 1284791, 1284793,
1284823, 1284841, 1284847, 1284851, 1284863, 1284889, 1284901,
1284917, 1284931, 1284937, 1284967, 1284971, 1284977, 1284991,
1285021, 1285049, 1285051, 1285057, 1285061, 1285069, 1285099,
1285111, 1285117, 1285129, 1285139, 1285147, 1285159, 1285169,
1285181, 1285199, 1285213, 1285223, 1285231, 1285237, 1285247,
1285259, 1285267, 1285279, 1285283, 1285289, 1285301, 1285351,
1285381, 1285393, 1285397, 1285411, 1285429, 1285441, 1285451,
1285469, 1285481, 1285507, 1285511, 1285513, 1285517, 1285519,
1285547, 1285549, 1285553, 1285607, 1285619, 1285633, 1285649,
1285679, 1285699, 1285703, 1285717, 1285741, 1285747, 1285759,
1285763, 1285777, 1285789, 1285793, 1285799, 1285811, 1285813,
1285841, 1285847, 1285853, 1285859, 1285871, 1285877, 1285891,
1285903, 1285913, 1285937, 1285943, 1285969, 1285981, 1285993,
1286011, 1286017, 1286039, 1286071, 1286081, 1286093, 1286099,
1286107, 1286119, 1286147, 1286149, 1286177, 1286189, 1286191,
1286209, 1286227, 1286239, 1286261, 1286267, 1286269, 1286273,
1286287, 1286303, 1286323, 1286359, 1286371, 1286381, 1286387,
1286399, 1286419, 1286447, 1286489, 1286491, 1286503, 1286513,
1286521, 1286533, 1286557, 1286561, 1286569, 1286581, 1286587,
1286617, 1286629, 1286633, 1286641, 1286647, 1286653, 1286657,
1286669, 1286683, 1286693, 1286707, 1286711, 1286773, 1286777,
1286783, 1286797, 1286807, 1286819, 1286821, 1286833, 1286837,
1286839, 1286843, 1286881, 1286939, 1286941, 1286953, 1286959,
1286969, 1286981, 1286983, 1287007, 1287047, 1287059, 1287061,
1287067, 1287071, 1287101, 1287109, 1287131, 1287133, 1287157,
1287163, 1287173, 1287179, 1287197, 1287199, 1287217, 1287233,
1287239, 1287289, 1287323, 1287329, 1287343, 1287347, 1287353,
1287361, 1287371, 1287373, 1287401, 1287431, 1287457, 1287467,
1287469, 1287479, 1287487, 1287491, 1287499, 1287511, 1287541,
1287551, 1287553, 1287569, 1287589, 1287593, 1287607, 1287613,
1287623, 1287661, 1287683, 1287691, 1287697, 1287707, 1287731,
1287739, 1287743, 1287749, 1287751, 1287757, 1287761, 1287787,
1287799, 1287817, 1287821, 1287829, 1287841, 1287857, 1287883,
1287887, 1287899, 1287917, 1287947, 1287961, 1287967, 1287973,
1287983, 1287989, 1287997, 1288003, 1288009, 1288013, 1288033,
1288037, 1288043, 1288051, 1288057, 1288061, 1288099, 1288103,
1288109, 1288117, 1288163, 1288169, 1288171, 1288187, 1288193,
1288201, 1288213, 1288247, 1288249, 1288291, 1288307, 1288337,
1288349, 1288361, 1288363, 1288367, 1288393, 1288421, 1288423,
1288429, 1288439, 1288487, 1288513, 1288519, 1288531, 1288541,

प्रथम सौ हजार अभाज्य संख्याएँ

1288543, 1288559, 1288571, 1288597, 1288603, 1288607, 1288613,
1288643, 1288649, 1288657, 1288691, 1288697, 1288699, 1288709,
1288711, 1288733, 1288769, 1288783, 1288799, 1288817, 1288823,
1288829, 1288831, 1288843, 1288849, 1288853, 1288871, 1288873,
1288877, 1288891, 1288919, 1288921, 1288933, 1288939, 1288951,
1288967, 1288981, 1288993, 1288997, 1289003, 1289009, 1289027,
1289039, 1289053, 1289077, 1289083, 1289111, 1289129, 1289149,
1289153, 1289159, 1289179, 1289213, 1289231, 1289237, 1289261,
1289273, 1289287, 1289303, 1289329, 1289333, 1289341, 1289363,
1289371, 1289381, 1289401, 1289411, 1289423, 1289429, 1289447,
1289459, 1289513, 1289531, 1289537, 1289551, 1289557, 1289567,
1289593, 1289597, 1289599, 1289621, 1289623, 1289627, 1289653,
1289657, 1289677, 1289711, 1289713, 1289731, 1289747, 1289749,
1289753, 1289779, 1289789, 1289801, 1289803, 1289831, 1289839,
1289851, 1289867, 1289881, 1289921, 1289927, 1289933, 1289963,
1289969, 1289971, 1290013, 1290019, 1290031, 1290049, 1290077,
1290083, 1290109, 1290131, 1290143, 1290151, 1290161, 1290167,
1290169, 1290173, 1290199, 1290203, 1290209, 1290257, 1290259,
1290287, 1290293, 1290299, 1290319, 1290329, 1290371, 1290379,
1290427, 1290431, 1290433, 1290439, 1290463, 1290467, 1290469,
1290491, 1290503, 1290533, 1290539, 1290551, 1290563, 1290571,
1290581, 1290593, 1290607, 1290629, 1290631, 1290637, 1290643,
1290649, 1290659, 1290673, 1290683, 1290719, 1290791, 1290811,
1290823, 1290847, 1290853, 1290857, 1290869, 1290901, 1290907,
1290923, 1290937, 1290983, 1291001, 1291007, 1291009, 1291019,
1291021, 1291063, 1291079, 1291111, 1291117, 1291139, 1291153,
1291159, 1291163, 1291177, 1291193, 1291211, 1291217, 1291219,
1291223, 1291229, 1291249, 1291271, 1291313, 1291321, 1291327,
1291343, 1291349, 1291357, 1291369, 1291379, 1291387, 1291391,
1291421, 1291447, 1291453, 1291471, 1291481, 1291483, 1291489,
1291501, 1291523, 1291547, 1291567, 1291579, 1291603, 1291637,
1291669, 1291673, 1291691, 1291783, 1291793, 1291799, 1291817,
1291819, 1291831, 1291861, 1291877, 1291883, 1291907, 1291909,
1291931, 1291957, 1291963, 1291967, 1291991, 1291999, 1292009,
1292023, 1292029, 1292063, 1292069, 1292089, 1292099, 1292113,
1292131, 1292141, 1292143, 1292149, 1292167, 1292177, 1292219,
1292237, 1292243, 1292251, 1292257, 1292261, 1292281, 1292293,
1292309, 1292329, 1292339, 1292353, 1292371, 1292383, 1292387,
1292419, 1292429, 1292441, 1292477, 1292491, 1292503, 1292509,
1292539, 1292549, 1292563, 1292567, 1292579, 1292587, 1292591,
1292593, 1292597, 1292609, 1292633, 1292639, 1292653, 1292657,
1292659, 1292693, 1292701, 1292713, 1292717, 1292729, 1292737,
1292783, 1292789, 1292801, 1292813, 1292831, 1292843, 1292857,
1292887, 1292927, 1292947, 1292953, 1292957, 1292971, 1292983,
1292989, 1292999, 1293001, 1293011, 1293031, 1293077, 1293119,
1293133, 1293137, 1293157, 1293169, 1293179, 1293199, 1293203,
1293233, 1293239, 1293247, 1293251, 1293277, 1293283, 1293287,
1293307, 1293317, 1293319, 1293323, 1293329, 1293361, 1293367,

1293373, 1293401, 1293419, 1293421, 1293433, 1293473, 1293491,
1293493, 1293499, 1293529, 1293533, 1293541, 1293553, 1293559,
1293583, 1293587, 1293613, 1293619, 1293647, 1293659, 1293701,
1293739, 1293757, 1293763, 1293791, 1293797, 1293821, 1293829,
1293839, 1293841, 1293857, 1293869, 1293899, 1293917, 1293923,
1293931, 1293947, 1293949, 1293961, 1293967, 1293977, 1293979,
1293983, 1294019, 1294021, 1294031, 1294037, 1294039, 1294061,
1294081, 1294087, 1294103, 1294121, 1294123, 1294129, 1294169,
1294177, 1294199, 1294201, 1294231, 1294253, 1294273, 1294277,
1294301, 1294303, 1294309, 1294339, 1294351, 1294361, 1294367,
1294369, 1294393, 1294399, 1294453, 1294459, 1294471, 1294477,
1294483, 1294561, 1294571, 1294583, 1294597, 1294609, 1294621,
1294627, 1294633, 1294639, 1294649, 1294651, 1294691, 1294721,
1294723, 1294729, 1294753, 1294757, 1294759, 1294817, 1294823,
1294841, 1294849, 1294939, 1294957, 1294967, 1294973, 1294987,
1294999, 1295003, 1295027, 1295033, 1295051, 1295057, 1295069,
1295071, 1295081, 1295089, 1295113, 1295131, 1295137, 1295159,
1295183, 1295191, 1295201, 1295207, 1295219, 1295221, 1295243,
1295263, 1295279, 1295293, 1295297, 1295299, 1295309, 1295317,
1295321, 1295323, 1295339, 1295347, 1295369, 1295377, 1295387,
1295389, 1295447, 1295473, 1295491, 1295501, 1295513, 1295533,
1295543, 1295549, 1295551, 1295561, 1295563, 1295603, 1295611,
1295617, 1295639, 1295647, 1295653, 1295681, 1295711, 1295717,
1295737, 1295741, 1295747, 1295761, 1295783, 1295803, 1295809,
1295813, 1295839, 1295849, 1295867, 1295869, 1295873, 1295881,
1295947, 1295953, 1295989, 1295993, 1296007, 1296011, 1296019,
1296023, 1296037, 1296041, 1296059, 1296077, 1296089, 1296101,
1296109, 1296137, 1296143, 1296167, 1296181, 1296187, 1296209,
1296227, 1296277, 1296283, 1296287, 1296293, 1296319, 1296331,
1296341, 1296343, 1296371, 1296391, 1296409, 1296413, 1296419,
1296467, 1296473, 1296481, 1296499, 1296511, 1296521, 1296523,
1296551, 1296557, 1296563, 1296571, 1296583, 1296587, 1296593,
1296601, 1296613, 1296623, 1296629, 1296649, 1296679, 1296689,
1296703, 1296721, 1296727, 1296749, 1296781, 1296787, 1296803,
1296817, 1296829, 1296833, 1296839, 1296877, 1296899, 1296907,
1296929, 1296949, 1296973, 1296983, 1297001, 1297003, 1297013,
1297019, 1297027, 1297057, 1297061, 1297063, 1297091, 1297103,
1297123, 1297129, 1297139, 1297147, 1297157, 1297169, 1297171,
1297193, 1297201, 1297211, 1297217, 1297229, 1297243, 1297249,
1297271, 1297273, 1297279, 1297297, 1297313, 1297333, 1297337,
1297349, 1297357, 1297367, 1297369, 1297393, 1297397, 1297399,
1297403, 1297411, 1297421, 1297447, 1297451, 1297459, 1297477,
1297487, 1297501, 1297507, 1297519, 1297523, 1297537, 1297561,
1297573, 1297601, 1297607, 1297619, 1297631, 1297633, 1297649,
1297651, 1297657, 1297669, 1297687, 1297693, 1297727, 1297739,
1297771, 1297781, 1297799, 1297841, 1297847, 1297853, 1297873,
1297927, 1297963, 1297973, 1297979, 1297993, 1298027, 1298039,
1298047, 1298053, 1298057, 1298111, 1298113, 1298117, 1298119,

प्रथम सौ हजार अभाज्य संख्याएँ

1298131, 1298149, 1298161, 1298173, 1298191, 1298197, 1298221,
1298261, 1298279, 1298291, 1298309, 1298317, 1298329, 1298333,
1298351, 1298357, 1298371, 1298387, 1298467, 1298489, 1298491,
1298537, 1298551, 1298573, 1298581, 1298611, 1298617, 1298641,
1298651, 1298653, 1298699, 1298719, 1298723, 1298747, 1298771,
1298779, 1298789, 1298797, 1298809, 1298819, 1298831, 1298849,
1298863, 1298887, 1298909, 1298911, 1298923, 1298951, 1298963,
1298981, 1298989, 1299007, 1299013, 1299019, 1299029, 1299041,
1299059, 1299061, 1299079, 1299097, 1299101, 1299143, 1299169,
1299173, 1299187, 1299203, 1299209, 1299211, 1299223, 1299227,
1299257, 1299269, 1299283, 1299289, 1299299, 1299317, 1299323,
1299341, 1299343, 1299349, 1299359, 1299367, 1299377, 1299379,
1299437, 1299439, 1299449, 1299451, 1299457, 1299491, 1299499,
1299533, 1299541, 1299553, 1299583, 1299601, 1299631, 1299637,
1299647, 1299653, 1299673, 1299689, 1299709